无人驾驶航空器系统工程高精尖学科丛书

主编　张新国　　　执行主编　王英勋

事件驱动神经形态系统

〔瑞士〕Shih-Chii Liu　〔美〕Tobi Delbruck　〔意〕Giacomo Indiveri
〔英〕Adrian Whatley　〔瑞士〕Rodney Douglas　　著

蔡志浩　　赵 江　　王英勋　　译

北京航空航天大学出版社

图书在版编目(CIP)数据

事件驱动神经形态系统 /（瑞士）刘世奇
(Shih-Chii Liu)等著；蔡志浩,赵江,王英勋译. --
北京：北京航空航天大学出版社,2022.1
书名原文：Event-Based Neuromorphic Systems
ISBN 978 - 7 - 5124 - 3230 - 7

Ⅰ. ①事… Ⅱ. ①刘… ②蔡… ③赵… ④王… Ⅲ.
①人工神经网络 Ⅳ. ①TP183

中国版本图书馆 CIP 数据核字(2021)第 010473 号

事件驱动神经形态系统

［瑞士］Shih-Chii Liu　［美］Tobi Delbruck　［意］Giacomo Indiveri
［英］Adrian Whatley　［瑞士］Rodney Douglas　著

蔡志浩　赵 江　王英勋　译

策划编辑　董宜斌　　责任编辑　张冀青

*

北京航空航天大学出版社出版发行

北京市海淀区学院路 37 号(邮编 100191)　http://www.buaapress.com.cn
发行部电话：(010)82317024　传真：(010)82328026
读者信箱：copyrights@buaacm.com.cn　邮购电话：(010)82316936
三河市华骏印务包装有限公司印装　　各地书店经销

*

开本：710×1 000　1/16　印张：26　字数：585 千字
2022 年 1 月第 1 版　2022 年 1 月第 1 次印刷
ISBN 978 - 7 - 5124 - 3230 - 7　定价：169.00 元

内 容 简 介

  本书系统地描述了神经形态工程领域的最新技术,包括构建完整的神经形态芯片和解决制造多芯片可扩展系统面临的技术问题。主要内容分为两部分。第一部分(第2～6章)描述了所构建的AER通信体系结构、AER传感器和电子神经模型,其中,第2～5章用树状图描述了将架构和电路关联起来的历史,并引导读者阅读大量文献;第6章描述了关于事件驱动系统学习的大部分理论知识。第二部分(第7～16章)面向神经形态电子系统构建方向的读者,提供了用于构建传感器和计算单元建模神经系统构建基块的各种方法信息,包括硅神经元、硅突触、硅耳蜗电路、浮栅电路和可编程控制器数字偏置发生器的详细信息,还包括硬件和软件通信基础结构,以及事件驱动传感器输出算法处理的相关内容。本书以第17章结尾,梳理了当前计算机与神经系统在实现计算处理方式上的差异,讨论了认知神经形态系统发展的长期途径。

First published in English under the title

Event-Based Neuromorphic Systems

By Shih-Chii Liu, Tobi Delbruck, Giacomo Indiveri, Adrian Whatley, Rodney Douglas

University of Zürich and ETH Zürich Switzerland

Copyright © John Wiley & Sons, Inc.

This edition has been translatedand published under licence from John Wiley & Sons, Inc..

本书中文简体字版由 John Wiley & Sons, Inc. 授权北京航空航天大学出版社在全球范围内独家出版发行。

北京市版权局著作权合同登记号 图字:01‐2020‐6353 号

无人驾驶航空器系统工程高精尖学科丛书简介

无人驾驶航空器在军用、民用及融合领域的应用需求与日俱增，在设计、制造、系统综合与产业应用方面发展迅速，其系统架构日趋复杂，多学科专业与无人驾驶航空器系统学科结合更加紧密；在无人驾驶航空器系统设计、运用、适航和管理等方面，需要大量无人驾驶航空器系统工程综合性专业人才。为此，应加强无人驾驶航空器系统工程专业建设，加快培养无人机系统设计、运用和指挥人才，以及核心关键技术研究人员。有必要围绕无人驾驶航空器系统和复杂系统工程两方面，为人才培养、科学研究和实践提供教科书或参考书，系统地阐述系统工程理论与实践，以期将无人驾驶航空器系统工程打造为高精尖学科专业。

2018 年，教育部设立了无人驾驶航空器系统工程专业，旨在以无人驾驶航空器行业需求为牵引，培养具有系统思维、创新意识与领军潜质的专门人才。北京航空航天大学有幸成为首批设立此专业的学校。

本丛书包括两大板块：系统工程理论基础与工程应用方法、无人驾驶航空器系统技术。第一板块由《系统工程原理与实践（第 2 版）》《需求工程基础》《面向无人驾驶航空器的 SysML 实践基础》《基于模型的系统工程有效方法》《人与系统集成工程》《系统工程中的实践创造与创新》构成，主要介绍系统工程相关概念、原理、方法、语言等；第二板块由《无人驾驶航空器气动控制一体化设计》《无人驾驶航空器系统分析与设计》《高动态无人机感知与控制》《事件驱动神经形态系统》构成，主要介绍基于系统思维与系统工程的方法，凸显无人驾驶航空器系统设计、开发、试验、运行和维护等方面发挥的作用和优势。

希望本丛书的出版能够帮助无人驾驶航空器系统工程专业学生夯实理论基础，增强系统思维及创新意识，增加系统工程与专业知识储备，为成为无人驾驶航空器及相关专业领域的优秀人才打下坚实的基础。

本丛书可作为无人驾驶航空器系统工程专业在读本科生与研究生的教材和参考书，也可为无人驾驶航空器系统研发人员、设计与应用领域相关专业的从业者提供有益的参考。

无人驾驶航空器系统工程高精尖学科丛书编委会

丛书主编简介

张新国,工学博士,管理学博士;清华大学特聘教授、复杂系统工程研究中心主任,北京航空航天大学兼职教授、无人系统研究院学术委员会主任;中国航空研究院首席科学家,中国企业联合会智慧企业推进委员会副主任,中国航空学会副理事长;国际航空科学理事会(ICAS)执行委员会委员,国际系统工程协会(INCOSE)北京分会主席,国际系统工程协会(INCOSE)系统工程资深专家,国际开放组织杰出架构大师,美国航空航天学会(AIAA)Fellow,英国皇家航空学会(RAeS)Fellow。

曾任中国航空工业集团公司副总经理、首席信息官,中国航空研究院院长,在复杂系统工程和复杂组织体工程的理论、方法和应用等方面有深入研究和大规模工业实践,是航空工业及国防工业践行系统工程转型和工业系统正向创新的主要领导者和推动者。

有多篇论文在国内外重点刊物上发表,并著有《电传飞行控制系统》《国防装备系统工程中的成熟度理论与应用》《新科学管理——面向复杂性的现代管理理论方法》,译著有《系统工程手册——系统生命周期流程和活动指南 3.2.2 版》《基于模型的系统工程(MBSE)方法论综述》《TOGAF 标准 9.1 版》《系统工程手册——系统生命周期流程和活动指南 4.0 版》等书。

曾荣获国际系统工程协会(INCOSE)2018 年度系统工程"奠基人"奖、"国家留学回国人员成就奖"、"全国先进工作者"、"全国五一劳动奖章",国家科技进步特等奖、一等奖和二等奖;享受国务院政府特殊津贴。

谨以此书献给米莎·马霍瓦尔德、乔格·克莱默和保罗·穆勒

原文贡献者名单

编者：

Shih-Chii Liu

Tobi Delbruck

Giacomo Indiveri

Adrian Whatley

Rodney Douglas

Institute of Neuroinformatics

University of Zürich and ETH Zürich

Zürich，Switzerland

贡献者：

Corey Ashby

Johns Hopkins University

Baltimore，MD，USA

Ralph Etienne-Cummings

Johns Hopkins University

Baltimore，MD，USA

Paolo Del Giudice

Department of Technologies and Health

Istituto Superiore di Sanità

Rome，Italy

Stefano Fusi

Center for Theoretical Neuroscience

Columbia University

New York，NY，USA

Tara Hamilton

The MARCS Institute
University of Western Sydney
Sydney，Australia

Jennifer Hasler
Georgia Tech
Atlanta，GA，USA

Alejandro Linares-Barranco
Universidad de Sevilla
Sevilla，Spain

Bernabe Linares-Barranco
National Microelectronics Center
（IMSE-CNM-CSIC）
Sevilla，Spain

Rajit Manohar
Cornell Tech
New York，NY，USA

Kevan Martin
Institute of Neuroinformatics
University of Zürich and ETH Zürich
Zürich，Switzerland

André van Schaik
The MARCS Institute
University of Western Sydney
Sydney，Australia

Jacob Vogelstein
Johns Hopkins University
Baltimore，MD，USA

章节编著者：

第 1 章：Tobi Delbruck

第 2 章：Rajit Manohar，Adrian Whatley，Shih-Chii Liu

第 3 章：Tobi Delbruck，Bernabe Linares-Barranco

第 4 章：André van Schaik，Tara Hamilton，Shih-Chii Liu

第 5 章：Corey Ashby，Ralph Etienne-Cummings，Jacob Vogelstein

第 6 章：Stefano Fusi，Paolo del Giudice

第 7 章：Giacomo Indiveri

第 8 章：Shih-Chii Liu，Giacomo Indiveri

第 9 章：André van Schaik，Tara Hamilton

第 10 章：Jennifer Hasler

第 11 章：Tobi Delbruck，Bernabe Linares-Barranco

第 12 章：Shih-Chii Liu

第 13 章：Adrian Whatley，Alejandro Linares-Barranco，Shih-Chii Liu

第 14 章：Adrian Whatley

第 15 章：Tobi Delbruck

第 16 章：Rajit Manohar

第 17 章：Rodney Douglas，Kevan Martin

前　言

建立神经形态系统的动机源于工程学和神经科学。在工程学方面,大脑如何解决复杂问题的灵感催生了新的计算算法;然而,大脑逆向工程是一个较难实现的目标,因为大脑是生物演化而来的,不是由人类工程师设计的。在神经科学方面,我们的目标是了解大脑的功能,由于神经回路极其复杂且紧凑的特性,所以对大脑功能的研究仍处于早期阶段。神经形态系统是工程学和神经科学之间的桥梁。从建立基于神经结构的设备中获得的经验为其提供了新的工程能力和新的生物学见解。

构建神经形态的超大规模集成电路芯片并完善它们之间基于异步事件的通信,需要一代有才华的工程科学家。这些人受到了卡弗·米德于 1989 年所著的里程碑式的《模拟超大规模集成电路和神经系统》一书的启发。1987 年,我作为加州理工学院(California Institute of Technology)的维尔斯玛(Wiersma)神经生物学客座教授,参加了"卡弗兰"(Carverland)小组会议。当时神经形态工程还处于起步阶段,但是这项技术的优势和缺点已经显现。一种新的大规模并行、低功耗、低成本的计算架构的前景被困扰模拟 VLSI 芯片的晶体管不匹配和噪声所带来的技术挑战所平衡。大脑是这些问题可以被克服的证据,但是要找到实际的解决方案,花费的时间比预期更多,这些方案在本书中被详细介绍。

在神经形态系统被引入的同时,神经网络革命也正在进行中,其基础是对简化的神经元模型进行模拟。1986 年出版的《Parallel Disthbuted Processing》[①]两卷书中有几章是关于两种新的多层网络模型的学习算法:误差的反向传播和玻耳兹曼机器。与手工制作的工程系统相比,这些网络模型是通过很多例子学习的。在过去的 25 年里,整体的计算能力提高了 100 万倍,而现在的互联网上只有大量的数据集,这使得对简单模型神经元层次的深度学习既强大又实用,至少在能力无限时是这样的。2013 年的神经信息处理系统(NIPS)会议有 2 000 人参加,机器学习的应用范围从视觉系统扩展到广告推荐系统。

自 1959 年首次记录单个皮层神经元以来,系统神经科学的研究已经取得了一个又一个神经元的进展。在过去的 10 年里,新的光学技术实现了同时记录数百个神经元,研究人员可以选择性地刺激和抑制神经元亚型中的峰值。研究人员正在开发分析工具,以探索大量神经元中大脑活动的统计结构,并在机器学习的辅助下,利用电子显微图重建大脑的连通性,从而生成复杂的接线图。我们的目标是利用这些新工具来了解神经回路的活动是如何产生行为的,当然这一目标还远未实现。

---

① Rumelhart D E,McClelland J L. Parallel Distributed Processing. 马萨诸塞州,剑桥:麻省理工学院出版社,1986.

　　未来 25 年,可能是神经形态电子系统、人工神经网络和系统神经科学这三个相互作用的研究领域达到成熟并发挥其潜力的黄金时期。每个人在实现终极目标的过程中都扮演着重要的角色,即理解大脑中神经元和通信系统的特性是如何提高我们的视觉、听觉、计划、决定和行动能力的。这一目标的实现将有助于我们更好地了解我们是谁,并创建一个新的经济神经技术部门,对我们的日常生活产生深远的影响。《事件驱动神经形态系统》一书可作为神经形态电气工程师追求这一目标的重要文献资料。

特伦斯·塞诺夫斯基

拉荷亚,加利福尼亚州

2013 年 12 月 15 日

致　　谢

　　如果没有美国国家科学基金会(NSF)在资助碲化物神经形态认知工程研讨会上的一致支持和欧盟 FET(未来和新兴技术)计划在支持欧洲 CapoCaccia 认知神经形态工程研讨会上的帮助,这本书永远不会成形。许多在这本书中发展的想法都曾在这些独特且能动手实践的研讨会上首先被讨论并且展示出原型。对于许多神经形态工程师来说,这些研讨会是一年一度的大亮点,也是其他场合无法替代的,如 IEEE 会议。

　　本书的编者和贡献者感谢阅读和评论了书中不同章节的读者,他们是 Luca Longinotti,Bjorn Beyer, Michael Pfeiffer, Josep Maria Margarit Taulé, Diederik Moeys, Bradley Minch,Sim Bamford, Min-Hao Yang 和 Christoph Posch。感谢 Srinjoy Mitra 对第 12 章,Philipp Häfliger 对第 8 章,Raphael Berner 对第 3 章,以及 Anton Civit 对第 13 章所做的贡献;感谢 Kwabena Boahen 在第 2 章节中使用了一些材料,Diana Kasabov 对本书的校对和更正,以及 Daniel Fasnacht 在图书项目开始时设置了原始的 DokuWiki;还要感谢苏黎世大学和苏黎世联邦理工学院神经信息学研究所神经形态工程课程 I 的学生,他们对第 7 章和第 8 章反馈了意见。

　　我们特别要感谢苏黎世大学和苏黎世联邦理工学院的神经信息学研究所、美国国家科学基金会碲化物神经形态认知工程研讨会,以及 CapoCaccia 认知神经形态工程工作室。

　　第 4 章开头和在封面(英版)上的图片是由 Eric Fragnière 提供的,第 6 章开头的图片是由 Valentin Nägerl 和 Kevan Martin 提供的。第 7 章和第 8 章开头的图片是由 Nuno Miguel Maçarico Amorim da Costa, John Anderson 和 Kevan Martin 提供的。

缩写词和缩略语列表

原　文		中　文
1D	one dimensional	一维
2D	two dimensional	二维
3D	three dimensional	三维
ACA	analog computing arrays	模拟计算阵列
ACK	acknowledge	确认
A/D	analog-digital (converter)	模拟/数字(转换器)
ADC	analog-digital converter	模/数转换器
AdEx	Adaptive exponential integrate-and-fire model	自适应指数集成-发射模型
AE	address event	地址事件
AEB	address-event bus	地址事件总线
AER	address-event representation	地址事件表示
AEX	AER extension board	AER 扩展板
AFGA	autozeroing floating-gate amplifier	自调零浮栅放大器
AGC	automatic gain control	自动增益控制
ALOHA	Not actually an abbreviation，ALOHA refers to a network media access protocol originally developed at the University of Hawaii	实际上不是缩写 ALOHA 是指网络媒体访问最初由夏威夷大学开发的协议
ANN	artificial neural network	人工神经网络
ANNCORE	analog neural network core	模拟神经网络核心
API	Application Programming Interface	应用程序接口
APS	active pixel sensor	有源像素图像传感器
AQC	automatic Q (quality factor) control	自动 Q(品质因子)控制
ARM	Acorn RISC Machine	精简指令集计算机
ASIC	application-specific integrated circuit	专用集成电路
ASIMO	Advanced Step in Innovative MObility (robot)	先进的创新移动(机器人)
ASP	analog signal processor/processing	模拟信号处理器/处理
ATA	AT Attachment (also PATA：Parallel ATA)；an interface standard for connecting mass storage devices (e. g.， hard disks) in computers	嵌入式接口(也称 PATA,等同 ATA)；一种接口标准,用于连接计算机中的大量存储设备(如硬盘)
ATIS	asynchronous time-based image sensor	基于时间的异步图像传感器

原　文		中　文
ATLUM	Automatic Tape-collecting Lathe Ultra-Microtome	自动收带车床超薄切片机
aVLSI	Analog very large scale integration	模拟超大规模集成
BB	bias buffer	偏置缓冲器
BGA	ball grid array	球栅阵列
BJT	bipolar junction transistor	双极结晶体管
BM	basilar membrane	基底膜
BPF	band-pass filter	带通滤波器
bps	bits per second	位/秒
Bps	bytes per second	字节/秒
BSI	back-side illumination	背面照度
C^4	capacitively coupled current conveyor	电容耦合电流输送器
CAB	computational analog block	计算模拟块
CADSP	cooperative analog-digital signal processing	协同模拟-数字信号处理
CAVIAR	Convolution AER Vision Architecture for Real-time	卷积 AER 实时视觉架构
CCD	charge-coupled device	电荷耦合器件
CCN	cooperative and competitive network	合作竞争网络
CCW	counter clockwise	逆时针方向
CDS	correlated double sampling	关联双采样
CIS	CMOS image sensor	CMOS 图像传感器
CLBT	compatible lateral bipolar transistor	兼容横向双极晶体管
CMI	current-mirror integrator	电流镜像积分器
CMOS	complementary metal oxide semiconductor	互补金属氧化物半导体晶体管
CoP	center of pressure	压力中心
CPG	central pattern generator	中央模式发生器
CPLD	complex programmable logic device	复杂可编程逻辑器件
CPU	central processing unit	中央处理器
CSMA	carrier sense multiple access	载波监听多路访问
CV	coefficient of variation	变异系数
CW	clockwise	顺时针
DAC	digital-to-analog converter	数/模转换器
DAEB	domain address-event bus	域地址事件总线
DAVIS	Dynamic and Active-Pixel Vision Sensor	动态和主动像素视觉传感器
DC	direct current	直流

原 文		中 文
DCT	discrete cosine transform	离散余弦变换
DDS	differential double sampling	差分双采样
DFA	deterministic finite automaton	确定性有限自动机
DIY	do it yourself	自制
DMA	direct memory access	直接存储器访问
DNC	digital network chip	数字网络芯片
DOF	degree(s) of freedom	自由度
DPE	dynamic parameter estimation	动态参数估计
DPI	differential pair integrator	差分对积分器
DPRAM	dual-ported RAM	双端口 RAM
DRAM	dynamic random access memory	动态随机存取存储器
DSP	digital signal processor/processing	数字信号处理器/处理
DVS	dynamic vision sensor	动态视觉传感器
EEPROM	electrically erasable programmable read only memory	电可擦除可编程只读存储器
EPSC	excitatory post-synaptic current	兴奋性突触后电流
EPSP	excitatory post-synaptic potential	兴奋性突触后电位
ESD	electrostatic discharge	静电释放
ETH	Eidgenössische Technische Hochschule	瑞士联邦工学院
EU	European Union	欧盟
FACETS	Fast Analog Computing with Emergent Transient States	具有突发瞬态的快速模拟计算
FE	frame events	帧事件
FET	field effect transistor	场效应晶体管
FET	*also* Future and Emerging Technologies	未来新兴技术
FG	floating gate	浮栅
FIFO	First-In First-Out（memory）	先进先出（内存）
fMRI	functional magnetic resonance imaging	功能磁共振成像
FPAA	field-programmable analog array	现场可编程模拟阵列
FPGA	field-programmable gate array	现场可编程门阵列
FPN	fixed pattern noise	固定模式噪声
FPS	frames per second	帧/秒
FSI	front side illumination	正面照度
FSM	finite state machine	有限状态机

	原 文	中 文
FX2LP	A highly integrated USB 2.0 microcontroller from Cypress Semiconductor Corporation	半导体公司的一个高度集成的 USB 2.0 微控制器
GALS	globally asynchronous，locally synchronous	全局异步,本地同步
GB	gigabyte，2^{30} bytes	G 字节,2^{30} 字节
Gbps	gigabits per second	G 比特/秒
Geps	giga events per second	G 事件/秒
GPL	general public license	通用公共许可证
GPS	global positioning system	全球定位系统
GPU	graphics processing unit	图形处理单元
GUI	graphical user interface	图形用户界面
HCO	half-center oscillator	半中心振荡器
HDL	Hardware Description Language	硬件描述语言
HEI	hot electron injection	热电子注入
HH	Hodgkin-Huxley	Hodgkin-Huxley
HiAER	hierarchical AER	分层的地址事件表示
HICANN	high input count analog neural network	高输入计数模拟神经网络
HMAX	Hierarchical Model and X	层次模型和 X
HMM	Hidden Markov Model	Hidden Markov 模型
HTML	Hyper-Text Markup Language	超文本标记语言
HW	hardware	硬件
HWR	half-wave rectifier	半波整流
hWTA	hard winner-take-all	硬件赢家通吃
I&F	integrate-and-fire	集成-发射
IC	integrated circuit	集成电路
IDC	insulation displacement connector	绝缘位移连接器
IEEE	Institute of Electrical and Electronics Engineers	电气与电子工程师协会
IFAT	integrate-and-fire array transceiver	集成-发射阵列收发器
IHC	inner hair cell	内毛细胞
IMS	intramuscular stimulation	肌肉的刺激
IMU	inertial or intensity measurement unit	惯性或强度测量单元
INCF	International Neuroinformatics Coordinating Facility	国际神经信息学协调机构
INE	Institute of Neuromorphic Engineering	神经形态工程研究所
I/O	input/output	输入/输出

	原　文	中　文
IP	intellectual property	知识产权
IPSC	inhibitory post-synaptic current	抑制突触后电流
ISI	inter-spike interval	峰值间隔
ISMS	intraspinal micro stimulation	椎管内微刺激
ITD	interaural time difference	两耳时差
JPEG	Joint Photographic Experts Group	联合图像专家组
KB	kilobyte，2^{10} bytes	千字节，2^{10} 字节
keps	kilo events per second	千事件/秒
LAEB	local address-event bus	本地地址事件总线
LFSR	linear feedback shift register	线性反馈位移寄存器
LIF	leaky integrate-and-fire	泄漏集成-发射
LLN	log-domain LPF neuron	对数域 LPF 神经元
LMS	least mean squares	最小均方
LPF	low-pass filter	低通滤波器
LSM	liquid-state machine	液态机
LTD	long-term depression	长期衰减
LTI	linear time-invariant	线性定常
LTN	linear threshold neuron	线性阈值神经元
LTP	long-term potentiation	长时间强化
LTU	linear threshold unit	线性阈值单元
LUT	look-up table	查询表
LVDS	low voltage differential signaling	低压差分信号
MACs	multiplyand accumulate operations	乘法和累加运算
MB	megabyte，2^{20} bytes	兆字节，2^{20} 字节
MEMs	microelectromechanical systems	微机电系统
Meps	mega events per second	兆事件/秒
MIM	metal insulator metal (capacitor)	金属绝缘体金属(电容器)
MIPS	microprocessor without interlocked pipeline stages (a microprocessor architecture)	无互锁流水线微处理器(微处理器体系结构)
MIPS	*also* millions of instructions per second	每秒数百万条指令
MLR	mesencephalic locomotor region	中脑运动区
MMAC	millions of multiply accumulate operations	百万级累加运算
MMC/SD	Multimedia card/secure digital	多媒体卡/安全数字
MNC	multi-neuron chip	多神经元芯片

	原　文	中　文
MOSFET	metal oxide semiconductor field effect transistor	金属氧化物半导体场效应晶体管
MUX	multiplex；multiplexer	复用；复用器
NE	neuromorphic engineering	神经形态工程
NEF	neural engineering framework	神经工程框架
nFET	n-channel FET	n沟道场效应管
NMDA	N-Methyl-D-Aspartate	N－甲基－D－天冬氨酸
NoC	Network on Chip	片上网络系统
NSF	National Science Foundation	国家科学基金会
OHC	outer hair cell	外毛细胞
OR	Octopus Retina	章鱼视网膜
ORISYS	orientation system	定向系统
OS	operating system	操作系统
OTA	operational transconductance amplifier	运算跨导放大器
PC	personal computer	个人电脑
PCB	printed circuit board	印制电路板
PCI	Peripheral Component Interconnect	外围总线
PCIe	Peripheral Component Interconnect Express	快速外围总线
PDR	phase dependent response	阶段依赖性响应
pFET	p-channel FET	p沟道场效应管
PFM	pulse frequency modulation	脉冲频率调制
PLD	programmable logic device	可编程逻辑器件
PRNG	pseudo-random number generator	伪随机数生成器
PSC	post-synaptic current	突触后电流
PSRR	power supply rejection ratio	电源抑制比
PSTH	peri-stimulus time histogram	刺激时间直方图
PTAT	proportional to absolute temperature	与绝对温度成正比
PVT	process，voltage，temperature	工艺，电压，温度
PWM	pulse width modulation	脉宽调制
PyNN	Python for Neural Networks	用于神经网络的 Python
Q	quality factor of filter	过滤器的品质因数
QE	quantum efficiency	量子效率
QIF	quadratic integrate-and-fire	二次集成-发射
QVGA	Quarter Video Graphics Array；320 ×240 pixel array	四分之一视频图形阵列；320×240 像素阵列

原　　文		中　　文
RAM	random access memory	随机存取存储器
REQ	request	请求
RF	radio frequency	射频频率
RF	*also* receptive field	射频接收域
RFC	Request for Comments(a publication of the Internet Engineering Task Force and the Internet Society	请求注释(互联网工程任务组的出版物和互联网协会)
RISC	reduced instruction set computing	精简指令集计算
RMS	root mean square	均方根
RNN	recurrent neural network	递归神经网络
ROI	region of interest	感兴趣的区域
SAC	selective attention chip	选择性注意芯片
SAER	serial AER	串行 AER
SAM	spatial acuity modulation	空间视敏度调节
SATA	serial ATA (an interface standard for connecting mass storage devices (e. g. , hard disks) to computers, designed to replace ATA)	串行 ATA(用于连接大容量存储设备(例如,硬盘)到计算机,旨在替代 ATA)
SATD	sum of absolute timestamp differences	绝对时间戳差异之和
SC	spatial contrast	空间对比
S－C	switched-capacitor	开关电容器
SCX	Silicon Cortex	硅皮质
SDRAM	synchronous dynamic random access memory	同步动态随机存取存储器
SerDes	serializer/deserializer	串行器/解串器
SFA	spike-frequency adaptation	尖峰频率适应
SiCPG	silicon CPG	硅中央模式发生器
SIE	serial interface engine	串行接口引擎
SiN	silicon neuron	硅神经元
SNR	signal-to-noise ratio	信噪比
SOS	second-order section	二阶部分
SpiNNaker	spiking neural network architecture	尖刺神经网络架构
SRAM	static random access memory	静态随机存取存储器
SS	shifted source	偏移源
SSI	stacked silicon interconnect	堆叠式硅互连
STD	short-term depression	短期衰减
STDP	spike timing-dependent plasticity	尖峰随时间变化的适应性

	原　文	中　文
STRF	spatiotemporal receptive field	时空感受野
SW	software	软件
sWTA	soft winner-take-all	软件赢家通吃
TC	temporal contrast	时间对比
TCAM	ternary content-addressable memory	三态内容可寻址存储器
TCDS	time correlated double sampling	时间关联双采样
TCP	Transport Control Protocol	传输控制协议
TN	TrueNorth	正北
TTFS	time to first spike	第一次达到尖峰的时间
UCSD	University of California at San Diego	加州大学圣地亚哥分校
UDP	User Datagram Protocol	用户数据报协议
USB	universal serial bus	通用串行总线
USO	unit segmental oscillators	单元分段振荡器
V1	primary visual cortex	主视觉皮层
VGA	Video Graphics Array;640×480 pixel array	视频图形阵列；640×480 像素阵列
VHDL	Verilog Hardware Description Language	Verilog 硬件描述语言
VISe	VIsion Sensor	视觉传感器
VLSI	very large scale integration	超大规模集成电路
VME	VERSAbus Eurocard bus standard	VERSA 总线欧卡总线标准
VMM	vector-matrix multiplication/multiplier	向量矩阵乘法/乘法器
WABIAN-2R	WAseda BIpedal humANoid No. 2 Refined（robot）	早稻田大学双足类人 2 号精制版（机器人）
WKB	Wentzel-Kramers-Brillouin	WKB 方法
WR_OTA	wide-linear range OTA	宽线性范围 OTA
WTA	winner-take-all	赢家通吃
XML	Extensible Markup Language	可扩展标记语言
ZMP	zero moment point	零力矩点

目　　录

第1章　简　介 ·· 1

1.1　起源与历史背景 ····································· 2

1.2　建立有用的神经形态系统 ························· 4

参考文献 ··· 5

第一部分　理解神经形态系统

第2章　通　信 ·· 9

2.1　简　介 ··· 9

2.2　地址事件表示 ····································· 11

 2.2.1　AER 编码器 ································ 12

 2.2.2　仲裁机制 ···································· 13

 2.2.3　编码机制 ···································· 16

 2.2.4　多个 AER 端点 ···························· 17

 2.2.5　地址映射 ···································· 17

 2.2.6　路　由 ······································ 18

2.3　AER 链接设计注意事项 ························· 18

 2.3.1　权衡:动态分配还是静态分配 ············ 19

 2.3.2　权衡:仲裁访问还是冲突 ················· 20

 2.3.3　权衡:排队与下降峰值 ··················· 22

 2.3.4　预测吞吐量的需求 ······················ 23

 2.3.5　设计权衡 ··································· 24

2.4　AER 链路的演变 ································· 25

 2.4.1　单发单收 ··································· 25

 2.4.2　多发多收 ··································· 27

 2.4.3　并行信号协调 ···························· 28

 2.4.4　字串行寻址 ······························ 29

 2.4.5　串行差分信号 ···························· 29

2.5　讨　论 ·· 30

参考文献 ·· 31

第 3 章 硅视网膜 ··· 34

3.1 简 介 ··· 34

3.2 生物视网膜 ··· 35

3.3 具有串行模拟输出的硅视网膜 ··························· 36

3.4 事件驱动的异步像素输出与同步帧 ····················· 36

3.5 AER 视网膜 ··· 37

3.5.1 动态视觉传感器 ································· 39

3.5.2 基于时间的异步图像传感器 ····················· 42

3.5.3 异步 Parvo - Magno 视网膜模型 ················· 42

3.5.4 事件驱动的强度编码成像仪 ····················· 44

3.5.5 空间对比度与方向视觉传感器 ··················· 46

3.6 硅视网膜像素 ··· 49

3.6.1 DVS 像素 ······································ 49

3.6.2 ATIS 像素 ····································· 52

3.6.3 VISe 像素 ····································· 53

3.6.4 Octopus 像素 ································· 53

3.7 硅视网膜新规范 ··· 55

3.7.1 DVS 响应均匀性 ······························· 55

3.7.2 DVS 背景活动 ································· 56

3.7.3 DVS 动态范围 ································· 57

3.7.4 DVS 延迟和抖动 ······························· 57

3.8 讨 论 ··· 58

参考文献 ··· 61

第 4 章 硅耳蜗 ··· 66

4.1 简 介 ··· 66

4.2 耳蜗结构 ··· 70

4.2.1 级联一维 ······································· 70

4.2.2 基本的一维硅耳蜗 ····························· 71

4.2.3 二维架构 ······································· 72

4.2.4 电阻(导电)网络 ····························· 73

4.2.5 BM 谐振器 ····································· 73

4.2.6 二维硅耳蜗模型 ······························· 73

4.2.7 添加 OHC 的主动非线性特性 ··················· 75

4.3 尖峰型耳蜗 ··· 77

4.3.1 AEREAR2 滤波器的 Q-控制 ··················· 78

　　　4.3.2　应用：基于尖峰的听觉处理 ·············· 78

　4.4　树状图 ···················· 79

　4.5　讨　论 ···················· 80

　参考文献 ····················· 81

第5章　运动电机控制 ·················· 85

　5.1　简　介 ···················· 85

　　　5.1.1　确定功能性生物学元素 ············ 86

　　　5.1.2　有节奏的运动模式 ·············· 86

　5.2　运动控制中的神经回路建模 ············ 88

　　　5.2.1　描述运动行为 ················ 89

　　　5.2.2　虚拟分析 ·················· 90

　　　5.2.3　连接模型 ·················· 92

　　　5.2.4　基本CPG结构 ················ 93

　　　5.2.5　神经形态架构 ················ 95

　5.3　工作中的神经形态CPG ·············· 101

　　　5.3.1　神经假体：体内运动的控制 ·········· 101

　　　5.3.2　步行机器人 ················· 102

　　　5.3.3　各段间协调建模 ··············· 104

　5.4　讨　论 ···················· 104

　参考文献 ····················· 106

第6章　神经形态系统的学习 ·············· 113

　6.1　简介：突触连接、记忆和学习 ··········· 114

　6.2　在神经形态硬件中保留记忆 ············ 114

　　　6.2.1　记忆维护问题：直觉 ············· 114

　　　6.2.2　记忆维护问题：定量分析 ··········· 116

　　　6.2.3　解决记忆维护问题 ·············· 117

　6.3　在神经形态硬件中存储记忆 ············ 121

　　　6.3.1　突触学习模型 ················ 121

　　　6.3.2　在神经形态硬件中实现突触模型 ········ 124

　6.4　神经形态硬件中的联想记忆 ············ 128

　　　6.4.1　吸引子神经网络中的记忆检索 ········· 128

　　　6.4.2　问　题 ··················· 132

　6.5　神经形态芯片中的吸引子状态 ··········· 134

　　　6.5.1　记忆检索 ·················· 134

　　　6.5.2　实时学习视觉刺激 ·············· 136

6.6 讨 论 ·· 138

参考文献 ·· 139

第二部分 建立神经形态系统

第7章 硅神经元 ··· 145

7.1 简 介 ··· 145

7.2 硅神经元电路块 ·· 147

    7.2.1 电导动力学 ·· 147

    7.2.2 尖峰事件生成 ·· 149

    7.2.3 尖峰阈值和不应期 ·· 150

    7.2.4 尖峰频率自适应和自适应阈值 ·· 152

    7.2.5 轴突和树突树 ·· 153

    7.2.6 其他有用的构建基块 ·· 154

7.3 硅神经元实现 ··· 155

    7.3.1 亚阈生物物理现实模型 ·· 155

    7.3.2 事件驱动系统的紧凑型 I&F 电路 ·· 158

    7.3.3 通用 I&F 神经元电路 ·· 159

    7.3.4 高于阈值、加速时间和开关电容设计 ······································ 163

7.4 讨 论 ··· 167

参考文献 ·· 169

第8章 硅突触 ··· 176

8.1 简 介 ··· 177

8.2 硅突触实现 ··· 178

    8.2.1 无电导电路 ·· 179

    8.2.2 电导电路 ·· 187

    8.2.3 NMDA 突触电路 ·· 189

8.3 动态塑性突触 ··· 190

    8.3.1 短期可塑性 ·· 190

    8.3.2 长期可塑性 ·· 192

8.4 讨 论 ··· 201

参考文献 ·· 203

第9章 硅耳蜗构造模块 ·· 208

9.1 介 绍 ··· 208

9.2　电压域二阶滤波器 ································· 209

　9.2.1　跨导放大器 ································· 209

　9.2.2　二阶低通滤波器 ································· 210

　9.2.3　滤波器的稳定性 ································· 211

　9.2.4　稳定的二阶低通滤波器 ················· 213

　9.2.5　差　异 ································· 213

9.3　电流域二阶滤波器 ································· 215

　9.3.1　跨线性回路 ································· 215

　9.3.2　二阶 Tau 细胞对数域滤波器 ········· 217

9.4　指数偏差生成 ································· 218

9.5　内毛细胞模型 ································· 220

9.6　讨　论 ································· 221

参考文献 ································· 222

第 10 章　可编程和可配置的模拟神经形态集成电路 ································· 224

10.1　简　介 ································· 224

10.2　浮栅电路基础知识 ································· 225

10.3　启用电容电路的浮栅电路 ················· 226

10.4　修改浮栅电荷 ································· 228

　10.4.1　电子隧道效应 ································· 228

　10.4.2　PFET 热电子注入 ································· 229

10.5　可编程模拟器件的精确编程 ················· 230

10.6　可编程模拟方法的缩放 ················· 232

10.7　低功耗模拟信号处理 ················· 233

10.8　与数字方法的低功耗比较:内存中的模拟计算 ················· 235

10.9　数字复杂度下模拟编程:大规模现场可编程模拟阵列 ················· 236

10.10　模拟信号处理的应用 ················· 238

　10.10.1　模拟变换成像仪 ················· 238

　10.10.2　自适应滤波器和分类器 ················· 240

10.11　讨　论 ································· 241

参考文献 ································· 242

第 11 章　偏置发生器电路 ································· 248

11.1　简　介 ································· 248

11.2　偏置发生器电路 ································· 249

　11.2.1　自举电流镜主偏置基准电流 ········· 250

　11.2.2　主偏置电源抑制比 ················· 251

11.2.3 主偏置的稳定性 ·· 252

11.2.4 主偏置启动和电源控制 ································· 252

11.2.5 电流分流器：获得主电流的数字控制部分 ········· 253

11.2.6 实现偏置电流的良好单调分辨率 ··················· 257

11.2.7 粗精范围选择 ·· 258

11.2.8 小电流的偏移源偏置 ································· 259

11.2.9 个体偏差的缓冲和旁路解耦 ······················· 261

11.2.10 通用偏置缓冲电路 ····································· 263

11.2.11 保护偏置分流器电流不受寄生光电流的影响 ······ 264

11.3 包括外部控制器的整体偏置发生器结构 ··············· 264

11.4 典型特征 ··· 265

11.5 设计工具包 ·· 266

11.6 讨 论 ··· 267

参考文献 ··· 267

第 12 章 片上 AER 通信电路 ·································· 269

12.1 简 介 ··· 269

12.1.1 通信周期 ··· 270

12.1.2 通信提速 ··· 271

12.2 AER 发送器模块 ··· 272

12.2.1 像素内的 AER 电路 ··································· 273

12.2.2 仲裁器 ·· 273

12.2.3 其他 AER 模块 ·· 279

12.2.4 联合作业 ··· 280

12.3 AER 接收器模块 ··· 280

12.3.1 芯片级握手模块 ······································· 281

12.3.2 解码器 ·· 282

12.3.3 接收像素中的握手电路 ······························ 282

12.3.4 脉冲扩展电路 ·· 283

12.3.5 接收阵列外围握手电路 ······························ 283

12.4 讨 论 ··· 284

参考文献 ··· 285

第 13 章 硬件基础架构 ·· 287

13.1 简 介 ··· 287

13.1.1 监控 AER 事件 ·· 288

13.1.2 AER 事件定序 ··· 292

　　　　13.1.3　映射 AER 事件 ·· 293

　　13.2　小型系统的硬件基础架构板 ··· 296

　　　　13.2.1　硅皮层 ··· 296

　　　　13.2.2　集中通信 ··· 297

　　　　13.2.3　可组合架构解决方案 ·· 298

　　　　13.2.4　菊花链结构 ·· 303

　　　　13.2.5　接口板使用串行 AER ·· 304

　　　　13.2.6　可重构网状架构 ·· 307

　　13.3　中等规模多芯片系统 ··· 309

　　　　13.3.1　OR+IFAT 系统 ··· 309

　　　　13.3.2　多芯片定向系统 ·· 311

　　　　13.3.3　CAVIAR 系统 ··· 314

　　13.4　FPGA ··· 319

　　13.5　讨　论 ·· 321

　　参考文献 ·· 323

第 14 章　软件基础架构 ·· 330

　　14.1　简　介 ·· 330

　　14.2　芯片和系统描述软件 ··· 331

　　　　14.2.1　可扩展标记语言 ·· 332

　　　　14.2.2　NeuroML ··· 332

　　14.3　组态软件 ·· 332

　　14.4　地址事件流处理软件 ··· 333

　　　　14.4.1　现场可编程门阵列 ··· 333

　　　　14.4.2　AE 流处理软件的结构 ······································ 334

　　　　14.4.3　带宽和延迟 ·· 334

　　　　14.4.4　优　化 ··· 335

　　　　14.4.5　应用程序编程接口 ··· 335

　　　　14.4.6　AE 流的网络传输 ·· 336

　　14.5　映射软件 ·· 336

　　14.6　软件示例 ·· 337

　　　　14.6.1　ChipDatabase:用于调整神经形态 aVLSI 芯片的系统 ··········· 337

　　　　14.6.2　Spike Toolbox ·· 339

　　　　14.6.3　jAER ·· 339

　　　　14.6.4　Python 和 PyNN ·· 340

　　14.7　讨　论 ·· 342

　　参考文献 ·· 343

第 15 章　事件流的算法处理 ································· 346

　15.1　简　介 ······································· 346

　15.2　软件基础架构需求 ····························· 348

　15.3　嵌入式实现 ··································· 350

　15.4　算法实例 ····································· 350

　　15.4.1　降噪滤波器 ····························· 351

　　15.4.2　时间戳映射和按位移地址进行二次采样 ······· 352

　　15.4.3　作为低级功能检测器的事件标记器 ··········· 352

　　15.4.4　视觉跟踪器 ····························· 354

　　15.4.5　事件驱动的音频处理 ····················· 358

　15.5　讨　论 ······································· 358

　参考文献 ··· 359

第 16 章　迈向大规模神经形态系统 ····················· 362

　16.1　简　介 ······································· 362

　16.2　大型系统实例 ································· 362

　　16.2.1　尖峰神经网络结构 ······················· 363

　　16.2.2　分层 AE ······························· 365

　　16.2.3　神经网络 ······························· 366

　　16.2.4　高输入计数模拟神经网络系统 ··············· 368

　16.3　讨　论 ······································· 369

　参考文献 ··· 370

第 17 章　作为潜在技术大脑 ··························· 372

　17.1　简　介 ······································· 372

　17.2　神经计算的本质：脑技术原理 ··················· 373

　17.3　理解大脑的方法 ······························· 375

　17.4　大脑构造和功能的一些原理 ····················· 376

　17.5　神经电路处理的示例模型 ······················· 378

　17.6　对神经形态的认知 ····························· 380

　参考文献 ··· 381

第1章 简 介

动物大脑可以与外界进行轻松的交流,这给科技带来了持续的挑战。尽管计算机硬件、软件和系统概念在数字领域方面取得了巨大的进步,但大脑在各类广泛的任务中的表现远远优于计算机,尤其是在根据功耗考虑问题时。例如,蜜蜂在采集花蜜时所具有的异常非凡的任务能力、导航能力和社交能力,它们只使用了不到 100 万个神经元,燃烧了不到 1 mW 功率,所使用的离子物理学装置的能耗比电子产品低了很多。相比目前的神经模拟或自主机器人,蜜蜂的这种任务能力和能源效率要高出很多个数量级。2009 年在一台超级计算机上进行的"猫级"神经模拟实验,模拟了 1 013 个突触连接,耗时是实时的几百倍,同时消耗了约 2 MW 的能量(Ananthanarayanan 等,2009);美国国防部高级研究计划局(DARPA)的机器人挑战赛(Grand Challenge)沿着 GPS 定义的密集路径行驶,其可以携带超过 1 kW 的传感和计算能力(Thrun 等,2007)。

尽管我们还没有完全掌握以如此低的成本产生智能行为的自然原理,但神经科学已经在描述大脑的组成部分、连接结构和计算过程方面取得了重大进展。所有这些都与目前的技术不同。处理过程分布在数十亿个基本单元(即神经元)上。每个神经元与成千上万的其他神经元相连,通过特殊的可修改的连接突触来接收信息。神经元通过树状轴突收集和转换输入信息,然后通过树状轴突分配输出信息。通过神经元之间的突触连接实例化记忆,通过它们的空间排列和神经元输入树突状树上的模拟交互作用,与处理过程共局域化。突触的可塑性是非常复杂的,但却能让动物在一生中保留重要的记忆,同时以毫秒级的时间尺度进行学习。输出轴突通过复杂的分枝将异步尖峰事件传递给它们的许多目标。在新大脑皮层中,大部分目标都接近源神经元,表明网络处理具有较强的局域性,用于远程集成的带宽相对较小。

大脑的各种感知、认知和行为功能在大脑空间中有系统的组织。然而,这些不同的处理过程是在每个专门区域中被识别出来的。其组织结构表明,这是一种用不同方式相互通信的联合体。总的来说,大脑的特征取决于数量众多的处理器,通过一个庞大的点对点有线通信基础设施进行异步信息传递。在此线路的构造和维护方面的限制会强制实施本地集体专业化策略,并需要进行更大范围的协调。

在过去的 20 年里,神经形态工程师一直努力将这些原理应用到集成电路和系统中。这一挑战的机遇在于实现一种将神经系统的组织原理与电子器件卓越的电荷载流子迁移性相结合的计算技术。本书为实现该目标提供了一些见解和许多实用的细节。这些结果对于更主流的计算变得越来越重要,因为组件密度的限制使得分布式处理模型越来越多。

神经形态方法的起源大约可以追溯到20世纪80年代,当时加州理工学院的Carver Mead研究小组了解到,如果要模仿大脑的计算方式,他们就必须模仿大脑的交流方式。这些早期的发现一直局限于世界各地的少数实验室中,但是最近几年北美、欧洲和亚洲的学术和工业实验室的发展都在增加,并且清楚地认识到了神经形态方法与更广泛的计算挑战的相关性(Hof,2014)。在该领域,感兴趣的神经科学家和工程师之间的密切合作促进了神经形态学方法的进步,诸如美国的Telluride神经形态认知工程研讨会和欧洲的CapoCaccia认知神经形态工程研讨会等实践性研讨会促进了这种合作。

事件驱动神经形态系统源于该学术界的愿望,即传播用于构建神经形态电子系统的最新技术,使用异步事件驱动的通信来感知、交流、计算和学习。本书是对介绍性教科书(Liu等,2002)的补充,该书解释了神经形态工程系统的基本电路构造。现在,事件驱动神经形态系统展示了如何使用这些基础模块来构建完整的系统,主要关注事件驱动的神经形态系统的热门领域。本书中描述的系统包括实现神经系统模型的传感器和神经元处理电路。模块之间基于关键的异步事件驱动协议的通信,被称为地址事件(AER),该协议将慢速点对点轴突上的尖峰事件的通信转换为快速总线上的小数据包的数字通信(举例参见第2章)。本书从整体上描述了神经形态工程领域的最新技术,包括构建完整的神经形态芯片和解决制造多芯片可扩展系统所面临的技术问题。

本书主要分为两部分。第一部分(第2~6章)可供来自更广泛背景的读者阅读。它描述了所构建的AER通信体系结构、AER传感器和电子神经模型的范围,但没有详细地研究潜在的技术细节。其中第2~5章还用树状图描述了将架构和电路关联起来的历史,并引导读者阅读大量文献。第6章还包括关于事件驱动系统学习的大部分理论知识。

第二部分(第7~16章)面向打算构建神经形态电子系统的读者。假设这些读者熟悉晶体管的物理知识,并且对模拟CMOS电路的推理很熟悉。混合信号CMOS设计师应乐于阅读这些更专业的主题,而应用工程师则可以轻松地阅读有关硬件和软件基础结构的章节。这一部分提供了有关用于构建神经系统的传感器和计算单元构建块的各种方法信息,包括硅神经元、硅突触、硅耳蜗电路、浮栅(FG)电路和可编程控制器数字偏置发生器的详细信息,还包括硬件和软件通信基础架构以及事件驱动传感器输出的算法处理章节。

本书以第17章作为结束章,其中考虑了当前计算机与神经系统在实现计算处理方式上的差异,并讨论了向认知神经形态系统发展的长期途径。

1.1　起源与历史背景

《事件驱动神经形态系统》的作者深受《Analog VLSI and Neural Systems》一书(Mead,1989)的影响。Carver Mead在书中讲述了人们为应用CMOS电子的亚阈值晶体管工作区域以实现神经风格和计算规模而付出的巨大努力。这本书是在自动编译同步逻辑电路刚刚开始主导硅生产时写的，Mead 是这个领域的核心原创者。就像 Mead 和 Conway(1980)写的关于逻辑设计的书，该书着重于为数字设计者灌输一套逻辑芯片的实际实现方法，而《Analog VLSI and Neural Systems》则着重于为神经形态设计者提供一套组织原理。这些想法都围绕着位于 Caltech 的 Mead 小组，即计算物理小组，并强调了一些概念，例如通过导线上的电流求和来进行信号聚合，通过求和指数进行乘法以及能量势垒的基本玻耳兹曼物理学与压敏神经通道激活物理学之间的关系。

但是，那时该领域太新了，从长远来看，有许多实际问题没有解决，主要是因为它们受到晶体管失配效应的影响。因此，早期的系统适合演示，但不适用于实际应用和大规模生产。事实上，CMOS 中的电流复制是实践中可能实现的最不精确的操作，这在书中几乎没有提到。这种遗漏导致设计在仿真实验中理想，但在实践中却表现不佳。信息通信中心的重要性直到《事件驱动神经形态系统》完成之后才被意识到，因此这本书中描述的系统都没有 AER 输出；相反，模拟信息是从这些描述的系统中串行扫描出来的。即使是后来收集的关于 Mead 实验室系统的章节集(Mead 和 Ismail,1989)和 Mead 在《IEEE 学报》(1990)上的综述论文也几乎没有涉及通信。

自 1989 年以来，神经形态工程技术一直在不断地进步。为了将神经形态工程学的发展融入应用中，我们考虑到了逻辑，即数字芯片设计。1990 年前后，一台高端个人计算机内存大约是 8 MB，时钟频率大约是 25 MHz(本书作者之一那时曾是个人 CAD 站的所有者，该 CAD 站在家中即可进行芯片设计)。直到 2013 年，一台先进的个人计算机可以达到约 16 GB 的内存和 3 GHz 的时钟频率。我们看到，这 20 年以来内存容量增加了约 1 000 倍，时钟频率增加了 100 倍。这些明显反映了摩尔定律和数千亿美元的投资效果，但是，用于计算的基本原理并没有多大改变。之所以取得如此大的进步，是因为有更多的可用内存和更强大的计算能力，而不是架构的根本进步。

这些年神经形态工程的圈子扩大了很多，它起源于加州理工学院、约翰斯·霍普金斯大学和瑞士联邦理工学院(译者注，EPFL)(见图 1.1)。最初，只是在几个实验室里显示一些适度、不太令人信服的实验室原型，而这些原型几乎不能脱离实验室工作台。但是 20 年后，神经形态工程已将系统中尖峰神经元的数量从数百个增加到 100 万个(第 16 章)，神经形态传感器可作为高性能的计算机外围设备(Liu 和 Delbrück,2010)，神经形态工程研讨的任何人都可以使用这些组件，即使他们对晶体管级电路设计了解甚少(Cap n.d.；Tel n.d.)。文献显示，以"神经形态"或"地址事件表示"为关键词的论文呈指数级增长(见图 1.2)，其增长率高于"同步逻辑"一词。尽管这些指数曲线会随着时间而趋于平直，但在 2010 年前后的 5 年中，提及"地址事件表示"的论文数量以每年约 16% 的速度增长。假设这种增长是由 15 个实验室平均工作 15 年，每年投资 20 万美元而产生的，那么取得这一进步的总投资大概是 5 000 万美元。与这一时期用于开发传统电子产品的数千亿美元相比，它只占了很小的一部分。

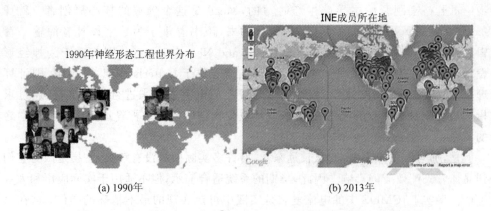

图 1.1　1990 年和 2013 年（© 2013 Google）神经形态电子工程界地图

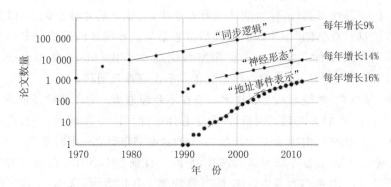

图 1.2　论文数量增长（来自 Google 学术搜索）

1.2　建立有用的神经形态系统

　　要想在拥有活力的工业市场中成为主流技术，显然需要获得资金支持和有竞争力的环境这样一些要求。神经形态系统能够在芯片间、温度间、有噪声电源的情况下稳定地、可重复地工作，必须具有易于开发应用程序的接口，并且便于携带，以便在没有专门设备的情况下现场使用。《事件驱动神经形态系统》讲述了过去 20 多年建立起来的技术知识。

　　神经形态电子系统具有这些特征是必要的，但还不够。神经形态系统必须优于传统技术，或者至少可以证明其大力投资是合理的。即当规模扩大或硅技术无法再缩至更小的特征尺寸或更低的电源电压时，它的性能将优于传统方法。最后一点是一个弱点：这些提案并没有足以证明神经形态的方法比简单地缩放逻辑并使其更为并行要好。尽管如此，还是获得了许多资助，但是这些提案太含糊和难以置信。可以说，资助者只是充满了希望，因为除了提供新的设备技术（例如石墨烯）以实现更多时钟和功能尺寸缩放外，没有其他选择。

延伸的问题提出了通信的重要性:扩展系统不仅需要更小的功能尺寸和成本,还需要增加系统功能。为了完成神经形态的研究,这些系统必须模仿大脑,即使用大量连接的混合数据驱动计算和通信架构。人们也可以从传统电子学方面看到这些要求的证据,即逻辑系统变得越来越并行和分布。这种通信需求是神经形态组织将精力集中在事件驱动的体系架构上的原因,这也是为什么本书旨在讲述构建此类系统的最新技术的原因。第 2 章将首先概述事件驱动神经形态系统的通信体系结构的原理。

参考文献

[1] Ananthanarayanan R, Esser S K, Simon H D, et al. The cat is out of the bag: cortical simulations with 10^9 neurons, 10^{13} synapses. // Proceedings of the Conference on High Performance Computing Networking, Storage and Analysis, Portland, OR, November 14-20, 2009. IEEE, 2009: 1-12.

[2] Cap. n. d. Capo Caccia Cognitive Neuromorphic Engineering Workshop. [2014-07-16]. http://capocaccia.ethz.ch/.

[3] Hof R D. Qualcomm's neuromorphic chips could make robots and phones more astute about the world. MIT Technology Review, 2014. http://www.technologyreview.com/featuredstory/526506/neuromorphic-chips/.

[4] Liu S C, Delbruck T. Neuromorphic sensory systems. Curr. Opin. Neurobiol, 2010, 20(3): 288-295.

[5] Liu S C, Kramer J, Indiveri G, et al. Analog VLSI: Circuits and Principles. MIT Press, 2002.

[6] Mead C A. Analog VLSI and Neural Systems. Reading, MA: Addison-Wesley, 1989.

[7] Mead C A. Neuromorphic electronic systems. Proc. IEEE, 1990, 78(10): 1629-1636.

[8] Mead C A, Conway L. Introduction to VLSI Systems. Reading, MA: Addison-Wesley, 1980.

[9] Mead C A, Ismail M. Analog VLSI Implementation of Neural Systems. Norwell, MA: Kluwer Academic Publishers, 1989.

[10] Tel. n. d. Telluride Neuromorphic Cognition Engineering Workshop. [2014-07-16]. www.ine-web.org/.

[11] Thrun S, Montemerlo M, Dahlkamp H, et al. Stanley: the robot that won the DARPA grand challenge// Buehler M, Iagnemma K, Singh S. The 2005 DARPA Grand Challenge. Springer Tracts in Advanced Robotics. Berlin Heidelberg: Springer, 2007, 36: 1-43.

第一部分
理解神经形态系统

第 2 章 通 信

本章重点介绍事件驱动神经形态电子系统中的通信基础。在对通信和电路交换系统与分组交换系统的要求进行总体考虑之后,介绍了地址事件表示(AER)、异步握手协议、地址编码器和地址解码器。接下来有一节是关于 AER 链接设计中的权衡考虑,还有一节描述了这种链接的实施细节以及这些细节是如何演变的。

2.1 简 介

在进化中,大脑计算能力的大幅扩展似乎是通过皮质的扩展来实现的,而皮质是围绕老旧结构的一片组织。皮质是一种层状结构,可分为灰质和白质。图 2.1 显示了猫脑一小部分视觉皮层的横截面。神经元的种类很多,大约每立方毫米为 10^5,通过白质中的轴突(它们的输出分支)进行远程连接(轴突的布线密度为每立方毫米 9 m),而灰质的组成多数是树突(神经元的输入分支),其布线密度高达 4 km/mm³ (Braitenberg 和 Schuz,1991)。远程白质连接占据了更大的体积,因为它们是髓鞘的,也就是说,被一种称为髓鞘的材料厚实地包裹着。髓鞘充当绝缘体,电容减小了,电阻增加了,并且对细胞外部的抵抗力也增强了,使神经元通过传播致动作电位脉冲衰减减缓,因为这些脉冲沿着轴突传播。

无论是沿白质轴突行进还是沿灰质无髓鞘轴突行进,动作电位或其波形的尖峰都是不变的(Gerstner 和 Kistler,2002)。尽管其幅度、持续时间(约 1 ms)和精度曲线可能有所变化,但它们可以被视为全 1 或全 0,本质上是数字事件。

神经形态电子系统必须将复杂神经元、轴突和突触网络嵌入到本质是二维的硅衬底中,而这些网络在自然界是三维构建的。与标准数字逻辑不同,在标准数字逻辑中,一个门电路的输出平均连接到 3～4 个门电路的输入端,神经元通常向数千个目的地传递峰值信号。因此,在逻辑优化的 2D 硅技术与实现神经元生物网络互连要求之间存在根本的物理不匹配。使用时分复用通信可以克服这种不匹配。

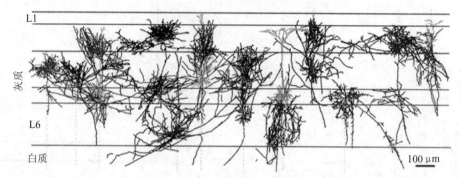

图 2.1　层状皮质细胞的横截面图,其中树突状组织位于灰质中,而轴突投射至白质。图中只显示了几个细胞,但灰质完全充满了神经元和其他一些支持细胞。改编自 Binzegger 等(2004)。经神经科学学会许可转载

现代数字门电路具有数十皮秒(ps)量级的切换延迟,这比神经元中输出尖峰活动的时间要快许多个数量级。由于通信结构只是将尖峰信号从一个神经元传递到另一个神经元,因此可以通过内部神经元通信的时分复用结构来解决高连接性以及 3D/2D 不匹配问题。这样的网络与当前在芯片上、芯片间以及系统对系统通信(例如,因特网)中使用的分组交换通信网络非常相似。

通信网络大致可以分为两类:电路交换和分组交换。在电路交换网络中,两个端点通过建立虚拟电路进行通信——虚拟网络中的一条路径,专用于两个端点之间的通信。一旦设置了路径,就可以在该路径上进行数据通信。通信结束后,该虚拟电路不复存在,电路所使用的硬件资源将被释放出来以供另一个虚拟电路使用。此方法在电话网络初期使用。电路交换网络中的通信具有虚拟电路的建立/拆卸成本,但之后,便可以以非常低的代价持续使用专用通信电路。当两个端点之间的通信持续时间很长时,此类网络的效用就非常明显。

分组交换网络是通过时分复用网络的各个部分来进行操作的,而不是预先创建端到端路径,正在通信的每个项目(数据包)都要求动态访问共享资源。因此,每个分组必须包含足够的信息,该信息允许通信网络中的每个步骤确定该分组所采用的路径中的精准下一步。分组交换网络中大量的消息通常被打包——转换为一系列的数据包,其中每个数据包都包含复制的路径信息,然而通过网络发送第一个数据包没有开销。当两个端点之间的通信处于少量信息突发时,此类网络非常有效。

在典型的神经形态电子系统中,神经元尖峰事件仅用于传达少量信息。在极端情况下,尖峰传达的唯一信息是尖峰完全发生,即尖峰发生的时间相对于系统中其他尖峰的时间。一个非常复杂的模型可能试图直接模拟尖峰波形,并传送一定数量的比特,以重建波形达到一定的精度。大多数大型神经形态电子系统都以少量的精度来模拟尖峰。因此,当交换少量信息时,由于它们更有效地使用硬件资源,所以通常使用分组交换网络来实现神经元间的通信。

用时间表示是一项艰巨的任务,因为时间分辨率是设计尖峰神经元通信网络的一个重要因素。表示时间主要有两种方法:(i)离散时间,在这种方法中,时间被全部离散为时钟信号,并且设计了一个通信网络在适当的全局时间步长传递带时间戳的尖峰;(ii)连续时间,在这种方法中,整个系统以连续时间运行,并且还使用连续时间电子设备对尖峰延迟进行建模。这是一个具有挑战性的设计问题,该方法的实践者通常会利用以下观察结果:

① 与数字电子设备的频率(GHz)相比,神经元尖峰的发射率非常低(数十 Hz)。这意味着,以数十 MHz 或几百 MHz 频率运行的快速通信结构几乎一直处于空闲状态。

② 与门电路的切换延迟(数十 ps)相比,轴突延迟也处于 ms 级。

③ 尖峰到达时间的微小变化(<0.1%)不会对整个系统行为产生重大影响,因为已知生物系统非常健壮,并且应该能够适应尖峰到达时间的微小变化。

通过对这三个观察结果的比较,我们可以得出这样的结论:如果脉冲传递时间可以保持在 ms 数量级,那么我们就可以忽略脉冲传递时间的不确定性。因为主要的延迟是由神经元自身的时间常数(几十毫秒)或轴突延迟模型(毫秒)引入的。为了使这种方法成功,过度设计通信结构很重要,这样网络就永远不会被严重负载。这种哲学有时被描述为"时间代表自身",也就是说,尖峰的到达时间本身代表了尖峰应该被传递的时间。这依赖于尖峰网络的实时行为和它们的硅实现。

2.2 地址事件表示

典型的神经元发射率为 1~10 Hz,因此,成千上万的神经元在 kHz 到低 MHz 范围内具有峰值频率。现代数字系统可以轻松支持此数据速率。因此,神经形态电子系统不是创建一个单一神经元的网络,而是有对应于神经元簇(cluster)的端点,其中簇可以对应于特定的处理层。将神经元簇的通信复用到单个信道中的电路称为地址事件表示(AER)电路。加州理工学院 Meer 实验室于 1991 年首次提出 AER(Lazzaro 等,1993;Lazzaro 和 Wawrzynek,1995;Mahowald,1992,1994;Sivilotti,1991),此后一直被硬件工程师广泛使用。

AER 电路的功能由单个神经元阵列生成/传递给单个神经元的尖峰提供复用/解复用功能。图 2.2 显示了如何将四个神经元的尖峰行为编码到单个输出通道上的示例。

尖峰是异步生成的,AER 电路会在生成尖峰时将其接收并将其多路复用到单个输出通道上。在输出通道上产生的值序列指示发射了哪个神经元。产生神经元标识符的时间对应于神经元产生尖峰的时间,还包括编码过程产生的小延迟。只要尖峰在时间上足够分开,编码过程就可以确保神经元标识符的正确排序。

要想保证簇中的每个神经元仅在同一簇中没有其他神经元出现尖峰时才产生尖

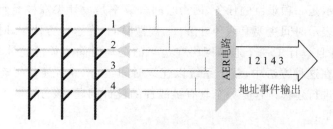

图 2.2 将不同的神经元复用到单个信道上

峰,那么多路复用电路应该对应标准异步编码器电路。但是,这不是有效的约束,因为群集中的神经元组可能具有相似/重叠的触发时间。因此,AER 编码器通常使用仲裁逻辑处理多个神经元的潜在同时尖峰到达时间。

解复用电路较易于设计,如图 2.3 所示。在多路复用过程中,从 AER 通道接收的输入值指定要向其传递尖峰的轴突/树突(取决于您)标识符,并且使用异步解码器解码将尖峰信号传递到适当的目的地。这些解码器电路与自定时存储器结构中的电路相同。在图 2.3 所示的示例中,地址-事件序列被解码为尖峰,这些尖峰被传递给各个树突,这些树突又与合适的神经元相连。如果 AER 输入中相邻树突标识符之间的延迟足够长,则 AER 解码器的输出在那时向树突传递一个尖峰。它表示对应于 AER 输入的到达时间加上与解码器电路对应的一个小延迟。自计时 AER 编码器和解码器的组合导致传输的峰值以一种保留尖峰间到达延迟的方式将尖峰从源神经元传递到目标神经元。

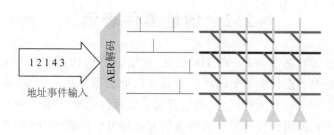

图 2.3 将 AER 输入多路复用为每个树突的单个尖峰

在最简单的 AER 方案中,由 AER 编码器生成的神经元标识符直接对应于目标位置的树突地址。例如,我们将图 2.2 的输出直接连接到图 2.3 的输入(如本章开头的图所示),则在源和目标的轴突和树突之间可以直接连接;如果源和目标位于单独的芯片上,或者编码/解码过程使轴突和树突之间的布线更易于管理,那么这也很有用。在更复杂的方案中,将神经元标识符转换为适当的一个或一组目标标识符,可以实现尖峰传递。

2.2.1 AER 编码器

AER 编码器有许多单独的轴突作为输入,它们必须实现两个功能。首先,编码器必须确定输出通道上要通信的下一个尖峰。这与异步系统中的传统仲裁问题相似。一旦选择了尖峰轴突,电路就必须对轴突标识符进行编码并产生输出数据值。这是一个传统的编码器,其中 N 个整数中的一个用 $\log N$ 位编码。文献中有各种各样的 AER 编码器方案。这些方案在解决同时出现多个尖峰之间冲突的机制以及神经元标识符的编码方式上有所不同。每种方案各有优缺点,适用于不同类型的神经形态系统。

有两种常用的方法来组织 AER 编码器。最简单的机制是,神经元有逻辑地组织在一个线性阵列,并且使用一个编码器将尖峰收集到一个输出通道中。这种方法被用于耳蜗回路的实现(Lazzaro 等,1993)。当神经元的数量变得非常大时,一种常见的做法是将神经元排列在一个二维数组中,并使用两个独立的编码器对神经元的 x 地址和 y 地址进行编码。这在视网膜模型中特别流行,因为神经元可以自然地组织在一个 2D 空间网格中。

2.2.2 仲裁机制

仲裁是指在异步请求中选择对共享资源访问顺序的过程。在 AER 系统中,共享资源是承载地址事件的总线。如果提供对共享信道或总线的随机访问,则必须处理通道访问争用;否则当两个或多个元素(或者是神经元)试图同时传输其地址时,就会发生竞争。我们可以引入仲裁机制来解决争用,并引入排队机制使节点等候。引入的队列可以在源处(每个神经元)、共享处(每个 AER 编码器)或两者的组合处。

1. 总线感知

实现仲裁方案的最直接的机制类似于在无线网络和原始以太网协议(IEEE 802.3 工作组,1985)中使用的载波监听多路访问(CSMA)协议。这种方法涉及检测 AER 总线是否被占用的电路,仅当总线空闲时才发送尖峰信号。如果总线很忙,那么尖峰信号将被丢弃(Abusland 等,1996)。这种方法的优势在于,相对于尖峰发生的时间,AER 总线上的尖峰会在可预测的时间传输。但是,由于总线争用,峰值可能会丢失。

2. 树仲裁器

最流行的仲裁方法是使用经典仲裁器电路来确定有源芯片上元件通信其地址的顺序。尖峰元素的地址有效地排在队列中,并在总线占用许可的情况下以碎片形式发送(Boahen,2000)。不会有事件丢失,但是,一旦有多个元素排队访问总线,便不会保留峰值定时信息。在仲裁过程中没有获胜的神经元会在神经元上排队等候。这种方法最早是在 Mahowald(1992)的文中提出的。如果我们假设将访问共享 AER 输出通道的权限显示为令牌(在图 2.4 中显示为点),那么可以将请求访问输出通道的过程视为将对令牌的请求发送到双向仲裁器元素树的根节点。然后令牌沿着元素树向下移动到发出请求的神经元之一处,如图 2.4 所示。

在图 2.4 所示的标准方案中,每个仲裁器通过以下方式处理输入请求:首先在树上发送对令牌的请求,在接收到令牌后响应输入请求。处理完输入后,令牌返回到树的根节点。当要处理的神经元数量变大时,会给每个请求带来 $O(\log N)$ 个仲裁阶段的代

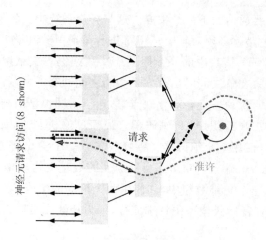

图 2.4　AER 的树仲裁器方案

价。请注意,此延迟会影响尖峰通信的吞吐量,因为只有在通过仲裁机制获得访问权限后,才能使用共享的 AER 总线。

3. 贪婪仲裁器

树仲裁器方案的优化版本使用的是贪婪仲裁器的概念(Boahen,2000)。贪婪仲裁器是一种改进的仲裁器电路,它支持使用优化的机制来处理同时请求。如果仲裁器块的两个输入在较短间隔内请求访问令牌,那么在处理了其中一个输入之后,会直接将令牌传到另一个输入,然后再将其返回到树的根节点。从概念上讲,这可以为"树上"每个级别的令牌传输提供最短路径,如图 2.5 所示。

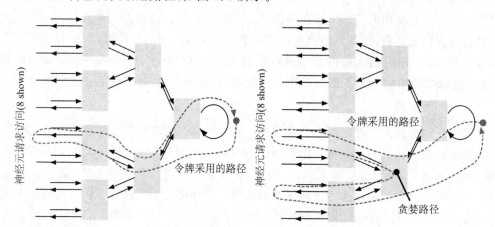

图 2.5　基本仲裁方案与贪婪仲裁方案中的移动令牌

如果尖峰活动很少,则贪婪仲裁方案的性能与树仲裁方案相似。如果存在明显的与空间相关的尖峰活动,则激活贪婪路径,并在不使令牌到达仲裁树根节点的情况下为尖峰提供服务。

4. 环形仲裁器

第三种方法是构造一个用于仲裁的令牌环方案。如图 2.6 所示,在这个方案中,须先构造一个仲裁元素环,令牌保持在一个固定的位置,对令牌的请求在环中移动直到发现令牌,然后令牌移动到请求的位置。如果令牌移动的平均距离很小,这种方案就很有效,但如果令牌要在峰值间长距离移动,那么这种方案就很有限(Imam 和 Manohar,2011)。

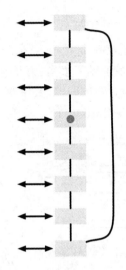

图 2.6 令牌环仲裁方案

5. 多维度仲裁器

到目前为止,所描述的仲裁方案适用于从需要访问 AER 总线的 N 个神经元中选择一个。如果神经元是以 $\sqrt{N} \times \sqrt{N}$ 阵列组织的(例如硅视网膜),那么每行神经元都需要 $O(\sqrt{N})$ 线(行中每个神经元一根)。随着 N 变大,该方法不可扩展,而 2D 仲裁方案则是另一种选择。

2D 仲裁方案为优化又提供了一个选择。如果我们假设神经元是以 2D 阵列组织的,那么有两个级别的仲裁器来强制执行所有神经元之间的互斥:①行仲裁,用于选择产生尖峰的行;②列仲裁,用于选择当前选定行中出现尖峰的一列。行仲裁和列仲裁的组合唯一地选择了神经元,并且比一维仲裁方案所需的导线更少(Mahowald,1992)。

使用 2D 仲裁方案的优化还称为突发模式操作。在突发模式操作中,在行仲裁之后将所选行的整个状态保存到一组锁存器中,然后将选定行中的所有尖峰扫描一次。当预期单个行中出现尖峰脉冲时,这种方法与共享行地址的有效编码方案相结合,可以导致有效的 AER 方案(Boahen,2004c)。

有关仲裁问题我们将在 12.2.2 小节介绍。

6. 取消仲裁器

仲裁延长了通信周期,减小了通道容量,排队导致时间分散,同时丢失了定时信息。

另一种选择是不提供仲裁。Mortara 等(1995)在文中提到允许任何活动元素立即将其地址放置在公共总线上。必须为元素分配地址,并非使所有可能的数字地址都有效,并且当两个或多个元素同时将其地址放置在总线上时(这称为冲突),将会导致地址无效。接收者必须忽略这些,允许发生冲突并丢弃生成的无效地址。该方案的优点是可以缩短周期并减少分散(在没有冲突发生时保留峰值时间),但是事件将会丢失,并且这种损失将随着负载的增加而增加。

2.2.3　编码机制

一旦选择了合适的神经元,就必须将神经元地址编码为 AER 输出通道的紧凑表示形式。执行此操作的标准机制基于以下事实:每个神经元的授权行是神经元地址的一键编码。因此,可以设计传统的对数编码器,其中将授权行编码为 $\log N$ 条线,以构成神经元地址(Mahowald,1992;Sivilotti, 1991),如图 2.7 所示。

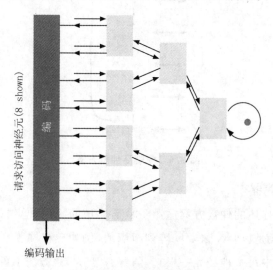

图 2.7　基本编码结构

每个授权行连接到 $O(\log N)$ 晶体管,因此该结构使用 $O(N \log N)$ 晶体管计算编码输出值。另一种方法是基于这样一个事实,即仲裁器在树的每一层所做的选择都对应于在编码输出中选择每一位的值。例如,仲裁树的叶子决定编码输出的最低有效位是 0 还是 1。因此,如果我们在树的每一层对输出的每一位(bit)进行编码,那么编码后的输出就可以用更少的晶体管来构造。每个仲裁器仅连接到两个不同的晶体管,因此该变形的总晶体管数为 $O(N)$(Georgiou 和 Andreou,2006)。图 2.8 说明了这种方法。

第三种方法是维护一个始终跟踪令牌当前位置的计数器。每次令牌移动时,计数器的值都会更新以反映当前令牌位置。对于线性仲裁结构,这相当于递增或递减的简式计数器。对于基于树的仲裁结构,计数器中的每一位(bit)都由树的不同级别更新。此方法如图 2.9 所示。

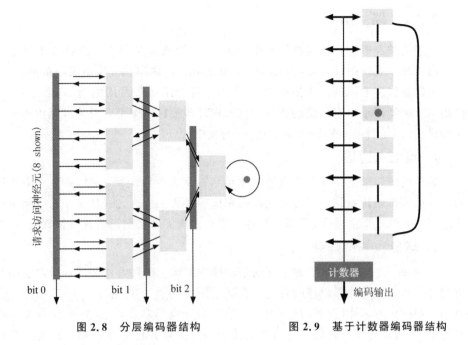

图 2.8 分层编码器结构 图 2.9 基于计数器编码器结构

2.2.4 多个 AER 端点

到目前为止,我们已经描述了如何将一组神经元的尖峰复用到共享的 AER 通道上,以及如何将以这种方式编码的尖峰传递到另一组神经元。完成 AER 通信系统还需要两个附加组件:①从源神经元地址到目标神经元/轴突地址的映射;②多个神经元簇的路由架构。

2.2.5 地址映射

AER 编码器产生一系列尖峰,这些尖峰通过源神经元地址进行编码。特定源神经元 n 的输出连接到特定目标轴突上,该轴突地址由轴突地址 a 标识。因此,必须重新映射具有神经元标识符 n 的尖峰来解决 a,以便将它们传递到适当的目的轴突。

有时,这个映射功能非常简单,例如,如果一个带有神经元阵列的芯片产生的尖峰被传递到另一个芯片相应的神经元中,那么这个映射功能就是标识功能,不需要转换/映射。

在更一般的实现中,可能必须将来自神经元 n 的尖峰传递到任意目标轴突 a 上。在通过软件而不是硬编码对连接进行编程的情况下,需要实现适当地址转换的映射表。可编程神经形态系统已经使用片上存储器(Lin 等,2006)和片外存储器实现了此类映射表。

在神经形态系统中,实现通信最具挑战性的方面可能是,神经元产生的尖峰通常会传递给大量的目的神经元。第 16 章通过案例研究讨论了支持高尖峰范式的机制。

2.2.6 路 由

一般的神经形态系统由神经元簇组成,每个簇通常对应于一组物理上接近的神经元。由于整个系统由许多此类簇组成,因此需要在簇之间建立路由尖峰机制。

可能有许多不同的路由拓扑,在此我们简要介绍一些可用的选项,第 16 章再深入描述用于大型神经形态系统的体系结构。在许多教科书中都有对不同路由体系结构的详细讨论,例如 Dally 和 Towles 2004 年的文中。

1. 点到点通信

通信的最简单拓扑是点对点通信体系结构。在这样的系统中,来自一个神经元簇的尖峰被简单地传输到另一神经元簇的相应神经元上。这允许从一个芯片到下一个芯片之间的尖峰通信链接化,但每个神经元簇在传播尖峰之前都需要做特殊处理。

2. 环形和一维阵列

环形和一维阵列是具有最近邻通信的线性结构。两种常用的寻址机制包括基于距离的寻址和基于芯片标识符的寻址。在基于距离的寻址中,来自一个芯片的尖峰被路由到一定距离的芯片(例如,被路由到右边三个跃点的芯片)上。每个跃点都会减少距离计数,并且每当跃点计数为零时都会接受一个尖峰并传到本地簇。在基于芯片标识符的寻址中,输入的尖峰标识符与本地标识相匹配(或更普遍,潜在标识符的表),并且如果尖峰标识符与本地芯片信息匹配,则被接受。

3. 网 格

网格将一维拓扑扩展为二维。路由通常使用尺寸排序的路由(有时称为"XY"路由或"X first"路由)执行。网格布线的标准方法是指定要传递到相对于当前簇的(Δx,Δy)偏移量的尖峰,其中一维先于另一维。

4. 树 状

树状路由可作为传递尖峰的替代方法。其路线可以被指定为树内的转弯序列。在最简单的情况下,沿着二叉树边缘传播的数据包对于下一跃点始终有两个选项,并且可以使用一系列位来标识从源簇到目标簇的完整路径。

2.3 AER 链接设计注意事项[①]

通信进程或块之间的通信链路的带宽是关键指标。Mortara 和 Vittoz(1994)对这些链接的性能数据进行了初步分析,随后 Boahen(2000)又对其进行了扩展。

事件驱动的通信链路的性能可以通过容量、吞吐量、延迟、完整性和分散性五个指标来衡量(见表 2.1)。容量定义为最小传输时间的倒数,是可以在链接上发送和接收

---

① 本节部分文本摘自 Boahen(2000),经许可转载,© 2000 IEEE。

事件的最大速率；吞吐量定义为容量的可用部分，在实践中，最高比率很少能持续；延迟定义为平均延迟，等待时间可能是几个传输时隙，而延迟取决于填充的传输时隙的比例。实际使用的链路容量部分称为负载。完整性是正确传递到目标尖峰的一部分。完整性用于对允许丢弃尖峰的网络概念进行建模。分散性定义为延迟分布的标准偏差，该度量确定尖峰时间特性的保留程度。

表 2.1　时分复用信道设计选项

特　征	方　法	备　注
延迟	轮询	$\propto$ 神经元数目
	事件驱动	$\propto$ 活跃部分
完整性	丢弃	冲突成倍增加
	仲裁	队列事件
分散性	倾销	不等待
	排队	$\propto^{-1}$ 剩余容量
容量	硬连接	简单$\Rightarrow$周期短
	流水线	$\propto^{-1}$ 最慢的阶段

© 2000 IEEE。经许可转载，摘自 Boahen(2000)。

链接设计人员不仅要使吞吐量最大化，而且还尽量使延迟最小化。高吞吐量可为大量以各种速率运行的事件生成器提供服务，而低延迟可节省每个事件的时间。如果通过仲裁防止冲突，则会优化吞吐量，然后，它仅受排队导致的活动延迟增加的限制（Boahen，2000；Deiss 等，1999；Sivilotti，1991）。为了达到时序误差要求（定义为一个单元事件间隔中的百分比误差），必须将吞吐量限制在最大链路、通道或容量以下的水平。

Mortara 和 Boahen 的几篇论文分析了这些异步并行，读/写链路中延迟和吞吐量之间的权衡，在某些情况下，这些分析结果可以通过对已制造芯片的测量进行验证。

通过结合清晰的电路设计技术、采用现代化快速 COMS 工艺，以及引入新的通信协议加快传输，一些原有数字随着每一代芯片都有所改善。

在给定信息编码策略的情况下，信道设计者面临着一些权衡：是否应该预先分配信道容量，使每个用户拥有固定的数量或者动态地分配容量，以便每个用户的分配与其当前需求相匹配？是允许用户随意传输，还是实施详细的机制来规范对通道的访问？随着时间和空间的活动分布如何影响这些选择？是否能假设用户的行为是随机的？或者他们的行为之间是否存在显著的相关性？

2.3.1　权衡：动态分配还是静态分配

考虑一个神经元应该具有的适应场景：当信号变化时，神经元以 f_{Nyq} 采样；当信号静态时，神经元以 f_{Nyq}/Z 速率采样，其中 Z 是预先指定的衰减因子。假设给定神经元以 f_{Nyq} 速率采样的概率为 a，也就是说，a 是总体的活跃部分；然后，每个量化器都以速率：

$$f_{bits} = f_{Nyq}[a + (1-a)/Z]\log_2 N \tag{2.1}$$

生成比特(位)。因为对于时间的部分 a,它以 f_{Nyq} 采样;而剩余的部分,即 $1-a$,它以 f_{Nyq}/Z 采样。此外,$\log_2 N$ 位用于编码 AER 的神经元位置,其中 N 是神经元的数量。

另一方面,我们可能会使用传统的量化器,这些量化器是以 f_{Nyq} 速率采样每个位置,而不是局部调整其采样率。在这种情况下,无须显式编码位置。我们根据固定的顺序简单地轮询所有 N 个位置,然后从其时间位置推断每个样本的起源。这类似于扫描所有神经元。由于采样率是恒定的,因此每个量化器的比特率仅为 f_{Nyq}。当活动稀疏时,编码标识所需的多个位会被局部适应所产生的低采样率所抵消。实际上,如果

$$a < [Z/(Z-1)](1/\log_2 N - 1/Z) \tag{2.2}$$

则自适应采样会产生比固定采样更低的比特率。例如,在采样率衰减 $Z=40$ 的 64×64 神经元阵列中,活跃部分 a 必须小于 6.1%。

由于通常有足够的 I/O 引脚并行传输所有的地址位,使每秒产生的样本数最小化比使比特率最小化更重要。在这种情况下,每秒采样的数量是由信道容量决定的。给定吞吐量 F_{ch},以每秒采样为单位,我们可以比较不同采样策略实现的有效采样率 f_{Nyq}。自适应神经元在种群的主动和被动部分之间以比例 $a:(1-a)=Z$ 动态分配通道吞吐量。因此

$$f_{Nyq} = f_{ch}/[a + (1-a)/Z] \tag{2.3}$$

式中,$f_{ch} \equiv F_{ch}/N$ 是每个神经元的吞吐量。平均神经元集合的大小决定了有效分数 a,而频率自适应和同步性则确定了衰减因子 Z,假设不属于集合的神经元已经进行了调整。图 2.10 显示了对于各种频率适应因子 $Z=\gamma$,采样率如何随活跃部分而变化。对于较小的 a 且 $Z>1/a$,采样率可能会增加,至少 $1/2a$。

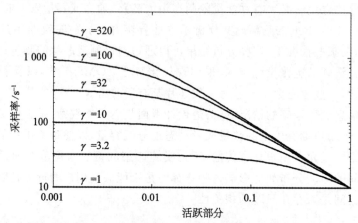

图 2.10 针对各种频率适应因子(γ)绘制的有效奈奎斯特采样率与活跃部分的关系曲线,吞吐量固定为 10 个尖峰/(秒·神经元)。随着活跃部分的增加,通道容量必须由更多的神经元共享,因此采样率降低。当活跃部分等于适应因子的倒数时,它急剧下降。© 2000 IEEE,经许可转载,摘自 Boahen (2000)

2.3.2 权衡:仲裁访问还是冲突

当我们提供对共享信道的随机访问时,如果两个或多个神经元尝试同时传输,则会

发生争用。我们可以简单地检测并丢弃因冲突而损坏的样本(Mortara 等,1995),或者,我们也可以引入仲裁程序来解决争用,并用队列来保存等待的神经元。无限制的访问缩短了循环时间,但随着负载的增加,冲突迅速增加,而仲裁延长了循环时间,减小了信道容量,排队导致时间分散,从而降低了时序信息。

假设尖峰神经元由独立的、相同分布的泊松点过程描述,那么在单个通信周期内生成 k 个尖峰的概率由下式给出:

$$P(k,G) = G^k e - G/k! \qquad (2.4)$$

式中,G 是预期的尖峰数,$G = T_{ch}/T_{spk}$,其中 T_{ch} 是循环时间,T_{spk} 是峰值之间的平均间隔。如果用 $1/F_{ch}$ 代替 T_{ch}(其中 F_{ch} 是通道容量),用 $1/(Nf_{\nu})$ 代替 T_{spk}(其中 f_{ν} 是每个神经元的平均尖峰频率,N 是神经元的数量),我们可以得到 $G = Nf_{\nu} = F_{ch}$。因此,G 等于提供的负载。

我们可以使用概率分布 $P(k,G)$ 得出冲突概率的表达式,这是通信理论众所周知的结果。为了避免传输尖峰信号不发生冲突,前一个尖峰信号必须至少提前 T_{ch} 秒发生,而后一个尖峰信号必须晚 T_{ch} 秒发生。因此,以传输开始时间为中心,在 $2T_{ch}$ 时间间隔内禁止出现尖峰信号。因此,尖峰通过的概率为 $P(0,2G) = e^{-2G}$,发生冲突的概率为

$$p_{col} = 1 - P(0, 2G) = 1 - e^{-2G} \qquad (2.5)$$

不受约束的通道势必以较高的错误率运行,才能以最大限度地利用通道。吞吐量为 $S = Ge^{-2G}$,因为成功传输(即无冲突)的可能性为 e^{-2G}。吞吐量可以用冲突概率表示:

$$S = \frac{1 - p_{col}}{2} \ln\left(\frac{1}{1 - p_{col}}\right) \qquad (2.6)$$

该表达式如图 2.11 所示。当吞吐量达到 5.3% 时,冲突概率超过 0.1。实际上,不受约束的通道最多利用其容量的 18%。因此,只有在比仲裁通道快五倍以上时,它才能提供比仲裁通道更高的传输速率,正如接下来将要说明的那样,仲裁通道在 95% 的容量下继续在有用的状态下运行。

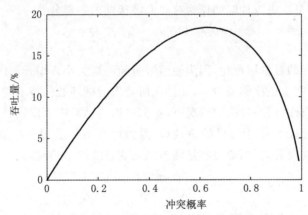

图 2.11　当冲突概率为 0.64 且负载为 50% 时,吞吐量达到 18% 的最高值。将负载增加到此级别以上会降低吞吐量,因为冲突概率比负载增加得更快。© 2000 IEEE。经许可转载,摘自 Boahen(2000)

2.3.3　权衡:排队与下降峰值

那么在仲裁通道中排队所引入的计时误差呢？对于 95％的给定负载,冲突概率为 0.85。因此,冲突频繁发生,神经元最有可能在队列中停留一段时间。如果将这些计时误差用神经元潜伏期和时间分散的百分比表示,那么,我们就可以量化在排队等待新的峰值(以避免失去旧峰值)和丢弃旧峰值(以保留新峰值的时间)之间权衡。

为了找到队列引入的延迟和时间分散,我们使用排队理论中众所周知的结论,这些结论给出了等待时间 $\overline{w^n}$ 作为服务时间的函数 $\overline{x^n}$。公式如下:

$$\overline{w} = \frac{\lambda \overline{x^2}}{2(1-G)}, \quad \overline{w^2} = 2\overline{w}^2 + \frac{\lambda \overline{x^3}}{3(1-G)} \tag{2.7}$$

式中,λ 是峰值的到达率。当峰值根据泊松过程到达时,这些结论成立。当 $x = T_{ch}$ 和 $\lambda = G/T_{ch}$ 时,等待周期的平均值和方差由下式给出:

$$\overline{m} \equiv \frac{\overline{w}}{T_{ch}} = \frac{G}{2(1-G)}, \quad \sigma_m^2 \equiv \frac{\overline{w^2} - \overline{w}^2}{T_{ch}^2} = \overline{m}^2 + \frac{2}{3}\overline{m} \tag{2.8}$$

我们假设服务时间 x 始终等于 T_{ch},因此 $\overline{x^n} = T_{ch}^n$。

例如,我们发现在容量为 95％的情况下,样本平均在队列中花费 9.5 个周期。这一结果与直觉相吻合:由于每第 20 个插槽都是空的,因此必须等待 0～19 个周期中的任何一个来进行服务,平均周期为 9.5。因此,延迟为 10.5 个周期,包括服务所需的额外周期。标准偏差为 9.8 个周期,几乎等于延迟时间。通常,只要延迟时间超过一个周期,就会导致等待时间呈类似泊松分布的情况。我们可以用神经元潜伏期 μ 来表示周期时间 T_{ch},条件是假设 T_{ch} 足够短,以致无法在该时间内传输集合中一半的峰值。也就是说,如果集合中有 N_ε 个尖峰,并且延迟是 μ,则周期时间必须满足 $\mu/T_{ch} = (N_\varepsilon/2)(1/G)$,因为平均使用 $1/G$ 周期传输每个尖峰,并且其中一半必须在 μ 秒内传输。使用这种关系,我们可以将等待时间作为神经元潜伏期的一部分:

$$e_\mu = \frac{(\overline{m}+1)T_{ch}}{\mu} = \frac{G}{N_\varepsilon} \cdot \frac{2-G}{1-G} \tag{2.9}$$

计时误差与神经元的数量成反比,因为通道容量随种群大小而增长。因此,循环时间减少了,并且排队时间也成比例减少了,而排队所花费的循环数保持不变。

相反,在给定计时误差规范的情况下,我们可以将结果求反以找到可以给通道加载多大的负载。吞吐量 S 等于提供的负载 G,因为最终会传输每个峰值。因此,吞吐量与通道延迟种群规模有关,当通道容量随神经元数量线性增长时,其计算公式为

$$S = N\left[\frac{e_\mu}{2} + \frac{1}{N_\varepsilon} - \sqrt{\left(\frac{e_\mu}{2}\right)^2 + \frac{1}{N_\varepsilon^2}}\right] \tag{2.10}$$

图 2.12 显示了吞吐量如何随通道延迟而变化。对于大的计时误差,吞吐量接近 100％;而对于低计时误差,吞吐量急剧下降;当归一化误差小于 $20/N_\varepsilon$ 时,吞吐量低于 95％。当 $N_\varepsilon = aN$ 时,如果活跃部分 a 为 5％,则误差为 $400/N$。因此,当种群规模超

过数万时,仲裁通道可以在接近容量的情况下运行,并具有百分之几的计时误差。

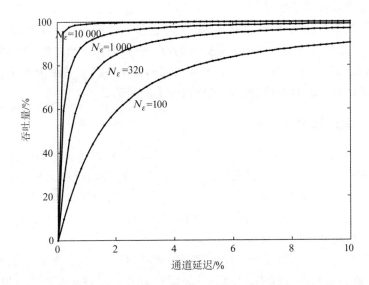

图2.12 针对不同神经元集合大小(N_ε)绘制了吞吐量与归一化通道延迟之间的关系。由于队列占用率随负载增加而增加,因此以延迟为代价实现了更高的吞吐量。这些等待周期随着种群规模的增加而成为神经元潜伏期的一小部分,因为周期时间成比例地减少。© 2000 IEEE。经许可转载,摘自 Boahen(2000)

2.3.4 预测吞吐量的需求

给定输入阶跃变化后神经元的发射率f_a,我们可以计算出活跃神经元的峰值尖峰速率,然后加上被动神经元发射率以获得最大尖峰速率。活跃神经元以εf_a(其中ε是同步性)峰值速率激发,被动神经元以f_a/γ(其中γ是频率适应因子)速率激发(假设它们已经适应)。因此,有

$$F_{\max} = aN_\varepsilon f_a + (1-a)Nf_a/\gamma \qquad (2.11)$$

式中,N为神经元总数,a为群体的活跃部分,形成神经元集合。我们可以通过假设来自集合的尖峰达到峰值速率来表示神经元潜伏期的最大尖峰速率。在这种情况下,所有aN神经元将在时间间隔$1/(\varepsilon f_a)$内发生尖峰,最小延迟是$\mu_{\min} = 1/(2\varepsilon f_a)$。因此,我们可以将$F_{\max}$的表达式改写为

$$F_{\max} = \frac{N}{2\mu_{\min}}\left(a + \frac{1-a}{\varepsilon\gamma}\right) \qquad (2.12)$$

显然,$\mu_{\min}$是神经元的定时精度,而$N[a+(1-a)/\varepsilon\gamma]/2$是这段时间内激发的神经元的数量。吞吐量必须等于$F_{\max}$,并且必须有一定的剩余容量,以使不受约束通道中的冲突概率最小,仲裁通道中的排队时间最小。对于系统而言,此开销超过了455%,即$(1-0.18)/0.18$,但对于不受约束的通道,此开销仅占5.3%,即$(1-0.95)/0.95$。

总而言之,仲裁是在空间和时间上活动稀疏的神经形态系统的最佳选择。因为我们将冲突的指数增长转换成时间分散的线性增长。此外,在保持利用率不变(即吞吐量表示为通道容量的百分比)的情况下,随着技术的进步,时间分散会降低,即使冲突概率保持不变,我们也将以较短的周期建立更大的网络。仲裁的不利之处在于,它占用了面积和时间,从而减少了可集成到芯片上的神经元的数量和激发的最大速率。下一主题是介绍几种已经开发的有效策略以减少仲裁带来的开销。

2.3.5　设计权衡

对于随机访问、时分复用通道,当活动稀疏时,编码标识所需的多个位将由局部适应产生的低采样率所抵消。当有足够的 I/O 引脚并行传输所有地址位时,效果会更好。在这种情况下,频率和时间常数自适应以总体的主动和被动部分之比 $a:(1-a)/Z$ 动态分配带宽。对于低的活跃部分 a 和采样率衰减因子 Z 大于 $1/a$ 的情况,有效奈奎斯特采样率可能会增加 $1/2a$。

当两个或多个神经元同时发送尖峰发生争用时,我们必须丢弃旧的尖峰以保留新尖峰的时间,或将新的尖峰排队,以避免丢失旧的尖峰。如果可以接受高尖峰损失率,那么不受约束的设计是丢弃因冲突而出现错误的尖峰,从而提供更高的吞吐量。相反,如果期望低尖峰损失率,那么使神经元等待轮到的仲裁设计可提供更高的吞吐量。实际上,不受约束的通道最多只能利用其容量的 18%。因此,如果仲裁设计的周期时间不超过不受约束通道周期时间的 5 倍,则仲裁设计将提供更高的吞吐量。

不受约束通道设计(也称为 ALOHA)的效率低早已得到公认,并且已开发出更有效的协议(Schwartz,1987)。一种常用的方法是 CSMA(载波监听多路访问),其中每个用户监视信道,如果繁忙则不发送。仅在更新其状态所花费的时间内,此通道才容易发生冲突。因此,如果往返延迟比数据包传输时间短得多,则冲突概率会下降,就像在几个字节的位串行传输中一样。但是,如果往返延迟与数据包传输时间(Schwartz,1987)相当,例如在一个或两个字节的位并行传输中,那么其性能并不比 ALOHA 好。因此,CSMA 不太可能证明对神经形态系统有用(Abusland 等 1996 年公布了一些初步结果)。

随着技术的进步以及我们以更短的周期构建更密集的阵列,对于相同的归一化负载,不受约束通道的冲突概率保持不变,而被仲裁通道的归一化计时误差则减小。由于计时误差是等待周期数和周期时间的乘积,因此出现了这种理想的缩放比例。即使等待的周期数保持不变,由于周期时间较短,排队时间也会减少。确实,由于循环时间必须与神经元数量 N 成反比,因此对于容量低于 95% 的负载和活跃部分高于 5% 的负载,归一化的计时误差小于 $400/N$。对于成千上万的种群规模,计时误差仅占几个百分点。

对于时间精度远优于峰值间间隔的神经元,我们可以通过测量频率适应性和同步性来估计吞吐量要求。频率适应因子 γ 给出了不属于神经元集合的神经元峰值频率。同步性 ε 给出了合集中神经元的峰值尖峰率。这些发射率是用刺激发生时的尖峰率分

别除以 γ 和乘以 ε 获得的。如果我们希望在不增加延迟或时间分散的情况下传输集成的活动,则吞吐量必须超过这两个速率的总和。剩余容量必须至少为 455%,才能解决不受约束通道中的冲突,但在仲裁通道中,它的剩余容量可能低至 5.3%,并且由于排队而导致计时误差较小。

2.4 AER 链路的演变

使用 AER 表示相互通信的不同神经形态芯片或模块,不仅要尖峰通信协议的逻辑描述达成一致,而且还要通信的物理和电气协议达成一致。以此为目的使用了许多标准方法,我们描述了各种 AER 链接实现的演变。

2.4.1 单发单收[①]

点对点 AER 通信最早的标准之一就是从单个发送器到单个接收器,最初描述该技术文档的副标题后被称为"AER 0.02"(AER,1993)。该文档描述了 AER 通信中使用的信号的逻辑和电气要求。

AER 0.02 仅涉及异步数据从发送器 S 到接收器 C 的点对点单向通信,如图 2.13 所示。S 和 C 之间的连接包括两种类型的线:控制线和数据线。

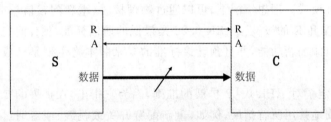

图 2.13 具有发送器 S、接收器 C、控制信号请求(R)和确认(A)以及与实现相关的数据线的系统模型

数据线仅由 S 驱动,并且由 C 唯一感测。数据线使用的编码不是 AER 0.02 的主题;导线的数量、每条线上的状态数量以及数据线的编号表示都被视为与实现相关。AER 0.02 仅指定数据线的有效性。如果 S 在数据线上驱动稳定的高电平信号(适用于 C 的可靠检测),则认为数据线有效;否则,认为数据线无效。如果不满足此条件,则认为数据线无效。对于熟悉异步通信协议的人,使用 AER 0.02 捆绑数据协议与电线 R 和 A 上的四相握手进行通信。

控制线使用对延迟不敏感的协议进行通信。图 2.14 显示了四相握手控制序列,该序列将数据从 S 传递到 C。最初,R 和 A 均为逻辑 0,并且数据线被视为无效。传输开始,S 首先在数据线上驱动有效信号,然后将 R 驱动到逻辑 1。接收器检测到 R 是逻辑1,才可以对数据线进行采样。捆绑时序约束是指,当接收器检测到 R 为逻辑 1 时,数

---

① 本小节大部分文本改编自 AER(1993)。

据线在接收器处稳定;一旦接收器 C 接收到数据,它就会将 A 设置为逻辑 1 以示确认;一旦发送器 S 检测到这一点,数据线就不再需要保持有效。该协议以 S 将 R 设置为 0 作为结束,对此,C 还将确认线 A 重置为 0,并且整个交易可以重复。

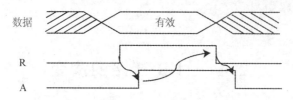

R—高电平有效请求信号;A—高电平有效确认信号

图 2.14 单发单收四相握手控制时序

AER 0.02 中的最小计时要求是通过经验测试指定的。如果发送器的 R 和 A 控制线连接在一起,那么与 AER 0.02 兼容的发送器必须在数据线上提供自由运行的信号流。此外,只要 R 处于逻辑 1 电平,数据线上的信号就必须有效。如果接收器的 A 信号的反相连接到接收器的 R,则与 AER 0.02 兼容的接收器必须感测有效地址流,并且在数据线上存在有效地址。预计该标准的未来版本可能会通过更传统的规范来扩展这些经验要求。

如果实施将电压用作信号变量,则 AER 0.02 强烈建议,在该实施的默认操作模式下,A 和 R 的逻辑 1 电平比逻辑 0 电平正更多。此外,AER 0.02 强烈建议多实施支持信号极性的多种模式。理想情况下,可以通过物理接触(重新配置信号或跳线)或在程序控制下更改 A 和 R 的极性。AER 0.02 是最低的通信标准,预计研究小组将会对该标准进行扩展以添加新功能,并且预计该标准的未来版本将主要是已成功实施的增强功能的编纂。

另外,还规定了对 AER 0.02 扩展的准则,因为它指出,在扩展的 AER 0.02 实施中必须能够无损地禁用所有扩展,例如,重新配置开关或跳线,或者通过编程控制。在这种"向后兼容"模式下,实施中必须提供 A 和 R 控制信号以及数据线,其性能应符合 AER 0.02 的要求。

实际上,AER 0.02 标准的定义过于宽松,以致其用途有限。虽然建立了具有请求和确认线路的基本四相握手,但是 AER 0.02 没有规定电压、总线宽度、信号极性、传统信号建立和保持时间,或者任何类型的连接器标准。确实,鼓励采用非传统的电信号方法实现 AER 0.02! 这一切都意味着任何两个都符合 AER 0.02 的设备可能不兼容,特别是,如果它们不是在同一个实验室开发的。为了使这样的两个设备一起工作,通常需要构建一些转换逻辑设备来连接它们,但这会引入新的可能的故障点,是从时序违规到焊点不良之中的任何原因。构建满足 AER 0.02 支持 A 和 R 极性的通用接口,使设计和配置更加复杂。

尽管从未编入 AER 0.03(或更高的修订版本号),但确实出现了更严格定义的实际标准。电压定义为 0 V/5 V TTL,之后为 3.3 V,总线宽度为 16 位,数据线为正逻辑;请求和确认线路是负逻辑,并且各种宽度的绝缘位移连接器已成为标准配置(参见

Dante,2004;Deiss 等,1999;Häfliger,2003)。这使得更可靠地构建多芯片系统变得更加容易,例如 Serrano-Gotarredona 等(2009)在文中描述的系统,我们将在 13.3.3 小节中讨论。

时序问题经常存在,因为发送器未按要求,即只要请求信号在逻辑 1,数据线上的信号就必须是有效的。请求信号通常是由驱动数据线的同一电路驱动的,并且与数据线同时改变状态。在这样的系统中,不能保证接收器收到请求信号时接收器收到的数据是有效的。

2.4.2 多发多收

地址事件系统的理想设计可能由多个地址事件发送和接收块组成。这些块将地址放置在要发送的地址事件总线上,只需监听总线监听它们感兴趣的地址,当这些地址出现在总线上时便被接收。

该设计在其总线上使用源地址。由于在神经网络中可能会期望扇出系数为 10～10 000,也就是说,多达 $O(10^4)$ 个目标可能会关注一个源地址,因此使用源地址有助于降低带宽需求。理想化的地址事件接收器模块有望在内部执行所需的扇出并转换为目标地址。

在一条总线上设计多个发送器和接收器(并非所有发送器都需要接收器,反之亦然),与 2.4.1 小节中描述的点对点所使用的协议有些不同。为了避免在共享数据线上发生冲突,发送器不会在生成请求 R 的同时驱动它们,而是等待,直到接收到确认信号 A。图 2.15 对此进行了说明。

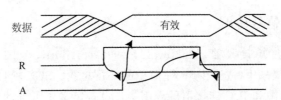

图 2.15 多发多收四相握手

对于 SCX 项目(Deiss 等,1999),定义了多发多收协议(如图 2.16 所示),其中连接到其 AE 总线的每个设备都有自己的专用请求($\overline{REQ_i}$)线和确认($\overline{ACK_i}$)线。另外,还使用了共享数据线的集合。希望在总线上发送尖峰信号的设备将其请求线置为有效(取消置位 $\overline{REQ_i}$)。中央总线仲裁器监视所有请求线路,并通过声明相应的确认线路(取消确认 $\overline{ACK_i}$)来选择请求总线访问的设备之一。

当请求设备检测到已选择该设备时,它将在共享总线上驱动数据,此后,该设备取消激活其请求线(即声明 $\overline{REQ_i}$)。此时,所有设备都可以侦听总线并确定是否有在本地接收总线上的尖峰信号。为了简化此过程,总线仲裁器生成全局 $\overline{READ}$ 信号。为接收设备从共享总线上接收数据预留了一定的时间,此时间一过,$\overline{ACK_i}$ 返回其初始状态,从而允许进行下一次总线事务。

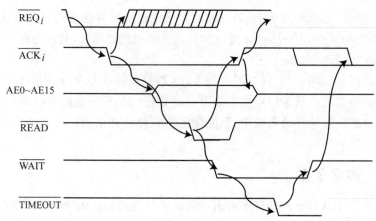

图 2.16　SCX 项目多发多收协议。改编自 Deiss(1994),经 Stephen R. Deiss 和 ANdt(应用神经动力学)许可引用

　　总线上可能存在无源侦听设备,这些设备不会生成任何请求信号,但是可以通过在 $\overline{READ}$ 信号的任一沿锁存地址位来监视总线上的 AE 活动。指定了称为 $\overline{WAIT}$ 和 $\overline{TIMEOUT}$ 的信号,以实现一种机制,通过这种机制,慢速装置可将总线仲裁器延迟 1 μs,使其无法继续进行下一个总线周期(通过向其他设备授予确认)。产生这种延迟,设备需要在 $\overline{READ}$ 的下降沿之后置位 $\overline{WAIT}$(低),并在经过足够的延迟以达到其目的时或者任何情况下 $\overline{TIMEOUT}$ 下降沿发生时,将其置为无效。如果在第一次置位 $\overline{WAIT}$ 后仍然为 1 μs,则总线仲裁器会将 $\overline{TIMEOUT}$ 信号驱动为低电平。但是,不鼓励使用此 $\overline{WAIT}$ 和 $\overline{TIMEOUT}$ 功能,并且从未有设备使用它。

2.4.3　并行信号协调

　　前面描述的单发单接收器(Mahowald, 1992；Sivilotti, 1991)和多发多接收器(Deiss 等,1999)协议采用(或至少暗示)简单的并行总线。SCX 项目采用了这种方法,为基于 26 路带状电缆和 IDC 连接器的外围 AE 设备定义了可选的连接器标准(Baker 和 Whatley,1997)。1~16 引脚按顺序传送信号 AE0~AE15,然后是两个接地引脚,其后是引脚 19 上的请求信号和引脚 20 上的确认信号。在前 20 个引脚上进行信号排列之后,进行了一些项目,包括那些仅使用单个发送器、单个接收器模型的项目,尽管其余 6 个引脚已删除。因此仅需要 20 引脚电缆和连接器。

　　CAVIAR 项目决定为其电缆和连接器使用一种简单的"现成"解决方案,该解决方案当时被广泛用于快速数字信号,即当时用于连接存储的 ATA/133 标准。设备连接到 PC 内部的主板(Häfliger,2003)。该标准使用带有 80 路带状电缆的特殊 40 针 IDC 连接器。该连接器与旧的 40 针 ATA 接头兼容,但内部布线将信号路由到 80 路带状电缆上,从而使信号线与接地线之间散布得很好。该系统提供了具有良好电特性、易于获得的互连解决方案,但是连接器的引脚排列与上述简单的 20 引脚布局不兼容。信号的排列方式与 ATA/133 标准兼容,针引脚 17~3 对应 AE0~AE7,针引脚 4~18 对应 AE8~AE15。请求信号出现在引脚 21 上,确认信号出现在引脚 29 上。

CAVIAR 还定义了上述单发送器/单接收器协议和单发送器/多接收器协议的变体的使用,这些协议使用 3.3 V 信号,并且在传统协议中指定了各种转换到转换总线时序。尽管某些时序被指定为最小 0 和最大无限。

2.4.4 字串行寻址

许多地址事件发送器和接收器,特别是像所谓的视网膜芯片那样的发送器,被构造为地址事件发送器元素的 2D 阵列,例如像素。在这种情况下,设备所使用的地址空间通常组织为:使用一定数量的地址位来指示生成 AE 的行,使用一定数量的地址位来指示生成 AE 的列(例如,一个 128×128 像素的正方形数组可能产生地址为 $y_6y_5y_4y_3y_2y_1y_0x_6x_5x_4x_3x_2x_1x_0$ 形式的 AEs,其中每个 y_i 和 x_i 表示二进制数)。阵列大小每增加一倍,必须生成和传输另一个地址位。这可能对芯片设计非常不利:因为更多的电线必须在芯片上路由,所以可能会保留较少的区域来做有用的计算(填充因素变得更糟);此外,需要更多的 pad(通常是一种稀缺资源)与外界通信。当相关的 AEs 进入传统数字电子和软件领域时,这也会变得非常不方便,因为在这些领域,数据字的宽度应是 2 的乘方,例如,一个 18 位的 AE 不适合装一个 16 位的字。

缓解此问题的一种方法是始终在总线周期的两个独立部分的过程中发送一个 AE。在上面的示例中,可以首先通过 7 位总线传输 y(行)地址,然后是 x(列)地址。但是,这不利于传输 AE 所需的时间和可用总线带宽的利用。

随着器件变大,以及单个元素(像素)希望发送事件的频率越来越高,一行中的多个元素正在等待同时在总线上发送事件的可能性就越大。这可以通过为一行上的所有等待元素提供服务来利用这一点,在转移到另一行之前,只传递一行中所有等待元素的 y(行)地址和 x(列)地址。这样一组一个 y 地址和一个或多个 x 地址形成的一个突发,就像在内存总线上使用突发一样。在存储器总线突发中,通常有一个地址值,然后是来自连续存储器位置的多个数据值;然而,在 AE 总线突发中,所有传输的字都是部分地址,不一定来自邻近的位置,而只是来自同一行。另外,还需要一根信号线,用来区分 x 地址的发送与 y 地址的发送,或者等效地对突发的开始和结束发出信号。这种称为字串行的方案可以更有效地利用可用的总线带宽(Boahen,2004a,2004b,2004c)。

2.4.5 串行差分信号[①]

随着 AER 芯片和系统最近达到的速度,板对板通信中的并行(包括所谓的 Word-Serial)AER 方法已成为系统级的限制因素。由于并行 AER 上的频率为几十 MHz,这些频率的波长已经缩小到实验设置长度的数量级,或者只是稍大一些。电气工程中有一条经验法则:如果信号波长不比系统的物理尺寸大至少一到两个数量级,则必须考虑信号的射频(RF)特性,即电线不能再被认为是在每个点具有相同电位的完美导体,而必须被视为传输线路。如果不考虑这些问题,则会出现诸如 RF 灵敏度、串扰和接地反

---

① 本小节大部分文本摘自 Fasnacht 等(2008),© 2008 IEEE,经许可转载。

29

弹之类的问题,尤其是在使用带状电缆的并行 AER 链路中。这些问题通过使用串行差分信号可以更好地解决。

通常,并行方法的这些问题在工业和消费类电子产品中也非常突出。解决方案是使用更快但带有差分的链路,并仔细控制发送器和接收器之间每个点的线路阻抗。在这种差分信号方案中,总是有一对导线承载相反方向的信号。信号线上电压的绝对值没有任何意义,这两条线之间的电压差才有意义。通常对这些所谓的差分对进行屏蔽,从而避免了 RF 灵敏度和与其他信号线的串扰问题。由于差分信号,地面反弹问题也得到了解决。差分驱动器总是向一根导线推入的电荷与从另一根导线引出的电荷一样多。因此,净电荷流始终为零。

并行到串行,串行到并行

使用差分信令可以实现的数据速率比传统的单端信令要高几个数量级。因此,与传统总线链路中的许多并行导线相比,如今能使用更少(但更好)的导线来实现相同或更好的带宽。

例如,IDE /并行 ATA 可以使用 16 个单端数据信号实现最高 1 Gbit/s 的速率,但一次只能在一个方向上(半双工)。串行 ATA(SATA)有两个差分对(因此有 4 条信号线):一对用于发送,一对用于接收(SATA n. d.)。每对最多可传输 3 Gbit/s。

Fasnacht 等人(2008)实现了一种 AER 通信基础设施,该基础设施通过 SATA 电缆使用串行差分信号进行板间通信,这种方法类似于 Berge、Häfliger (2007)文中提出的方法。

为了利用此类高速串行链路提供的低延迟和高带宽,必须放弃握手的概念,因为在下一次 AE 之前没有时间让确认信号返回到发送器发送。然而,为流控制信号实现反向通道是可能且有利的。具体可参见 13.2.5 小节和 Fasnacht 等,(2008)的文献。

2.5　讨　论

我们已经看到,神经形态系统中的通信通常是通过一种 AER 的时间多路复用、包交换通信的形式来实现的,在这种形式中,时间代表它自身。这种通信依赖于这样的观察结果:神经元的运行速度比数字电子慢几个数量级,并且尖峰穿过数字电子设备所产生的少量延迟和抖动在神经元的时间常数方面可以忽略不计。

AER 通信需要发送端的复用和编码器电路,其总是某种形式的仲裁,以及接收端的解复用和解码电路。本书将在第 12 章中重新讨论这些片上电路的设计。如果系统中有多个端点,就会出现地址映射和路由的问题。这些问题将在第 13 章和第 16 章中进一步讨论。

本章我们研究了如何设计 AER 链路,需要考虑 5 个性能指标:容量、吞吐量、延迟、完整性和分散性。我们看到,这些指标是如何相互关联的,并且在链接的各个功能之间需要进行权衡。由 2.1 节和 2.2 节可知,与实现通信链接的电子电路的速度相比,神经元操作的相关时标非常慢。根据这些观察结果可以得出结论:仲裁通道对 AER 通信的效率要比不受约束(非仲裁)的通道高得多。

本章还介绍了如何定义通信链路的电气和物理特性,并最好对其进行标准化,以实现基于 AER 的设备之间的实际通信。

并行 AER 通常使用一种四相握手形式。随着转向更快的串行差分信令的使用,必须放弃握手,因为没有时间将确认信号返回给发送器。

随着时间的推移,使用现成互连技术的趋势越来越明显,从最初简单使用 IDC(绝缘位移连接器),到使用当时现成的 ATA/133 电缆,再到在较新的串行链路中使用 SATA 电缆。

本书在第 13 章中将进一步研究在 AER 芯片之间实现 AER 通信的硬件基础结构。其间各章将讨论神经形态系统的各个构造块。

参考文献

[1] Abusland A A, Lande T S, Høvin M. A VLSI communication architecture for stochastically pulse-encoded analog signals. Proc. IEEE Int. Symp. Circuits Syst. (ISCAS) Ⅲ, 1996:401-404.

[2] AER. The address-event representation communcation protocol [sic]. AER 0.02, 1993.

[3] Baker B, Whatley A M. Silicon cortex daughter board 1. (1997) [2014-07-28]. http://www. ini. uzh. ch/amw/scx/daughter. htmlSCXDB1.

[4] Berge H K O, Häfliger P. High-speed serial AER on FPGA. Proc. IEEE Int. Symp. Circuits Syst. (ISCAS), 2007:857-860.

[5] Binzegger T, Douglas R J, Martin K A C. A quantitative map of the circuit of cat primary visual cortex. J. Neurosci. ,2004, 24(39):8441-8453.

[6] Boahen K A. Point-to-point connectivity between neuromorphic chips using address-events. IEEE Trans. Circuits and Syst. Ⅱ, 2000, 47(5):416-434.

[7] Boahen K A. A burst-mode word-serial address-event link — Ⅰ:transmitter design. IEEE Trans. Circuits Syst. I, Reg. Papers, 2004a, 51(7):1269-1280.

[8] Boahen K A. A burst-mode word-serial address-event link—Ⅱ:receiver design. IEEE Trans. Circuits Syst. I, Reg. Papers, 2004b, 51(7):1281-1291.

[9] Boahen K A. A burst-mode word-serial address-event link—Ⅲ:analysis and test results. IEEE Trans. Circuits Syst. I, Reg. Papers, 2004c, 51(7):1292-1300.

[10] Braitenberg V, Schüz A. Anatomy of the Cortex. Berlin:Springer, 1991.

[11] Dally W J, Towles B. Principles and Practices of Interconnection Networks.

Morgan Kaufmann，2004.

［12］Dante V. PCI-AER Adapter board User Manual，1. 1 edn. Rome，Italy：Istituto Superiore di Sanità，2004［2014-07-28］. http：//www. ini. uzh. ch/～amw/pci-aer/user_manual. pdf.

［13］Deiss S R. Address-event asynchronous local broadcast protocol. Applied Neurodynamics（ANdt），062894 2e. （1994）［2014-07-28］. http：//appliedneuro. com/.

［14］Deiss S R，Douglas R J，Whatley A M. A pulse-coded communications infrastructure for neuromorphic systems：Chapter 6// Maass W，Bishop C M. Pulsed Neural Networks. Cambridge，MA：MIT Press，1999：157-178.

［15］Fasnacht D B，Whatley A M，Indiveri G. A serial communication infrastructure for multi-chip address event systems. Proc. IEEE Int. Symp. Circuits Syst. （ISCAS），2008：648-651.

［16］Georgiou J，Andreou A. High-speed，address-encoding arbiter architecture. Electron. Lett. ,2006，42（3）：170-171.

［17］Gerstner W,Kistler W M. Spiking Neuron Models：Single Neurons，Populations，Plasticity. Cambridge University Press，2002.

［18］Häfliger P. CAVIAR Hardware Interface Standards，Version 2. 0，Deliverable D_WP7. 1b. （2003）. http：//www. imse-cnm. csic. es/caviar/download/ConsortiumStandards. pdf.

［19］IEEE 802. 3 working group. IEEE Std 802. 3—1985，Carrier Sense Multiple Access with Collision Detection（CSMA/CD）Access Method and Physical Layer Specifications. New York：IEEE Computer Society，1985.

［20］Imam N,Manohar R. Address-event communication using token-ring mutual exclusion. Proc. 17th IEEEInt. Symp. on Asynchronous Circuits and Syst. （ASYNC），2011：99-108.

［21］Lazzaro J，Wawrzynek J，Mahowald M,et al. Silicon auditory processors as computerperipherals. IEEE Trans. Neural Netw，1993，4（3）：523-528.

［22］Lazzaro J P,Wawrzynek J. A multi-sender asynchronous extension to the address-event protocol//Dally W J，Poulton J W，Ishii A T. Proceedings of the 16th Conference on Advanced Research in VLSI . IEEE Computer Society. ，1995：158-169.

［23］Lin J，Merolla P，Arthur J，et al. Programmable connections in neuromorphic grids. Proc. 49th IEEE Int. Midwest Symp. Circuits Syst. ，2006，1：80-84.

［24］Mahowald M. VLSI analogs of neural visual processing：a synthesis of form and function. PhD thesis. Pasadena，CA：California Institute of Technology，1992.

［25］Mahowald M. An Analog VLSI System for Stereoscopic Vision. Boston，MA：Kluwer Academic，1994.

[26] Mortara A，Vittoz E A. A communication architecture tailored for analog VLSI artificial neural networks：intrinsic performance and limitations. IEEE Trans. Neural Netw. ，1994，5(3)：459-466.

[27] Mortara A，Vittoz E A，Venier P. A communication scheme for analog VLSI perceptive systems. IEEE J. Solid-State Circuits，1995，30(6)：660-669.

[28] SATA. n. d. SATA—Serial ATA. [2014-07-28]. http：//www. sata-io. org/ .

[29] Schwartz M. Telecommunication Networks：Protocols，Modeling，and Analysis. Reading，MA：Addison-Wesley，1987.

[30] Serrano-Gotarredona R，Oster M，Lichtsteiner P，et al. CAVIAR：A 45 K-neuron，5 M-synapse，12 G-connects/sec AER hardware sensory-processing- learning- actuating system for high speed visual object recognition and tracking. IEEE Trans. Neural Netw. ，2009，20(9)：1417-1438.

[31] Sivilotti M. Wiring considerations in analog VLSI systems with application to field-programmable networks. PhD thesis. Pasadena，CA：California Institute of Technology，1991.

第 3 章 硅视网膜

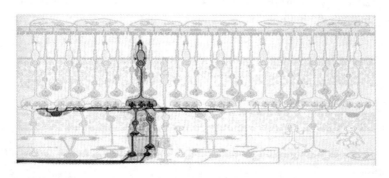

该图显示了哺乳动物视网膜的横截面,输入的感光细胞在顶部,而输出的神经节细胞轴突则在左下方。突出显示的部分显示了从感光体到 ON/OFF 双极细胞(也包括横向水平细胞),到 ON/OFF 神经节细胞的原路径。摘自 Rodiek(1988)。经 Sinauer Associates 许可引用。

本章介绍生物和硅视网膜,重点介绍最近开发的具有异步地址事件输出的硅视网膜视觉传感器。本章首先介绍生物视网膜和地址事件表示(AER)视网膜的四个示例,然后讨论了一些像素设计的细节以及这些传感器的规格。讨论集中于未来目标改进。

3.1 简 介

第 2 章讨论了针对神经形态系统的事件驱动通信体系结构,本章重点介绍生物视网膜的最新电子模型,该模型使用这种通信结构来传输其输出数据。该领域最早以电子方式模拟视网膜,这一直是神经形态电子工程师的主要目标。

Fukushima 等人 1970 年展示了他们的视网膜离散模型,尽管实际的工业影响微乎其微,但它却引起了人们的兴趣,并且它激发了整整一代日本年轻工程师从事相机和视觉传感器的研究。持续了几十年的日本电子成像市场的主导地位很明显地证明了这一点。同样,《科学美国人》封面上的 Mahowald 和 Mead(1991)启发了一代美国神经形态电子工程师的研究,尽管它们只具有原始的性能,几乎无法识别猫的图像。从这些早期的实验室原型到现在可以商业购买并用于应用程序的设备,已经花费了 20 多年的时间。本章介绍电子视网膜的现状,重点是事件驱动的硅视网膜。首先简要概述生物视网膜功能,然后回顾一些现有的硅视网膜视觉传感器。本章最后对硅视网膜的性能、规格及其测量进行了广泛的讨论。

3.2　生物视网膜

如图 3.1 所示,视网膜是一个复杂的结构,具有三个主要层:感光层、外部丛状层和内部丛状层(Kuffler,1953；Masland,2001；Rodieck,1988；Werblin 和 Dowling,1969)。感光层由视锥和视杆两类细胞组成。它们将入射光转换成电信号,从而影响感光器输出突触中神经递质的释放。感光细胞依次驱动外部丛状层中的水平细胞和双极细胞。双极电池的两个主要类别 ON 双极电池和 OFF 双极电池,分别编码亮时空对比度和暗时空对比度变化。它们通过将感光器信号与水平连接单元的横向连接层算出的时空平均值进行比较,以形成电阻网。水平细胞通过称为缝隙连接的导电孔彼此连接。连同在感光器突触产生的输入电流,这个网络计算感光器输出低通后的结果。在那里,双极细胞有效地受到光感受器和水平细胞输出之间差异的驱动,并反过来反馈给光感受器。在更复杂的外部丛状层中,ON/OFF 双极细胞在内部丛状层中突触到许多类型的无长突细胞和多种类型的 ON/OFF 神经节细胞上。水平细胞和无长突细胞分别介于导光感受细胞和双极细胞、双极细胞和神经节细胞之间的信号传递过程。

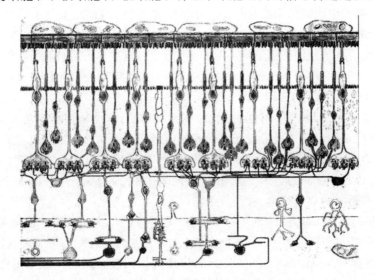

图 3.1　视网膜的横截面。经 Sinauer Associates 许可转载,改编自 Rodieck(1988)

双极细胞和神经节细胞可以进一步分为两组不同的细胞,其中包括反应较持久的细胞和反应较短暂的细胞。这些细胞在视网膜中至少沿着两条平行的通道携带信息,一条是细胞对场景中的时间变化敏感的大细胞通道,另一条是细胞对场景中的形态敏感的单细胞通道。将路径划分为持续路径和瞬时路径过于简单,在现实中,有许多并行路径计算视觉输入的多个视图(哺乳动物的视网膜中可能至少有 50 个视图)。然而,对于本章讨论视网膜处理硅模型的发展,生物视觉的简化视图就够了。

生物视网膜具有许多传统硅成像仪所缺乏的理想特性,其中包括我们提到的硅视网膜所具有的两个特性。一是，眼睛在较宽的动态范围(DR)的光强度下工作，从星光到明亮的阳光，可以在持续 90 年的照明条件下都能实现视觉识别。二是外部丛状层和内部丛状层的细胞编码时空对比，从而删除冗余信息，使细胞能够在其有限的动态范围内对信号进行编码(Barlow,1961)。

尽管常规成像仪非常适合产生图像序列，但它们不具有局部增益控制和冗余减少这些生物学特性。常规成像仪受成本和成像技术方面的限制。从成本角度来看，小像素比大像素便宜，并且相机输出应包括频闪的静态图片序列。像素的响应被顺序读出，从而导致了几乎所有机器视觉历史都基于帧。相比之下，生物视觉并不依赖于图像帧，因此，基于活动的、事件驱动的硅视网膜的可用性可以帮助促进对不依赖于图像帧信息的新算法的研究。这些算法对于快速、低功耗的视觉系统具有优势。

3.3　具有串行模拟输出的硅视网膜

在 3.8 节图 3.19 中可以看到硅视网膜的发展演变是很有趣。所有早期的视网膜设计都具有像传统成像仪一样的串行输出。对视网膜输出值进行重复采样(或"扫描")，可以在输出中生成活动的"图片"。第一个硅 VLSI 视网膜实现了感光细胞、水平细胞和双极细胞的模型(Mahowald 和 Mead,1991)。(注：从历史上看，Fukushima 等人(1970)早期的电子视网膜模型使用的是离散元素，但在本章，我们关注的是 VLSI 视网膜。)每个硅光感受器模仿视锥细胞，并包含一个连续时间光敏元件和自适应电路，调整其响应，以应对变化的光级(Delbruck 和 Mead, 1994)。MOS 可变电阻网络(在 Mead 1989 年讨论的 H - Res 电路中)模拟水平细胞层，提供基于附近光感受器平均数量的反馈；双极细胞电路放大来自光感受器的信号和本地平均值之间的差异，并将放大的信号整流为开/关输出。由此产生的视网膜回路的反应近似于人类视网膜的行为(Mahowald,1994；Mead, 1989)。在 3.5.3 小节中讨论的 Parvo - Magno 视网膜实现包括持续的和瞬时的双极细胞、神经节细胞以及无长突细胞。这种设计仍然是最接近捕获生物视网膜的各种细胞类型。除了这两种视网膜外，许多设计者还设计了硅视网膜，实现了特定的视网膜功能，而且还用各种电路方法来减少芯片响应的失配，从而使视网膜能够应用于实际。例如，Kameda 和 Yagi(2003)的扫描硅视网膜系统使用基于图像帧的有源像素图像传感器(APS)作为光传导阶段，因为这在像素响应输出上有更好的匹配。

3.4　事件驱动的异步像素输出与同步帧

由于大多数电子系统中相机的输出基于帧的性质，因此几乎所有计算机视觉算法都基于图像帧，即基于静态图片或图片序列。从电子成像的早期开始，基于图像帧的设备就已经占据了主导地位，因此这是自然的。尽管基于帧的传感器具有像素小、与标准机器视觉兼容的优点，但它们也有明显的缺点：即使像素值不变，也要重复采样；短延时视力问题需要高帧频并产生大量输出数据;DR 受相同的像素增益、积分光电荷的有限像素容量和相同的积分时间限制。在很大程度上,传统成像设备的机器视觉的高计算成本是近几年开发 AER 硅视网膜的实际原因。接下来讨论这些传感器。

3.5 AER 视网膜

AER 输出的异步特性是由受神经元远距离通信方式激发的。当 AER 视网膜像素检测到一个重要信号时,会异步输出地址事件,而不是对像素值进行采样。"重要"的定义取决于传感器,但一般对于典型的视觉输入来说,这些事件应该比模拟采样值的重复样本稀疏得多。换句话说,良好的视网膜像素自主地确定它们自己的兴趣区域(ROI),这是一项留给具有 ROI 读出控制功能的常规图像传感器的系统级别的工作。

这些 AER 视觉传感器的设计和使用仍然相对比较新颖。尽管第一台集成式 AER 视觉传感器于 1992 年建成,但直到最近,可用的 AER 视觉传感器才取得较大进展。其进步的主要障碍是对异步逻辑的不熟悉和像素响应特性的不均匀性。业界对无帧视觉传感器并不熟悉,因此对填充因子小的大像素小心谨慎是可以理解的。近年来,技术进步加快,主要是因为越来越多的人在这个领域工作。最近的 AER 视网膜通常只实现一种或两种视网膜细胞类型,以保持填充因子相当大,并有一个低像素阵列响应方差。表 3.1 比较了 AER 视觉传感器和用于机器视觉与人眼的传统 CMOS 摄像机。即使是粗略的检查,我们也可以发现相机远远落后于人眼,而且硅视网膜的像素比标准的 CMOS 相机要少得多,每像素消耗的能量也多得多。当然,传统相机的低功耗忽略了处理成本。如果硅视网膜减少了冗余,或者允许视觉处理器以较低的速度或带宽运行,那么使用它就可以大大减少系统级的电力消耗。在任何情况下,我们都可以尝试将现有的传感器置于分类中,以引导我们的思维。AER 视网膜大致可分为以下几类(见表 3.1 中的"分类"):

① 与使用强度差的空间差传感器相比,空间对比度(SC)传感器基于强度比来减少空间冗余。空间对比度传感器对于分析静态场景内容以进行特征提取和对象分类更为有用。

② 与使用绝对强度变化的时间差传感器相比,时间对比度(TC)传感器基于相对强度变化来减少时间冗余。时间对比度传感器对于具有不均匀场景照明的动态场景,对跟踪和导航这样的应用更有用。

曝光读数和像素重置机制也可以大致分为两类:

① 帧事件(FE)传感器使用所有像素的同步曝光和预定的事件读数。

② 异步事件(AE)传感器,它的像素根据即时相关性的局部决策连续生成事件。

接下来的部分将讨论几种不同的硅视网膜的示例:动态视觉传感器(DVS)(Lichtsteiner 等,2008)、基于异步时间的图像传感器(ATIS)、Magno - Parvo 空间和 TC 视觉传感器(Zaghloul 和 Boahen,2004a,2004b)、生物形章鱼图像传感器(Culurciello 等,2003)以及 SC 和方向传感器(VISe)(Ruedi 等,2003)。这些视觉传感器都是针对特定目标而设计的。

表 3.1　AER 视觉传感器之间以及传统 CMOS 相机和人眼之间的比较

类　型	Parvo-Magno (1.5.3 小节)	VISe(1.5.5 小节)	DVS(1.5.1 节)	ATIS(1.5.2 小节)	CMOS 相机	人　眼
年份	2001	2003	2006	2010	2012	100k BCE
功能性	异步。空间和时间对比	基于帧的空间对比度和梯度方向,有序输出	异步。时间对比度动态视觉传感器	异步。基于时间的图像传感器	机器视觉;同步全局快门操作	哺乳动物视网膜
分类	SC TC AE	SC FE FE	TC AE	TC AE	图像序列	>50 类细胞
灰度图像输出	否	否	否	是	是	NA
像素尺寸/μm²	34×40	69×69	40×40	30×30	5×5	1×1
填充系数/%	14%	9%	8.1%	10%(TC)/20%(灰色)	60%	3% QE
制作工艺	0.35 μm 4M 2P	0.5 μm 3M 2P	0.35 μm 4M 2P	180 nm 6M 1P MIM	0.13 μm	自组装
像素复杂度	38T	>50T,1C	26T,3C	77T,4 C,2 PD	4T/5T	约200 个神经元
阵列大小	96×60	128×128	128×128	304×240	4M 像素	100M 像素
功率/像素	10 μW	18 μW	400 nW	1.3 μW	25 nW	30 pW
动态范围/dB	约50	约120	120	125 @ 30 FPS	约60	180
响应延迟	约10 Meps	<2 ms,60~500 fps	15 μs @1 klx 芯片照度 2 Meps	3.2 μs @ 1 klx 30 Meps 峰值, 6 Meps 持续	10 ms (100 FPS)	20 ms
FPN 匹配	10~20 年	2%对比度	2.1%对比度		<0.3%	

注:CMOS 相机示例为"全局快门"类型,其中所有像素均同步曝光。对于手机相机视觉应用是优选的。有关某些规范的定义参见 3.7 节。SC—空间对比,TC—时间对比,FE—帧事件,AE—地址事件,fps—帧/秒,eps—事件/秒。资料来源:改编自 Delbrück 等(2010)。

3.5.1 动态视觉传感器

动态视觉传感器(DVS)对强度的相对时间变化作出异步响应(Lichtsteiner 等, 2008)。传感器输出一个异步的像素地址-事件流(AE),该流对场景反射变化进行编码,从而在保留时序信息的同时减少了数据冗余。这些属性是通过对生物视觉的三个关键属性进行建模来实现的:事件驱动的稀疏的输出、相对亮度变化的表示(因此直接编码场景反射率变化)以及将正负信号校正为单独的输出通道。DVS 通过异步响应 TC 而不是绝对照明来改进基于现有帧的时间差异检测成像仪(例如 Mallik 等,2005), 以及完全不减少冗余的事件驱动的成像仪(Culurciello 等,2003),只是空间冗余减少 (Ruedi 等,2003),固定模式噪声(FPN)大,响应速度慢和 DR 受限(Zaghloul 和 Boahen,2004a),或者对比度灵敏度低(Lichtsteiner 等,2004)。

显然,丢弃所有 DC 信息将很难使用 DVS。但是,对于解决许多动态视觉问题,这些静态信息没有什么帮助。DVS 已广泛应用,例如:跟踪守门员机器人的高速球(Delbruck 和 Lichtsteiner,2007),构建令人印象深刻的铅笔平衡机器(Conradt 等,2009a, 2009b),高速公路交通分析(Litzenberger 等,2006),基于立体声的头部跟踪计数 (Schraml 等,2010),跟踪流体动力学中的粒子运动(Drazen 等,2011),跟踪微观粒子 (Ni 等,2012),基于时间相关性的立体视觉(Rogister 等,2012),基于立体声手势识别 (Lee 等,2012)。在其他未发表的作品中(这些未发布项目的实现在 jAER(2007)中作为 Info、BeeCounter、SlotCarRacer、FancyDriver 和 LabyrinthGame 类开源),该传感器还用于分析小鼠一周的睡眠觉醒活动,计算进入和离开蜂巢的蜜蜂数,建造一辆自动驾驶的老虎赛车,沿着标线驾驶的高速电动巨型卡车,以及在迷宫游戏桌上控制球。

1. DVS 像素

DVS 像素设计使用连续和离散时间操作的组合,其中时间是自身产生的。自定时开关电容器架构的使用可实现匹配良好的像素响应特性以及快速、宽广的 DR 操作。为了实现这些特性,DVS 像素使用了一个快速对数光感受器电路,这是一种差分电路,通过高精度和简单的比较器放大变化。图 3.2(a)显示了这三个组件是如何连接的。光感受器电路自动控制单个像素增益(通过对数响应),同时对光照的变化做出快速反应。这种光感受器电路的缺点是晶体管阈值的变化会导致像素之间的直流不匹配,当直接使用这种输出时需要进行校准(Kavadias 等,2000;Loose 等,2001)。当事件发生后,通过将差分电路的输出平衡到复位电平来消除直流失调。变化放大的增益由匹配良好的电容比值 C_1/C_2 决定。差分电路的精确增益降低了随机比较器失配的影响。

由于光感受器中的对数转换和差分电路去除了直流,像素对"时间对比度"TCON 敏感,定义为

$$\text{TCON} = \frac{1}{I(t)}\frac{\mathrm{d}I(t)}{t} = \frac{\mathrm{d}[\log I(t)]}{\mathrm{d}t} \tag{3.1}$$

式中,I 是光电流,其单位不影响 $\mathrm{d}(\log I)$;这里的对数是自然对数。

图 3.2(b)显示了像素的工作原理。一些像素组件的操作将在本章的后半部分讨论。

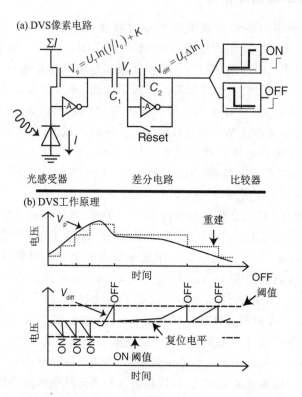

图 3.2　DVS 像素。(a)简化的像素示意图。(b)工作原理。在(a)中,反相器是单端反相放大器的符号。© 2008 IEEE。经许可转载,摘自 Lichtsteiner 等(2008)

DVS 最初是作为 CAVIAR 多芯片 AER 视觉系统(Serrano-Gotarredona 等,2009)的一部分在第 16 章中开发的,但它可以直接接口到使用相同字节并行协议的其他 AER 组件,也可以用连接逻辑来适应其他 AER 协议。DVS 通过高速 USB 2.0 接口将带时间戳的地址事件传至主机 PC。相机的架构将在第 13 章中详细讨论。在主机端,在像 PC 或微控制器这样的单线程硬件平台上实时获取、呈现和处理非均匀分布的异步视网膜事件是非常复杂的。通过开源 jAER 项目实现的基础设施,其包括几百个 Java 类,并允许用户捕获视网膜事件,实时监控它们,控制芯片上的偏差生成器,并为各种应用程序处理它们(jAER,2007)。

2. DVS 示例数据

对于用户(和论文审阅者)而言,任何报告中最重要的部分应该是来自真实场景示例数据的那一部分。例如,图 3.3 中的图像显示了 Lichtsteiner 等人(2008)的 DVS 示例数据。通过灰度或 3D 显示时间轴来说明动态属性。"旋转点"图片显示了在 300 lx

的室内荧光灯光照度下,白盘上的黑点以 200 r/s 的速度旋转所产生的事件。事件在超过 10 ms 的时空和跨越 300 μs 的简短快照图像中呈现。旋转的点在时空中形成一个螺旋。"脸部"图像是在夜间室内用 15 W 荧光台灯光照下获得的。"行车场景"图像是在户外日光下即将穿过十字路口时,从汽车仪表处采集到的。"杂耍事件时间"图像将事件时间显示为灰度,球的路径以灰色阴影显示,显示运动方向。例如,最上方的球正在上升,因为路径的顶部较暗,表示时间片中的较晚事件。"眼睛"图像显示了在室内光照下眼部活动的事件。"公路立交桥"图像显示了在傍晚的灯光下立交桥处拍摄高速公路上的汽车所产生的事件,左图显示了 ON/OFF 事件,右图显示了快照期间的相对时间。

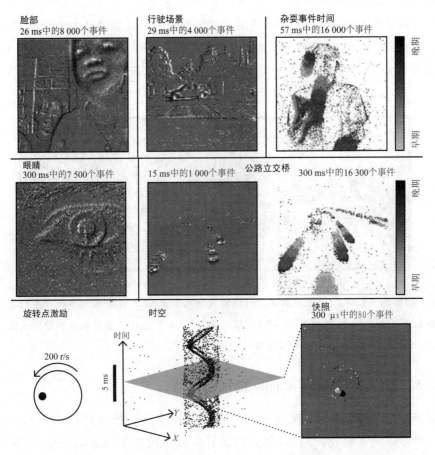

图 3.3   在物体运动或摄像机运动的自然光照条件下拍摄的 DVS 数据。这些收集的被渲染的事件 2D 直方图,可以是对比度(灰度代表重构的灰度变化)、灰度时间(事件时间显示为灰度,黑色表示新,灰色表示旧,白色表示无事件)或 3D 时空。© 2008 IEEE。经许可转载,摘自 Lichtsteiner 等 (2008)

3.5.2　基于时间的异步图像传感器

基于时间的异步图像传感器（ATIS,Posch 等,2011）在每个像素中结合了 DVS 像素和强度测量单位（IMU）。DVS 事件用于触发基于时间的强度测量。这款令人印象深刻的传感器采用 180 nm 技术（分辨率为 304×240 30 μm 像素）（请参见表 3.1），在每个像素中结合了 TC 检测的概念（Lichtsteiner 等,2008）和脉宽调制（PWM）强度编码（Qi 等,2004）。它使用一种新的基于时间关联双采样（CDS）电路（Matolin 等,2009），仅从变化的像素输出像素灰度值。这种强度读出方案可实现超过 130 dB 的高 DR,这在监视场景中非常有价值。Belbachir 等人（2012）的文献就是一个很好的例子。

仅当具有新的光照度值进行通信时,ATIS 像素才会异步请求访问输出通道。异步操作避免了基于帧的采集和扫描读数的时间量化。灰度级别是两个附加 IMU 事件之间的时间编码。此 IMU 测量是通过像素中的 DVS 事件开始的。来自 ATIS 的示例数据如图 3.4 所示。在 3.6.2 小节中讨论了晶体管电路,重点是其有效的基于时间的 CDS。

| (a) ATIS图像 | (b) DVS事件 |

图 3.4　ATIS 示例数据。(a)通过滚动(逐行)重置所有像素,从外部触发对步行学生图像的捕获。随后,仅更新变化像素(例如,步行的学生)的强度值。(b)稀少的 DVS 事件是由移动的人在 ATIS 像素中生成的。经 Garrick Orchard 许可转载

3.5.3　异步 Parvo‑Magno 视网膜模型

基于组织学和生理学发现,Zaghloul 和 Boahen（2004a）提出的 Parvo‑Magno 视网膜是一种不同寻常的硅视网膜,其重点是对外部和内部视网膜的建模,包括持续性（Parvo）和瞬时性（Magno）类型的细胞。这是对 Mahowald 和 Mead 的第一个视网膜的改进,后者仅对外部视网膜电路（即视锥细胞、水平细胞和双极细胞）建模（Mahowald 和 Mead,1991）。13.3.2 小节介绍了 Parvo‑Magno 视网膜在定向特征提取系统中的使用。

Parvo‑Magno 设计捕获了生物视网膜的关键自适应特征,包括光和对比度自适应以及自适应时空滤波。通过使用经扩散网络和单晶体管突触在空间上紧密耦合的小型晶体管对数域电路，它们能够以 722 mm^{-2} 的密度实现 5 760 个光电晶体管，以 461 mm^{-2} 的密度实现 3 600 个神经节细胞，使用 0.25 μm 技艺在（3.5×3.3）mm^2 的区域内将 2 个连续、瞬时的 ON/OFF 神经节细胞平铺在 2×48×30 和 2×24×15 马赛克里（请参见表 3.1）。

整个 Parvo-Magno 模型如图 3.5 所示。视锥外部分（CO）向锥体端子（CT）提供光电流，从而激发水平细胞（HC）。水平细胞与分流抑制作用相互作用。锥体和水平细胞都通过间隙连接与相邻单元电耦合。水平细胞可调节视锥到水平细胞的激励和视锥间隙连接。ON/OFF 双极细胞（BC）将视锥细胞信号传递给神经节细胞（输出），并激发窄视野（NA）无长突细胞和宽视野无长突细胞（WA）。它们还激发抑制互补双极和无长突的无长突细胞。窄视野无长突细胞抑制双极末端和宽视野无长突细胞。它们对广域无长突细胞的抑制作用是分流。它们还抑制瞬时神经节细胞（OnT，OffT），但不抑制持续神经节细胞（OnS，OffS）。宽视野无长突细胞调节突触前窄视野无长突细胞的抑制，并通过间隙连接横向传播其信号。视网膜外突触相互作用实现时空带通滤波和局部增益控制。内视网膜模型通过宽视野无长突细胞活性的调节作用实现对比度增益控制（对 TC 的敏感度控制）。随着 TC 的增加，其调节活性增加，其最终作用是使瞬时神经节细胞加快，更瞬时地做出反应。这种硅视网膜输出捕获 ON 和 OFF 中心宽域瞬态和窄域持续神经节细胞的行为，这些神经节细胞提供了灵长类视网膜的视神经纤维的 90%。这是通过丘脑投射到主要视觉皮层的四种主要类型。

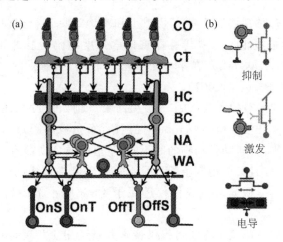

图 3.5　Parvo-Magno 视网膜模型。(a) 突触组织。(b) 单晶体管突触。© IOP Publishing。经 IOP Publishing 许可转载，改编自 Zaghloul 和 Boahen（2006）

图 3.6 显示了来自 Parvo-Magno 视网膜的样本数据。显然，其具有复杂而有趣的特性，但是像素响应特性之间的极大失配使其很难使用。

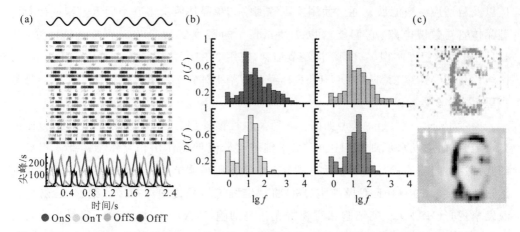

图 3.6　Parvo - Magno 芯片响应。(a)从芯片阵列的单列记录的尖峰(顶部)和直方图(底部,bin 宽度 ＝ 20 ms)的光栅图。刺激是一个 3 Hz 50%的对比漂移正弦光栅,其亮度在屏幕上水平变化,在垂直方向上恒定。这些直方图的基本傅里叶分量的幅度在此处显示的所有频率响应中进行了绘制。(b)四种气相色谱输出的发射率分布,表明了响应变化量。绘制出发射率的对数 lgf 与概率密度 p(f)的关系图。从阵列中给定类型的所有活动细胞计算直方图(40%的持续细胞和 60%的瞬时细胞没有反应)。(c)上图显示通过芯片的持续型 GC 输出增强了静态场景中的边缘。下图显示,尽管存在极大的可变性,但通过持续的 GC 活动对图像进行的最佳数学重建证明了视网膜编码的真实性。©2004 IEEE。经许可转载,摘自 Zaghloul 和 Boahen(2004b)

3.5.4　事件驱动的强度编码成像仪

有些成像仪没有对视网膜上的冗余减少和本地计算进行建模,而只是使用 AER 表示直接传递像素强度值。这些传感器将像素强度编码为脉冲频率(Azadmehr 等,2005;Culurciello 等,2003)或者在第一个尖峰的时间内,参照一个复位信号(Qi 等,2004;Shoushoun 和 Bermak,2007)。

Culurciello 等(2003)的所谓"Octopus 视网膜",例如,通过 AER 事件输出的频率或尖峰间隔传达像素强度。(注:Octopus 视网膜(章鱼视网膜)以动物命名,因为章鱼眼和其他头足类动物的眼、哺乳动物的眼不同,章鱼的眼是倒置的——感光体位于眼睛的内部而不是外部,并且某些视网膜处理是在视神经叶中完成的。章鱼眼具有复杂的结构,并且能够区分偏振光。)该成像仪还用于 13. 3. 1 小节中所述的 IFAT 系统的前端。

这种受生物学启发的读出方法可提供像素并行读出。相反,串行扫描阵列将独立于活动外的等比例带宽分配给所有像素,并且由于扫描器始终处于工作状态,因此会不断消耗功率。在 Octopus 传感器中,较亮的像素受青睐,因为它们的积分阈值要比较暗的像素快,因此它们的 AER 事件以较高的频率进行通信。因此,较亮的像素比较暗的像素更频繁地请求输出总线,并且更频繁地更新。这种异步图像读取的另一个结果是图像滞后于运动对象。由亮、暗组成的运动对象将导致较暗部分的强度读数晚于亮部分,从而扭曲了对象的形状并产生类似于 ATIS 中看到的运动假象(见 3.6.2 小节)。

Octopus 视网膜示例图像如图 3.7 所示。Octopus 方案可实现宽泛的动态范围(DR),这就是为什么在使用对数编码方式渲染图像时可以看到脸部阴影和灯泡的原因。但是相当大的 FPN 使得该传感器很难用于常规成像。该 FPN 主要归因于各个 PFM 电路中的阈值变化。

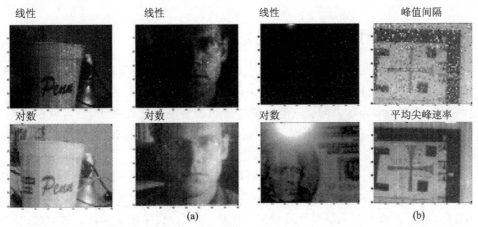

图 3.7　来自 80×60 像素的人造 Octopus 视网膜的示例图像。(a)线性强度(上)和对数(下)标度。通过对大量尖峰事件进行计数来重建图像。(b)将瞬时 ISI 与平均尖峰速率进行比较(此处,图像的平均计数为 200 个尖峰)。© 2003 IEEE。经许可转载,摘自 Culurciello 等(2003)

Octopus 成像仪由 80×60 个像素(32×30 mm²)组成,采用 0.6 μm CMOS 工艺制造。它具有 120 dB 的 DR(在均匀明亮的光照下并且每个像素的更新速率没有下限时)。当每秒更新 30 个像素时,DR 值为 48.9 dB。在均匀的室内光线下,功耗为 3.4 mW,平均事件频率为 200 kHz,每个像素每秒更新 41.6 次。成像设备能够在明亮的光照下 x 每个像素每秒更新 8 300 次。

与其他 AER 视网膜相比,Octopus 成像仪的像素尺寸较小,但缺点是总线带宽是根据场景亮度分配的。因为没有复位机制,并且事件间隔直接编码强度,所以暗像素可能需要很长时间才能发出事件,并且场景中的单个亮点可能会使片外通信尖峰地址总线饱和。这种方法的另一个缺点,是计算由阵列产生的尖峰所需的数字帧采集器的复杂性。缓冲区必须在某个时间间隔内对事件进行计数,或者保持最新的尖峰时间,并使用此时间来计算从 ISI 到当前尖峰时间的强度值。然而,这会产生噪声图像。Octopus 视网膜对于跟踪小型明亮光源最为有用。

编码强度信息的另一种方法是根据 Harris 和其他人(Luo 和 Harris,2004;Luo 等,2006;Qi 等,2004;Shoushun 和 Bermak,2007)的首次尖峰时间(TTFS)编码实现的。在这种编码方法中,系统不需要存储大量尖峰,因为每个像素每帧仅生成一个尖峰。另外,还提出了一种类似的编码方法,作为视觉系统中神经元用于编码信息的等级排序方案(Thorpe 等,1996);还可以在帧时间内降低在每个像素中生成尖峰的全局阈值,而暗像素仍然会在合理的时间内发出尖峰。TTFS 传感器的缺点是,场景的统一部分都试图同时发出事件,这使 AER 总线不堪重负。缓解此问题须依次重置像素行,但问题仍然存在,特定图像仍可能导致事件的同时发出。

TTFS 概念在 ATIS(3.5.2 小节)中使用,并在 VISe 中以相关形式使用,下面进行讨论。在 ATIS 中,单个像素中的 DVS 事件会像 TTFS 传感器一样触发强度读数,但是由于该读数是局部的并且由强度变化触发,因此它克服了 TTFS 传感器的一些主要缺点。

3.5.5 空间对比度与方向视觉传感器

设计精巧的视觉传感器 VISe(VISe 代表 VIsion Sensor)(Ruedi 等,2003)与 DVS(3.5.1 小节)有互补的功能。VISe 输出编码为空间而不是 TC 的事件。VISe 像素用于计算对比度大小和角度方向。它与以前的传感器的不同之处在于,它可以根据对比度大小使用时间顺序输出这些事件。这种排序可以大大减少传递的数据量。VISe 设计带来令人印象深刻的性能,特别是在低失配和高灵敏度方面。

VISe 周期以全局帧曝光(例如 10 ms)开始。接下来,VISe 按照从高到低的 SC 顺序发送地址事件。最早发出事件的像素对应于局部 SC 最高的像素。如果可用的处理时间有限,且不会丢失有关高对比度特征的信息,则可以提早中止读数。每个对比度事件之后是另一个事件,该事件通过事件相对于全局操纵功能的时间来编码梯度方向,这将在后面进行描述。VISe 具有低 2% 的对比度失配,3 位的对比度方向精度和 120 dB 的大的光照动态范围。该体系结构的主要局限性在于它不会减少时间冗余(计算时间导数),并且其时间分辨率仅限于帧速率。

用 CMOS 成像仪采集图像的传统 APS 方法是在阵列的每个像素中的电容上集成光电二极管,并在固定曝光时间内提供光电流(Fossum,1995)。在没有饱和的情况下,产生的电压与光电流成正比。就像章鱼或 ATIS 视网膜一样,在 VISe 像素中,光电流被集成到一个给定的参考电压,而不是在一个固定的时间内进行集成。在 VISe 中使用的这个原理在图 3.8 中得到了说明,其中考虑了一个中心像素及其四个相邻像素(左、右、上、下)。在每个像素中,光电流 I_C 在电容 C 上积分,由此产生电压 V_C,该电压连续地与参考电压 V_{ref} 进行比较。一旦 V_C 达到 V_{ref},中心像素对四个相邻像素的电压 V_L、V_R、V_T 和 V_B 进行采样,并将这些电压存储在电容器上。

T_S 由 $T_S = \dfrac{CV_{ref}}{I_C}$ 给出。如果 I_X 是相邻 $I_C X$ 中的光电流,则采样电压为

$$V_X = \frac{I_X T_S}{C} = \frac{I_X}{I_C} V_{ref} \tag{3.2}$$

V_X 仅取决于像素 X 和 C 中产生的光电流之比。假设中心像素的光电流与其四个相邻像素的平均值相对应(这主要是由光学的空间低通特性实现的),可得到一个综合方程式:

$$I_C = \frac{I_R + I_L}{2} = \frac{I_T + I_B}{2} \tag{3.3}$$

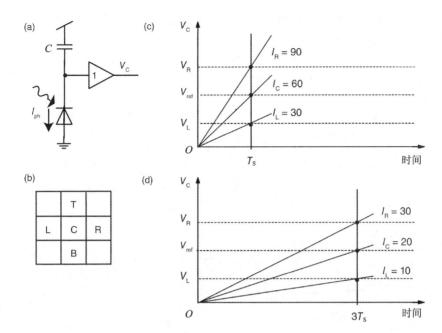

图 3.8 VISe 中的生成对比。© 2003 IEEE。经许可转载,摘自 Ruedi 等(2003)

结合式(3.2)和式(3.3)并求解 $V_R - V_L$,给出

$$V_R - V_L = 2\frac{I_R - I_L}{I_R + I_L}V_{ref} \tag{3.4}$$

对于 $V_T - V_B$ 可以得出相同形式的方程。式(3.4)等效于迈克尔逊对比度的常规定义,即差除以平均值。

电压 V_X 和 V_Y 可以视为局部对比度向量的 X 和 Y 分量。如果照明水平降低三个因子,如图 3.8 所示,那么从积分开始与四个相邻数据点的采样之间经过的时间就延长了 3 倍,这样,采样的电压保持不变。

式(3.9)、式(3.3)和式(3.4)中定义的对比度方向和对比度矢量的大小的计算以及组合的对比度和方向信号的读出均在图 3.9 中显示出来。每个像素连续计算局部对比度矢量 r 在旋转单位矢量上的标量投影 $F(t)$。当 r 指向与局部对比度矢量相同的方向时,$F(t)$ 达到最大值。因此,$F(t)$ 是一个正弦波,其振幅和相位代表对比度矢量的幅度和方向。通过将局部对比度分量乘以全局分布的转向信号,可以在每个像素中局部计算投影。转向信号是正交排列的正弦电压,代表 r 的旋转。

为了说明这些操作和数据输出,图 3.9 显示了两个像素 a 和 b 的帧获取和整个操作序列。在第一阶段,光电流被集成,然后打开转向功能。在第一个转向周期,$F_a(t)$ 和 $F_b(t)$ 经过一个极大值,由一个简单的最大检测器检测并记忆(峰值 a 和 b),在随后的时间段内,对所有像素并行分布一个单调递减的阈值函数。在每个像素中,阈值函数都与这个最大值进行比较。为了输出对比度大小,当阈值函数达到单个像素的最大值时,在 AER 总线上发射一个编码像素地址(X,Y)的事件(Mortara 等,1995)。存在于每个像素上的对比度由位于较低对比度之前的高对比度进行时间编码。该方案将数据传输限制为对比度高于给定值的像素。第二个事件将在第一个零交叉点处出发,并随后出现正斜率。通过这种方法,可以根据对比度矢量的幅度对其方向进行时间排序。不通过对比度大小限制对比度方向,每个像素将在第一次出现零交叉时触发一个脉冲。注意,零交叉是相对于最大的 $F(t)$ 偏移了 $-90°$。

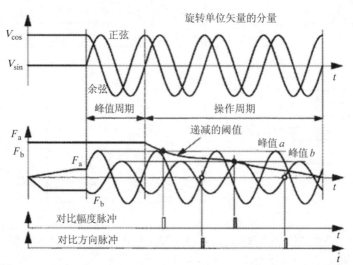

图 3.9 视觉计算和数据输出原理(由两个像素 a 和 b 表示)。© 2003 IEEE。经许可转载,摘自 Ruedi 等(2003)

图 3.10 展示了传感器输出的用对比度表示的一些图像。即使是由一个人和一个照明灯泡组成的高 DR 场景,或者一个室内/室外场景,或者一个包含太阳的场景,仍然可以清晰地表现出来。即使是低对比度的边缘也能清晰地输出。

图 3.10 VISe SC 输出。每个图像将检测到的对比度幅度显示为灰度。对比度的大小由事件发射相对于读数开始的时间进行编码。© 2003 IEEE。经许可转载,摘自 Ruedi 等(2003)

尽管 VISe 是一种令人愉快且具有富于想象力的体系结构,但在小组的开发中,它已经被一个基于数字对数图像传感器和定制 DSP 的不同方法所取代(Ruedi 等,

2009)。放弃 VISe 方法的原因是希望更好地扩展到较小的数字处理技术，并希望与同一芯片上的定制数字协处理器紧密集成。

3.6 硅视网膜像素

本章的前半部分概述了 DVS、ATIS、Parvo – Magno 视网膜、Octopus 视网膜和 VISe 视觉传感器。下面主要讨论某些视网膜设计的像素细节。

3.6.1 DVS 像素

图 3.2 显示了 DVS 像素的抽象视图，本节讨论像素的实现，如图 3.11 所示。像素电路由 5 个部分组成：感光、缓冲、差分放大、比较以及 AER 信号交换电路。

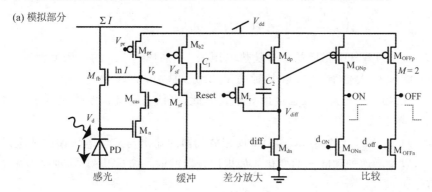

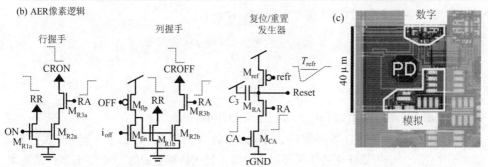

图 3.11 完整的 DVS 像素电路。(a)模拟部分。(b)AER 握手电路。(c)像素布局。© 2008 IEEE。经许可转载，摘自 Lichtsteiner 等(2008)

感光电路部分使用众所周知的跨阻抗配置（例如，参见 Delbruck 和 Mead，1994），该配置将光电流的对数值转换为电压。光电二极管 PD 的光电流由饱和的 nFET M_{fb} 提供。M_{fb} 的栅极连接到反相放大器（M_{pr}，M_{cas}，M_n）的输出端，该放大器的输入端连接到光电二极管。由于该配置将光电二极管固定在虚拟地端，因此与无源对数感光电路相比，环路增益额倍数扩大了感光器的带宽。这种扩展的带宽有益于高速应用，尤其是在低光照条件下。所有光电流的总和在 $\sum I$ 节点上可用，有时可用于偏置值的自适应控制。

用源极跟随器将感光器输出 V_p 缓冲至 V_{sf}，以便将敏感感光器与差分电路中的快速瞬变隔离开(在布局中，务必避免与 V_d 的任何电容耦合，因为这会导致错误事件和过多的噪声)。源极跟随器驱动差分电路的电容输入。

接下来，差分放大电路放大缓冲输出的变化。带有电容反馈的反相放大器与一个复位开关平衡，该开关将其输入和输出短接在一起，从而产生一个复位电压电平。该电平约为 V_{dd} 的二极管压降。因此，V_{diff} 从其重置水平的变化代表对数强度的放大变化。

可以直观地看出，式(3.1)中定义的 TCON 与 V_{diff} 的关系为

$$\Delta V_{diff} = -A \cdot \Delta V_{sf} = -A \cdot \kappa_{sf} \cdot \Delta V_p \tag{3.5}$$

$$= -A \cdot \frac{U_T \kappa_{sf}}{\kappa_{fb}} \ln\left[\frac{I(t+\Delta t)}{I(t)}\right] = -A \cdot \frac{U_T \kappa_{sf}}{\kappa_{fb}} \Delta \ln I \tag{3.6}$$

$$= -A \cdot \frac{U_T \kappa_{sf}}{\kappa_{fb}} \int_t^{t+\Delta t} TCON(t') dt' \tag{3.7}$$

式中，$A = C_1/C_2$ 为差分电路增益；U_T 是热电压；κ_x 是晶体管 M_x 的亚阈值斜率因子。这个方程可能使放大器看起来以某种方式积分，是的，的确如此，它确实积分了 TCON，但是 TCON 已经是对数强度的导数。因此，可认为自前次复位被释放后对数强度变化被简单放大了。

比较器(M_{ONn}，M_{ONp}，M_{OFFn}，M_{OFFp})将反相放大器的输出与复位电压偏移的全局阈值进行比较，以检测增加和减少的变化。如果比较器的输入超过其阈值，则会产生 ON 或 OFF 事件。

替换式(3.7)中的 ΔV_{diff}，通过比较器输入阈值 d_{on} 和 d_{off} 以及求解 $\Delta \ln I$ 得出触发 ON/OFF 事件正负阈值 TC(时间对比度)θ_{on} 和 θ_{off}：

$$\theta_{on} = \Delta \ln I_{min,ON} = -\frac{\kappa_{fb}}{\kappa_{sf} \kappa_{ONp} U_T A} \cdot \left[\kappa_{ONn}(d_{on} - d_{iff}) + U_T\right] \tag{3.8}$$

$$\theta_{off} = \Delta \ln I_{min,OFF} = -\frac{\kappa_{fb}}{\kappa_{sf} \kappa_{OFFp} U_T A} \cdot \left[\kappa_{OFFn}(d_{off} - d_{iff}) - U_T\right] \tag{3.9}$$

式中，$d_{on} - d_{iff}$ 是开启阈值，而 $d_{off} - d_{iff}$ 是关闭阈值。

阈值 TC θ 具有强度自然对数的大小，此后称为对比度阈值。每个事件表示对数强度 θ 的变化。对于平稳变化的 TC，可以通过以下公式估算生成的 ON/OFF 事件的速率：

$$R(t) \approx \frac{TCON(t)}{\theta} = \frac{1}{\theta} \frac{d}{dt} \ln I \tag{3.10}$$

ON/OFF 事件通过实现四相地址事件握手的电路(请参阅第 2 章)与外围 AE 电路进行通信，该电路将在第 12 章中详细讨论。行、列 ON/OFF 请求信号(RR，CRON，CROFF)是单独生成的，而确认信号(RA，CA)是共享的。它们可以共享，因为像素会发生 ON/OFF 事件，而 ON/OFF 事件不会同时发生。行信号 RR 和 RA 由沿行的像素共享，并且信号 CRON、CROFF 和 CA 沿列共享。信号 RR，CRON 和 CROFF 被静态偏置的 pFET 行和列向上拉高。当 ON/OFF 比较器从其复位状态改变状态时，通信循环开

始。通过打开复位晶体管 M_r 来结束通信周期,该复位晶体管 M_r 清除像素请求。

M_r 通过平衡差分电路来重置像素电路。该晶体管还具有重要的功能,即启用可调节的修复期 T_{refr}(由 M_{rof}、M_{RA} 和 M_{CA} 组成的 NAND 门实现),在此期间像素无法产生其他事件。该修复期限制了单个像素的最大发射率,以防止一小组像素占用整个总线容量。

当 M_r 关闭时,正电荷将从其通道注入差分放大器。这可以通过稍微调整 d_{iff} 周围的阈值 d_{on} 和 d_{off} 来补偿。

像素阵列上可设置的最小阈值由失配决定:随着阈值的降低,即使复位差分放大器具有低阈值的像素最终也不会停止产生事件。根据 AER 通信电路的设计,此状态将挂起总线,或导致该像素消耗总线带宽而引发事件风暴。失配特性的描述将在3.7.1 小节中进一步讨论。通过在图 3.12(a) 的节点 V_{ph} 处插入一个额外的电压预放大级,可以增强原始 DVS 的对比度灵敏度。Leñero Bardallo 等(2011b)的这种改进设计在电容式微分器/放大器之前使用了一些额外的晶体管来实现两级电压放大。感光电路也被修改为图 3.12(b) 中的电路。放大晶体管在强反型到弱反型的极限内被偏置。额外的放大器会引入约 25 的电压增益,这可使电容增益级(和面积)减少约 5,同时整体增益仍然可以提高。结果是,像素面积减少了约 30%,对比度灵敏度得到了改善,总体失配也下降了,但是功耗却显著增加了 5~10 倍。当 MIM 电容器不可用且多晶电容器占据有价值的晶体管面积时,该技术尤其有价值。它有可能的缺点,即现在必须实施 AGC 电路,以使感光体的 DC 工作点围绕适当的光强度居中。然后,对增益的控制可以全局产生事件,就像照度改变一样。最近对前置放大器的改进使功耗显著降低(Serrano-Gotarredona 和 Linares-Barranco,2013)。

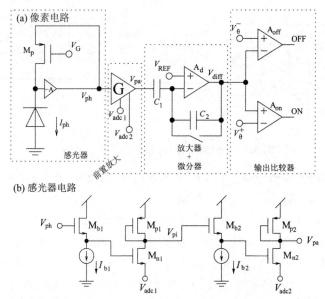

图 3.12 **DVS 像素具有更高的灵敏度。**(a)像素电路,显示具有反馈到 pFET 栅极的感光器,该栅极具有固定的栅极电压 V_G 和前置放大器 G。(b)前置放大器的详细信息。© **2011 IEEE**。经许可转载,摘自 **Leñero Bardallo 等 (2011b)**

3.6.2 ATIS 像素

ATIS 像素检测 TC,并将其用于局部触发强度测量(见图 3.13(a))。变化检测器启动新的灰度测量曝光。异步操作还避免了基于帧的采集和扫描读数的时间量化。

时间变化检测器由动态视觉传感器(DVS)中的像素电路组成。对于强度测量单元(IMU),开发了基于时间的 PWM 成像技术。在基于时间的或脉冲调制成像中,入射光强度以脉冲或脉冲边沿的时序编码。这种方法自动为每个像素分别优化积分时间,而不是对整个阵列施加固定的积分时间,从而实现了高 DR 和改进的信噪比(SNR)。DR 不再像传统 CMOS APS 中那样受电源轨的限制,从而对现代 CMOS 技术的电源电压缩放提供了一定的抵抗力。相反,DR 现在仅受暗电流和允许的积分时间限制。只要光电流大于暗电流,并且用户可以等待足够长的采样时间以覆盖积分电压范围,则仍然可以捕获强度。光电二极管复位,随后通过光电流放电。像素内比较器在达到第一参考电压 V_H 时触发数字脉冲信号,然后在超过第二参考电压 V_L 时触发另一个脉冲(见图 3.13(b))。产生的积分时间 t_{int} 与光电流成反比。传感器四个侧面的独立 AER 通信电路可读取 DVS 和两个 IMU 事件。

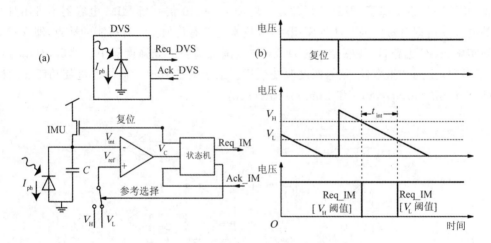

图 3.13　ATIS 像素(a)和像素信号示例(b)

基于两个可调积分阈值(V_H 和 V_L)和像素内状态逻辑("状态机")的时间关联双采样(TCDS)(Matolin 等,2009)完善了像素电路(见图 3.13(a))。TCDS 的关键功能是使用单个比较器,在该比较器中,参考值在高阈值和低阈值之间切换。这样,比较器不匹配和 kTC 噪声都被抵消,从而改善了散射噪声和 FPN。可以将 V_H-V_L 设置为 100 mV,并具有可接受的图像质量,允许低强度操作。但是,IMU 捕捉快速运动的物体需要较高的光强度,这样在像素曝光期间物体不会太模糊。明显的缺点是,IMU 曝光会由对象的后沿重新开始,因此,较小或较细的移动对象可能会从 IMU 输出中消失,从而在对象通过后曝光背景。这种影响是运动假象的特定实例,这些运动假象是由非全局同步的曝光造成的,对所谓"全局快门"成像器的需求为机器视觉应用中的此类传感器带来了广阔的市场。

异步变化检测器和基于时间的光测量方法可以很好地互补,主要有两个原因:一是因为两者都达到了 DR>120 dB,前者能够检测整个范围内的较小的相对变化,后者能够独立于初始光强度解决相关的灰度级;二是因为两个电路都是事件驱动的,即检测亮度变化的事件和像素积分电压达到阈值的事件。

3.6.3 VISe 像素

3.5.5 小节介绍的 VISe 传感器可测量 SC 和方向。在这里,我们只描述 VISe 的前端电路,以说明其如何在固定电压范围内积分,然后生成采样脉冲。之后,在整个 VISe 像素中使用此采样脉冲,以便将相邻像素的光电检测器电压采样到电容器上。这些电容器是用于对比度方向测量的乘法器电路的栅极,在此不再赘述。图 3.14 显示了 VISe 光电流积分和采样模块的示意图。当信号 RST 为高时,电容 C 复位为电压 V_{black}。晶体管 M_C 与 OTA1 一起在光电二极管两端保持恒定的电压,因此光电流不会集成在光电二极管的寄生电容上。跨导放大器具有不对称的输入差分对,可产生约 25 mV 的电压 V_{ph}。由 M_{P1} 和 M_{P2} 组成的电压跟随器是一个简单的 p 型源极跟随器,位于单独的槽中,以使增益接近于 1,并使寄生输入电容最小。电压 V_C 分配给 4 个相邻元器件,并与参考电压 V_{ref} 进行比较。当光电流积分开始时,信号 V_{out} 为高。当 V_C 达到 V_{ref} 时,被馈送到四象限乘法器模块的信号 V_{out} 下降。

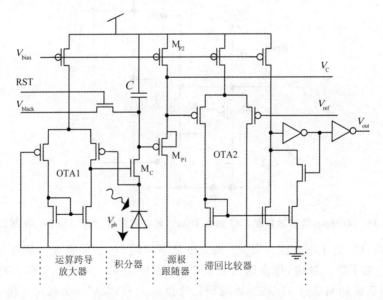

图 3.14 VISe 像素前端电路。© 2003 IEEE。经许可转载,摘自 Ruedi 等(2003)

3.6.4 Octopus 像素

3.5.4 小节中介绍的 Octopus(章鱼)视网膜像素通过测量将输入光电流集成到电

容器上达到固定电压阈值所花费的时间来记录强度。超过阈值时,像素会产生 AER 尖峰。光电流的大小由事件间隔或像素的尖峰频率表示。尽管这种表示不会减少冗余或压缩 DR,但是与生物视网膜功能有很大关系,这使得该电路很有趣,并且其内容构成了第 7 章讨论硅神经元一些常用的低功率尖峰发生器的基础。

视网膜中的像素使用经过优化的事件生成器电路,从而可以以很小的功耗快速生成事件。当输入信号为理想方波时,一个典型的数字逆变器使用最小尺寸的晶体管,采用 $0.5~\mu m$ 工艺和 $3.3~V$ 的电源。每次转换仅消耗约 $0.1~pJ$ 电容性充电能量。但是,线性光传感器的转换速率(或硅神经元膜电位)可能比环境照明中的典型数字信号(或 $1~V/ms$)慢 6 个数量级。在这种情况下,标准的逆变器将在 nFET 和 pFET 长时间同时导通的区域中运行,然后事件生成器(如 Mead 的轴突丘)将消耗大约 $4~nJ$ 的能量。因此,作为事件发生器的逆变器的功耗比数字电路中最小尺寸的逆变器的功耗大 $4\sim$ 5 个数量级。为解决此问题,Octopus 成像仪使用正反馈来缩短过渡时间,如图 3.15 所示。与 Mead 的轴突丘电路(第 7 章)中使用的正反馈电路使用电容耦合的电压反馈不同,Octopus 像素使用基于电流镜的电流正反馈。

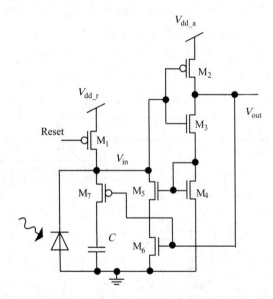

图 3.15　Octopus 像素示意图。© 2003 IEEE。经许可转载,摘自 Culurciello 等(2003)

复位后,V_{in} 处于高电压。当 V_{in} 被光电流下拉时,它会导通 M_2,最终导通 M_5,从而加速 V_{in} 的下降。最终,像素输入正反馈,从而导致 V_{out} 的下降尖峰。巧妙布置电路,以便在尖峰期间通过 M_7 将额外的积分电容 C 断开,以减少负载和功耗。一旦逆变器 V_{in} 的输入接地,逆变器电流将变为零,反馈电流也将变为零,因为 M_3 关闭了 M_4。因此在初始状态和最终状态下没有电源电流。测量表明,在平均尖峰频率为 40 Hz 的情况下,每个事件需要大约 500 pJ 的能量,是轴突丘电路的 1/8。随着光强度的降低,改善变得更大。一个平均发射率为 40 Hz 的 VGA 大小(640×480 像素)的阵列,将在像素中燃烧大约 6 mW 的能量,并且将以约 13 Meps 的总速率产生事件,尽管采取了所有措施来降低功耗,但仍然需要大量的功耗和数据处理。

3.7 硅视网膜新规范

由于事件驱动的 AER 硅视网膜读数的特性,需要新的规范来帮助终端用户并量化传感器性能的改进。作为这些规范的示例,我们使用 DVS 讨论诸如响应均匀性、DR、像素带宽、等待时间和延迟抖动之类的特性,其详细程度超过 Lichtsteiner 等人(2008)的报告。Posch 和 Matolin(2011)发表的论文中提到,使用 LED 闪烁刺激来测量 TC 噪声和均匀度特性就很好。

3.7.1 DVS 响应均匀性

对于标准 CMOS 图像传感器(CIS),FPN 表征了阵列像素之间响应的均匀性。对于事件驱动的视觉传感器,等效的衡量标准是事件阈值的像素间变化,这是像素内比较器的输出产生事件时的阈值。一些像素会产生更多事件,其他像素会产生更少事件,甚至没有事件。这种变化取决于比较器阈值的设置,并且是由于像素间失配引起的。对于 DVS,我们以此为例,阈值 θ 定义为生成开/关事件的最小对数强度变化。因为 $\mathrm{d}(\log I) = \mathrm{d}I/I$,所以阈值 θ 与产生事件的最小 TC 相同。对比度阈值失配定义为 σ_θ,它是 θ 的标准偏差。

失配的主要根源可能是在差分电路复位电平和比较器阈值之间的相对失配中找到的,因为晶体管的器件失配约为 30%,而电容器失配仅为 1% 左右。通过差分消除了前端感光体稳态失配,并且感光体中的增益失配(κ 失配)预计为 1% 左右。

为了测量事件阈值的变化,Lichtsteiner 等人(2008)使用带有线性梯度边缘的黑条(减少了像素不应期的影响),黑条以恒定的投影速度(大约 1 像素/ 10 ms)通过传感器的视野移动。一个旋转云台可平稳旋转传感器和一个长焦距的镜头,可以将几何失真降到最低。图 3.16 显示了针对 6 个不同阈值设置的每个像素每个刺激边缘事件的结果直方图。阈值失配是根据分布的宽度与已知的 15:1 的刺激对比相结合测得的。假设事件阈值 $\theta = \Delta\ln I$(并假设相同的 ON/OFF 阈值)以及阈值变化 σ_θ,则对数对比度 $C = \ln(I_{\text{bright}}/I_{\text{dark}})$ 的边沿将产生 $N \pm \sigma_N$ 个事件:

$$N \pm \sigma_N = \frac{C}{\theta}\left(1 \pm \frac{\sigma_\theta}{\theta}\right) \tag{3.11}$$

从式(3.11)得出 θ 和 σ_θ 的计算表达式:

$$\theta = \frac{C}{N}; \quad \sigma_\theta = \theta \frac{\theta_N}{N} \tag{3.12}$$

式中,C 是在均匀照明下使用点光度计从刺激中测得的;N 和 σ_N 是从直方图中测量的。

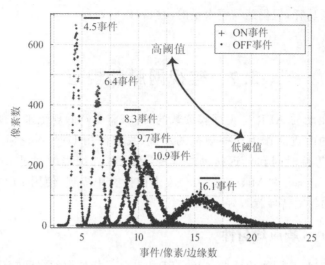

图 3.16　在像素阵列上扫过 15∶1 对比度条的 40 次重复,暗条每遍记录的 DVS 事件数分布,例如,对于最高阈值设置,每个像素的每个 ON 或 OFF 边缘平均有 4.5 个 ON 事件和 4.5 个 OFF 事件。© 2008 IEEE。经许可转载,摘自 Lichtsteiner 等(2008)

　　Posch 和 Matolin(2011)总结了许多 DVS 像素特性,并报告了一种使用闪烁 LED 测量 DVS 阈值匹配的有用方法。该方法通过分析 s 形逻辑函数概率 DVS 事件对 LED 强度阶跃变化的响应来表征响应。LED 刺激的优点是易于控制,但缺点是同步刺激所有照明像素,将其实际应用限制在几百个像素,如果测量响应时序抖动则更少。但是,在阵列上制作一个小的 LED 闪烁点并不简单,特别是如果必须通过稳定的光强度均匀照射周围的像素以减少其暗电流产生噪声的活动时,这尤其重要,特别是当 DVS 阈值设置得很低时。因此,此方法可能最好与可将像素活动限制为受控 ROI 的传感器一起使用。

　　也可以使用显示器来产生刺激,但应谨慎使用以确保屏幕不闪烁,因为大多数屏幕都是使用背光的占空比调制来控制背光强度。将显示屏亮度调到最大通常会关闭 PWM 背光亮度控制,从而显著减少显示屏闪烁。在使用计算机显示器刺激像素得出定量结论之前,还应仔细研究显示延迟和像素同步性。

3.7.2　DVS 背景活动

　　事件驱动的传感器可能会产生与场景无关的某种程度的背景活动。以 DVS 像素为例,复位开关结泄漏也会产生背景事件,在本设计中,仅发生 ON 事件。这些背景事件在低频时变得很重要,有助于产生噪声源。Lichtsteiner 等人(2008)的 DVS 在室温下的背景频率约为 0.05 Hz。由于输入到图 3.2 中差分放大器的浮动输入节点 V_f 的电荷以 C_2 电压的形式出现在输出 V_{diff} 上,因此背景活动事件 R_{leak} 的发生率与泄漏电流 I_{leak}、阈值电压和反馈电容 C_2 有关。等式如下:

$$R_{leak} = \frac{I_{leak}}{\theta C_2} \tag{3.13}$$

在大多数应用中,可以通过 15.4.1 小节中描述的简单数字滤波器轻松过滤掉此背景活动,该数字滤波器会丢弃与过去事件在空间或时间上均不相关的事件。

3.7.3　DVS 动态范围

所有视觉传感器的另一个重要指标是 DR,定义为传感器产生有用输出的最大照度与最小照度之比。例如,对于 DVS,DR 定义为可以通过高对比度刺激生成事件的最大场景照度与最小场景照度的比例,图 3.17(a)~(c)说明了该范围。在 DVS 中,此较大范围来自前端感光器电路中的对数压缩和基于局部事件的量化。室温下 4 fA 的光电二极管暗电流限制了该范围的下限(在 DVS 中,可以通过全局 $\sum I$ 电流除以像素数来测量暗电流)。使用快速 $f/1.2$ 镜头可将事件生成到低于 0.1 lx 的场景照度(见图 3.17(c))。在此照度水平下,信号(由场景中的光子感应出的光电流)仅是噪声(背景暗电流)的一小部分。由于低阈值失配允许将阈值设置得足够低以检测到减小的光电流 TC,因此可以在此低 SNR 下运行。该传感器还可以在高达 100 klx 的明亮阳光场景照度下工作;总的 DR(120 dB)大约为 60 年。该视觉传感器可用于几 lx 的夜间街道照度下的典型场景对比度。温度每升高 8 ℃,DR 就减少一半。另一个相关指标是场景内 DR,它定义为传感器可用的场景内的照度范围。如果传感器使用全局增益控制来使光电探测器的工作点居中,则该范围可能低于总 DR。

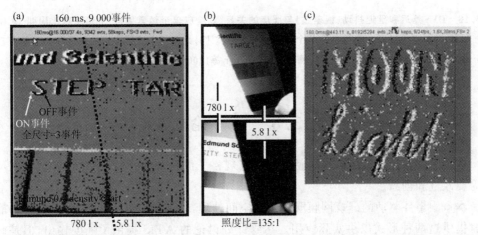

图 3.17　DVS DR 功能的图示。(a)视觉传感器的直方图输出,查看 Edmund 密度阶跃图,上面投射有高对比度阴影。(b)用 Nikon995 数码相机拍摄的相同场景,以暴露场景的两半。(c)在 3/4 个月光(<0.1 lx)照度下(180 ms,8 000 个事件)在白色背景上移动黑色文本。© 2008 IEEE。经许可转载,摘自 Lichtsteiner 等(2008)

3.7.4　DVS 延迟和抖动

事件驱动的传感器输出的延迟和定时精度是重要的度量指标,因为它们定义了响应速度和表示的模拟量(事件间时间)。像素事件延迟取决于像素延迟和外围 AER 的延迟;延迟抖动取决于像素内事件生成的抖动和事件传输时间的方差。

作为 DVS 的一个例子,Lichtsteiner 等人(2008)的一个基本预测是,延迟的增加应该与交互照度成正比。通常使用覆盖低对比度周期性阶跃刺激的几个像素同时改变 DC 照度的小点来测量延迟(见图 3.18)。阈值被设定为在每个刺激周期中产生每个极性的一个事件。绘制了两组测量的总延迟与刺激芯片照度的关系图,其中一组测量用于许多应用的标称偏置,另一组测量在较高电流水平下的前端感光器偏置。图 3.18 中显示了测得的延迟和 1−σ 响应抖动,虚线表示延迟和照度之间的倒数(一阶)、平方根倒数(二阶)关系。可以看出,延迟时间在 ms,并遵循线性反比或平方根反比特性,其强度取决于感光器的偏置。经常引用的度量标准(具有未经证实的相关性)是在非常高的光照和偏置条件下获得的最小延迟。

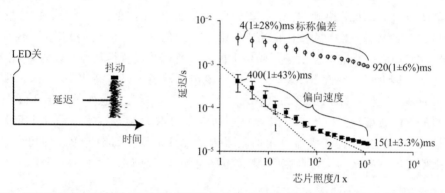

图 3.18　DVS 延迟和延迟抖动(误差线)与照度的关系,以响应单个像素照度的 30% 对比周期 10 Hz 步进刺激。(a)测量对该步骤重复的单个 OFF 事件响应。(b)具有两个偏置设置的结果作为芯片照度的函数。© 2008 IEEE。经许可转载,摘自 Lichtsteiner 等(2008)

3.8　讨　论

本章重点讨论最新的硅视网膜设计及其规格。但是,硅视网膜设计在许多方面可能需要改进和创新。

本章中事件驱动的硅视网膜既提供了空间处理,也提供了时间处理,但没有一种能同时提供这两种形式以供实际应用。尽管此处讨论的 ATIS 提供了强度输出,但是此输出有其自身的问题,因为它具有较大的运动伪像。也许新一代所谓的 DAVIS 硅视网膜将 DVS 和 APS 技术结合在同一个像素(Berner 等,2013)中,可以提供将传统机器视觉基于微小 APS 像素的优点与基于低延迟、稀疏输出神经形态事件视觉的优点相结合的输出。但在这里,挑战将是提高 DAVIS APS 输出的性能以跟上传统 APS 技术,而后者在竞争激烈的商业市场中正在不断地演化。

另一个例子是,到目前为止,还没有人制造出高性能的彩色硅视网膜,尽管彩色是所有昼夜动物生物视觉的基本特征。最近由 Foveon Inc. 公司的 Dick Merrill 和其他一些人(Gilder,2005)在此方向上的一些尝试都是使用掩埋的双结点(Berner 和 Delbruck，2011；Berner 等，2008；Fasnacht 和 Delbruck，2007）或三重结点（Leñero Bardallo 等，2011a）来分离颜色，这是开创性的。但是，这些神经形态原型的可用性和性能远远低于商用 CMOS 彩色相机所提供的原型。这可能主要是由于标准 CMOS 植入物的分色性能差。Foveon 使用经过改良的工艺以及特殊的植入物，以最佳深度创建了掩埋连接。然而，大多数情况下，彩色硅视网膜的发展由于使用提供集成彩色滤光片的工艺技术而受到阻碍。

　　另一个例子是空间变化分辨率视觉传感器的应用还处于起步阶段（Azadmehr 等，2005），尽管所有动物的空间灵敏度和视觉系统特征都随着中央窝的偏心度而变化，但它们的应用还没有得到充分证明。这可能是生物神经计算的电子学和离子基础之间的基本技术差异的症状。通过大量廉价像素的传感器以电子方式引导注意力的能力比制造机械眼更便宜，这意味着凹面相机将在商业市场上占有一定的份额。

　　硅视网膜相当差的量子效率和填充因子也是使用标准 CMOS 技术的结果。一种解决方案是使用集成微透镜，它将光聚集到光电二极管上。但是，CIS 工艺中提供的标准微透镜针对小于 5 μm 的像素进行了优化，因此对于 20 μm 的视网膜像素，它们没有任何好处。另一个可能的改进来自背面照度（BSI）。通常，视觉传感器从晶圆顶部照亮。但是，对于微型像素 CMOS 成像器来说，正面照度（FSI）是一个大问题，因为光电二极管位于穿过所有覆盖的金属和绝缘体层的隧道底部，因此很难捕获光，尤其是在光电二极管的边缘使用广角镜时的感应器。这个问题促使了 BSI 的发展，在 BSI 中，晶圆被减薄至小于 20 μm，并从背面而不是正面照亮。现在所有的硅区域都可以接收光，如果设计合理，大部分光电荷将由光电二极管收集。工业界对 BSI 图像传感器的深度开发可能很快会使该技术更易于原型化。但是又可能会出现新的问题，例如光电二极管以外的结中会出现不需要的"寄生光电流"。这些电流会干扰像素的操作，尤其是当像素在诸如全局快门 CMOS 成像器或 DVS 像素的电容器上存储电荷时。

　　在模仿生物视网膜特征方面还有其他方面的改进。哺乳动物的视网膜具有数十个并行的输出通道，具有不同且复杂的非线性信号处理特性。我们希望生物学家对这些并行信息通道的功能性角色有更多的了解，这将激励它们在焦平面或后处理视觉传感器输出中的实现。

　　即使考虑输入的感光器，也存在机会：隔离在培养皿中的锥形感光器是具有有趣动态特性的分布式放大器的一个示例（Sarpeshkar，2010；Shapley 和 Enroth-Cugell，1984）。因为增益是由一串生化放大器产生的，所以它可以变化很多数量级，而对整体带宽或延迟的影响很小。目前，我们使用单级放大构建对数感光器的方式，增益带宽乘积是恒定的：如果光线变暗，则感光器也会变慢。一方面，这很好，因为它有助于控制散射噪声。但是，另一方面，这意味着对数硅视网膜感光器的动力学可以根据光照变化许多数量级。也许未来的一种可能解决方案是构建模拟生物杆锥系统的传感器，其中一些感光器针对低照度进行了优化，而另一些感光器针对高照度进行了优化。随后的处理电路可以像最近在小鼠视网膜中显示的那样在这些探测器之间共享（Farrow 等，2013）。

这里讨论的视网膜设计在历史上是相互关联的(见图 3.19),它们说明了设计师在为最终用户创建可用设计时面临的权衡取舍,以及在焦平面内整合多种视网膜功能的难度。使用许多电流镜的 Parvo – Magno 视网膜的设计风格导致产生了较大的失配。可以对电路进行校准以减少响应中的偏移量,但是校准电路本身占据了像素面积的很大一部分(参见 Costas-Santos 等,2007;Linares-Barranco 等,2003)。

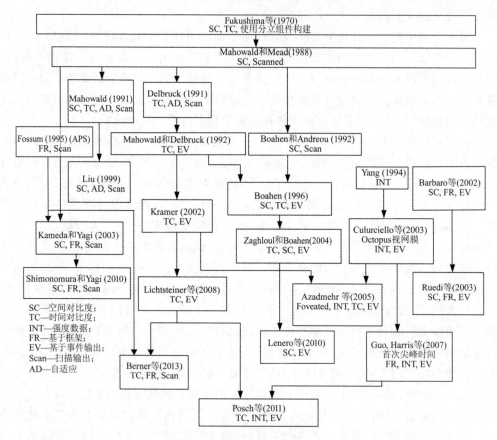

图 3.19　硅视网膜设计的树状图

一般来说,提高精度最简单的方法是确保信号放大幅度大于失配。DVS、ATIS 和 VISe 中都使用此方法。在 DVS 中,信号(对数强度的变化)在与阈值比较之前先由差分放大器放大。这样,比较器的失配将有效地减小放大器的增益。在 ATIS 和 VISe 中,信号(强度或 SC)在与阈值比较之前被放大到电源电压的很大一部分。此外,在 ATIS 中,相同的比较器用于检测两个不同的、全局相同的阈值水平。这样,可消除比较器失配。

本章中描述的视网膜实施方案展示了各种用于构建高质量 AER 视觉传感器的方法,这些传感器现在可用于解决实际的机器视觉问题。事件驱动的、数据驱动的、减少冗余的计算方式是生物视觉功能的基础,最近取得了很大进展。第 13 章讨论了将 AER 视网膜与其他 AER 芯片结合在一起的多芯片 AER 系统的示例。第 15 章讨论了如何通过在数字计算机上运行的程序对 AER 传感器的输出进行算法处理,通过利用事件的稀疏性及其精确的计时来降低计算成本和系统延迟。定时的使用在听觉处理中更为重要,这将在第 4 章中介绍。

参考文献

[1] Azadmehr M,Abrahamsen J P,Hafliger P. A foveated AER imager chip. Proc. IEEE Int. Symp. Circuits Syst. (ISCAS),2005,3:2751-2754.

[2] Barbaro M,Burgi P,Mortara R, et al. A 100 × 100 pixel silicon retina for gradient extraction with steering filter capabilities and temporal output coding. IEEE J. Solid-State Circuits,2002,37(2):160-172.

[3] Barlow H B. Possible principles underlying the transformation of sensory messages// Rosenblith W A. Sensory Communication. Cambridge,MA:MIT Press,1961:217-234.

[4] Belbachir A N,Litzenberger M,Schraml S,et al. CARE:a dynamic stereo vision sensor system for fall detection. Proc. IEEE Int. Symp. Circuits Syst. (ISCAS),2012:731-734.

[5] Berner R,Delbrück T. Event-based pixel sensitive to changes of color and brightness. IEEE Trans. Circuits Syst. I:Regular Papers,2011,58(7):1581-1590.

[6] Berner R,Lichtsteiner P,Delbrück T. Self-timed vertacolor dichromatic vision sensor for low power pattern detection. Proc. IEEE Int. Symp. Circuits Syst. (ISCAS),2008:1032-1035.

[7] Berner R,Brandli C,Yang M H,et al. A 240×180 10 mW 12 μs latency sparse-output vision sensor for mobile applications. Proc. Symp. VLSI Circuits,2013:C186-C187.

[8] Boahen K A. A retinomorphic vision system. IEEE Micro,1996,16(5):30-39.

[9] Boahen K A,Andreou A G. A contrast sensitivesilicon retina with reciprocal synapses // Moody J E,Hanson S J,Lippmann R P. Advancesin Neural Information Processing Systems 4 (NIPS). San Mateo,CA:Morgan-Kaufmann,1992:764-772.

[10] Conradt J,Berner R,Cook M,et al. An embedded AER dynamic vision sensor for low-latency pole balancing. Proc. 12th IEEE Int. Conf. Computer Vision Workshops (ICCV),2009a:780-785.

[11] Conradt J,Cook M,Berner R,et al. A pencil balancing robot using a pair of AER dynamic vision sensors. Proc. IEEE Int. Symp. Circuits Syst. (ISCAS),2009b:781-784.

[12] Costas-Santos J，Serrano-Gotarredona T，Serrano-Gotarredona R，et al. A spatial contrast retina with on-chip calibration for neuromorphic spike-based AER vision systems. IEEE Trans. Circuits Syst. I，2007，54(7)：1444-1458.

[13] Culurciello E，Etienne-Cummings R，Boahen K. A biomorphic digital image sensor. IEEE J. Solid-State Circuits，2003，38(2)：281-294.

[14] Delbrück T，Lichtsteiner P. Fast sensory motor control based on event-based hybrid neuromorphic-procedural system. Proc. IEEE Int. Symp. Circuits Syst. (ISCAS)，2007：845-848.

[15] Delbrück T，Mead C A. Adaptive photoreceptor circuit with wide dynamic range. Proc. IEEE Int. Symp. Circuits Syst. (ISCAS)，1994，4：339-342.

[16] Delbrück T，Linares-Barranco B，Culurciello E，et al. Activity-driven，event-based vision sensors. Proc. IEEE Int. Symp. Circuits Syst. (ISCAS)，2010：2426-2429.

[17] Drazen D，Lichtsteiner P，Hafliger P，et al. Toward real-time particle tracking using an event-based dynamic vision sensor. Exp. Fluids，2011，51 (55)：1465-1469.

[18] Farrow K，Teixeira M，Szikra T，et al. Ambient illumination toggles a neuronal circuit switch in the retina and visual perception at cone threshold. Neuron，2013，78(2)：325-338.

[19] Fasnacht D B，Delbrück T. Dichromatic spectral measurement circuit in vanilla CMOS. Proc. IEEE Int. Symp. Circuits Syst. (ISCAS)，2007：3091-3094.

[20] Fossum E R. CMOS image sensors：electronic camera on a chip. Intl. Electron Devices Meeting. IEEE，Washington，DC，1995：17-25.

[21] Fukushima K，Yamaguchi Y，Yasuda M，et al. An electronic model of the retina. Proc. IEEE，1970，58(12)：1950-1951.

[22] Gilder G. The Silicon Eye：How a Silicon Valley Company Aims to Make all Current Computers，Cameras，and Cell Phones Obsolete. New York：WW Norton & Company，2005.

[23] jAER. jAER Open Source Project. (2007) [2014-07-28]. http：//jaerproject. org.

[24] Kameda S，Yagi T. An analog VLSI chip emulating sustained and transient response channels of the vertebrate retina. IEEE Trans. Neural Netw. ，2003，15 (5)：1405-1412.

[25] Kavadias S，Dierickx B，Scheffer D，et al. A logarithmic response CMOS image sensor with on-chip calibration. IEEE J. Solid-State Circuits，2000，35 (8)：1146-1152.

[26] Kramer J. An integrated optical transient sensor. IEEE Trans. Circuits Syst. II，2002，49(9)：612-628.

[27] Kuffler S W. Discharge patterns and functional organization of mammalian reti-na. J. Neurophys, 1953, 16(1): 37-68.

[28] Lee J, Delbrück T, Park P K J, et al. Live demonstration: gesture- based re-mote control using stereo pair of dynamic vision sensors. Proc. IEEE Int. Symp. Circuits Syst. (ISCAS), 2012: 741-745.

[29] Leñero Bardallo J A, Bryn D H, Hafliger P. Bio-inspired synchronous pixel event tri-color vision sensor. Proc. IEEE Biomed. Circuits Syst. Conf. (BIO-CAS), 2011a: 253-256.

[30] Leñero Bardallo J A, Serrano-Gotarredona T, Linares-Barranco B. A 3.6 μs la-tency asynchronous frame-free event-driven dynamic-vision-sensor. IEEE J. Solid-State Circuits, 2011b, 46(6): 1443-1455.

[31] Lichtsteiner P, Delbrück T, Kramer J. Improved on/off temporally differentia-ting address-event imager. Proc. 11th IEEE Int. Conf. Electr. Circuits Syst. (ICECS), 2004: 211-214.

[32] Lichtsteiner P, Posch C, Delbrück T. A 128 × 128 120 dB 15 μs latency asyn-chronous temporal contrast vision sensor. IEEE J. Solid-State Circuits, 2008, 43(2): 566-576.

[33] Linares-Barranco B, Serrano-Gotarredona T, Serrano-Gotarredona R. Compact low-power calibrationmini-DACs for neural massive arrays with programmable weights. IEEE Trans. Neural Netw., 2003, 14(5): 1207-1216.

[34] Litzenberger M, Kohn B, Belbachir A N, et al. Estimation of vehicle speed based on asynchronous data from a silicon retina optical sensor. Proc. 2006 IEEE Intell. Transp. Syst. Conf. (ITSC), 2006: 653-658.

[35] Liu S C. Silicon retina with adaptive filtering properties. Analog Integr. Cir-cuits Signal Process, 1999, 18(2/3): 243-254.

[36] Loose M, Meier K, Schemmel J. A self-calibrating single-chip CMOS camera with logarithmic response. IEEE J. Solid-State Circuits, 2001, 36(4): 586-596.

[37] Luo Q, Harris J. A time-based CMOS image sensor. Proc. IEEE Int. Symp. Circuits Syst. (ISCAS) 4, 2004: 840-843.

[38] Luo Q, Harris J, Chen Z J. A time-to-first spike CMOS image sensor with coarse temporal sampling. Analog Integr. Circuits Signal Process, 2006, 47 (3): 303-313.

[39] Mahowald M. Silicon retina with adaptive photoreceptors. SPIE/SPSE Symp. Electronic Sci. Technol. from Neurons to Chips, 1991, 1473: 52-58.

[40] Mahowald M. An Analog VLSI System for Stereoscopic Vision. Boston: Kluw-er Academic, 1994.

[41] Mahowald M, Mead C. The silcon retina. Scientific American, 1991, 264(5):

76-82.

[42] Mallik U，Vogelstein R J，Culurciello E，et al. A real-time spike-domain senso-ry information processing system. Proc. IEEE Int. Symp. Circuits Syst. (ISCAS)，2005，3：1919-1923.

[43] Masland R. The fundamental plan of the retina. Nat. Neurosci，2001，4（9）：877-886.

[44] Matolin D，Posch C，Wohlgenannt R. True correlated double sampling and comparator design for time-based image sensors. Proc. IEEE Int. Symp. Circuits Syst. (ISCAS)，2009：1269-1272.

[45] Mead C A. Analog VLSI and Neural Systems. Reading，MA：Addison-Wesley，1989.

[46] Mortara A，Vittoz E A，Venier P. A communication scheme for analog VLSI perceptive systems. IEEE J. Solid-State Circuits 1995，30(6)：660-669.

[47] Ni Z，Pacoret C，Benosman R. Asynchronous event-based high speed vision for microparticle tracking. J. Microscopy，2012，245(3)：236-244.

[48] Posch C，Matolin D. Sensitivity and uniformity of a 0. 18 μm CMOS temporal contrast pixel array. Proc. IEEE Int. Symp. Circuits Syst. (ISCAS)，2011：1572-1575.

[49] Posch C，Matolin D，Wohlgenannt R. A QVGA 143 dB dynamic range frame-free PWM image sensor with lossless pixel-level video compression and time-do-main CDS. IEEE J. Solid-State Circuits，2011，46(1)：259-275.

[50] Qi X，Guo X，Harris J. A time-to-first-spike CMOS imager. Proc. IEEE Int. Symp. Circuits Syst. (ISCAS)，2004，4：824-827.

[51] Rodieck R W. The primate retina// Steklis H D，Erwin J. Comparative Primate Biology. New York：Alan R. Liss，1988，4：203-278.

[52] Rogister P，Benosman R，Leng S，et al Asynchronous event-based binocular stereo matching. IEEE Trans. Neural Netw. Learning Syst. 2012，23(2)：347-353.

[53] Ruedi P F，Heim P，Kaess F，et al，A 128 × 128，pixel 120-dB dynamic-range vision-sensor chip for image contrast and orientation extraction. IEEE J. Solid-State Circuits，2003，38(12)：2325-2333.

[54] Ruedi P F，Heim P，Gyger S，et al. Todeschini S. An SoC combining a 132 dB QVGA pixel array and a 32 b DSP/MCU processor for vision applications. IEEE Int. Solid-State Circuits Conf. (ISSCC) Dig. Tech. Papers，2009，1：46-47.

[55] Sarpeshkar R. Ultra Low Power Bioelectronics. Cambridge，UK：Cambridge University Press，2010.

[56] Schraml S，Belbachir A N，Milosevic N，et al. Dynamic stereo vision system for

real-time tracking. Proc. IEEE Int. Symp. Circuits Syst. (ISCAS), 2010: 1409-1412.

[57] Serrano-Gotarredona R, Oster M, Lichtsteiner P, et al. CAVIAR: a 45 K-neuron, 5 M-synapse, 12 G-connects/sec AER hardware sensory-processing-learning-actuating system for high speed visual object recognition and tracking. IEEE Trans. Neural Netw., 2009, 20(9): 1417-1438.

[58] Serrano-Gotarredona T, Linares-Barranco B. A 128 × 128 1.5% contrast sensitivity 0.9% FPN 3 μs latency 4 mW asynchronous frame-free dynamic vision sensor using transimpedance preamplifiers. IEEE J. Solid-State Circuits, 2013, 48(3): 827-838.

[59] Shapley R, Enroth-Cugell C. Visual adaptation and retinal gain controls. Prog. Retin. Res., 1984, 3: 263-346.

[60] Shimonomura K, Yagi T. A 100×100 pixels orientation-selective multi-chip vision system. Proc. IEEE Int. Symp. Circuits Syst. (ISCAS), 2005, 3: 1915-1918.

[61] Shoushun C, Bermak A. Arbitrated time-to-first spike CMOS image sensor with on-chip histogram equal-ization. IEEE Trans. Very Large Scale Integr. (VLSI) Syst., 2007, 15(3): 346-357.

[62] Thorpe S, Fize D, Marlot C. Speed of processing in the human visual system. Nature, 1996, 381(6582): 520-522.

[63] Werblin F S, Dowling J E. Organization of the retina of the mudpuppy Necturus maculosus: II. Intracellular recording. J. Neurophys. 1969, 32(3): 339-355.

[64] Yang W. A wide dynamic range low power photosensor array IEEE Int. Solid-State Circuits Conf. (ISSCC) Dig. Tech. Papers, 1994: 230-231.

[65] Zaghloul K A, Boahen K A. Optic nerve signals in a neuromorphic chip I: Outer and inner retina models. IEEE Trans. Biomed. Eng., 2004a, 51(4): 657-666.

[66] Zaghloul K A, Boahen K A. Optic nerve signals in a neuromorphic chip II: Testing and results. IEEE Trans. Biomed. Eng., 2004b, 51(4): 667-675.

[67] Zaghloul K A, Boahen K A. A silicon retina that reproduces signals in the optic nerve. J. Neural Eng., 2006, 3(4): 257-267.

第 4 章　硅耳蜗

该图显示了芯片封装顶部的生物耳蜗。经 Eric Fragnière 许可转载

第 3 章是关于神经形态硅视网膜的,而本章是关于硅耳蜗的。耳蜗是生物学的声音传感器,它将空气中的振动转化为神经信号。本章简要说明了生物耳蜗各个组件的操作,并介绍了可以模拟这些组件的电路。硅耳蜗设计通常将生物耳蜗分成几个部分,沿着其长度等距分布,然后通过电子电路对每个部分进行建模。根据这些部分之间的耦合,可将硅耳蜗设计分为一维或二维,并给出了它们的电路。根据每个耳蜗的品质因数是否随该部分的输出信号而变化,它们也可以分为有源或无源。它们的具体实现文中都已给出。本章后面给出的树状图说明了硅耳蜗建模的过程。

4.1　简　介

生物耳蜗是一种骨质的、充满液体的螺旋结构,形成了内耳的大部分。它在代表声音输入的压力信号与将信息传递到大脑的神经信号之间进行转换。图 4.1 显示了耳蜗相对于人耳其他关键特征的位置。

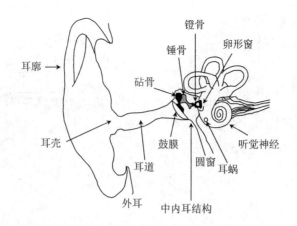

图 4.1　人类的耳朵。改编自 van Schaik（1998）

耳蜗从基底（最低转弯）到顶部（最高转弯）呈螺旋状，大约有 2.5 圈（见图 4.2）。在内部，耳蜗被分成三个腔室（scalae）：前庭阶、中阶和鼓阶。前庭膜将第一腔和第二腔隔开，而耳蜗基底膜（BM）则将第二腔和第三腔隔开。螺旋器位于 BM 的顶部，包含内部毛细胞（IHC）和外部毛细胞（OHC）。这些细胞的顶端是毛发状的立体纤毛。IHC 的立体纤毛偏转会产生神经信号（触动神经），并传至大脑。来自大脑（神经）的神经信号可以改变 OHC 体的长度和宽度。

图 4.2 显示了简化的、展开的耳蜗及其与听觉通路其余部分的关系。在这里，我们看到两个椭圆形窗口，分别连接到镫骨（另请参见图 4.1）和圆窗，该圆形窗是一种膜，可以使耳蜗导管内的压力相等。耳蜗内的液体被认为是不可压缩的。当镫骨移动时，前庭膜和 BM 膜都会随之偏转，而圆窗的移动方向与镫骨的初始移动方向相反。

从基底的狭窄、僵硬到顶部的宽而有弹性，BM 在宽度（如图 4.2 所示）和刚度上都有变化。这种 BM 物理特性的变化有助于耳蜗将输入信号分解为频率成分。在耳蜗的基底处，BM 的物理特征对高频刺激响应更好（即产生更大的运动），而顶部对低频刺激响应更好。沿 BM 某一特定位置的特征频率，定义为在该位置产生最大偏转的频率。

当 BM 移动时，螺旋器就会移位。由于网状薄层（螺旋器的刚性上表面）和覆膜之间的剪切力，连接至覆膜的 OHC 的立体纤毛被移位。OHC 随其膜电位的变化而改变其长度，被认为可以提供机械结构的主动阻尼。如图 4.4(b) 所示，这使耳蜗滤波器的选择性可以根据输入声音的强度进行调整。IHC 的立体纤毛不会接触到耳蜗覆膜，而是松散地安装在耳蜗覆膜下表面上被称为 Hensen 条纹的凸起凹槽中。当网状薄层随 BM 移动时，由于耳蜗液的黏性阻力，力施加在了立体纤毛上，因此，IHC 的立体纤毛的位移与 BM 运动的速度成正比。IHC 的膜电压对立体纤毛的位移具有不对称响应（见图 4.3(a)），其细胞体起低通滤波的作用（见图 4.3(b)）。与声音的持续部分相比，IHC 对声音的开始也有更强烈反应（见图 4.3(c)）。

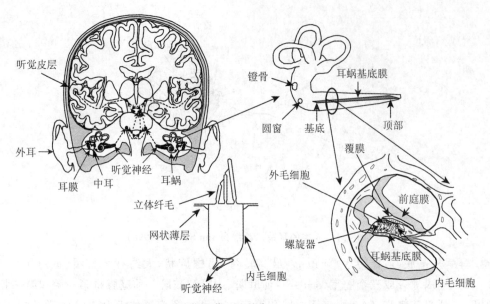

图 4.2 听觉通道。改编自 van Schaik(1998)

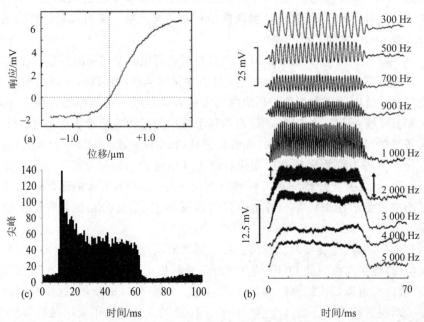

图 4.3 IHC 的反应。(a)IHC 对其立体纤毛的偏转具有不对称的饱和响应,从而导致半波整流的形式较弱。经 AJ Hudspeth 许可转载,改编 Hudspeth 和 Corey(1977)。(b)通过半波整流,再加上 IHC 的输入电阻和膜电容,IHC 的膜电位将仅在较低频率下保持 BM 振动的精细时间结构。在较高频率下,膜电位仅是 BM 振动幅度的函数。经 Elsevier 许可转载,改编自 Palmer 和 Russell(1986),© 1986。(c)听觉神经尖峰的典型刺激时间直方图。IHC 释放会导致听觉神经神经元突增的神经递质。因为在使用过程中会减少可用的神经递质,所以听觉神经对声音的反应要强于声音的持续部分

近 150 年来,耳蜗一直是神经科学研究的对象。引起人们兴趣的主要原因是其巨大的动态范围(大约 120 dB)及其适应各种收听环境的能力。20 多年来,研究人员一直在构建、改进和研究硅耳蜗。建造硅耳蜗的挑战和吸引力在于设计和实现一个遵循生物耳蜗基本原理的复杂信号处理系统。随着低成本模拟超大规模集成(VLSI)技术的引入以及能够通过实时操作实现相对复杂的信号处理系统的希望,Lyon 和 Mead (1988)首次构建起了第一个硅耳蜗。

所有硅耳蜗都使用多个滤波器或谐振器使 BM 离散化,这些滤波器或谐振器的基频(从基底到顶部)呈指数下降。通常,我们根据耳蜗滤波器元件之间的耦合细节以及耳蜗滤波器的增益和频率选择性是否动态适应输入强度的变化来对硅耳蜗进行分类。可以基于耳蜗元件之间的耦合将硅耳蜗分类为一维或二维。一维硅耳蜗可模拟 BM 从基底到顶部的纵向波传播,而二维硅耳蜗可模拟沿 BM 以及通过耳蜗导管内液体的波传播,同时考虑了纵向和垂直波传播。纵向位置 BM 的刚度、宽度等特性的系统变化一般通过耳蜗滤波器元件参数的系统性变化来建模。还应注意,还有许多其他类型的硅耳蜗不能被视为一维或二维,而是两者的组合。

耳蜗滤波器元件的品质因数(Q)是其频率选择性的量度;它被定义为最大增益一半(即最大增益以下 6 dB)的滤波器带宽除以该最大增益出现的频率。当耳蜗滤波器元件的增益和/或品质因数根据输入强度动态变化时,硅质耳蜗被归类为有源,本质上是在低强度下增加增益和频率调谐,而在高强度下减小增益和频率调谐。这种活跃的行为基本上模拟了 OHC 的行为,这被认为与哺乳动物耳蜗中 BM 敏感性的增加有关。图 4.4 显示了 OHC 对 BM 的增益和调谐的影响。OHC 对远低于 BM 部分特征频率的影响不大,但是在特征频率附近提供了显著的增益,尤其是在低输入电平时(见图 4.4(a))。在较高的输入水平下,OHC 的作用消失并且响应饱和(见图 4.4(b))。

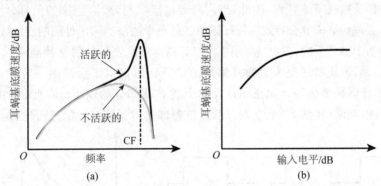

图 4.4　BM 的非线性活动特性。(a)BM 上某个点在没有 OHCs(活跃的)和有 OHCs(不活跃的)影响下响应。(b)在 BM 段特征频率下,响应电平与输入电平的函数关系

理想情况下,硅耳蜗的功能越多,应与生物学结果越接近。但是,由于更多的功能通常要求更高的实现复杂性和成本,因此硅耳蜗通常仅设计有特定应用所需的那些功能。举几个例子,硅耳蜗的应用包括语音处理、声音定位和声音场景分析等。实时测试硅耳蜗可以使研究人员隔离模型的各个组成部分,并更好地了解它们的工作原理。在

这方面,在硅耳蜗的设计中使用现实的生物学模型很重要。

尽管进行了 20 年的研究,但尚未开发出可以与实际生物耳蜗的功耗、频率范围,以及输入动态范围或抗噪能力相匹配的硅耳蜗。但是,考虑到我们正在尝试构建和理解已经发展了数百万年的复杂系统,因此需要正确看待这一点。在本章中,我们将详细介绍一维(级联)和二维硅耳蜗架构的设计和电路。

4.2 耳蜗结构

本节从一系列过滤器组成的最简单的体系架构开始。在讨论了一维架构的优点和缺点之后,接着讨论了可以更好地对液体与 BM 相互作用建模的二维架构。下面将继续讨论这些架构的电路元件的细节,最后尝试模拟有源非线性行为。

4.2.1 级联一维

Lyon 和 Mead(1988)对一维耳蜗模型进行了严格的解释。但是,对 Lyon 和 Mead 的硅耳蜗以及随后的一维硅耳蜗有更好的理解,主要取决于了解使用滤波器级联对 BM 建模的原因。当声音进入耳蜗时,它会引发一个压力波,该压力波沿着 BM 的长度从基底传播到顶部。BM 从基底到顶部物理属性的变化使得压力波的各种频率分量导致沿 BM 的不同位置处的最大位移。一维硅耳蜗的设计完全基于考虑 BM 沿其长度的性质变化。具体而言,对包括人类在内的许多动物的生物耳蜗进行测量显示,沿着 BM 的特征频率呈指数下降,也就是说,它在对数尺度上呈线性;从基底的高频到顶部的低频。为了制造硅耳蜗,将 BM 离散为等长 Δx 的部分,然后通过一系列具有特征频率(或更确切地说是其倒数,时间常数 τ)的滤波器对部分阵列进行建模,该频率按比例缩放到每个 BM 段的特征频率。包括级联的每个滤波器,除了其特征频率外,都是相同的,并且具有低通或带通特性,因此,当信号通过级联时,较高频率的信号分量会被有选择地滤除。去除高频成分会导致在特征频率之后每个滤波器输出处的响应曲线急剧下降。当压力波沿着 BM 传播时,在生物耳蜗中可以看到高频信号分量的这种陡降。因此,尽管总体简化了,但该模型还是为生物耳蜗内的信号处理提供了合理的一阶近似。图 4.5 展示了一维级联模型的顶级示意图以及单个滤波器部分的输出。在此,将滤波器的特征频率之后的陡降(实线)与独立的二阶滤波器部分的斜降(虚线)进行比较。

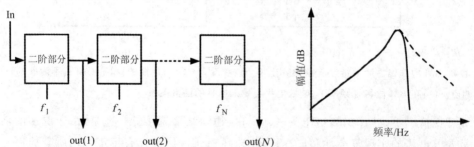

图 4.5　与单个二阶部分的输出(右侧,虚线)相比,一维级联耳蜗模型(左)具有 N 个滤波器段和其中一个滤波器段输出(右侧,实线)。在级联模型中,输入(**In**)只进入第一级,每个滤波器段的相应输出 **out**(i)驱动下一级的输入。每一部分都有各自的最佳特征频率 f_i。

4.2.2 基本的一维硅耳蜗

图 4.5 中的一维级联耳蜗模型是使用第 9 章中描述的二阶部分(SOS)实现的,并且进行偏置以使每个 SOS 的频率呈指数下降。Lyon 和 Mead(1988)的一维硅耳蜗的平面图如图 4.6 所示,这里输入信号从 In 到 Out 穿过滤波器。τ 线和 Q 线分别设置 SOS 的时间常数和品质因数,每 10 个滤波器后使用一个简单缓冲区。当输入信号通过 SOS 的级联传输时,信号的高频分量会被有选择地滤除,高频分量仅出现在级联的开始,而低频分量则保留在级联的结尾。级联中滤波器段的频率增益曲线显示了该滤波器上方的特征陡峭的截止斜率,这是由于之前的滤波器连续去除了高频成分。前几节不是这种情况,因为高频成分的抑制作用尚未累积。图 4.7 显示了 Lyon 和 Mead 耳蜗的两个输出抽头的输出增益的测量结果。在该图中,测量数据显示为小点,而理论增益为实线。

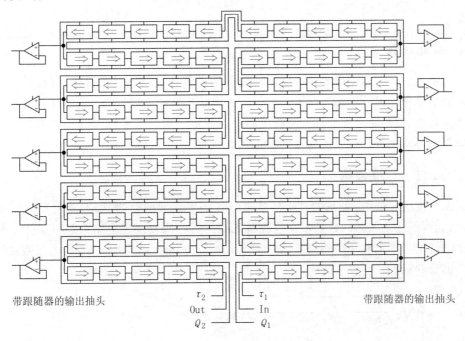

带跟随器的输出抽头 τ_2 τ_1 带跟随器的输出抽头
Out   In
Q_2 Q_1

图 4.6 硅耳蜗的平面图。© 1988 IEEE。经许可转载,摘自 Lyon 和 Mead(1988)

自最初设计以来,一维硅耳蜗的设计变化很小。最近的设计包括对 SOS 的线性范围和稳定性的改进,对偏置方案的改进以及对匹配的总体改进。这些改进将在下一节中讨论。

一维硅耳蜗的问题

一维级联类型的硅耳蜗的问题之一是,如果级联中的一个 SOS 失败,则所有后续的二阶部分都将变得不可用,在实践中通常不会看到这种情况。一维级联滤波器结构的另一个问题是,在实际的实时系统中可以使用的级数受到限制。之所以会出现此限制,是因为随着滤波器级数的增加,通过级联的延迟也会增加,并且在特定点,来自滤波

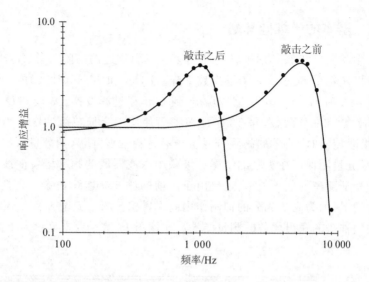

图 4.7　来自硅耳蜗部分的测量数据(点)和理论增益(实线)。© 1988 IEEE。经许可转载,摘自 Lyon 和 Mead(1988)

器级的输出信号延迟变得超长。使用滤波器传递函数可以缓解此问题,而且该函数还可以减小这种延迟(Katsiamis 等,2009)。一维硅耳蜗的其他问题包括跨导放大器的动态范围有限、信号稳定性差以及级联中的噪声累积。由一维平行部分或二维结构组成的硅耳蜗可避免级联滤波器部分的一些主要缺点。

4.2.3　二维架构

在二维硅耳蜗中,由于压力信号是通过耳蜗液模型耦合的,而不是通过级联过滤器,因此耳蜗滤波元件的数量不受滤波器累积延迟的限制。这个结果表明了一个硅耳蜗是能够被用于实时应用的整个频率范围的。其次,单个谐振器/滤波器的误差对耳蜗其余部分的运行几乎没有影响。图 4.8 是二维硅耳蜗的结构示意图。

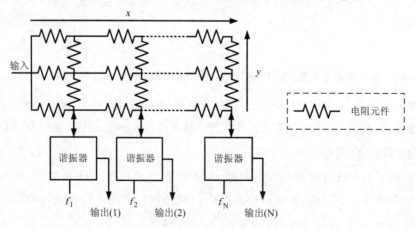

图 4.8　二维硅耳蜗的结构示意图

4.2.4 电阻(导电)网络

在二维模型中,假设耳蜗导管内的液体不黏稠、不可压缩且无旋转。在这些条件下,Watts(1992)和 Fragniere(1998)在文中都证明,可以使用电阻(导电)网络对电域中的流体进行建模。实际上,这些电阻网络对描述流体运动的拉普拉斯方程实施了有限差分近似。在 Watts(1992)的文中,流体的速度势 ϕ 被证明是电阻网络中电压 V 的模拟。在 Fragniere(1998)的文中,流体的压力 p 等效于电阻网络中的电压 V。这两个推导虽然不同,但每个都使用电阻网络在硅中生成二维耳蜗流体模型。实际上,在此模型中,流体是二维的,而对 BM 进行建模的谐振器则是从对其进行建模的电阻网络中分离出来的(见图 4.8)。

在 Watts(1992)和 Fragniere(1998)提出的电阻网络中,仅模拟了一个高于 BM 的中阶腔。假设 BM 上下对称,那么其模型便可实现。在耳蜗顶部(在这些模型中也是螺旋线)指定边界条件,使其为零压力点。在电气领域,这是通过接地电容建模的。在 Wen 和 Boahen(2006b)的文中,通过电阻网络对 BM 上方和下方的腔(中阶和鼓阶)进行建模。

假设流体在电阻网络的边界处的加速度为零,加速度和压力之间的关系遵循牛顿第二定律,关系式可以写成

$$\frac{\partial p(x, y)}{\partial x} = \rho(x, y) a_x(x, y), \qquad \frac{\partial p(x, y)}{\partial y} = \rho(x, y) a_y(x, y) \qquad (4.1)$$

式中,ρ 是流体密度;$a_x(x, y)$ 和 $a_y(x, y)$ 分别是流体在 x 和 y 方向上的加速度。

4.2.5 BM 谐振器

根据 Fragniere(1998)文中的二维模型推导,描述流体边界($y = 0$)上的 BM 运动(或流体运动)的方程式为

$$\Delta p_{BM}(x) w(x) \mathrm{d}x = a_{BM}(x) \frac{S(x)}{s_2} \mathrm{d}x + \frac{\beta(x)}{s} \mathrm{d}x + M(x) \mathrm{d}x \qquad (4.2)$$

式中,$p_{BM}(x)$ 是 BM 两端的压差(由于仅对一个腔室进行建模,因此等于 $2p(x, 0)$);$w(x)$ 是 x 的函数,表示 BM 的宽度(相当于在三维模型中的 z 尺寸);$a_{BM}(x)$ 是 BM 的加速度;$S(x)$ 是膜的刚度;$\beta(x)$ 是黏度损失项;$M(x)$ 是膜质量。宽度 w 和刚度 S 通过沿 BM 的长度对数降低特征频率来建模,而质量 M 和黏度(或阻尼)项在被动模型中假定为常数。

用电压代替压力,用电流代替加速度,可以得到一个二次方程,该二次方程可以通过滤波器/谐振器电路在硅中建模。在拉普拉斯域中可以写为

$$\frac{V(x)}{I(x)} \mathrm{d}x = \frac{S(x)}{s_2} \mathrm{d}x + \frac{\beta(x)}{s} \mathrm{d}x + M(x) \mathrm{d}x = Z_m(x) \mathrm{d}x \qquad (4.3)$$

式中,$I(x)$ 是谐振器在位置 x 汲取的电流;$Z_m(x)$ 是进入该谐振器的阻抗。

4.2.6 二维硅耳蜗模型

二维硅耳蜗设计的实现是使用电压模式电路(Watts 等,1992)和电流模式电路

(Fragniere，1998；Hamilton 等，2008a；Shirashi，2004；van Schaik 和 Fragniere，2001；Wen 和 Boahen，2006b)。本小节介绍最常用的二维硅耳蜗模型的体系结构，该模型最初是在 Fragniere(1998)的文中提出的。在此模型中，压力和电压是数学模拟，而 BM 的加速度和电流也是如此。该模型的简单原理图如图 4.9 所示。使用该模型进行的详细而系统的仿真表明，增加基端网络的高度(以反映生物学特性)对仿真输出的影响很小，并且两个元件(电阻/导体)的恒定高度可以提供合理的近似值。

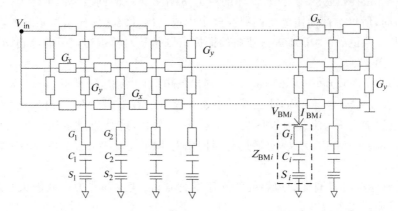

图 4.9 简化的二维耳蜗模型。© 2001 IEEE。经许可转载，摘自 van Schaik 和 Fragniere(2001)

耳蜗内的液体流动可以通过式(4.3)进行建模，其中 V_{BMi} 是压力的电压模拟，I_{BMi} 是 BM 加速度的电流模拟，G_x 和 G_y 分别代表 BM 液体在 x 和 y 方向上的电导率。电容 C_i(其中 i 等于空间量化后 BM 的截面 $\mathrm{d}x$)与黏度损失项 $\beta(x)$ 成反比；超级电容(取决于频率的负电阻)，S_i 与刚度 $S(x)$ 成反比；电导 G_i 与 BM 的质量 $M(x)$ 成反比。因此，对于单个谐振器，式(4.3)可以重写为

$$Z_{BMi} = \frac{V_{BMi}}{I_{BMi}} = \frac{1}{s^2 S_i} + \frac{1}{sC_i} + \frac{1}{G_i} \tag{4.4}$$

耳蜗中的感应细胞 IHC 将 BM 速度转换为神经信号。因此，将 BM 速度作为每个谐振器的输出。由于电流 I 表示 BM 的加速度，因此必须对其进行积分以获得 BM 速度的表示。在式(4.4)中对电流 I 进行积分，我们得到

$$\frac{I_{BMi}}{s} = \frac{sS_i}{s^2 \dfrac{S_i}{G_i} + s \dfrac{S_i}{C_i} + 1} V_{BMi} \tag{4.5}$$

上述电路模型对给定输入信号的响应与已抑制 OHC 的无源生物耳蜗的响应非常匹配(Fragniere,1998;van Schaik 和 Fragniere,2001)。图 4.10 显示了该模型软件实现的输出(Shirashi,2004)。在这里，我们看到了 BM 在输入沿 BM 的离散点采样过 100 Hz～10 kHz 时的响应。与一维模型一样，在共振(或特征)频率之后，我们看到了异常的陡降斜率曲线。

我们还看到，在较高频率下，品质因数(Q)更大。在生物测量中也可以看到这种趋势的曲线。

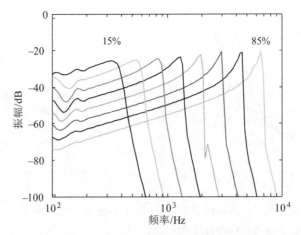

图 4.10 二维模型的软件实现,显示了响应于输入频率扫描而沿 BM 的离散点处的输出。低频纹波来自螺旋体前部输入的反射

4.2.7 添加 OHC 的主动非线性特性

为了获得图 4.3 中描绘的耳蜗的主动非线性特性,可以采用几种不同的方法。一种方法是使用 Sarpeshkar 等人(1996)文献中的固定非线性。另一种方法是对生物系统的微力学进行数学建模,如 Wen 和 Boahen(2006b)的文献。最常见的方法是使用自动增益控制(AGC)。通常,AGC 仅包括增益随输入信号的变化而变化;但是,在大多数耳蜗模型中,这也包括带宽随输入信号变化而变化,即自动品质因子控制(AQC)的概念。这个想法最初是在 Lyon(1990)的文中提出,用于硅耳蜗,此后一直用于其他硅耳蜗中(Hamilton 等,2008a,2008b;Sarpeshkar 等,1998;Summerfield 和 Lyon,1992)。

结 果

图 4.11 显示了带有 AQC 的二维硅耳蜗的输出。当我们将该输出与 Chinchilla 耳蜗的生物学测量结果进行比较时(参见 Ruggero 1992 年文章里的图 1c),我们看到沿 BM 的特定位置所产生的 BM 速度变化随增益的增加和选择性的增加以及输入强度的降低做出响应。在图 4.11 中,我们看到硅耳蜗的输出没有扩展到与生物耳蜗相同的输入动态范围。但是,它确实显示了类似的关键特性,例如特征频率上移而输入强度降低。它还表明,随着输入强度变弱,谐振器的调谐会变得更加尖锐。除了复制生物耳蜗的增益特性外,这种硅耳蜗还可以再现其某些定义的非线性特性,例如双音抑制和组合音。来自带有 AQC 的二维硅耳蜗的双音抑制数据(见图 4.12)表明,当附近存在1.8 kHz 频率音调的情况下,调谐到 1.3 kHz 的谐振器输出处的硅耳蜗响应被抑制。在粟鼠耳蜗的测量中,也观察到类似的行为(参见 Ruggero 等 1992 年文章里的图 3)。如图 4.13 所示,对组合音调的非线性响应也是生物耳蜗中类似的测量特性(参见 Robles 等 1997 年文章里的图 1)。

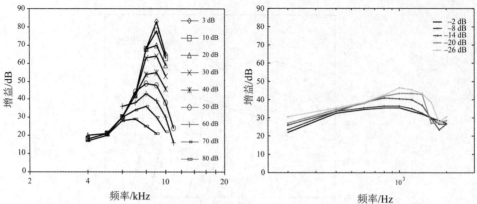

图 4.11　生物耳蜗(© 1992，经 Elsevier 许可转载，摘自 Ruggero(1992))与 2D 硅耳蜗(© 2008 IEEE，经许可转载，摘自 Hamilton 等(2008b))的增益比较

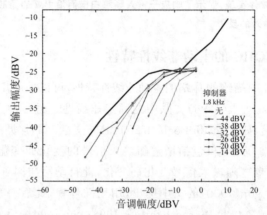

图 4.12　根据从二维硅耳蜗测得的且存在 1.8 kHz 抑制音调的情况下，将谐振器调谐至谐振频率 1.3 kHz 来演示的双音抑制。© 2008 IEEE。经许可转载，摘自 Hamilton(2008b)

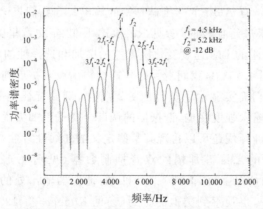

图 4.13　沿 BM 的某个位置的频谱显示了来自 2D 硅耳蜗的奇数阶失真产物。© 2008 IEEE。经许可转载，摘自 Hamilton 等(2008b)

4.3　尖峰型耳蜗

最近的硅耳蜗设计包括用于 BM、IHC 和螺旋神经节细胞的电路(Abdalla 和 Horiuchi，2005；Chan 等，2007；Fragniere 2005；Liu 等，2010b，2014；Sarpeshkar 等，2005；Wen 和 Boahen，2006a)。尖峰输出使用地址事件表示(AER)协议进行尖峰传送(在第 2 章中进行了讨论)。最新的耳蜗实施方案(AEREAR2)是用于空间听觉和听觉场景分析的两耳耳蜗(Liu 等，2010b)。它以更加友好的用户形式集成了以前设计的许多功能。它使用驱动 IHC 的级联 SOS(见图 4.14)来驱动 IHC，这些 IHC 又驱动具有不同尖峰阈值的多个神经节细胞。各个部分的谐振可以通过每个阶段中的本地数/模转换器(DAC)进行调整。该芯片具有多种功能，包括一对匹配的两耳耳蜗、板载数控偏置、板载麦克前置放大器以及开源主机软件 API 和算法(jAER，2007)。总线供电的 USB 板可轻松连接至标准 PC，以进行控制和处理(见图 4.15)。图 4.16 显示了两个耳蜗的 64 个通道对扫频唧唧声的原始 PFM 输出。所有信道只对有限的唧唧声频率范围做出响应。

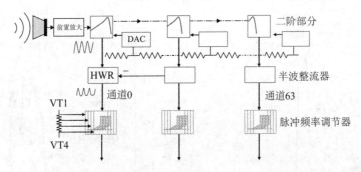

图 4.14　AEREAR2 耳蜗架构。© 2010 IEEE。经许可可转载，摘自 Liu 等(2010b)

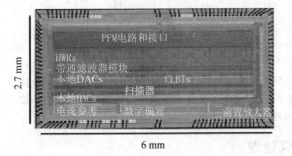

图 4.15　带有 AEREAR2 耳蜗、板载麦克及前置放大器、板载数控偏置的 USB 原型板。© 2010 IEEE。经许可可转载，摘自 Liu 等(2010b)

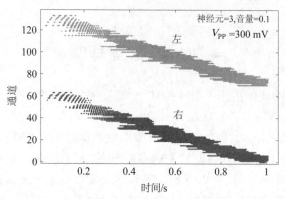

图 4.16 从两只耳朵的 64 个通道记录的事件栅格。输入幅度为 300 mV,频率从 30～10 kHz 进行对数扫描。© 2010 IEEE。经许可可转载,摘自 Liu 等(2010b)

4.3.1 AEREAR2 滤波器的 Q-控制

AEREAR2 的 PFM 输出的 Q_s 可以通过使用本地 DAC(图 4.17(a))和打开下游最近邻的横向抑制(图 4.17(b))来提高。滤波器的响应可以通过减去相邻信道的 PFM 响应进一步锐化,因为滤波的响应具有陡峭的滚降。

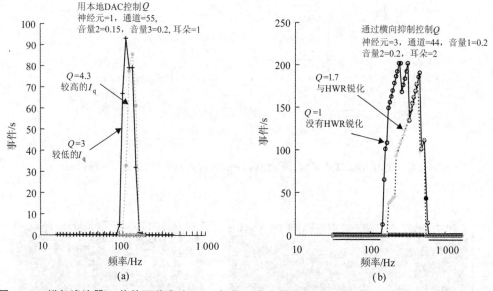

图 4.17 增加滤波器 Q 值的两种方法。(a)根据两个本地 DAC 的 Q 设置,一个通道的频率响应锐化。调整输入幅度以获得相同的峰值响应速率。(b)由于横向抑制而使反应锐化。Q 的所有通道的平均增量为 1.18 倍。© 2010 IEEE。经许可可转载,摘自 Liu 等(2010b)

4.3.2 应用:基于尖峰的听觉处理

与基于 Nyquist 频率的输入信号采样的常规听觉信号处理相比,AER 硅耳蜗的稀疏异步输出可以减少处理后的负荷。减少计算负荷是因为直到有来自耳蜗的输入事件才进行处理。使用事件驱动的输出表示 AER 耳蜗的输出所携带的定时信息可用于推断声源的位置,例如,通过到达两只耳朵的声音之间的两耳时间差(ITDs)(Chan 等,2012,2007;Finger 和 Liu,2011)或通过模仿蝙蝠的回声定位机制(Abdalla 和 Horiuchi,2005)。

ITD 提示是动物用来定位声源的三个主要提示之一,另外两个是耳间的水平差异和光谱差异。ITD 提示允许人们在方位方向上提取声源。图 4.18 中的数据显示了重构后的 ITD 与实际源 ITD 的匹配程度,说明 AER 尖峰保留了用于提取 ITD 的时序信息。Finger 和 Liu(2011)描述了一种算法,该算法通过使用运行中的 ITD 直方图实时提取 ITD 信息。ITD 信息的分辨率与传统的基于互相关的定位算法相似。有关此算法的进一步讨论,请参见 15.4.5 小节。尖峰输出中的时序信息也已用于提取诸如谐波检测(Yu 等,2009)和说话人识别(Abdollahi 和 Liu,2011;Li 等,2012;Liu 等,2010a)等更高层次的听觉特征任务。从诸如尖峰间隔和活动信息之类的各种特征表示中,作者在 40 位说话者中获得了大于 90% 的识别性能,并且延迟为(700±200)ms(Li 等,2012)。

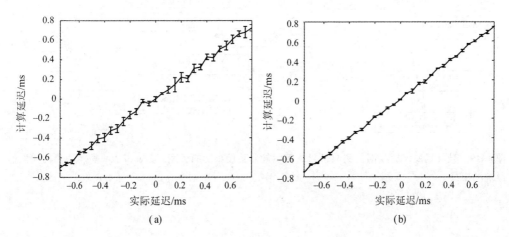

(a)

(b)

图 4.18 基于(a)500 Hz 音和(b)白噪声的左右耳蜗尖峰的互相关,计算延迟与实际延迟。© 2007 IEEE。经许可转载,摘自 Chan 等(2007)

4.4 树状图

图 4.19 显示了硅耳蜗的发展树状图,说明了 Lyon 和 Mead 首次制造硅耳蜗以来的发展过程。树状图是按时间垂直增进。一维耳蜗在左侧,二维耳蜗在右侧,中间显示的既不是一维也不是二维的硅耳蜗。这里介绍的所有模型都是针对耳蜗的 VLSI 实现的。除了 Leong 等(2001)使用现场可编程门阵列实施模型,Stoop 等(2007)采用的是一个电子模型,该模型由具有 Hopf 分支的动力学特性共振结构的离散组件组成。后

一种模型表明,有 Hopf 分支(或类似现象)的动力学特性共振结构驱动了耳蜗的主动非线性行为。

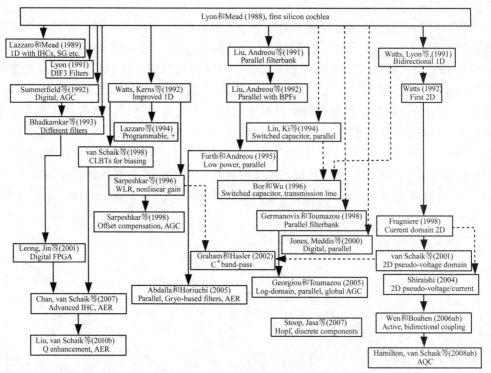

图 4.19　硅耳蜗发展树状图。实线带箭头表示彼此直接跟随的模型;虚线带箭头表示使用前模型的原理的出处

4.5　讨　论

　　在本章中,我们描述了各种一维和二维硅耳蜗模型。随着我们对生物耳蜗理解的深入,这些设计使用的模型逐渐包含了越来越多的生物耳蜗令人印象深刻的信号处理特征。硅耳蜗应用广泛,从研究人员的工具实时验证生物耳蜗的数学模型到语音识别系统中的音频前端。硅耳蜗模型设计的复杂性,将取决于其最终应用。但是,无论何种应用,在现代技术中利用生物学功能及硅耳蜗设计的精神都保持不变。为了构建更好、更逼真的硅耳蜗,我们将面临更多生物学方面必须克服的挑战。迄今为止,虽然没有一种可与生物耳蜗媲美的硅耳蜗,但随着模型和技术的改进,这种情况将会逐渐改善。在过去的 20 年里,我们已经看到从简单的一维滤波器级联过渡到生物学上更合理的二维结构,其中包括 OHC 功能。电路设计也有了改进,并且随着 CMOS 制造技术的不断小型化,我们可以在单个集成电路中包含更多电路(滤波器、单元结构等)。如今,硅耳

蜗设计仍然存在着许多悬而未决的问题：在数字使用上模拟，或者反之亦然，工作域（电流或电压）以及生物学模型的选择。其中一些问题是工程问题，随着时间和实验的进行，这些问题将会得到解决。生物学模型的选择取决于我们对生物学耳蜗的理解，随着我们观察能力的提高，生物学耳蜗会不断变化。自 Lyon 和 Mead 的硅耳蜗问世以来的 20 年里，我们仍然面临着许多相同的设计挑战：噪声、动态范围和不匹配等。然而，在本章中，已经表明，我们的硅耳蜗设计在 20 年里已经得到了明显改善，并且解决了许多遇到的设计难题，我们正在提高对生物耳蜗是如何演变成现在的形式的理解。

参考文献

［1］Abdalla H，Horiuchi T. An ultrasonic filterbank with spiking neurons. Proc. IEEE Int. Symp. Circuits Syst. (ISCAS)，2005，5：4201-4204.

［2］Abdollahi M，Liu S C. Speaker-independent isolated digit recognition using an AER silicon cochlea. Proc. IEEE Biomed. Circuits Syst. Conf. （BIOCAS），2011：269-272.

［3］Bhadkamkar N，Fowler B. A sound localization system based on biological analogy. Proc. 1993 IEEE Int. Conf. Neural Netw.，1993，3：1902-1907.

［4］Bor J C，Wu C Y. Analog electronic cochlea design using multiplexing switched-capacitor circuits. IEEE Trans. Neural Netw.，1996，7(1)：155-166.

［5］Chan V，Liu S C，van Chaik A. AEREAR：Amatched silicon cochleapair with address even trepresentation interface. IEEE Trans. Circuits Syst. I：Special Issue on Smart Sensors，2007，54(1)：48-59.

［6］Chan V，Jin C T，van Schaik A. Neuromorphicaudio-visual sensor fusionona sound-localizing robot. Front. Neurosci.，2012，6：1-9.

［7］Finger H，Liu S C. Estimating the location of a sound source with a spike-timing localization algorithm. Proc. IEEE Int. Symp. Circuits Syst. (ISCAS)，2011：2461-2464.

［8］Fragnière E. Analogue VLSI Emulation of the Cochlea. PhD thesis. Switzerland：Ecole Polytechnique Federale de Lausanne Lausanne，1998.

［9］Fragnière E. A 100-channel analog CMOS auditory filter bank for speech recognition. IEEE Int. Solid-State Circuits Conf. （ISSCC）Dig. Tech. Papers，2005，1：140-589.

［10］Furth P M，Andreou A G. A design framework for low power analog filter banks. IEEE Trans. Circuits Syst. I：Fundamental Theory and Applications，1995，42(11)：966-971.

［11］Georgiou J，Toumazou C. A 126 μW cochlear chip for a totally implantable system. IEEE J. Solid-State Circuits，2005，40(2)：430-443.

[12] Germanovix W，Toumazou C. Towards a fully implantable analogue cochlear prosthesis. IEE Colloquium on Analog Signal Processing，1998，472：1001-1011.

[13] Graham D W，Hasler P. Capacitively-coupled current conveyer second-order section for continuous-time bandpass filtering and cochlea modeling. Proc. IEEE Int. Symp. Circuits Syst. (ISCAS)，2002，5：482-485.

[14] Hamilton T J，Jin C，van Schaik A，et al. An active 2-D silicon cochlea. IEEE Trans. Biomed. Circuits Syst，2008a，2(1)：30-43.

[15] Hamilton T J，Tapson J，Jin C，et al. Analogue VLSI implementations of two dimensional，nonlinear，active cochlea models. Proc. IEEE Biomed. Circuits Syst. Conf. (BIOCAS)，2008b：153-156.

[16] Hudspeth A J，Corey D P. Sensitivity，polarity，and conductance change in the response of vertebrate hair cells to controlled mechanical stimuli. Proc. Nat. Acad. Sci. USA，1977，74(6)：2407-2411.

[17] jAER. jAER Open Source Project. (2007)[2014-07-28]. http://jaerproject.org.

[18] Jones S，Meddis R，Lim S C，et al. Toward a digital neuromorphic pitch extraction system. IEEE Trans. Neural Netw.，2000，11(4)：978-987.

[19] Katsiamis A，Drakakis E，Lyon R. A biomimetic，4.5 μW，120+dB，log-domain cochlea channel with AGC. IEEE J. Solid-State Circuits，2009，44(3)：1006-1022.

[20] Lazzaro J，Mead C. Circuit models of sensory transduction in the cochlea // Mead C，Ismail M. Analog VLSI Implementations of Neural Networks. Kluwer Academic Publishers，1989：85-101.

[21] Lazzaro J，Wawrzynek J，Kramer A. Systems technologies for silicon auditory models. IEEE Micro.，1994，14(3)：7-15.

[22] Leong M P，Jin C T，Leong P H W. Parameterized module generator for an FPGA-based electronic cochlea. The 9th Annual IEEE Symposium on Field-Programmable Custom Computing Machines，FCCM'01. IEEE，2001：21-30.

[23] Li C H，Delbrück T，Liu S C. Real-time speaker identification using the AERE-AR2 event-based silicon cochlea. Proc. IEEE Int. Symp. Circuits Syst. (ISCAS)，2012：1159-1162.

[24] Lin J，Ki W H，Edwards T，et al. Analog VLSI implementations of auditory wavelet transforms using switched-capacitor circuits. IEEE Trans. Circuits Syst. Ⅰ：Fundamental Theory and Applications，1994，41(9)：572-583.

[25] Liu S C，Mesgarani N，Harris J，et al. The use of spike-based representations for hardware audition systems. Proc. IEEE Int. Symp. Circuits Syst.

(ISCAS)，2010a：505-508.

[26] Liu S C，van Schaik A，Minch B，et al. Event-based 64-channel binaural silicon cochlea with Q enhancement mechanisms. Proc. IEEE Int. Symp. Circuits Syst. (ISCAS)，2010b：2027-2030.

[27] Liu S C，van Schaik A，Minch B，et al. Asynchronous binaural spatial audition-sensor with $2 \times 64 \times 4$ channel output. IEEE Trans. Biomed. Circuits Syst.，2014，8(4)：453-464.

[28] Liu W，Andreou A G，Goldstein，Jr. M H. An analog integrated speech front-end based on the auditory periphery. Proc. IEEE Int. Joint Conf. Neural Networks (IJCNN) II，1991：861-864.

[29] Liu W，Andreou A G，Goldstein M H. Voiced-speech representation by an analog silicon model of the auditory periphery. IEEE Trans. Neural Netw.，1992，3(3)：477-487.

[30] Lyon R F. Automatic gain control in cochlear mechanics // Dallos P，Geisler C D，Matthews J W，et al The Mechanics and Biophysics of Hearing. Lecture Notes in Biomathematics. New York：Springer，1990，87：395-420.

[31] Lyon R F. Analog implementations of auditory models // Human Language Technology Conference Proceedings of the Workshop on Speech and Natural Language. Stroudsburg，PA：Association of Computational Linguistics，1991：212-216.

[32] Lyon R F，Mead C A. An analog electronic cochlea. IEEE Trans. Acoust. Speech Signal Process，1988，36(7)：1119-1134.

[33] Palmer A R，Russell I J. Phase-locking in the cochlear nerve of the guinea-pig and its relation to the receptor potential of inner hair cell. Hear. Res.，1986，24(1)：1-15.

[34] Plack C J. The Sense of Hearing. New Jersey：Lawrence Erlbaum Associates，2005.

[35] Robles L，Ruggero M A，Rich N C. Two-tone distortion on the basilar membrane of the chinchilla cochlea. J. Neurophys.，1997，77(5)：2385-2399.

[36] Ruggero M A. Responses to sound of the basilar membrane of the mammalian cochlea. Curr. Opin. Neurobiol.，1992，2(4)：449-456.

[37] Ruggero M A，Robles L，Rich N C. Two-tone suppression in the basilar membrane of the cochlea：mechanical basis of auditory-nerve rate suppression. J. Neurophys，1992，68(4)：1087-1099.

[38] Sarpeshkar R，Lyon R F，Mead C A. An analog VLSI cochlea with new trans-conductance amplifiers and nonlinear gain control. Proc. IEEE Int. Symp. Circuits Syst. (ISCAS)，1996，3：292-296.

[39] Sarpeshkar R，Lyon R F，Mead C A. A low-power wide-dynamic-range analog

VLSI cochlea. Analog Integr. Circuits Signal Process. , 1998, 16: 245-274.

[40] Sarpeshkar R, Salthouse C, Sit J J, et al. An ultra-low-power programmable analog bionic ear processor. IEEE Trans. Biomed. Eng. , 2005, 52(4): 711-727.

[41] Shirashi H. Design of an Analog VLSI Cochlea. PhD thesis. Australia: School of Electrical and Information Engineering, University of Sydney, 2004.

[42] Stoop R, Jasa T, Uwate Y, et al. From hearing to listening: design and properties of an actively tunable electronic hearing sensor. Sensors, 2007, 7(12): 3287-3298.

[43] Summerfield C D, Lyon R F. ASIC implementation of the Lyon cochlea model. Proc. IEEE Int. Conf. Acoust. Speech Signal Process. (ICASSP) ,1992, 5: 673-676.

[44] van Schaik A. Analogue VLSI Building Blocks for an Electronic Auditory Pathway. PhD thesis. Switzerland: Ecole Poly-technique Federale de Lausanne Lausanne, 1998.

[45] van Schaik A, Fragnière E. Pseudo-voltage domain implementation of a 2-dimensional silicon cochlea. Proc. IEEE Int. Symp. Circuits Syst. (ISCAS), 2001, 3: 185-188.

[46] Watts L. Cochlear Mechanics: Analysis and Analog VLSI. PhD thesis. Pasadena, CA. Computation in Neural Systems Dept. , California Institute of Technology, 1992.

[47] Watts L, Lyon R, Mead C. A bidirectional analog VLSI cochlear model // Squin C H. Advanced Research in VLSI: Proceedings of the 1991 University of California/Santa Cruz Conference. Cambridge, MA: MIT Press, 1991: 153-163.

[48] Watts L, Kerns D, Lyon R, et al. Improved implementation of the silicon cochlea. IEEE J. Solid-State Circuits, 1992, 27(5): 692-700.

[49] Wen B, Boahen K. A 360-channel speech preprocessor that emulates the cochlear amplifier. IEEE Int. Solid-State Circuits Conf. Dig. Tech. Papers, 2006a: 556-557.

[50] Wen B, Boahen K. Active bidirectional coupling in a cochlear chip // Weiss Y, Schölkopf B, Platt J. Advances in Neural Information Processing Systems18 (NIPS). Cambridge,MA: MITPress, 2006b: 1497-1504.

[51] Yu T, Schwartz A, Harris J, et al. Periodicity detection and localization using spike timing from the AER EAR. Proc. IEEE Int. Symp. Circuits Syst. (ISCAS), 2009: 109-112.

第5章　运动电机控制

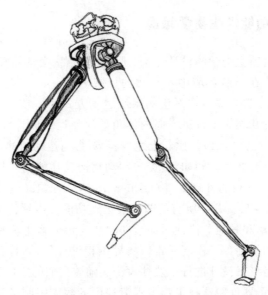

　　本章从第3章和第4章讨论的传感器转向介绍电机输出端神经形态系统。了解设计生物运动系统所具有的深远意义,尤其是在医学和机器人领域。然而,在生物学设计方面还有许多难以理解的难点。本章描述了科学家和工程师如何发现动物运动技能背后的控制回路(负责生物体运动的运动回路),并讨论了实现这些回路的实用设计方案。运动系统的神经形态设计尤其旨在复制生物学设计的效率和功效,以实现其在现实条件下的优越性能。这些研究工作的最终结果有助于向运动功能受损的个体提供新的解决方案,而在机器人技术领域,神经形态设计将继续重新定义机器人与自然界、人体工程学环境的交互水平。(本章部分文本改编自 Vogelstein(2007)。)

5.1　简　介

　　进化产生了各种各样的动物,它们各自拥有在环境中运动的方式。作为科学家和工程师,我们有时会寻求来自自然界的启发,利用几千年的进化历史来解决当今和未来世界中的相关问题。大自然不是工程师,而是"完成任务"的大师,它的设计往往以寿命为基础。也就是说,一个特定的有机体获得了什么样的品质,才能经得起时间的考验,实现达尔文的"适者生存"的思想？尽管我们可以从生物学中借鉴系统和设备工程的思想，但我们也必须记住，生物学的动机不仅仅是以狭义的功能为目的。例如像昆虫的腿这样的结构在帮助动物运动方面可能具有明显的形式和功能作用，但是，像花螳螂，它的腿和其他身体外观，看起来像它们伪装的环境，并且与运动的形式或功能无关。根据这一思想，引入了功能生物模仿的概念，Klavins 等（2002）使用了这个术语，表示仅使用生物设计的功能要素来帮助工程师解决问题。

5.1.1 确定功能性生物学元素

我们仍然讨论借鉴生物学的设计方法，研究主要负责运动的脊椎动物运动系统，以了解哪些结构和参数在导航环境中对动物的控制至关重要。该主题涉及两种经典方案：运动学方法和神经学方法。在对生物系统运动方式的运动学研究中，通过分析动物的姿势、形状、位置和相对于行进方向的体角如何使运动成为可能，人们将注意力集中在机械方面（Quinn 等，2001）。比起上述内容，对参与运动的神经部分的研究揭示了许多与物种无关的重要概念。例如，负责控制动物运动功能的中枢模式发生器（CPG）可以被分离并分解成单独的神经元件（Grillnerd Wallén，1985；Marder 和 Calabrese，1996）；一般而言，CPG 负责几乎所有的节律性运动功能。本章的重点是让读者理解诸如 CPG 这类指导运动和其他节律性运动活动的神经元。通过案例研究，我们还观察到工程师是如何识别功能性神经控制元素以指导工程设计的，并且我们将继续对应用于电机控制电路的神经形态设计进行一般性讨论。随着我们的应用深入到细胞层面以获取生物灵感，诸如电子器件制造技术等工程流程中的约束限制了我们对自然设计进行建模和实施的方式。因此，就像功能性仿生一样，神经形态设计实践并不是要复制生物学的每个解剖细节，而是要利用使系统起作用的原理。

5.1.2 有节奏的运动模式

从概念上讲，脊椎动物的推进运动系统可以分为四个部分，其分别用于选择、启动、维护和执行运动（见图 5.1）（Grillner，2003；Grillner 等，2000）。选择运动模式涉及多模式感觉整合，因此在前脑中执行。选择程序后，这些信息被传达到脑干。脑干中的中脑运动区（MLR）负责启动和维持运动，但它并不直接产生运动节律（Shik 和 Orlovsky，1976）。它将信息中继到脊髓内的专门神经回路（统称为 CPG，用于运动），这些神经回路负责产生有节奏的运动输出（Grillner，2003；Grillner 等，2000）。这些回路分布在多个脊柱节段上，并且控制腿、手臂和躯干的运动，使它们在正常运动期间所有动作都是协调的。在本章中，我们仅关注 CPG 控制腿部且位于腰椎脊髓中的部分。因此，当我们使用"CPG"和"运动回路"这两个术语时，实际上是指该广泛网络的一个特定组成部分。

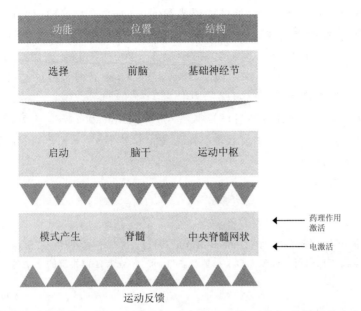

图 5.1　脊椎动物运动系统的系统图(**Grillner，2009；Grillner** 等，**2000**)。脑干运动中心包括诸如双脑和中脑桥骨运动等区域。从脑干到脊髓的通信主要通过网状脊髓神经元进行

　　减少脊髓对 CPG 输入的影响是为神经回路建立一组网络参数或操作条件(Delia-ginaet 等，2002；Matsuyama 等，2004；Zelenin，2005；Zeleninet 等，2001)。尽管脊椎上目标的完整列表在 CPG 范围内，但其完整列表在不同物种之间存在差异(且尚未完全确定特征)，减少输入可以抑制和刺激影响运动节律的脊髓神经元的特定亚群(Li 2003；Matsuyama 等，2004；Wannier 等，1995)。大脑发出的信号也可以调节输入 CPG 的效果(Hultborn，2001)。在 CPG 上所有这些传出输入和传入输入的最终结果是，产生一个特定的运动输出序列，实现所期望的运动程序(Cohen 等，1988)。

　　长期以来，CPGs 被认为是原始和四足脊椎动物节律性运动活动的起源(Cohen 和 Wallén，1980；Graham-Brown，1911；Grillner 和 Zangger，1979)，但直到最近才有令人信服的证据证明它们存在于灵长类动物中(Fedirchuk 等，1998)。为了让人相信 CPG 能够自己产生运动，必须剥夺脊髓相位下降和感觉输入。这是必需的，因为通常情况下，CPG 的输出同时受到传出信号和传入信号的影响，它不断地将来自大脑的信息与来自四肢和躯干的信息进行整合(Cohen 等，1988；van de Crommert 等，1998)。然而，如果去除这些输入，仍然会产生有节奏的运动输出，很明显，CPG 是这一活动的来源。这个概念实验可以通过对动物进行去脑或脊椎化，并使用神经肌肉阻滞或传入神经去除有节奏的感觉反馈来进行物理演示。对 MLR 的强直性刺激或注射药剂可以诱导"假想运动"，即在缺乏身体运动的情况下，运动神经元产生有节奏的运动输出(Or-lovsky 等，1999 年综述)。

　　一个多世纪前，T. G. Brown 首先提出了 CPG 网络的基本结构，即半中心振荡器(HCO)的形式(Graham-Brown，1911)。HCO(见图 5.2)表示两个交替活动的神经

"中心",这些中心可以代表一个肢体的屈肌和伸肌,或左右肢,或任何其他相反的运动对。这个"中心"概念仍然是现代 CPG 模型的核心,它填补了特定脊椎动物系统的振荡器子结构的许多细节(Grillner 等,1998;Ijspeert,2001;Rybak 等,2006a,2006b;Sigvardt 和 Miller,1998)。在一些动物中,组成 CPG 的特定细胞群已经被识别出来,在一些情况下,特定的离子通道已被确定为振荡的来源(Dale,1995;Gosgnach 等,2006;Grillner,2003;Grillner 等,2000;Huss 等,2007;Kiehn 2006;Nistri 等,2006)。然而,就像人工耳蜗的发展先于一个完整的理解听觉系统,广泛了解 CPG 的细胞机制不是控制 CPG 的先决条件。

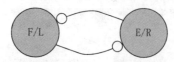

图 5.2 CPG 的半中心振荡器模型(Graham-Brown,1911)。这两个神经"中心"既可以代表一个肢体的屈肌(F)和伸肌(E),也可以代表左(L)肢体和右(R)肢体,或者任何相反的运动对

5.2 运动控制中的神经回路建模

我们的目标是理解 CPG 或者一个 CPGs 网络,可以使动物行走、游泳或爬行,以及如何将这些知识用于设计机器人的神经形态控制器。因此,我们将忽略一些由调节 CPG 功能的各种神经元控制的稳定机制。通过这些简化,我们可以集中于 CPG 设计中的三个重要组成部分:①CPG 作为输入接收的神经信号;②控制驱动动物运动的基本肌肉活动的 CPG 输出;③使 CPG 发挥作用的神经和运动元件的连通性。对于不太复杂的 CPG 电路的生物有机体,如七鳃鳗、水蛭和蝌蚪,为科学家提供了预测 CPG 行为和后续肌肉激活模式的机会,比如绘制相关的神经回路图(Grillner 等,1991;Sigvardt 和 Williams,1996),但是,正如 Grillner 等人(1991)所说的那样,细节层次非常粗糙。然而,即使是在七鳃鳗和简单结构的生物体中,比如无脊椎动物,也已经完成了一些图表绘制,CPG 的输出行为很容易被一些正常的生物过程所改变,如膜电位的变化、突触传导、神经递质浓度和感觉传入(Harris-Warrick,1990;Marder 和 Calabrese,1996;Selverston,2010;Sponberg 和 Full,2008)。正因为如此,从有机体的连接图中实现的 CPG 应该与有机体在体内或在假想运动中如何运动的知识相结合。

在许多动物物种中,一个专用的 CPG 或 CPGs 网络可以使其具有运动功能,这一点已经得到了充分的证明。然而,围绕参与运动的神经元互连以及神经调节,时间、感觉传入和发射模式如何改变了 CPG 的行为,仍然有许多悬而未决的问题。这可以改变特定动作的 CPG 输出,其方式很难用当前的 CPG 模型来预测,而 CPG 模型通常只能模拟 1~2 种运动行为,并且在生物学上缺乏"丰富性"(Ijspeert,2008)。为了达到这个目的,科学家和工程师们已经开发出了一些方法来研究 CPG 是如何构造的,如何使被研究的动物能够移动和执行动作;探索假设、模型生成和稳定性的分析技术;以及允许研究人员在真实条件下测试理论和设计的实现(见图5.3)。

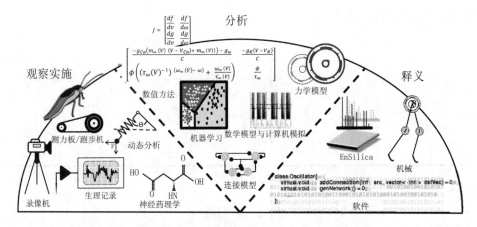

图 5.3 运动神经形态端到端设计过程的示意图。从左到右,常见的观测工具、分析技术和结果以图形式显示。在设计过程中,常用每个主要步骤的几种组合

数学分析和仿真已用于研究七鳃鳗(Cohen 等,1982)的 CPG 动力学,而连接模型则有助于确定神经回路(在细胞或振荡器水平)如何重现观察到的运动行为(Ijspeert,2001)。二维和三维模型可以模拟人体力学、力和摩擦力的相互作用,为 CPG 模型提供环境(Ijspert,2001)。对 CPG 控制测量效果的统计分析,步态周期频率、相位滞后,关节或节段之间的角度,或者地面反作用力,可以让我们了解 CPG 在不同情况下用于维持稳定性的控制策略(Lay 等,2006,2007)。

CPG 模型已在软件中实现,它包含了大部分已发布的实现(有关评论请参阅 Ijspeert(2008)和 Selverston(2010))、神经形态硅设计(DeWeerth 等,1997;Kier 等,2006;Lewis 等,2000;Nakada 等,2005;Still 等,2006;Tenore 等,2004b;Vogelstein 等,2006,2008),以及机械系统的性能与生物 CPG 控制的动力系统相匹配(Collins 等,2005)。

5.2.1 描述运动行为

如果要定义多运动行为,那么,描述动物在不同运动类型之间自然过渡的方式应该是必要的。

运动机能可以分解为一系列独立的阶段。每个阶段描述在特定的情况下相对于某些初始状态的躯体和/或四肢的开始和结束的位置。通过对每个阶段的有序重复,可以定义一个正常运动行为的周期。正确定义每个阶段是深入地理解运动活动序列的关键,而这些序列定义了运动功能。如果要定义多种运动行为,那么也可能需要描述动物在不同运动类型之间自然过渡的方式。

我们的第一个例子是人类双足运动。图5.4描述了每条腿发生的位置变化。想象每个阶段都是从一个人运动中捕捉到的静态画面。在这里,7 个相关且特殊的位置构成步态周期。在这个步态周期内,有两个主要阶段需要注意:一是站姿阶段,二是迈步

阶段。每个阶段又被进一步细分为唯一描述连续事件之间转换的时段。这些事件本身就表明了步态最显著的特征。

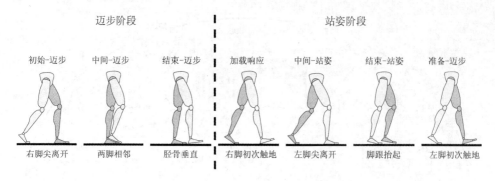

图 5.4　步态分析图

通过对这些事件进行准确、详细的描述,可以得到一些假设,即哪些肌肉群必须活跃起来才能在每个事件中保持稳定并在每个时段维持运动。通常使用其他技术进行更具体的分析,其中一些技术包括物理系统的静态和动态数学模型、测力板的使用以及肌电图(EMG)数据。这些技术可以使用结点连接来绘制运动过程中的最佳肌肉活动图片。这里列出了一些通过步态分析发现的重要参数,这些参数最终用于创建功能性的CPG 元件,这些参数包括:

① 肌肉活动模式:使放置在 CPG 中的神经元能够激发或抑制机器人系统内特定运动神经元或致动器的活动。

② 关节角度/关节与身体的接触力/关节力量:可作为对 CPG 神经元的感觉反馈,在某事件中或事件之间某个时间段的特定瞬间刺激或抑制肌肉的激活。

③ 每个步态阶段的步态周期事件及周期的角度相位时间:这通常是衡量正常性能的好方法。步态相位和时间参数匹配将有助于调整神经元的属性和突触加权,以在CPG 电路中进行激发或抑制。

5.2.2　虚拟分析

一些涉及 CPG 基本电路的调查难题并不容易通过外部观察(如 5.2.1 小节中所述)回答。对七鳃鳗的研究曾经给研究人员提出了这样一个问题,他们首先试图发现什么运动程序设计可以使起伏动物的身体各部分之间保持恒定的相位角,而不受起伏速度的影响(Marder 和 Calabrese,1996)。七鳃鳗通过产生一个单行波在水中运动,如图 5.5 所示。动物在水中游动时保持单波对提高能量效率和运动稳定性很重要。无论动物的运动行为和运动方向如何(向前或向后游泳),若不能保持单波则被认为是异常的(Marder 和 Calabrese,1996)。

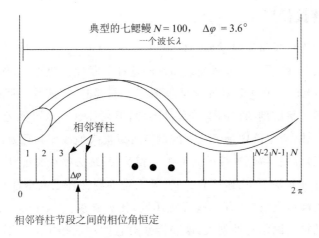

图 5.5 显示一个完整的七鳃鳗游泳身体波。七鳃鳗有 N 段，N 通常是 100。利用公式 $\Delta\phi = \dfrac{2\pi}{N} \cdot \dfrac{180}{\pi}$，可以很容易地计算出七鳃鳗各相邻脊柱节段之间相位滞后程度

Marder 和 Calabrese(1996)详细介绍了对孤立的鳗鱼神经索的分析如何帮助研究者回答有关鳗鱼 CPG 的重要问题。从他们的报告中总结了以下问题：七鳃鳗游动是单个节段振荡器协调努力的结果，还是分布在节段上的 CPG 网络生成的结果？如果有协调的节段振荡，它们如何交流？感觉信息如何改变运动者的行为？最后，模式是如何启动和维护的？

使用由各种神经索准备产生的虚拟运动是揭示上述问题答案的关键。虚拟游泳实验表明，通过对孤立行为的研究，可以让人了解 CPG 回路对不同方面的贡献。例如，对小脊髓节段的分析显示，仍然可以实现正常的运动功能，表明每一段都能产生自己的稳定和可维持的振荡模式。对虚拟游泳的进一步研究还表明，两种类型的拉伸受体负责将重要的状态信息传递给动物的各个部分，有助于维持广泛频率范围内的体波（Marder 和 Calabrese，1996）。拉伸受体也被认为是造成完整动物游泳（每段 5°）和肌电图肌肉激活和虚拟游泳（每段 3.6°）中观察到的恒定相位滞后差异的原因（Hill 等，2003；Marder 和 Calabrese，1996）。虚拟运动的研究表明，去中心化的准备，以及去分化的准备，能够促进实现广泛的运动技能（Griller 和 Wallén，1985）。然而，它们不能产生平滑的自然节律，更容易因扰动而失去稳定性。尽管这些制剂传统上被用来作为证明 CPGs 控制运动功能的证据，但它们也足以证明小脑和感觉通路之间的协调功能对于强健的运动是必要的。

确定节间协调这条路已被证明具有挑战性。例如，关于分段振荡器耦合的对称程度，以及在不同振荡频率下运行的分段是否会导致分段之间的相位滞后问题仍然存在。问题尽管七鳃鳗模型得到了深入的研究，但它的运动系统仍然有许多复杂之处，超出了我们了解的基本节律性运动模式。所幸，要实现能够复制生物基本运动的神经形态设计，并不需要对所有这些问题都有充分的理解，DeWeerth 等（1997）就证明了这一点。

5.2.3　连接模型

神经网络的连接模型在科学界用处很多。对于 CPGs，有一些研究试图理解网络的解剖学上的关联性，还有一些研究试图理解这种关联性的功能（Getting，1989；Grillner 和 Wallén，1985）。在为运动建立神经形态控制器时，理解神经回路的功能连通性是至关重要的。了解解剖结构的细节是重要的，但仅凭这一点可能无法得到所需的控制输出。如前所述，对电路中神经元素的调节可以极大地改变其行为，而突触权重和细胞属性并不仅仅反映在解剖连接的研究中。相反，系统必须在关键点上探测，以捕获负责特定动作的神经元素子集、连接的类型（无论是抑制性还是兴奋性）、细胞动态变化，例如有规律的尖峰或突发，还有一些突触属性，比如强度。Getting（1989）的表 1 提供了一个更完整的神经网络特性列表，这些特性对它的功能很重要。不是所有特性都适用于神经形态系统的设计（见图 5.6），但是这些细节可以进一步深入了解生物体内实现运动控制的机制。一旦更复杂的机制被更好地理解了，就有可能会改善工程师未来接近神经形态解决方案的方式。

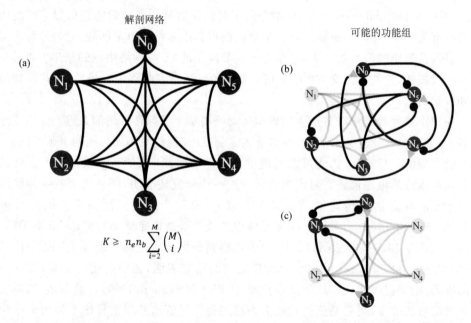

解剖网络　　　　　　　　　　　可能的功能组

$$K \geqslant n_e n_b \sum_{i=2}^{M} \binom{M}{i}$$

图 5.6　相关功能块的简化可以帮助工程师设计更易于分析和实现的模型，尤其是在硬件设计方面。解剖网络（a）可以有两个可能的功能块（b）和（c）。网络配置的数量 K 是由 n_e 决定的；神经元之间的联系可以用 n_b 表达；突触连接的类型和神经元的数量为 M。在这个例子中，$n_e = 3$，因为有 3 种类型的连接（out，in，reciprocal）；$n_b = 2$，因为抑制性或兴奋性突触

Ijspert（2001）的工作很好地展示了连接模型的使用。虽然没有关于蝾螈运动电路的完整描述，但建立了一个控制器模型，该模型包含了相关的细胞动力学（通过漏积神

经元)、连接类型和突触权重。在这项研究中,网络的参数是使用遗传算法而不是实际蝾螈的数据。尽管如此,开发的 CPG 控制器能够模拟蝾螈的游泳和小跑步态模式。在许多情况下,连接模型是从假设中衍生出来的,但是它们有能力产生生物学上可行的 CPG 模型,并在模拟器和机械模型中重现步态运动学(Ijspeert,2001)。

5.2.4 基本 CPG 结构

在后面的章节中,我们将讨论一些使生物 CPGs 稳定的组成部分,使它们能够灵活、有效地控制运动。我们还将讨论如何将这些组件转化为神经形态设计。

1. 单位振荡器

除了神经元本身,HCO 是许多生物 CPG 网络最基本的组成部分(Getting,1989)。为了证明一个简单的振荡结构在实践中是多么得强大,我们调研了 Still 等人(2006)的工作,他们使用固定的 CPG 结构,能够产生 7 种四足动物步态模式。振荡器是通过改变振荡器占空比、振荡频率和作为 CPG 网络一部分的其他振荡器之间的相位滞后的偏置电压被引入的。

振荡器占空比、频率和相位滞后有能力直接影响运动者的行为,特别是在我们所构造的简化例子中。Still 等人(2006)的四足行走机器人在每条腿上都有一个驱动关节、髋关节,它与机器人的躯干相连。为了模仿从自然界观察到的稳定的步态,每个控制髋关节的振荡器必须在一定的时间内(占空比)活跃,在某一给定的频率操作,以支持平移的速度,并在适当的间隔主动相于其他驱动髋关节(相位滞后)。偏置电压用于设置振荡器的占空比和频率,而耦合电路的偏置电压有助于实例化耦合振荡器之间的相位滞后。为了达到理想的输出行为,振荡的单位必须与单位之间适当的相位延迟适当耦合(见图 5.7)。这可以通过分析或机器学习来解决,其设计可以使用两种(常用的)架构进行验证:链模型和环模型(见图 5.7)。

2. 相位相关响应

相位相关响应(PDR)特性能够保证持续运动所需事件的稳定性和可重复性(Vogelstein,2007)。就像我们对两足步态的分析一样,PDR 特性是观察和测量事件,有助于描述运动中的阶段或周期。获得 PDR 特性可能是冗长且乏味的,因为我们以固定方式处理非线性系统,将其输出作为一个相位函数来测量。输入参数通常是将电流或某些其他电信号输入正在研究的 CPG 电路中。在 CPG 循环中,以适当间隔的相位间隔重复刺激注射过程,以收集结果。有效利用 PDR 特性要求人们了解在运动周期内的给定阶段注入时,某种刺激将如何影响运动输出,并且所注入的刺激可以保持运动周期随时间的稳定性(Vogelstein,2007)。前述要求均假设已充分记录了有关基线行为的详细知识,因此可以与 PDR 特征数据进行比较。

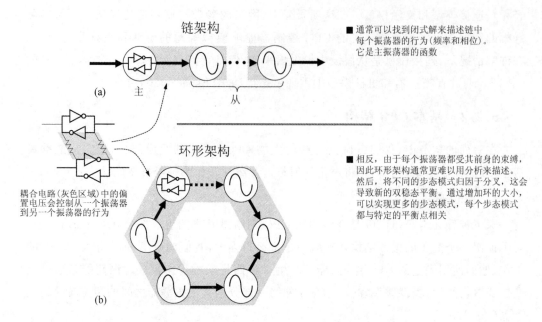

链架构

■ 通常可以找到闭式解来描述链中每个振荡器的行为(频率和相位)。它是主振荡器的函数

(a) 主

从

耦合电路(灰色区域)中的偏置电压会控制从一个振荡器到另一个振荡器的行为

环形架构

■ 相反,由于每个振荡器都受其前身的束缚,因此环形架构通常更难以用分析来描述。然后,将不同的步态模式归因于分叉,这会导致新的双稳态平衡。通过增加环的大小,可以实现更多的步态模式,每个步态模式都与特定的平衡点相关

(b)

图 5.7　Still 等(2006)用于实现其机器人步行的振荡器模块。芯片上的构建块可用于构建(a)链架构或(b)环形架构

　　PDR 特性增加了生物有机体神经回路的多样性,从而允许简单的 CPG 回路响应于递减的运动命令和控制反射运动的重要感觉传入而显示出变化的输出。这些信号调制电动机端的输出,在正常情况下,CPG 电路的编程将包含 PDR 特性。例如,在双足步态中开始屈髋以抬高膝盖的信号发生在特定的阶段(90% 通过给定周期)。同样,在 Vogelstein 等人(2006)的结果讨论中,下降的运动命令是通过在特定阶段进行含有刺激性的注射使七鳃鳗转向,这会暂时破坏稳定的游泳模式,随后再进行特定阶段的刺激以恢复正常的游泳模式。另一方面,感觉信号可以通过反射诱发 PDR,在这种情况下,激活控制髋关节屈曲的振荡器的信号使之处于拉伸感受器的控制下。如果电机输出以这种方式与感觉信号联系在一起,则称控制振荡单元与感觉信号呈相位锁定状态(Lewis 等,2000)。在任何一种情况下,如果在适当的时间继续发生髋屈曲,则可以实现所需的电机输出。对于 PDR 的讨论,读者可以参考 Vogelstein 等(2006)。

　　PDR 的概念与 CPG 中单个振荡器单元,神经元或突触的延迟和激活时间密切相关。基本上,可以将 CPG 内在给定时间 t_{event} 生成的每个信号相对于完成一个运动周期 T_{cycle} 所需的时间指定为一个阶段。然后,在该阶段,

$$\phi = \frac{t_{event} - t_0}{T_{cycle}}$$

式中,t_0 是开始时间,从该时间开始,通过一个完整的时间周期 T_{cycle} 测量时间 t_{event} 的事件。该信号如何用于影响运动过程中的电机行为取决于系统和设计人员所设的目标。

3. 传感反馈

传感反馈对于许多动物的正常运动功能是必需的。这对于维持姿势和稳定性,运动期间肌肉群的正常激活以及在遇到意外扰动时提供最有益的响应非常重要。Lewis 等(2000)首次提出了关于如何在神经形态设计中使用感官反馈,不仅可以触发正常 CPG 事件,还可以适应新的环境扰动以及机器人系统特有的条件。

5.2.5 神经形态架构

1. 在硅中建模 CPG

由于围绕高等脊椎动物 CPG 结构的许多细节仍然未知,因此在对这些电路进行建模时,实施者有很大的自由度。相应地,在文献中也可以找到许多硅 CPG(Arena 等,2005;Kier 等,2006;Lewis 等,2001;Nakada 等,2005;Simoni 等,2004;Still 等,2006;Tenore 等,2004b),其中大多数旨在控制机器人的运动,并具有不同程度的生物学可信度。

为了使问题更易于处理,在某些硅 CPG 设计中使用了简单的神经元表示。这种简化使得 CPG 的行为可以通过分析来描述。例如,Still 等(2006)创建了一个 CPG 芯片,该芯片基于耦合的振荡器电路,该电路生成具有由片外偏置电压控制的三个参数(频率、占空比和相对相位)的方波。当将步态定义为这些参数的函数时,可以求解方程式系统,以确定用于建立所需输出模式的适当电压电平。此外,由于电路本身相对简单,因此许多振荡器都在同一芯片上实现。这种设计的潜在缺点是可能难以将生物系统中的发现转换为方波的表示。此外,相关研究已经表明,更复杂的神经模型在与 CPG 相关的任务上表现更好(Reeve 和 Hallam,2005)。

使用简单的集成-发射(I&F)神经模型代替简单的振荡器可使设计更接近生物学,但也增加了分析的复杂性。由于它们的物理简单性,I&F 单元可以在硅中具有紧凑的表示形式,从而可以在同一硅芯片上实现许多神经元(Tenore 等,2004b)。但是,基本的 I&F 模型放弃了神经动力学,例如高原电位和尖峰频率适应(SFA),这些动力学已显示在生物 CPG 中产生振荡输出(Marder 和 Bucher,2001)。另一方面,基于 Hodgkin-Huxley(HH)形式的更复杂的神经模型可以生成逼真的峰值输出并模拟真实神经元的动力学(Simoni 等,2004)。不幸的是,HH 神经元的硅实现通常会占用很大的面积,并且不太适合大规模集成网络。这些不同的神经元电路的晶体管成本在第 7 章中进行了描述。

下述系统是简单的 I&F 模型和复杂的 HH 模型之间的折中方案。尽管没有相应的离子通道动态特性,但已实现的设计通过诸如不应期和 SFA 等功能增强了基本的 I&F 电路。结果,可以将 24 个具有完全互连性的神经元阵列放置在 3 mm×3 mm 的芯片上。CPGchip 的早期版本(Tenore 等,2004b)使用了更原始的神经模型,但只允许 10 个细胞在同一区域。该设计中的限制因素是数控突触,该突触设定了单元之间的连接强度。为了解决这个问题,相关研究人员开发了一种用于紧凑突触的电路,该电路使用浮栅(FG)晶体管上的非易失性模拟存储来实现(Tenore 等,2005)。第 10 章介绍了 FG 技术。图 5.8 所示的芯片包含 1 032 个可编程 FG 突触。

这种硅 CPG 与迄今为止介绍的许多 CPG 芯片不同(Arena 等,2005;Kier 等, 2006;Lewis 等,2001;Nakada 等,2005;Simoni 等,2004;Still 等,2006),并非旨在实现任何特定的 CPG 网络,而是,它具有足够的灵活性来实现用于双足运动的各种 CPG 架构。其中至少应包含 12 个神经元,其分别控制臀部、膝盖和脚踝的屈肌和伸肌(尽管臀部、膝盖和脚踝的肌肉都处于活动状态,但一阶系统仍可以满足四个神经元的需求)。更复杂的网络则需要更多其他元素,例如有人提议模拟猫的 CPG 系统(Gosgnach 等, 2006;Nistri 等,2006)。

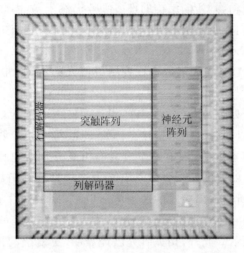

图 5.8　通过三金属双多晶硅 0.5 μm 工艺制造的 3 mm×3 mm FG - CPG 芯片的显微照片

2. 芯片架构

FG 中央模式生成器(FG - CPG)芯片架构同 Tenore 等(2004b,2005)所述的很相似,如图 5.8 所示。24 个完全相同的硅神经元排成一行,12 个外部输入,1 个强直偏压输入,24 个周期输入在整个芯片的列中运行。37 个输入中的每一个都通过下文所述且如图 5.9 所示的 FG 突触电路与所有 24 个神经元建立突触连接。

3. 神经元回路

图 5.8 还显示了神经元电路的方框图。每个神经元都有三个不同的区室:树突、体细胞和轴突,它们在功能和空间上都不同。从图中可以看出,树突区室(标记为"突触阵列")占据了大部分硅面积,而体细胞区室和轴突区室(标记为"神经元阵列")相对较小。这部分是由于应用了大量的突触,但主要是由于膜电容分布在整个树突区室中,以实现布局紧凑。

树突区室包含 1 个偏置、12 个外部突触和 24 个复发突触。所有这些输入将电流传递到体腔,该体腔包含一个大电容器(模拟生物神经元的膜电容)、一个磁滞比较器(轴丘建模),以及一些专门的"突触",使电池放电并执行不应期。轴突区室包含额外的专门突触,产生持续时间可变的尖峰输出并允许 SFA。尖峰输出经过缓冲并发送到芯片外,以控制外部电机系统,还用于门控每个单元格、所有相邻单元格及其自身之间的 24 个循环突触。

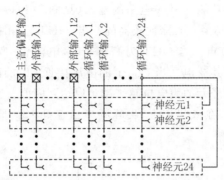

图 5.9　FG‐CPG 芯片平面图。行中排列了 **24** 个硅神经元,列中排列了 **37** 个输入。FG 突触位于每个输入和神经元之间的交点处(绘制为 ⊀)。第一个输入是主音偏置输入,接下来的 **12** 个输入受片外信号控制,它们是"外部"的;其余的 **24** 个输入由 **24** 个片上神经元的输出控制,因此称为"循环"。可以通过激活所有递归突触来创建完全互连的网络

　　尽管神经元的三个部分都包含相同的突触回路,但只有 37 个树突状输入是传统意义上的突触。可编程电流源用于重置神经元并实现不应期、峰值宽度调制,为了方便起见,用 FG 突触电路实现 SFA。在体腔中的磁滞比较器的输出变高(表明神经元的膜电位已超过尖峰阈值)后,所有这四个特殊的"突触"电路均被激活。在重置单元格或调整其动态特性时,每个电路都具有不同的功能。放电电路从 C_m 释放出电荷(见图 5.10),直到膜电位降至磁滞比较器的下限阈值以下,导致输出再次变低。不应期电路还会放电 C_m,并在固定(可调)的时间内将膜电位设置为固定(可调)电压。脉宽电路会与磁滞比较器的边沿产生一个固定持续时间的(可调)脉冲串。最后,SFA 电路会产生与峰值频率成比例的延长的放电电流,实质上会产生最大峰值频率。事实证明,SFA 对于实施 CPG 网络至关重要(Lewis 等,2005)。

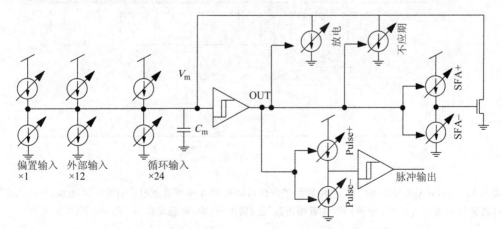

图 5.10　FG‐CPG 硅神经元的框图。包括专门的"突触",用于释放细胞并执行不应期、脉宽调制和 SFA,每个神经元包含 43 个 FG 突触(绘制为一个或一对可调电流源)

之前已经实现了具有 SFA 功能的硅神经元(Boahen,1997;Indiveri,2003;Schultz 和 Jabri,1995;Shin 和 Koch,1999)。我们的 SFA 电路设计并未尝试捕获生物学的许多细节,而是专注于核心功能。SFA 电路的输入(见图 5.11(a))由两个可编程电流源 I_+ 和 I_- 组成,两者均由神经元磁滞比较器的输出(OUT)反相控制。SFA 电路的输出被附加到神经元的 V_m 节点。当 OUT 为高电平时,电流 I_+ 为电容器 C_{sfa} 充电,而当 OUT 为低电平时,I_- 对其放电。当 C_{sfa} 上的电压接近 M_3 的阈值电压时,它将从 V_m 吸收大量电流,从而使神经元的膜电位越来越难以达到阈值。这使尖峰变得更加稀疏,直至达到平衡状态为止,在该状态下,尖峰频率稳定且 V_{sfa} 围绕非零固定点振荡,如图 5.11(c)所示。

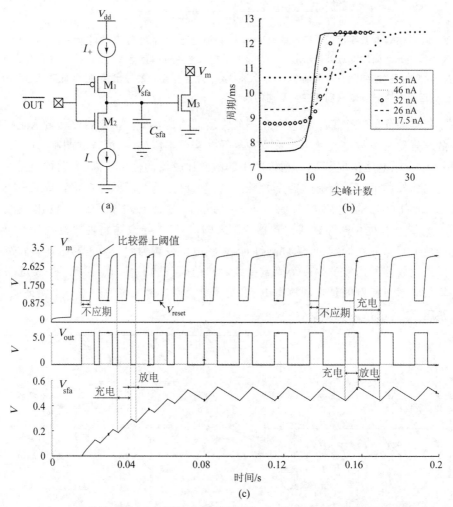

图 5.11 (a)SFA 电路的概念图。(b)显示了振荡周期随 SFA 电容器上电压的增加而增加(与传入尖峰数量的关系)。(c)SFA 电路的晶体管级仿真(上:膜电压,中:神经元输出,下:SFA 电容器电压)

在正常操作中,C_{sfa} 上的电压不会达到 M_3 的阈值电压,因此 M_3 将在亚阈值下工作,输出频率将呈指数依赖于 V_{sfa},如图 5.11(b)所示。这种关系可以通过在神经元 i

的 V_m 节点上直接应用基尔霍夫电流定律,数学描述如下:

$$C_{m_i}\frac{dV_{m_i}}{dt} = \sum_j W_{ij}^+ I_j - \sum_k W_{ik}^- I_k - S_i I_d - S_i I_{rf} - I_0 e^{\frac{V_{sfa}}{V_t}}$$

$$S_i(t+dt) = \begin{cases} 1, & \text{如果}(S_i(t)=1 \wedge V_i^m > V_T^-) \vee (V_i^m > V_T^+) \\ 0, & \text{如果}(S_i(t)=0 \wedge V_i^m > V_T^+) \vee (V_i^m > V_T^-) \end{cases}$$

式中,C_{mi} 是第 i 个神经元的膜电容;V_T^+ 和 V_T^- 分别是磁滞比较器的高阈值和低阈值;V_{mi} 是跨膜电容器的电压;$S_i(t)$ 是在时间 t 的磁滞比较器的状态。第一个求和遍及第 i 个神经元的所有兴奋性突触,第二个求和遍及所有抑制性突触。放电电流和耐火电流 I_d 和 I_{rf} 分别负责放电速率和不应期的持续时间。最后一个元素代表由于 SFA 电路,特别是晶体管 M_3 上的栅极电压以及从电容器中流失的电流,如图 5.11(a)所示。该电流是产生亚阈值的主要来源;假定所有其他依赖关系都可以忽略不计,并且可以通过一些其他考虑将其纳入 I_0。

4. 突触电路

1032 片上 FG 突触(包括外部、循环和"特殊"突触)均通过一个简单的九晶体管运算跨导放大器(OTA)来实现。每个 OTA 的差分输入的相对电压决定了突触的强度,这些电压由一对 FG 控制。因此,在可以使用突触之前,需要对每个突触上的 FG 进行编程。

要对突触进行编程(参见图 5.12),首先要设置行选择线(V_{rw})为低电平,将列选择线 V_{prog+} 或 V_{prog-} 设置为高电平;然后,通过将电流源连接到 I_{prog},将电流编程到 FG(例如 C_{FG1})上,从而在晶体管 FG2 上引起热电子注入(HEI)(Diorio,2000)。这会降低 FG1 栅极上的电压,并使更多的电流沿着跨导放大器的正极分支流动。两个门 FG1 和 FG3 上的电压差决定了突触的特性:突触电流的极性(兴奋性或抑制性)由差异 FG1 - FG3 的标志确定,而突触强度则由差异性的幅度确定。由于 HEI 只能降低 FGs 的电压,因此它们最终可能需要复位到高电位。这是通过 Fowler-Nordheim 隧道(Lenzlinger 和 Snow,1969)连接到 V_{syn+} 并由全局 Verase 引脚激活的隧道结实现的(不是显示)。但是,由于隧穿需要高电压,这种设计尽可能避免差分对设计,只允许通过 HEI 多次增加和降低突触强度。

当阵列中适宜神经元输出脉冲 $\overline{trigger}$ 和 trigger 线时,会激活循环突触,触发线触发由差分对(M_3、M_4、M_5、M_{13} 和 $M_7 - M_8$ 镜像)到细胞的膜电容器 C_m 的两个电流。二极管连接的晶体管 $M_9 - M_{12}$ 实现了与电压有关的电导,随着膜电容器上存储的电位接近电压轨,突触电流会减小(Tenoreet 等,2004b)。这使得神经元之间的耦合强度范围变小(Tenore 等,2004a)。

5. 外部输入电路

给定的外部输入对每个神经元(共 24 个)的影响都是突触强度(如上所述,由 FG 控制)和外部信号大小的函数。后者的值通过电路传递给神经元,该电路通过外部信号电压的幅度来缩放 $V_{synbias}$ 的幅度,并将结果应用于响应该输入的所有 24 个 OTA 中

（请参见图 5.12 和图 5.9）。如图 5.13 所示，该电路简单地将电流传送器、跨线性电路和电流镜组合在一起，以生成与外部电压成比例的输出电流：

$$I_{out} = \frac{I_{sense} I_{synbias}}{I_{bp}}$$

式中，I_{bp} 是比例常数；I_{sense} 是与外部输入电压的幅度成比例的电流；由 I_{out} 产生的电压 V_{out} 会施加到 OTA 中的 M_1 的栅极。

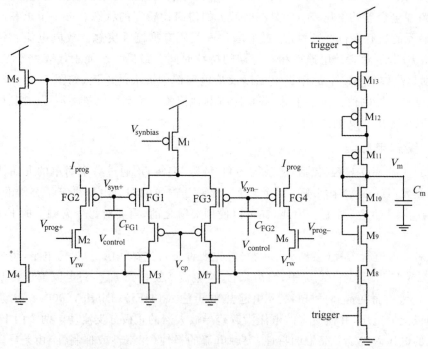

图 5.12　FG‑CPG 突触电路原理图。每个突触均包含用于在 FG1～FG4 的栅极上存储差分电压的非易失性模拟存储元件，该电压决定突触的强度和极性。所示的特定突触是复发性突触。$\overline{trigger}$ 和 **trigger** 信号是由神经元的尖峰输出生成的（例如，神经元 1 的尖峰输出被路由到图 5.9 中标记为"递归输入 1"的列中所有突触的触发输入）。外部和张力偏置突触不会被触发信号控制

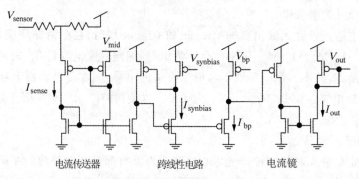

图 5.13　外部输入缩放电路原理图。外部信号施加到 V_{sensor}，输出 V_{out} 施加到各个突触中的 M_1 的栅极（见图 5.12）

5.3 工作中的神经形态 CPG

我们在硅 CPG(SiCPG)的神经形态设计和构造之后开始讨论,并描述其作为神经假体的应用。

5.3.1 神经假体:体内运动的控制

5.2.5 小节中所述的 SiCPG 可用于实现对猫后肢进行运动的体内控制(Vogelstein 等,2008)。作者认识到,重塑动物自然步态的许多关键点在于 CPG 控制器的正确实施。如果人工 CPG 能够再现关键运动神经元预期的基本控制信号,那么在不能动的猫身上使用 SiCPG 时,应该会出现稳定的运动模式。

尽管已经充分地研究了猫的行走步态,但可以理解的是,有限的 CPG 神经元数量和粗略的刺激传递方法无法解决猫后肢运动的所有细微差别。相反,Vogelstein 等(2008)将猫后肢的姿势和摆动阶段重新表征为左右伸肌和屈肌激活的四个粗肌群。具体而言,这些运动组控制臀部、膝盖和踝关节的屈曲或伸展,从而形成 12 个单独的肌内电极部位。使用双通道恒流将 SiCPG 的输出转换为电活动脉冲,该电活动脉冲可以刺激指定部位的运动神经元。

图 5.14 说明了在可编程 SiCPG 上实现的 CPG。四个神经元控制右肢和左肢、膝盖和后肢的屈曲或伸展。使用 HCO 结构,每个神经元都与适当的拮抗肌肉群或对侧肌肉群相互耦合,以左右方向和角度为准。例如,施加在猫左腿上的负载可确保右腿保持其伸展,从而在站立时提供稳定性。一旦右腿到达身体后方的最大伸展,我们期望右屈曲信号将由髋部角度传感器激活并开始右腿摆动阶段。来自脚踝伸肌负荷的感官反馈(Duysens 和 Pearson,1980)和髋关节伸展程度(Grillner 和 Rossignol,1978)对于维持猫的步态周期阶段至关重要。提供感官反馈的是两轴加速度计和地面反作用力板。这些信号可以在图 5.14 中看到,作为 CPG 的负荷和屈伸输入。

该 SiCPG 应用的结果证明,该技术作为基本的人工神经后肢 CPG 控制器是成功的(见图 5.15)。但是,与当今所有假肢(尤其是那些替代四肢的假肢)一样,自然功能的恢复是不可预期的,并且设备在各种情况下的适应性通常也会受到限制。SiCPG 就是这种情况。尽管作者能够证明其具有控制猫后肢运动行为的能力,但与完整标本的自然水平仍有一些差异。这些偏离中的大多数都可以归因于细节的粗糙程度,如SiCPG 离散正常步态周期、运动神经元受到刺激、感官信息被整合为反馈和系统设计的局限性。尽管取得了微不足道的成果,但由于其设计目的是植入和直接交流,因此该技术本身已成为实现 CPG 假体的重要一步。内置于 SiCPG 中的神经形态架构在可植入设备必须遵循的功率限制方面取得了优势,并且能够提供类似动作电位的信号作为输出(Vogelstein 等,2008)。

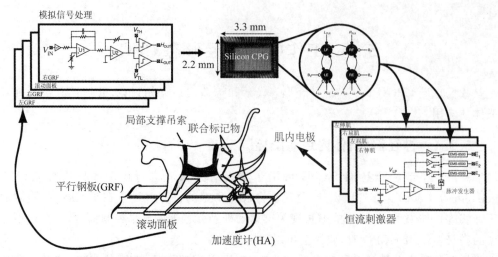

图 5.14　Vogelstein 等(2008)的运动控制系统。标签 LE /RE/LF/RF 为左伸肌/右伸肌/左屈肌/右屈肌代表神经元。标记的连接器指示传感器:L_{FLX}/R_{FLX}/L_{EXT}/R_{EXT} 为左屈肌/右屈肌/左伸长/右伸长传感器,L_{LD}/R_{LD} 为左/右负荷传感器,以及每个神经元的 B1~B4 肌张力输入。连接末尾的实心圆表示抑制性连接,未实心圆表示激励性连接。每个神经元接收有关后肢当前状态的感觉反馈。该信息用于在步行周期中通过肌内电极适当地接合或分离肌肉组。© 2008 IEEE。经许可转载,摘自 Vogelstein 等(2008)

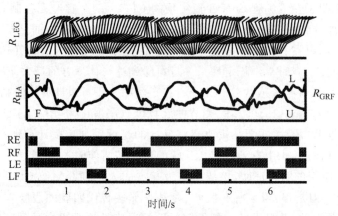

图 5.15　来自 Vogelstein 等(2008)的数据:每个神经元的关节位置(顶部),地面反作用力(R_{GRF})和髋部角度(R_{HA})(中间)和 SiCPG 输出(底部)。© 2008 IEEE。经许可转载,摘自 Vogelstein 等(2008)

5.3.2　步行机器人

关于整体神经形态系统的一个很好的例子来自 Lewis 等人。在设计中使用了在生物实体中会发现的所有基本元素,例如振荡单元、电机输出和感觉反馈,以调节整个系统的行为。他们的工作第一个以在线适应环境扰动的方式解决所有这些方面的此类实现。下面介绍传感器反馈如何使双足机器人的鲁棒性能得到证明。

图 5.16 描述了通过感官反馈使设计自适应的机制。从示意图中可以看到,使用一个振荡单元来设置电机神经元尖峰的持续时间,从而设置电机激活的时间。电机运转的速度取决于每个电机神经元的尖峰频率(髋关节屈伸)。拉伸感受器监测髋关节位置的活动。然后,来自拉伸感受器的反馈用于控制致动方向,无论是弯曲还是伸展,以及运动速度。由于作者使用简单的 I&F 神经元模型,因此输入/输出行为之间的关系更易于通过其感觉反馈实现在线适应。

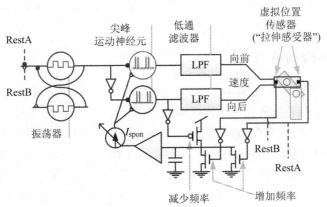

图 5.16　自适应感官反馈电路的示意图,其频率由拉伸感受器的位置进行调节。即使条件发生变化,该机制也可使控制器保持稳定的门控模式。© 2000 IEEE。经许可转载,摘自 Lewis 等(2000)

在机械上,机器人由腿等部分组成,腿由支撑臂控制姿势。比如由髋关节控制运动,并在活动的摆动阶段保持动作,而膝盖是被动关节。该设计基于起搏器神经元的卷吸,该神经元调节了机器人髋关节的摆动阶段。从神经形态上讲,运动系统是由基本的 I&F 神经元构成的,它能使用电气值轻松分析运动门参数。第一个神经元是起搏器神经元,它模仿本章介绍的 HCO 的行为。神经元不能说话,但拥有包膜,该包膜可以控制髋部"运动神经元"的激活。这里产生一个方形脉冲,当放电时,运动神经元受到抑制。对于一个髋部运动神经元(为了清楚起见,我们将该运动神经元称为运动神经元A),当起搏器神经元释放其抑制时,它处于活跃的摆动阶段,而另一个(运动神经元 B)则脱离活动,不起作用。相反,当起搏器神经元激发时,运动神经元 B 变得活跃。这表示运动神经元 A 的控制振荡器件受到抑制。在这段时间里,一个反相器被用来让运动神经元 B 从抑制中释放出来。与起搏器神经元不同,系统中的运动神经元是尖峰神经元,其尖峰频率控制着髋部摆动的速度。

反馈直接针对起搏器神经元和运动神经元。心脏起搏器神经元的相位重置通过监测臀部位置的拉伸感受器来调节。一旦腿部达到最大伸展,起搏器神经元就会复位,从而驱动另一侧向前走。必须指定适当的反馈连接以允许起搏器将神经元重置为正确的相位。具体来说,要在由运动神经元 A 控制的腿部达到其最大伸展度之后重置起搏器神经元,我们需要一个兴奋性反馈连接来使运动神经元 A 尖峰分流,从而使运动神经元 B 能够接合。当由运动神经元 B 控制的腿部到达最大位置时,会向起搏器神经元提供抑制电流,从而使其解除对运动神经元 A 的抑制并分流运动神经元 B。此行为将起博器神经元的输出锁定为始终与适当的步态阶段保持一致。因此,就像实际生物系统中的 PDR 一样,如果髋部位置通过扰动发生改变,则可以自适应控制步态。

本设计考虑的最后一个神经形态元素是保证腿在重置前被驱动到其极大值点的学习电路。此功能很重要,因为它可以动态调整运动神经元的兴奋性,从而使它们根据拉伸受体的反馈,或多或少地出现尖峰。如果一条腿无法达到其最大伸展程度,则该腿的运动神经元将增加其摆动幅度,直到伸展感受器做出反应。拉伸感受器的激活有助于在过度驱动时降低髋部摆动幅度。即使系统的内部参数发生变化或将新零件添加到机械设计中,这也可以实现稳定的步态模式。

5.3.3　各段间协调建模

水蛭和七鳃鳗使用相位依赖性激活位于七鳃鳗的脊髓和水蛭神经节各段的几种 CPG,以产生有节奏的游泳运动模式(Brodfuehrer 等,1995)。从工程学的角度来看,对七鳃鳗和水蛭游泳的研究表明,生物系统能够使用几乎相同的亚基的相互连接的模块来实现复杂的电机控制和适应动力学。因此,在实践中,它们代表了 VLSI 实现生物电路的理想模型。然而,这种努力是需要注意的。DeWeerth 等(1997)建立了段间协调模型,并研究了实现这种设计的好处和挑战,然后我们利用他们的方法进行洞察。第 2 章中介绍的 AER 协议是使单元分段振荡器(USO)能够在组成其单元的神经元之间进行本地通信的关键,更重要的是,它可以与其他单元进行非本地通信以实现自然运动的复杂特性(这里的单元是指水蛭、七鳃鳗或人工神经系统的生物系统中最基本的分段振荡器。USO 可以使用一对相互抑制的神经元 HCO 轻松实现)。Patel 等(2006)使用了他们开发协议的修改版本,以消除对神经元静态寻址的依赖,并配置了延迟参数,从而使整个系统成为模拟生物系统的更好模型,更有利于实验分析。

5.4　讨　论

早期在数学上描述神经元并在硅中实现神经元的工作使科学家们能够建立模型并探索运动原理的基本原理(见图 5.17),但仍然存在许多问题。这些问题涉及使用神经形态框架在行走机器人中的姿势控制,以及为运动功能障碍者开发具有神经形态硬件的康复技术的侵入性和非侵入性的解决方案。

陆生脊椎动物在静止或运动时保持平衡很容易。姿势控制在很大程度上是先天的、非自控的,但是由于涉及的身体部位众多,并且头部、身体以及四肢分别与整体具有很高的自由度,因此姿势控制非常复杂。头部、身体和四肢的协调涉及监视各种感觉障碍物,包括前庭和视觉提示,以维持头部位置,相对和全局肢体位置的许多惯性、触觉、前庭和本体感受性信号传导,并有助于指示适当的肌肉激活。在有些限制的情况下,机器人系统可以通过精心策划的运动来保持稳定,通过零力矩点(ZMP)计算(ASIMO,WABIAN - 2R)将机器人重心保持在一个稳定区域内。ZMP 设计倾向于脚步平放并

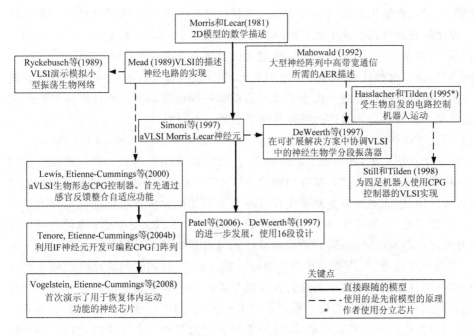

图 5.17　CPG 芯片的树状图

加入一些补偿姿势，例如膝盖弯曲，以确保放平脚步。脚步放平包括在摆动之后加载过程中以及另一条腿在摆动开始期间，脚与地面的初始接触。因此，在许多设计中，后跟触地和脚趾离地不是机器人机械的一部分（WABIAN－2R 除外），并且尽量最小化脚部围绕后跟、脚趾或脚踝旋转，因为这些活动会产生不稳定的 ZMP 原则（Vukobratovic 和 Borovac，2004）。为了保持与地面接触后能量向前传递，人类自然将脚部的压力中心（CoP）从脚跟转移到脚趾，但是，这种动力学使 ZMP 设计变得复杂（Westervelt 等，2007）。ZMP 姿势控制系统虽然很受欢迎，但没有成功。这是因为它们依赖有限的自由度系统、机械系统的逆运动学描述以及线性行走模型来满足 ZMP 方程，因此它们具有很大的灵活性。基础设计的这些方面可能会限制机器人执行更严格的任务，处理新的环境条件以及适应其运动学描述变化的能力。与 ASIMO 之类的设计相比，其他人则通过使用很少的控制硬件的方式解决步行机器人的姿势控制问题，而非依靠被动动力学来平衡双足步态模式的协调性和高效模仿性（Collins 等，2005）。这两种控制策略都有可能产生稳定的运动，但在应用程序和整体功能方面往往受到限制。将神经形态设计原理应用于姿势控制可能有助于创建一个更强大的系统，该系统可基于监控力、扭矩和位置传感器，通过执行器的反射激活进行操作，并且不依赖严格的运动学定义。此外，这种方法可以产生更快的反应时间、在线适应以保持步态稳定性以及更好的能量效率。尽管研究人员有适当的策略来解释运动皮层，小脑、脑干、脊髓和中枢神经回路执行的各种处理，以实现姿势和反射，但仍缺乏有关连接和神经沟通的明确的细节，因此无法控制涉及神经网络设计的更加完整的机器人的进程。

除了在机器人技术中使用神经形态硬件外，一些研究工作还在探索使用这种技术来修复肢体丢失、脊髓损伤或影响活动能力的神经系统疾病的个体运动功能。在这种情况下，神经形态硬件将扮演生物 CPG 的角色，而这些 CPG 不再能够接收来自大脑的下降指令使肌肉参与行走，或者无法以有意义的方式与完整的生物 CPG 进行交流，从而恢复运动功能。这种装置在神经系统中集成，在作为假肢装置的长期使用中，比较简单实用，但是还存在一些问题。由于植入式器械和长期电极刺激的长期作用仍在研究中，因此神经形态硬件作为假体的临床接受性也是一个问题。

我们描述了用肌肉刺激（IMS）控制瘫痪动物后肢的神经形态硬件（Vogelstein 等，2008）。该框架非常简单，不需要了解动物自身 CPG 的结构和组织方式。所需要做的就是激活控制运动的肌肉，使其接近动物的自然步态，而这可以通过神经形态设计原理有效地实现。但是，此解决方案并不代表与神经形态硬件和生物系统进行通信的最佳切入点。理想情况下，如果保留了用于运动的脊髓回路，我们希望神经形态硬件可以直接通过脊髓内微刺激（ISMS）而不是运动神经元与脊髓中的运动回路进行通信。采用 ISMS 框架有几个优点，最重要的是与大型运动神经元相比，用于与脊柱内回路通信的刺激电流低，并且在依赖于运动刺激的其他修复系统中也观察到肌肉疲劳的缓解神经元。然而，ISMS 对于神经形态设计提出了更多的挑战，因为它要求人们了解如何刺激脊髓内回路以产生功能性肢体运动，以及为椎间神经元提供适当反馈以增强整体鲁棒性的能力。这个领域的一个相关问题是，ISMS 是否应该单独在运动回路中实现，或者是否还需要与更高水平的脑信号进行接口。如果下降的运动指令与 ISMS 产生的本地CPG 输出不匹配，会引起什么并发症？生物学家和工程师对其中的许多挑战性问题越发感兴趣。

代替植入的设备，人们还可以想象使用一种机械假体，该假体适合患者，例如外骨骼，并且可以在无须侵入式监视生物信号的情况下被驱动。从历史发展看，该技术主要针对肢体活动控制有限的人，外骨骼为他的日常生活或康复提供机械帮助。当今最先进的外骨骼之一（Cyberdyne 的" Robo Suit Hal"）可通过监视各种运动组的弱肌电信号得出运动意图。这套方案的成功很大程度上归功于人类运动意图的协同使用以及机器人系统准确辅助和执行该意图的能力。对于缺乏向辅助外骨骼提供这种运动意图的能力的个人，将需要使用更加自主的机器人控制器。迄今为止，尚未探索将神经形态控制器与外骨骼一起使用的好处。对于这种系统提出的许多挑战和益处，基本与上面讨论的为全自动机器人设计神经形态控制器的挑战和益处类似。然而，对于未来的神经形态控制器的持续适应和学习的要求，将是下一章的主题内容，即神经形态系统中的学习。

参考文献

［1］Arena P，Fortuna L，Frasca M，et al. CPG-MTA implementation for locomotion control. Proc. IEEE Int. Symp. Circuits Syst.（ISCAS），2005，4：4102-4105.

[2] Boahen K A. Retinomorphic Vision Systems: Reverse Engineering the Vertebrate Retina. PhD thesis. Pasadena, CA: California Institute of Technology, 1997.

[3] Brodfuehrer P D, Debski E A, O'Gara B A, et al. Neuronal control of leech swimming. J. Neurobiol. , 1995, 27(3): 403-418.

[4] Cohen A H, Wallén P. The neuronal correlate of locomotion in fish. Exp. Brain Res. , 1980, 41(1): 11-18.

[5] Cohen A H, Holmes P J, Rand R H. The nature of the coupling between segmental oscillators of the lamprey spinal generator for locomotion: a mathematical model. J. Math. Biol. , 1982, 13: 345-369.

[6] Cohen A H, Rossignol S, Grillner S. Neural Control of Rhythmic Movements in Vertebrates. New York: John Wiley & Sons, Inc. , 1988

[7] Collins S, Ruina A, Tedrake R, et al. Efficient bipedal robots based on passive-dynamic walkers. Science, 2005, 307(5712): 1082-1085.

[8] Dale N. Experimentally derived model for the locomotor pattern generator in the Xenopus embryo. J. Physiol. , 1995, 489: 489-510.

[9] Deliagina T G, Zelenin P V, Orlovsky G N. Encoding and decoding of reticulospinal commands. Brain Res. Rev. , 2002, 40(1-3): 166-177.

[10] DeWeerth S P, Patel G N, Simoni M F, et al. A VLSI architecture for modeling intersegmental coordination. Proc. 17th Conf. Adv. Res. VLSI, 1997: 182-200.

[11] Diorio C. A p-channel MOS synapse transistor with self-convergent memory writes. IEEE Trans. Elect. Devices, 2000, 47(2): 464-472.

[12] Duysens J, Pearson K G. Inhibition of flexor burst generation by loading ankle extensor muscles in walking cats. Brain Res. , 1980, 187(2): 321-332.

[13] Fedirchuk B, Nielsen J, Petersen N, et al. Pharmacologically evoked fictive motor patterns in the acutely spinalized marmoset monkey (Callithrix jacchus). Exp. Brain Res. , 1998, 122(3): 351-361.

[14] Getting P A. Emerging principles governing the operation of neural networks. Annu. Rev. Neurosci. , 1989, 12:185-204.

[15] Gosgnach S, Lanuza G M, Butt S J B, et al. V1 spinal neurons regulate the speed of vertebrate locomotor outputs. Nature, 2006, 440(7081):215-219.

[16] Graham-Brown T. The intrinsic factors in the act of progression in the mammal. Proc. R. Soc. Lond. B, 1911, 84(572):308-319.

[17] Grillner S. The motor infrastructure: from ion channels to neuronal networks. Nature Rev. Neurosci. , 2003, 4:573-586.

[18] Grillner S, Rossignol S. On the initiation of the swing phase of locomotion in chronic spinal cats. Brain Res. , 1978, 146(2): 269-277.

[19] Grillner S, Wallén P. Central pattern generators for locomotion, with special reference to vertebrates. Annu. Rev. Neurosci. , 1985, 8(1): 233-261.

[20] Grillner S, Zangger P. On the central generation of locomotion in the low spinal cat. Exp. Brain Res. , 1979, 34(2):241-261.

[21] Grillner S, Wallén P, Brodin L, et al. Neural network generating locomotor behavior in lamprey: circuitry, trasmitters, membrane properties, and simulation. Annu. Rev. Neurosci. , 1991, 14: 169-199.

[22] Grillner S, Ekeberg O, El Manira A, et al. Intrinsic function of a neuronal network—a vertebrate central pattern generator. Brain Res. Rev. , 1998, 26(2-3): 184-197.

[23] Grillner S, Cangiano L, Hu G Y, et al. The intrinsic function of a motor system - from ion channels to networks and behavior. Brain Res. , 2000, 886(1-2), 224-236.

[24] Harris-Warrick R M. Mechanisms for neuromodulation of biological neural networks //Touretzky D. Advances in Neural Information Processing Systems 2 (NIPS). San Mateo, CA: Morgan Kaufman,1990: 18-27.

[25] Hasslacher B, Tilden M W. Living machines. Robot. Auton. Syst. , 1995, 15 (1-2): 143-169.

[26] Hill A A V, Masino M A, Calabrese R L. Intersegmental coordination of rhythmic motor patterns. J. Neurophys. , 2003, 90(2): 531-538.

[27] Hultborn H. State-dependent modulation of sensory feedback. J. Physiol. , 2001, 533(1): 5-13.

[28] Huss M, Lansner A, Wallén P, et al. Roles of ionic currents in lamprey CPG neurons: a modeling study. J. Neurophys, 2007, 97(4): 2696-2711.

[29] Ijspeert A J. A connectionist central pattern generator for the aquatic and terrestrial gaits of a simulated salamander. Biol. Cybern. 2001, 84(5): 331-348.

[30] Ijspeert A J. Central pattern generators for locomotion control in animals and robots: a review. Neural Netw. 2008, 21:642-653.

[31] Indiveri G. Neuromorphic bistable VLSI synapses with spike-timing dependent plasticity // Becker S, Thrun S, Obermayer K. Advances in Neural Information Processing Systems 15 (NIPS). Cambridge, MA: MIT Press, 2003: 1115-1122.

[32] Kiehn O. Locomotor circuits in the mammalian spinal cord. Annu. Rev. Neurosci, 2006, 29: 279-306.

[33] Kier R J, Ames J C, Beer R D, et al. Design and implementation of multipattern generators in analog VLSI. IEEE Trans. Neural Netw. , 2006, 17(4): 1025-1038.

[34] Klavins E, Komsuoglu H, Full R J, et al. The role of reflexes versus central pattern generators in dynamical legged locomotion //Ayers J, Davis J L, Rudoph A. Neurotechnology for Biomimetic Robots . MIT Press, 2002: 351-382.

[35] Lay A N, Hass C J, Gregor R J. The effects of sloped surfaces on locomotion: a kinematic and kinetic analysis. J. Biomech. , 2006, 39(9): 1621-1628.

[36] Lay A N, Hass C J, Nichols T R, et al. The effects of sloped surfaces on locomotion: an electromyo-graphic analysis. J. Biomech. , 2007, 40(6): 1276-1285.

[37] Lenzlinger M, Snow E H. Fowler-Nordheim tunneling into thermally grown SiO_2. J. Appl. Phys. 1969, 40(1): 278-283.

[38] Lewis M A, Etienne-Cummings R, Cohen A H, et al. Toward biomorphic control using custom aVLSI CPG chips. Proc. IEEE Int. Conf. Robot. Automat. 2000,1: 494-500.

[39] Lewis M A, Hartmann M J, Etienne-Cummings R, et al. Control of a robot leg with an adaptive aVLSI CPG chip. Neurocomputing, 2001, 38-40: 1409-1421.

[40] Lewis M A, Tenore F, Etienne-Cummings R. CPG design using inhibitory networks Proc. IEEE Int. Conf. Robot. Automat. , 2005: 3682-3687.

[41] Li W C, Perrins R, Walford A, et al. The neuronal targets for GABAergic reticulospinal inhibition that stops swimming in hatchling frog tadpoles. J. Comp. Physiol. [A]: Neuroethology, Sensory, Neural, and Behavioral Physiology, 2003, 189(1), 29-37.

[42] Mahowald M. VLSI analogs of neural visualprocessing: A synthesis of form and function. PhD thesis. California Institute of Technology,1992.

[43] Marder E, Bucher D. Central pattern generators and the control of rhythmic movements. Curr. Biol. , 2001, 11(23): R986-R996.

[44] Marder E, Calabrese R L. Principles of rhythmic motor pattern generation. Physiol. Rev. ,1996, 76(3): 687-717.

[45] Matsuyama K, Mori F, Nakajima K, et al. Locomotor role of the corticoreticular- reticulospinal-spinal interneuronal system //Mori S, Stuart D G, Wiesendanger M. Brain Mechanisms for the Integration of Posture and Movement. Prog. Brain Res. Elsevier. 2004, 143: 239-249.

[46] Mead C A. Analog VLSI and Neural Systems. Reading, MA: Addison-Wesley, 1989.

[47] Morris C, Lecar H. Voltage oscillations in the barnacle giant muscle fiber. Biophys. J. , 1981, 35(1): 193-213.

[48] Nakada K, Asai T, Hirose T, et al. Analog CMOS implementation of a neuromorphic oscillator with current-mode low-pass filters. Proc. IEEE Int. Symp. Circuits Syst. (ISCAS), 2005, 3: 1923-1926.

[49] Nistri A，Ostroumov K，Sharifullina E，et al. Tuning and playing a motor rhythm：how metabotropic glutamate receptors orchestrate generation of motor patterns in the mammalian central nervous system. J. Physiol.，2006，572(2)：323-334.

[50] Orlovsky G N，Deliagina T G，Grillner S. Neuronal Control of Locomotion：From Mollusc to Man. New York：Oxford University Press，1999.

[51] Patel G N，Reid M S，Schimmel D E，et al. Anasynchronous architecture for modeling intersegmental neural communication. IEEE Trans. Very Large Scale Integr. (VLSI) Syst.，2006，14(2)：97-110.

[52] Quinn R，Nelson G，Bachmann R，et al. Toward mission capable legged robots through biological inspiration. Auton. Robot. 2001，11(3)：215-220.

[53] Reeve R，Hallam J. An analysis of neural models for walking control. IEEE Trans. Neural Netw.，2005，16(3)：733-742.

[54] Rybak I A，Shevtsova N A，Lafreniere-Roula M，et al. Modelling spinal circuitry involved in locomotor pattern generation：insights from deletions during fictive locomotion. J. Physiol.，2006a，577：617-639.

[55] Rybak I A，Shevtsova N A，Lafreniere-Roula M，et al. Modelling spinal circuitry involved in locomotor pattern generation：insights from the affects of afferent stimulation. J. Physiol.，2006b，577：641-658.

[56] Ryckebusch S，Bower J M，Mead C. Modeling small oscillating biological networks in analog VLSI // Touretzky D. Advances in Neural Information Processing Systems 1 (NIPS). San Mateo，CA：Morgan-Kaufmann，1989：384-393.

[57] Schultz S R，Jabri M A. Analogue VLSI integrate-and-fire neuron with frequency adaptation. Electron. Lett.，1995，31(16)：1357-1358.

[58] Selverston A I. Invertebrate central pattern generator circuits. Phil. Trans. R. Soc. B，2010，365：2329-2345.

[59] Shik M L，Orlovsky G N. Neurophysiology of locomotor automatism. Physiol. Rev. and，1976，56(3)：465-501.

[60] Shin J，Koch C. Dynamic range and sensitivity adaptation in a silicon spiking neuron. IEEE Trans. Neural Netw.，1999，10(5)：1232-1238.

[61] Sigvardt K A，Miller W L. Analysis and modeling of the locomotor central pattern generator as a network of coupled oscillators. Ann. N. Y. Acad. Sci.，1998，860(1)：250-265.

[62] Sigvardt K A，Williams T L. Effects of local oscillator frequency on intersegmental coordination in the lamprey locomotor CPG：theory and experiment. J. Neurophys.，1996，76(6)：4094-4103.

［63］ Simoni M F，Cymbalyuk G S，Sorensen M E，et al. A multiconductance silicon neuron with biologically matched dynamics. IEEE Trans. Biomed. Eng. ，2004，51(2)：342-354.

［64］ Simoni M F，Patel G N，DeWeerth S P，et al. Analog VLSI model of the leech heartbeat ele-mental oscillator// Bower J M. Computational Neuroscience：Trends in Research，1998. Proceedings of the 6th Annual Computational Neuroscience Conference. Kluwer Academic/Plenum Publishers，1998.

［65］ Sponberg S，Full R J. Neuromechanical response of musculo-skelet al structures in cockroaches during rapid running on rough terrain. J. Exp. Biol. ，2008，211 (3)：433-446.

［66］ Still S，Tilden M W. Controller for a four legged walking machine // Smith L S，Hamilton A. Neuromorphic Systems：Engineering Silicon from Neurobiology. Singapore：World Scientific，1998：138-148.

［67］ Still S，Hepp K，Douglas R J. Neuromorphic walking gaitcontrol. IEEE Trans. Neural Netw. ，2006，17(2)：496-508.

［68］ Tenore F，Etienne-Cummings R，Lewis M A. Entrainment of silicon central pattern generators for legged locomotory control //Thrun S，Saul L，Schölkopf B. Advances in Neural Information Processing Systems 16 (NIPS). Cambridge，MA：MIT Press，2004a

［69］ Tenore F，Etienne-Cummings R，Lewis M A. A programmable array of silicon neurons for the control of legged locomotion. Proc. IEEE Int. Symp. Circuits Syst. (ISCAS)，2004b，5：349-352.

［70］ Tenore F，Vogelstein R J，Etienne-Cummings R，et al. A spiking silicon central pattern generator with floating gate synapses. Proc. IEEE Int. Symp. Circuits Syst. (ISCAS)，IV，2005：4106-4109.

［71］ van de Crommert H W A A，Mulder T，Duysens J. Neural control of locomotion：sensory control of the central pattern generator and its relation to treadmill training. Gait Posture，1998，7(3)：251-263.

［72］ Vogelstein R J. Towards a Spinal Neuroprosthesis：Restoring Locomotion After Spinal Cord Injury. PhD thesis. The Johns Hopkins University，2007.

［73］ Vogelstein R J，Tenore F，Etienne-Cummings R，et al. Dynamic control of the central pattern generator for locomotion. Biol. Cybern. 2006，95(6)：555-566.

［74］ Vogelstein R J，Tenore F，Guevremont L. A silicon central pattern generator controls locomotion in vivo. IEEE Trans. Biomed. Circuits Syst. ，2008，2(3)：212-222.

［75］ Vukobratovic M，Borovac B. Zero-moment point - thirty five years of its life. Int. J. Hum. Robot，2004，1(1)：157-173.

[76] Wannier T, Orlovsky G, Grillner S. Reticulospinal neurones provide monosynaptic glycinergic inhibition of spinal neurones in lamprey. Neuro Report, 1995, 6(12): 1597-1600.

[77] Westervelt E, Grizzle J W, Chevallereau C, et al. Feedback Control of Dynamic Bipedal Robot Locomotion. CRC Press, 2007.

[78] Whittle M. Gait Analysis: An Introduction. 2nd ed. Oxford: Butter worth-Heinemann, 1996.

[79] Zelenin P V. Activity of individual reticulospinal neurons during different forms of locomotion in the lamprey. Eur. J. Neurosci., 2005, 22(9): 2271-2282.

[80] Zelenin P V, Grillner S, Orlovsky G N, et al. Heterogeneity of the population of command neurons in the lamprey. J. Neurosci., 2001, 21(19): 7793-7803.

第6章　神经形态系统的学习

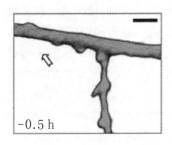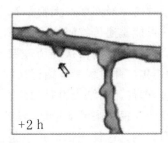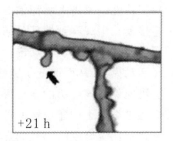

双光子显微镜图像显示一个充满钙黄绿素的 CA1 锥体神经元显示新生长的棘。改编自 Nägerl 等 (2007)文献的图 1。经神经科学协会的许可引用

在本章中,我们在神经形态 VLSI 系统的背景下解决了一些关于突触可塑性作为神经网络中学习机制的一般理论问题,并提供了一些实现示例来说明原理。提出了利用事件进行学习的理论方法,它与关于神经形态传感器的第 3 章和第 4 章相关。这是一个有趣的历史事实,当实施在所施加的约束条件下考虑突触学习动力学问题时,一个一直被忽视的理论问题的全新领域变得越来越清晰了,这使得人们又重新思考了学习模型的许多基本概念。理论与神经形态工程学的相互交叉应用是对理论发展实现启发式价值的一个很好的例子。

我们首先讨论了由所有可实现的突触装置满足的约束引起的一些一般限制,以将神经网络作为存储器工作;然后,我们说明了应对这种局限性的策略,以及其中的一些如何转化为 VLSI 塑料突触的设计原理。由此产生的 Hebbian、双稳态、尖驱动的随机突触,然后被置于特定的但不受限制的范围、背景下,以循环神经网络吸引动力学为基础的关联记忆。在简要回顾了关键的理论概念之后,我们讨论了一些由有限(实际上很小)的神经系统和神经系统引起的经常被忽视的问题和 VLSI 芯片中的突触资源。接下来我们介绍两个实现示例:第一个演示吸引子 VLSI 网络中记忆检索的动态,并说明如何从为吸引子网络开发的平均场理论中得出在网络参数空间中选择感兴趣区域的良好过程;第二个是一项学习实验,其中视觉刺激流(通过硅视网膜实时获取)构成了输入到 VLSI 网络中尖峰神经的输入,从而驱动了突触强度的不断变化,并建立了刺激表征作为网络动力学的吸引子。

6.1　简介：突触连接、记忆和学习

人工神经网络可以模仿大脑的多种功能，从感觉处理到高认知功能。对于大多数神经网络模型，神经回路的功能是神经元之间复杂的突触相互作用的结果。鉴于所有突触权重的矩阵都非常重要，有人自然会问：它是如何产生的？我们如何建立一个实现特定功能或模仿大脑记录的活动的神经网络？大脑如何构建自己的神经回路？在突触连接模式中观察到的部分结构可能是遗传编码的。但是，我们知道突触连接是可塑的，可以通过神经活动对其进行修饰。当我们再次经历一遍时，我们都会观察到特定的神经活动模式，从而改变了突触连接。此过程是长期记忆的基础，因为经过修改的突触极有可能保留该经历的记忆痕迹，即使经历结束也是如此。然后，在以后的某个时间可能会通过类似于创建记忆的神经活动模式来激活记忆，或者更普遍的是，这种活动会受到创建记忆时修改的突触的强烈影响。这种记忆形式也是任何学习过程的基础，在学习过程中，我们会根据一些相关经验做适当的调整。

能够学习的人工神经网络有几种模型（Hertz 等，1991），大致可以分为三大类：①能够以自主方式（无监督学习）创建世界统计数据的网络（Hinton 和 Sejnowski，1999）；② 在"老师"的指导下可以学习执行特定任务的网络（监督学习，如 Anthony 和 Bartlett，1999）；③可以通过试错法学习的网络（强化学习，如 Sutton 和 Barto，1998）。根据科学领域（机器学习或理论神经科学）的不同，这些类别可能具有不同的含义和不同的术语。所有这些模型都依赖某种有效的长期记忆形式。在模拟电子电路中建立这样的网络很困难，因为模拟存储器通常是易失性的，或者当它们稳定时，可以以有限的精度记住突触的修改。在下一节中，我们将回顾神经形态硬件的记忆问题以及近 20 年来提出的一些解决方案。我们首先讨论如何在长时间范围内保留记忆（记忆维护）；然后，我们解决了如何存储（学习）新记忆的问题，并讨论了二进制或二进制吸引子神经网络的记忆检索过程；最后，我们根据前面各节所述的随机突触动力学，提供了神经形态、VLSI 递归尖峰神经网络中的记忆检索示例，以及同一芯片中的 Hebbian 动态学习的简单实例。

6.2　在神经形态硬件中保留记忆

6.2.1　记忆维护问题：直觉

高度简化的神经网络，例如感知器（Block，1962；Minsky 和 Papert，1969；Rosenbatt，1958）和 Hopfield 网络（Amit，1989；Hopfield，1982）可以存储和检索大量的记忆，以至于在 1990 年代初，理论神经科学家认为记忆问题得到了解决。实际上，Amit

和 Fusi 在 1992 年意识到,在神经形态硬件中尝试实现这些模型存在一个与记忆存储相关的严重的基本问题(Amit 和 Fusi,1992,1994)。生物突触模型不可避免地被高度简化,它们试图捕捉突触动力学的特征,这些特征对于实现认知功能很重要。Amit 和 Fusi 意识到,先前建模工作中的一种简化操作(允许突触强度在无限范围内变化)对记忆容量具有重大影响。拥有真实的、有边界的突触网络记忆的容量大大降低了,因为旧的记忆会以非常快的速度被新的记忆覆盖。

我们可以用一个简单直观的论点来解释它(Fusi 和 Senn,2006)。考虑一个与连续的经验流并存的神经网络,这些经验流将存储在突触权重的记忆中(见图 6.1)。现在,我们考虑一个通用的突触,专注于一种特定的体验,并打算对其记忆进行跟踪(将其命名为 A)。首先考虑无界突触的情况(见图 6.1(a))。突触从某种初始状态开始(我们将其任意设置为零),并在网络经历每种体验时被修改,如图 6.1 所示,体验 A 增强了它的功效。

现在,我们假设存在一种有效的机制,至少可以在发生新事件之前对其保持突触强度的值(B)。维持精确值可能需要复杂的机制,就像在生物系统中确实需要这样做一样,但是现在我们忽略这个问题,并且假设在没有新事件的情况下可以无限期保存突触值。

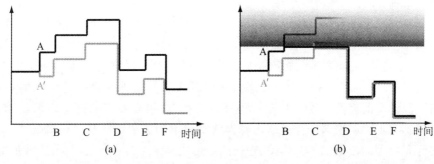

图 6.1　限制两个边界之间的突触强度会导致遗忘。(a)无界的突触会记住有关体验 A 的信息。每次体验(A,…,F)都会向上或向下修改突触。(b)相同的突触从上方限定(阴影墙表示突触最大值的刚性边界)。可以从墙上看到突触所遵循的轨迹,但并不局限于此。现在,由 A 引起的修改无法传播到当前时间

突触的最终值将反映由所有新事件(C,D,…,F)引起的一系列突触修改。突触仍然保留 A 的所有记忆吗?回答的一种方法是执行以下虚拟实验:我们回到过去,修改 A(A→A′),然后看看这种修改是否可以传播到现在。例如,我们以改变突触而不是增强突触的方式来改变体验 A。如果突触修改是简单地线性累加,则表示突触权重随时间变化的轨迹(灰色)与第一个平行,但最终值将有所不同,并且将与 A 引起的突触修改相关。因此,原则上我们仍然可以记忆 A 中发生的事情,但可能无法回忆起有关体验 A 的所有细节。然而,最重要的一点是,突触强度的最终值与 A 引起的修改有关,因此记忆痕迹依然存在。

我们现在考虑一个有界的突触(见图 6.1(b))。我们做了完全相同的实验,就像做

无界突触实验一样。现在体验 B 已经使突触达到饱和值(由阴影墙显示),突触不能再进一步上升,所以它保持在最大值,当体验 C 试图再次增强突触的时候也是如此。现在当我们回到过去把 A 修改成 A′ 时,我们看到最初黑色和灰色的轨迹是不同的,但是当突触经过体验 C 时,它碰到了上界,并且两个轨迹变相同。特别是,无论突触经过 A 还是 A′,最终值也是相同的。在这种情况下,A 引起的修改不能影响最终的突触值。所以现在 A 被遗忘了。这个简单的例子表明,每当描述突触动态的变量被限制在一个有限的范围内变化时,旧的记忆自然会被遗忘(参见 Fusi,2002;Parisi,1986)。

6.2.2　记忆维护问题:定量分析

当突触权重被限制在一个有限的范围内变化时,记忆自然会被遗忘。这种遗忘需要多久? 我们可以很容易地估计出双稳态突触群体中典型的记忆寿命。对于这种双稳态突触群体,其上、下边界与仅有的两个稳定状态一致。这听起来可能是一个有界突触的极端例子,但它实际上是一个广泛的现实突触的代表(见 6.2.3 小节)。当只有两种突触状态时,每当一个突触被修改时,过去的事就会被完全遗忘。例如,如果一个经历想要强化一个突触,那么这个突触就会以增强状态结束,不管它是从压抑的状态开始还是已经增强的状态开始,修改前的初始条件包含的之前存储记忆所有信息都将被遗忘。因此,每当我们经历一些新的体验时,总会有一小部分突触被修改,我们会储存关于新体验的信息而忘记了其他一些记忆。剩下的突触保持不变,因此旧的记忆被保存,但它们并不储存任何关于新记忆的信息体验。经历 A 之后,我们想要追踪的记忆又被引出来了,$n = qN$ 的突触存储了关于 A 的信息(n 是突触的总数,q 是修改突触的平均比例)。当我们回顾 B,C,D,…,的经历时,我们假设它们的神经表征是随机的、不相关的。这种假设的前提是认为大脑有一种有效的机制,可以在存储信息之前压缩信息。可以将信息的不可压缩部分合理地建模为随机和不相关活动的某些稀疏模式。的确,如果它与先前存储的记忆之一相关,它仍然是可压缩的。现在我们问自己:我们能储存多少不同的记忆? 我们假设每个记忆在一次曝光中建立。第二次曝光将等效于高度相关的记忆,我们假设存在一种有效的机制来处理相关性。我们会看到,即使在所有这些简化的假设下,也存在记忆容量问题。当记忆是随机的且不相关时,那么在经历了 p 次之后,我们可以得到

$$n = Nq(1-q)\cdots(1-q)^p = Nq(1-q)^p \sim Nqe^{-qp} \tag{6.1}$$

实际上,跟踪的体验 A 在任何方面都不是特殊的,它只是我们决定跟踪的经历。因此,我们应该使用同样的规则更新所有记忆的突触,这就是为什么 q 对于每次突触更新总是相同的原因。从公式可以清楚地看出,n 随着 p 指数下降到零。要检索有关跟踪记忆的信息,至少一个突触应该能够记住它($n \geqslant 1$)。这对可以存储的不相关模式 p 的数量施加了严格的约束:

$$p < -\frac{\log N}{q}$$

对 $\log N$ 的依赖关系使约束变得苛刻,并且神经网络作为记忆的效率极低。即使

当收集到的有关刺激的信息并存储在突触中的信息远远超过正确检索记忆模式所需的信息时,大多数突触资源都专用于最后看到的刺激。请注意,至少一个突触记忆的条件是必要条件。通常,仅检索记忆是不够的,有时甚至无法认出它就是所熟悉的。经验的数量 p 也可以看作是以数量表示的记忆寿命,其记忆轨迹仍处于当前突触结构的模式。该记忆跟踪可能非常微弱,以致无法检索有关记忆滑窗中活动模式的任何信息。

在双稳态突触的情况下,为简化起见,此论点实际上适用于任何现实的记忆系统,并且可以使它适用于各种突触模型(参见 Fusi,2002)。

在传统的神经网络模型中,大多数突触模型的权重可以在无界范围内变化,或者类似地,可以以任意精度修改权重。例如,在 Hopfield 网络(Hopfield,1982)或感知器学习规则(Rosenblatt,1962)的情况下,突触变化的范围通常随存储记忆的数量线性增加。在所有这些情况下,由于突触权重的分布不断变化,因此没有平衡分布。随时分发总是与所有存储的记忆相关,而无法检索记忆的原因仅与不同记忆之间的干扰有关。换句话说,存储信号(即突触矩阵与特定存储器之间的相关性)随时间保持恒定,而噪声(即其波动)随存储器的数量而增加。在 Hopfield 网络的情况下,以可检索的随机不相关模式表示的存储容量随神经元数量呈线性增长,这明显优于有界突触的对数依赖性,因为这种情况,存储信号呈指数级快速衰减,而噪声近似保持恒定。

同样重要的是,在离线学习的情况下,由于突触权重的有界性引起的限制并不那么严重。例如,在 Hopfield 模型的情况下,如果首先根据 Hopfield 方法计算无界突触权重,然后对其进行二值化处理,则可检索模式的数量仍会随神经元数量线性地缩放(Sompolinsky,1986)。但是,此过程在没有临时存储库的物理系统中是不可能的,该临时存储库允许以无限的精度存储突触权重。

6.2.3　解决记忆维护问题

不相关模式数 p 的上限表达式给出了一种可能的方法来摆脱记忆约束:如果突触变化很小或足够少($q \ll 1$),那么被记忆的修改滑窗可以扩展 $1/q$:

$$p < -\frac{\log N}{\log(1-q)} \sim \frac{\log N}{q}$$

减少突触修改的大小和数量需要付出的代价是减少初始记忆轨迹,即存储记忆后立即经历的记忆轨迹。换句话说,每当修改突触模型以减小 q 时,每个存储器的可存储信息量就会减少。这是任何突触的一般属性:随着记忆生命周期的延长,初始的记忆轨迹以及每个记忆的信息量都会在一定程度上受到损失。在接下来的内容中,我们回顾了一些与记忆的神经表征和突触动力学的细节相关的延长记忆寿命的有效方法。它们都以不同的方式影响最初的记忆痕迹。在大多数情况下,不同的"成分"可以结合在一起进一步提高记忆性能。

1. 通过慢速随机学习来延长记忆寿命

还可以通过修改所有符合长期变化条件的突触的随机选择部分来延长记忆寿命

（如在双稳态突触的简单示例中已经讨论的那样）。如果以给定的概率修改每个突触，则可以轻松实现这种机制。即使将突触状态的数量减到两个极端（Amit 和 Fusi，1992，1994；Fusi，2002；Tsodyks，1990），这种随机选择对于随机不相关的模式也非常有效。在随机不相关的二进制模式下，如果以概率 q 修改突触，那么我们可以看到，记忆轨迹 S（定义为与特定跟踪记忆相关的突触的分数）衰减为

$$S(p) = q(1-q)^p = q e^{p \log(1-q)} \sim q e^{-pq}$$

式中 p 是存储在被跟踪记忆之后的随机不相关记忆的数量。$S(p)$ 与 q 成正比，因为 q 是针对每个记忆修改的突触的分数，并且乘以其他 p 个记忆未修改突触的概率，也就是 $(1-q)^p$。对于较小的 q（慢学习），初始记忆轨迹 $S(0)$ 也较小；但是，$S(p)$ 会以一个长的"时间常数"（如 $1/q$）呈指数衰减。如果 q 较大（快速学习），则由于修改了大量的突触，因此会迅速获取新的记忆，但是该记忆也很快会被覆盖。如果 $q=1$（确定性突触），那么只有一个记忆没有被覆盖（这一结果可以通过使用 $S(p)$ 的精确表达式得出）。当我们读出 N 个独立的突触时，波动约为 $\sqrt{N}$。这些波动既是由于记忆的随机性，也是由于突触修改背后的固有随机过程所致。信噪比 SNR(p) 定义为保留特定记忆的突触的预期数量除以其标准偏差，类似于

$$\text{SNR}(p) = \sqrt{N} q e^{-pq}$$

如果我们要求 SNR(p) 大于某个任意值，例如 1，那么可以得到

$$p < \frac{1}{q} \log(q\sqrt{N})$$

记忆容量再次灾难性地降低，因为 p 与 N 呈对数比例。如果 q 小，尤其是为每个给定的网络大小正确地选择了记忆（具体来说，随着 N 的增加，它变为零），那么我们可以延长记忆寿命。我们可负担的最小 q 为 $q \sim 1/\sqrt{N}$（否则，对数的自变量小于 1，对数变为负），这意味着 $p < 1/q = \sqrt{N}$。对于无界突触，我们有 $p < \alpha N$，其中 α 是一个常数，因此性能仍然会显著降低，但对数依赖性的改善也很大。随机学习是学习神经形态系统中应用最广泛的记忆问题解决方案。有关动态实现，请参见 6.3 节。

请注意，一般来说，慢随机学习对于任何天生慢的学习形式来说都是一个很好的解决记忆问题的方法。例如，强化学习（Sutton 和 Barto，1998）是基于一种试错的方法，通常需要大量的迭代，然后学习才能收敛到最大化累积未来回报的策略。在这种情况下，学习过程本质上是缓慢的，因为每次重复时需要修改的突触数量很少。在这些情况下，突触边界的引入并不一定会破坏学习系统的记忆性能。

2. 稀疏记忆可延长记忆寿命

如果记忆的神经表征是随机且稀疏的，即活动神经元的分数 f 很小，那么在某些情况下，可存储记忆的数量会增加 f^{-2}（Amit 和 Fusi，1994；Fusi，2002）。这是基于以下事实的结果：可以设计学习规则，以使单个突触被修改的概率如 f^2 一样缩放。换句话说，神经表征的稀疏化相当于减少每次存储新记忆时平均修改的突触的数量（另请参见 6.2.3 小节关于慢速学习）。当然，随着神经表示变得稀疏（它随 f 线性近似缩放），

可以为每个记忆存储的信息量也会减少。如果当突触总数增加时 f 变为零,则记忆寿命可以延长到 $O(N^2)$(Amit 和 Fusi,1994;Fusi,2002)。但是,这种缩放是针对神经网络而言所获得的,其中突触的数量随神经元的数量而增加。在更现实的情况下,每个神经元的突触数量很大但固定,特别是它并不随神经元的总数缩放。在拥有数十亿个突触而每个神经元的突触数量有限的大型神经系统中,稀疏性可以提高记忆性能,但只能在一定程度上提高。事实上,如果假设 f 随着突触总数的增加而趋于零,那么神经表征就必须是特别稀疏以致不可能检索到它们(Ben Dayan Rubin 和 Fusi,2007)。仅当假定记忆的神经表示是随机且不相关的,并且每个神经元必须能够检索有关存储的记忆的某些信息时,此结论才有效。显然,在真实的大脑中无法满足这些假设,并且可能存在一些特定的神经体系结构可以更有效地利用稀疏性。

3. 通过监督来延长记忆寿命

合并突触修饰应该是学习过程中的罕见事件。在无监督的学习场景中,应改变突触的选择,一部分由神经活动来操作,一部分由在每个突触水平上起作用的固有随机机制来操作。提供有关突触修饰的正确性的一些其他反馈的任何种类的监督都可能有助于完善要修饰的突触的选择。例如,感知器学习算法的原理(Rosenblatt,1962)指出,只有当神经元的响应与"老师"期望的响应不匹配时,突触才会被修改,这可以在不牺牲记忆信息的情况下进一步减少修改突触的平均数量。有关双稳态突触情况下这些神经系统的定量分析,请参见 Senn 和 Fusi(2005a,2005b)和 Fusi 和 Senn(2006)。可存储的随机不相关模式的数量从 $\sqrt{N}$ 到 $2\sqrt{N}$。然而,如果考虑到相关模式的分类问题,记忆性能的改善则显著提高。

4. 利用突触复杂性来延长记忆寿命

到目前为止,我们仅考虑了具有两个稳定状态的突触。当我们增加突触状态数时,记忆性能如何提高?对于神经形态系统而言,这是一个特别重要的问题,因为知道要在实现每个突触的电路复杂性方面投入多少是至关重要的。

有许多增加突触复杂性的方法。并非所有这些都能导致记忆性能显著提高,而且令人惊讶的是,在许多情况下,最简单的双稳态突触与更复杂的突触一样好。我们先考虑在每个突触的最小和最大功效之间具有两个以上状态的情况下会发生什么,然后我们将以亚可塑性的形式总结有关突触复杂性的理论研究。

(1) 多态突触

如果我们增加每个突触从最小到最大所必须遍历的状态的数量,我们得到的改进相对较小。为简单起见,我们考虑突触是确定性的情况(状态之间的转换不是随机的)。具有随机跃迁的突触对状态数量的依赖性相同,但是初始 SNR 和记忆寿命 p 都将由相同的因子缩放(如果 q 是从一种状态到相邻状态的转移概率,那么 $\mathrm{SNR}(0)\rightarrow$ $\mathrm{SNR}(0)q,p\rightarrow p/q$)。如果 m 是突触状态的总数,则记忆容量按 Amit 和 Fusi(1994)以及 Fusi 和 Abbott(2007)文中所述进行缩放,即

$$p < m^2 \log(\sqrt{N}/m)$$

对 N 的依赖仍然是带对数的,除此之外,还有另一个与 m^2 成正比的系数。初始 SNR 降低了 $1/m$。对于小型神经系统,这可能是解决记忆问题的一个上好的解决方案,但是对于大型系统,其容量仍然远远不能达到随机学习所能达到的水平。实际上,为了使双稳态突触的性能与随机跃迁相匹配,需要 $m \sim N^{1/4}$,这比将双稳态突触中的跃迁概率降到 $q \sim 1/\sqrt{N}$ 困难得多。此外,还有一个特别重要的限制要考虑:仅当突触增强与突触抑制完美平衡时才能获得延长记忆寿命的 m^2 因子。否则,与确定性双稳态突触的情况相比,突触状态的数量实际上根本没有改善,并且性能将会再次断崖式下降(Fusi 和 Abbott,2007)。毫不奇怪,有越来越多的证据表明,生物学上的单个突触接触确实在很长的时间内是双稳态的(O'Connor 等,2005;Petersen 等,1998)。

(2) 间质突触

间质变化被定义为长期修改,不仅可以影响突触功效,而且可以影响表征突触动力学的参数,并因此影响未来的突触方式。一类间质突触具有强大的初始 SNR 随 $\sqrt{N}$ 缩放,同时它们的记忆寿命也随 $\sqrt{N}$ 缩放,从而胜过其他记忆模型。这些模型的建立基于以下简单考虑:快速双稳态突触在短的时间尺度($q \sim 1$)上运行的数据具有较好的可塑性,因此可以存储新的记忆,但是在保留旧的记忆上却很差(SNR(0) $\sim \sqrt{N}$ 且记忆寿命 $p \sim 1$)。另一方面,慢突触在较长的时间尺度($q \ll 1$)上运行,是相对刚性的,它们对记忆的保存有利,但对新记忆的存储却不利(SNR(0) ~ 1 且记忆寿命 $p \sim \sqrt{N}$)。Fusi 等人(2005)意识到,可以设计一个在多个时间尺度上运行的突触,并且该突触的特征是较长的记忆寿命和强大的初始记忆轨迹。所提出的突触具有很多状态,这些状态有不同的可塑性,状态之间通过间质状态连接。可塑性的水平取决于突触改变的过去历史。特别是有两条 m 的突触状态链,对应着突触权重的两个强度。当一个突触被修改时,该突触进入级联顶部的一种状态。这些状态有很强的可塑性($q = 1$)。如果突触被反复增强,那么它会在增强状态链中向下移动,并且每个状态逐渐变得对抑郁更有抵抗力($q \sim xk$,其中 $x < 1$ 且 $k = 1, 2, \cdots, m$)。换句话说,突触的动态特性取决于发生了多少连续的增强作用(代谢)。抑郁症也一样。在平衡时,所有的间质状态均被占据。这意味着在级联的顶部总是存在突触,这些突触非常可塑并且可以存储新的记忆,而在级联的底部也总是存在突触,并保留合并的久远记忆。对于这种突触模型,记忆轨迹会随着幂律在很宽的范围内衰减,然后以指数级的速度衰减:

$$S(p) \sim \frac{1}{m} \frac{1}{1+p} e^{-pq_s}$$

式中,q_s 是最小的转移概率。在最佳情况下,其缩放比例为 2^{-m},m 是链中状态的数量(Ben Dayan Rubin 和 Fusi,2007;Fusi 等,2005)。如预期的那样,对于这种模型,记忆寿命和初始记忆轨迹尺度均类似于 $\sqrt{N}$。级联模型得到突触可塑性实验的支持,但尚未在神经形态硬件中实现。

6.3　在神经形态硬件中存储记忆

6.3.1　突触学习模型

修改突触和存储记忆的方式取决于我们需要执行的任务、打算实施的学习类型(有监督学习、无监督学习或强化学习)、记忆的表示方式(神经代码),以及如何检索记忆(记忆检索)。在本小节中,我们简要描述已实现或可实现的代表性突触模型。它们是由突触前神经元发出的尖峰和突触后侧的一些动力学变量(发出尖峰的时间、跨膜去极化或其他与突触后活动相关的变量)驱动的。没有标准的突触可塑性模型。这在一定程度上是由于突触的生物学特性非常丰富和非常异质,并且理论突触模型为了不同目的而设计的。例如,存在实现特定的学习算法以解决计算问题(例如分类)的模型。这些通常受到理论的支持(例如证明算法的收敛性)。其他模型只是描述性的,因为它们旨在捕获观察到的生物突触动力学的某些方面(例如 STDP,依赖于尖峰时间的可塑性)。设计好描述性模型后,有时会发现它们适用于计算问题。下面介绍的一些模型被设计用来解决特定的问题,并与生物学观察相兼容。

1. 突触模型编码平均发射率

人们普遍相信并得到实验证据的有力支持,即记录的神经元的平均发射率编码了许多与动物执行任务相关的信息。平均发射率通常是通过计算单个神经元在短时间内(50~100 ms)发出的尖峰来估计的。然而,现在大多数神经和突触模型都是基于所谓的瞬时发射率,即在平均短时间间隔(1~2 ms)内发射尖峰的概率。通过对一群神经元发出的尖峰进行积分,可以很容易地读出这个数。

大多数学习算法是基于突触前和突触后神经元的平均发射率(见 Dayan 和 Abbott,2001;Hertz 等,1991),其中许多是基于 Hebb 的假设(Hebb,1949)。该假设指出:

当细胞 A 的轴突接近足以刺激细胞 B,并反复或持续地参与刺激 B 细胞时,一个或两个细胞会发生一些生长过程或代谢变化,这样,当其中一个细胞刺激 B 时,细胞 A 的效率就会提高。

换句话说,每一个神经元参与另一个神经元的激活,其贡献就会进一步增加。在这种情况下,突触可以通过监测突触前和突触后的活动来检测。当突触前和突触后的神经元重复同时被激活时(即它们以很高的频率激活),突触就会增强。

仅仅 10 年,Rosenblatt(1962)就将这一假设正式确定并实施。他引入了神经网络理论中最强大和最基本的算法之一——感知器。该算法是有监督的,它可以用来训练一个神经元(我们称之为"输出神经元")来将输入模式分成两种不同的类别。在学习之后,输出神经元的突触权重收敛到一个结构,即输出神经元对一类输入做出高频率响应,而对另一类输入则不响应。算法可以描述如下：对于每一个输入模式 ξ^μ（ξ^μ 是一个矢量，其组件 ξ_i^μ 是特定神经元的平均发射率），所需的输出是 o^μ（$o^\mu = -1$，表示使神经元失活的输入模式；$o^\mu = 1$ 表示激活神经元的输入模式）；每个突触 w_i 更新如下：

$$w_i \rightarrow w_i + \xi_i^\mu o^\mu$$

但前提是，在当前的突触中，突触后神经元尚未按照需要进行响应。换句话说，只有当总突触电流 $I^\mu = \sum_{i=1}^{N} w_i \xi_i^\mu$ 低于激活阈值 θ，当期望输出 $o^\mu = 1$ 才更新突触（类似地，当 $I^\mu > \theta$ 且 $o^\mu = -1$）。对所有输入模式重复更新突触，直到满足输出的所有条件。

如果模式是线性可分离的，则可以保证感知器算法收敛（也就是说，如果存在 w_{ij}，使得对于 $o = 1$ 的 $I^\mu > \theta$ 以及对于 $o = -1$ 的 $I^\mu < \theta$）。换句话说，如果存在分类问题的解决方案，则该算法可确保在有限的迭代次数中找到它。请注意，如果在学习过程中主管（老师）对突触后神经元施加了所需的活动，则突触修饰与 Heb 规则兼容：当由于主管的输入而使 $o^\mu = 1$ 且 $\xi_i^\mu = 1$ 时，突触被增强，如 Hebb 假设所规定。

其他算法也基于相似的原理，因为它们基于突触前和突触后活动之间的协方差（Hopfield，1982；Sejnowski，1977）。这些算法中的一些已在具有尖峰驱动的突触动力学的神经形态硬件中实现。下面对它们进行详细描述。

2. 编码时间的突触模型

尖峰的精确定时可以包含其他信息，这些信息不在平均发射率之内。相关研究人员早已明确设计了一些突触模型来对尖峰的特定时空模式进行分类（例如，来自神经元 1 的时刻 t 的尖峰，然后是来自神经元 2 的时刻 $t+5$ ms 的尖峰，最后，$t+17$ ms 时神经元 3 出现了一个尖峰）。Güutig 和 Sompolinsky（2006）引入的 tempotron 算法是突触动力学的一个示例，它可以通过一个"集成-发射"（I&F）神经元对这些模式进行有效分类。该算法的灵感来自于感知器（源自其名称"tempotron"），其设计目的是将尖峰的两种时空模式分开。特别地，对突触进行修改，以使得输出神经元响应于一类输入模式触发至少一次，并且从不在特定时间窗口内响应于另一类输入模式触发。在原始算法中，突触需要检测达到最大去极化 $V_{\max}$ 的时间，然后根据该去极化是高于还是低于发出尖峰的阈值，再对其进行修改。特别是，当 $V_{\max} < \theta$ 并且输出神经元必须在尖峰时，连接在特定时间窗口内已激活的神经元的突触被增强。如果 $V_{\max} > \theta$，并且输出神经元必须保持沉默，则活跃的突触被抑制。作者还提出了一种突触动力学方法，它不需要检测最大的去极化，而只依赖于一定的电压卷积。该算法尚未在硬件上实现。

3. 生物启发的突触模型和 STDP

在过去的 20 年里，一些关于生物突触的实验（Bi 和 Poo，1998；Levy 和 Steward，1983；Markram 等，1997；Sjöström 等，2001）显示了突触前和突触后的精确时机。尖峰会影响长期突触修饰的信号和强度。Abbott 和他的同事创造了首字母缩写词 STDP 来指代一类特定的突触模型，该模型意在捕获实验的若干观察结果（Song 等，2000）。

特别是所有的 STDP 模型都包含了突触的依赖性、突触前和突触后峰值之间相对时间的变化。具体来说,当突触前突波在 10～20 ms 的时间窗口内位于突触后突波之前时,突触被增强,而对于突触前和突触后突波出现的相反顺序,突触被抑制。尽管这些模型最初仅是描述性的,但理论神经科学家团队投入了大量资源来研究 STDP 在网络层的含义(Babadi 和 Abbott,2010;Song 和 Abbott,2001;Song 等,2000)以及 STDP 可能的计算作用(Gerstner 等,1996;Gutig 和 Sompolinsky,2006;Legenstein 等,2005)。特别是在 Legenstein 等(2005)的文中,作者研究了 STDP 可以解决什么样的分类问题以及它不能解决的问题。有意思的是,Gerstner 等(1996)的论文可能是有关 STDP 的实验论文之前出现的唯一理论研究,它预测了突触前和突触后突波相对相位的依赖性。

最近,新的实验结果表明,STDP 只是诱导长期变化的机制之一,而且生物可塑性比研究人员最初认为的要复杂得多。Shouval 等(2010)总结了这些结果,并将它们很好地结合到基于钙动力学的简单模型中,该模型再现了大多数已知的实验结果,包括 STDP(Graupner 和 Brunel,2012)。突触功效 $w(t)$ 是一个固有的双稳态动态变量(突触只有两个稳定的吸引状态)。修饰是由另一个变量 $c(t)$ 驱动的,它起着突触后钙浓度的作用(见图 6.2)。当 $c(t)$ 高于阈值 θ_+ 时,突触功效 w(图中的浅灰色虚线)增加;而当 $c(t)$ 在 θ_- 与 θ_+ 之间时,突触功效降低。每当一个突触前或突触后的尖峰到达时,钙变量就会跳到一个更高的值。对于突触后的尖峰,它会立即这样做,对于突触前的尖峰,延迟 $D \sim 10$ ms。然后它会以一定的时间常数指数衰减,大约几毫秒。钙诱导的突触功效变化取决于钙离子在增强和抑制阈值上所花费的相对时间。例如,通过选择适当的参数集可轻松获得 STDP(见图 6.2)。

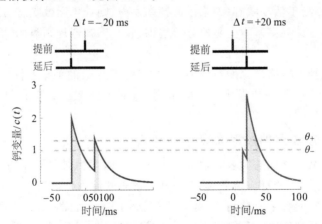

图 6.2　由 Graupner 和 Brunel(2012)提出的突触模型复制了 STDP。顶部两图显示了用于诱导长期修改的协议(左图为 LTD,右图为 LTP)。当突触后的动作电位在突触前尖峰之前时,钙变量 $c(t)$ 在两条虚线之间花费的时间要多于上虚线(请参见阴影部分)之上的时间,最终导致长期衰减(左图)。当突触前的突触在突触后的动作电位之前(右图)时,钙变量在相当长的时间内在上限以上,并且会引起长期增强的作用。请注意,突触前突波会在短时间内延迟突触后钙浓度的跃升,而突触后的动作电位具有瞬时作用。经 PNAS 许可转载,改编自 Graupner 和 Brunel(2012)

6.3.2 在神经形态硬件中实现突触模型

现在我们描述设计神经形态塑性突触的典型过程。我们从突触动力学的理论模型开始,并说明如何将其转换为突触是多稳态(离散)并因此可以在硬件中实现的模型。此步骤需要引入慢速随机学习(请参阅 6.2.3 小节),因此需要引入一种机制,该机制可以将固有的确定性不断变化的突触转变成一个在长时间尺度上离散的随机突触。尤其是,我们认为,只要活动足够不规则,尖峰驱动的突触就可以自然地在稳定状态之间实现随机过渡。

下面用一个范例来说明所有这些点:我们考虑像 Hopfield 模型(Hopfield,1982)这样的自联想神经网络的情况,其中每个记忆都由特定的神经活动模式(通常是平均发射率模式表示)是在记忆模式时施加到网络上的。一段时间后,通过重新激活相同或类似的活动模式,让网络动态放松,并观察最终达到的稳定的、自我维持的活动模式,记忆就会被唤醒。此模式代表已存储的记忆,可以通过仅重新激活存储记忆的一小部分来调用它(模式完成)。在这个简单的例子中,任务是实现一个自动关联的内容可寻址记忆。我们需要的学习类型是"监督的"(从某种意义上说,我们知道每个给定输入所需的神经输出),记忆由平均发射率的稳定模式表示,并通过重新激活一定比例的记忆来恢复最初激活的神经元。

为了设计实现这种自动联想记忆的突触电路,我们首先需要了解在记忆模式时应如何修改突触。在这种情况下,Hopfield(1982)找到了方法,它基本上说对于每个记忆,我们需要在突触权重上增加神经活动前后的乘积(在简化的假设下,即神经元如果以高频率发射,则处于活动状态;如果以低频率发射,则处于无效状态,并且神经活动由"+1"活动表示)。该规则基本上是协方差规则,它与感知器规则类似(更多信息请参见 6.4 节)。

在任何有关神经网络理论的教科书中,都有许多相似的关于不同学习问题的规定(例如在有监督、没有监督和强化学习的示例中,请参见 Hertz 等 1991 年和 Dayan 和 Abbott 2001 年的论文)。

1. 从学习方法到神经形态硬件的实现

神经网络文献中已知的大多数学习方法都是针对模拟神经系统设计的,其中突触权重是无界的/连续的变量。结果,很难在神经形态硬件中实现它们。正如我们在上一节有关记忆保留的内容中所看到的,这不是一个小问题。通常,没有从理论学习方法到神经形态回路的标准程序。我们将描述一个成功的示例,该示例说明了突触电路设计的典型步骤。

再次考虑自动关联记忆的问题。如果我们用 ξ_j 表示突触前的神经活动,用 ξ_i 表示突触后的神经活动,使用 Hopfield 方法,那么每次我们存储新的记忆时,都需要按以下方式修改突触权重 w_{ij}:

$$w_{ij} \rightarrow w_{ij} + \xi_i \xi_j$$

式中,$\xi = \pm 1$ 对应于高和低发射率(例如 $\xi = 1$ 对应于 $\nu = 50$ Hz,而 $\xi = -1$ 对应于

$\nu = 5$ Hz)。正如本章稍后显示的那样,有可能在神经形态硬件中实现双稳态突触。在这种情况下,w_{ij} 只有两个状态,并且每次存储新的记忆时,我们都需要决定是否要修改突触以及朝哪个方向修改。如上一节中有关记忆保留部分所述,双稳态突触只能编码一个记忆,除非两个状态之间的转换随机发生。实现此想法的简单规则如下:

- 增强:如果 $\xi_i \xi_j = 1$,则 $w_{ij} \rightarrow +1$,概率为 q。
- 抑制:如果 $\xi_i \xi_j = -1$,则 $w_{ij} \rightarrow -1$,概率为 q。

在其他情况下,突触保持不变。由 Amit 和 Fusi(1992,1994)和 Tsodyks(1990)提出的这种新的学习方法实现了自动联想记忆,并且其行为类似于 Hopfield 模型。但是,由于上一节所述的限制,记忆容量从 $p = \alpha N$ 变为 $p \sim \sqrt{N}$。我们现在如何将这个抽象规则转化为真实的突触动力学呢? 这在 6.3.2 小节中进行了描述。

2. 尖峰驱动的突触动力学

一旦我们有了可以在硬件中实现的突触的学习方法(例如双稳态突触),就需要定义突触动力学。动力学的细节通常取决于在神经活动模式下编码的方式。在自动联想记忆的例子中,假定记忆由平均发射率模式表示。但是,大多数硬件实现都是基于尖峰神经元的,因此我们需要考虑一个可以读出突触前和突触后的尖峰神经元,估计平均发射率,然后将其编码为突触权重。

在这里,我们考虑一种与 STDP 兼容的模型(Fusi 等,2000),但该模型旨在在神经形态硬件中实现 6.2 节中所述的基于速率的自动关联网络。有趣的是,即使突触动力学具有固有的确定性,嘈杂的脉冲神经活动也可以自然地实现上一节中所述的随机选择机制。我们通过一个简单的范例来说明它的主要思想。当前大多数的硬件实现原理相同。

3. 设计随机尖峰驱动的双稳态突触

现在我们考虑上一节中描述的场景,其中有关记忆的相关信息以神经发射率的模式进行编码。每个记忆代表通过一种活动模式,平均来说,一半神经元高频率活动,另一半神经元低频率活动。受到体内皮层记录的启发,我们假设神经活动是嘈杂的。例如,突触前和突触后的神经元根据泊松过程发出尖峰信号。如果这些随机过程统计是独立的,那么每个突触的表现方式都会有所不同,即使突触前和突触后平均活动相同。这些过程可以实现上一节中描述的简单学习规则,即突触只有在一定概率 q 的情况下才能过渡到另一种稳定状态。

实际上,考虑一个没有尖峰的双稳态突触,也就是说,如果它的内部状态变量 X 高于一个阈值,那么这个突触就会被吸引到最大值;否则,它会衰减到最小值(见图 6.3 中的中间图)。最大值和最小值是仅有的两个稳定的突触值。当 X 高于阈值时,突触效力强,当 X 低于阈值时,突触效力弱。

每个突触前的脉冲(上面的图)分别根据突触后的去极化(下面的图)是在某个阈值之上或之下,向上或向下刺激 X。当一个突触受到刺激时,X 可以越过阈值或者停留在刺激开始时的同一侧。在第一种情况下,突触转换到另一种状态(图 6.3 左),而在第二种情况下,没有发生转换(图 6.3 右)。这种转换是否发生取决于控制突触前和突触后活动的随机过程的具体实现。在某些情况下,突触前有足够紧密的突触尖峰,与突触后去极化升高相吻合,突触可以进行过渡。在其他情况下,阈值不会被超过,并且突触会返回到初始值。在这种情况下,突触进行过渡的比例决定了控制学习率的概率 q。请注意,突触动力学完全是确定性的,并且产生随机性的负载已转移到突触之外。这样的机制已经在 Fusi 等人(2000)的文中引入,最近已应用于实现随机感知器(Brader 等,2007;Fusi,2003)。有关 VLSI 突触电路的更多详细信息,请参见 8.3.2 小节。有趣的是,随机连接的神经元的确定性网络可以产生混沌的活动(van Vreeswijk 和 Sompolinsky,1998),特别是产生驱动随机选择机制所需的适当无序性(Chicca 和 Fusi,2001)。

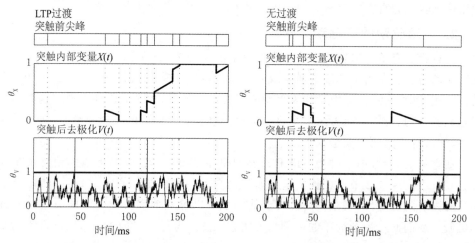

图 6.3　脉冲驱动的突触动力学实现随机选择。从上到下:突触前尖峰、突触内部状态和突触后去极化随时间变化。左:突触从最小值开始(受压状态),但在 100～150 ms 之间越过突触阈值 θ_X 并以增强状态结束。发生了过渡。正确:突触从压抑状态开始,在其之上波动,但从未超过突触阈值,直到压抑状态结束。没有发生过渡。请注意,在两种情况下,突触前和突触后神经元的平均发射率均相同。改编自 Amit 和 Fusi(1994)。经麻省理工学院出版社许可转载

4. 积分器在双稳态突触中的重要性

尖峰是在时间上非常局部的事件,尤其是在电子实现中(在生物学中,它们持续 1 ms,在大多数 VLSI 实现中,显著减少)。处理这些短暂事件的主要困难之一是与在突触状态之间实现随机过渡有关。在两个连续的尖峰之间相对较长的时间间隔内,突触无法获得有关突触前和突触后神经元活动的明确信息。如果通过读出神经活动的瞬时随机波动来实现随机机制,那么我们需要一种能够不断更新瞬时神经活动估计值的设备。任何积分器都可以弥合两个连续尖峰或相关事件之间的间隔,并且可以自然地测量诸如尖峰间隔之类的量(例如,在突触前尖峰驱动的 RC 电路中,电容器两端的电荷为突触前神经元的瞬时发射率)。积分器的存在似乎是对突触(电子或生物)所有硬件实现的普遍要求。众所周知,在生物突触中,需要在一定的时间间隔内出现一些突触

前和突触后峰值的巧合,才能启动导致长期修改的过程。类似地,在所有 VLSI 实现中,似乎有必要在巩固突触修改之前积累足够的"事件"。在所述突触的情况下,事件是突触前尖峰和突触后去极化(对于 LTP)的巧合。在纯 STDP 实施的情况下(Arthur 和 Boahen,2006),它们是突触前和突触后尖峰在一定时间范围内发生的。在所有这些情况下,积分器(示例中的变量 X)不仅对实现随机过渡非常重要,而且它还可以保护记忆免受自发活动的影响,否则自发活动会在几分钟内消除所有先前的突触修改。

5. 尖峰驱动的突触模型实现感知器

图 6.3 中描述的突触模型可以拓展到实现上述感知器算法。已经描述的动力学本质上实现了所表达的突触修饰

$$w_i \to w_i + \xi_i^\mu o^\mu$$

表示的突触修改。

感知器算法基于相同的突触修改,但必须满足以下条件:只有当输出神经元尚未按要求做出反应时才应更新突触。换句话说,每次总突触输入 I^μ 高于激活阈值且期望的输出有效时,都不应该修改突触。

当总突触输入 $I^\mu < \theta$ 并且 $o^\mu = -1$ 时,会发生类似情况。可以按照 Brader 等(2007)的建议在突触动力学中实现这种情况。在训练过程中,突触后神经元收到两个输入:一个来自塑性突触 I^μ,另一个来自"老师"I_t^μ。"老师"的输入将输出神经元的活动导向期望的值。因此,当神经元处于活动状态时强烈兴奋,而当神经元不处于活动状态时是抑制的($I_t^\mu = \alpha o^\mu$,其中 α 为常数,$o^\mu = \pm 1$,取决于所需的输出)。训练后,当 $o^\mu = 1$ 时塑性突触应该达到 $I^\mu > \theta$ 的状态,当 $o^\mu = -1$ 时塑性突触应达到 $I^\mu < \theta$ 的状态。这些条件应该针对所有输入模式 $\mu = 1, 2, \cdots, p$ 进行验证。每当输入模式获得所需的输出时,不应更新突触应考虑下一个输入模式。当所有输入模式都验证了这些条件后,学习就应停止了。

Brader 等(2007)提出的实施感知器算法背后的主要思想,是有可能通过监视突触后神经元的活动来检测无更新条件的。具体来说,每次总突触输入 $I + I_t$ 很高或很低时都不该更新突触。确实,在这些情况下,很可能 I 和 I_t 已经匹配,并且在没有"老师"输入的情况下神经元也会按需要做出响应:当 I 和 I_t 都很大时,总突触输入达到最大值;在 I 和 I_t 都小时,总突触输入为最小值。在这两种情况下,都不应修改突触(例如,当突触较大时,表示 $o = +1$,并且每当 $I > \theta$ 时都不应修改突触)。

该机制是由 Brader 等(2007)引入一个称为钙变量 $c(t)$ 的附加变量来实现的,与突触后生物神经元中的钙浓度类似。该变量整合了突触后的峰值,它代表平均发射率的瞬时估计值。当 $\theta_c < c(t) < \theta_p$ 时,每当尖峰前尖峰到达且突触后去极化高于阈值 V_θ 时,突触效力就会推向增强值,如图 6.3 所示。当 $\theta_c < c(t) < \theta_d$ 时,每当突触前尖峰到达且突触后去极化低于 V_θ 时,突触效力就会降低。

在这些范围之外的 $c(t)$ 值可控制突触修改,使突触保持不变。动态可以概括为:对于过大或过小的突触后平均发射率值,突触不会被修改;否则,它们将根据图 6.3 的

动力学进行修改。稳定状态之间的转换仍然是随机的,如在更简单的突触模型中一样,并且随机性的主要来源仍然是突触前和突触后尖峰序列的不规则性。唯一的不同是由钙变量操作的门控,该变量基本上实现了只要输出神经元对输入做出正确响应就不会更新的感知器条件。

6.4 神经形态硬件中的联想记忆

在前面的部分中,我们讨论了如何存储记忆,然后以突触状态的方式保留记忆。现在我们讨论记忆检索的过程,该过程不可避免地涉及神经动力学。实际上,只有通过激活突触前神经元并"观察"突触后一侧的影响,才能读出突触状态。当神经动态响应于感觉输入而发展时,就会连续进行此操作,或者自发地在内部相互作用下驱动。神经网络可以表达的动态集体状态的种类非常丰富(有关神经动力学模型的综述,请参见Vogels等2005年的论文),并且根据实验的参考背景,重点放在了整体振荡上(参见Buzsaki 2006年的最新概述),可能包括同步神经激发的状态、混沌状态(例如参见Freeman 2003年的论文)、异步触发的稳态(例如参见Amit和Brunel 1997年及Renart等2010年的论文)。在接下来的内容中,我们将着重于一个具体的例子,在这个例子中,记忆是以神经动力学吸引子的形式被检索的(异步放电的稳定状态)。我们将要讨论的许多问题都是在其他记忆检索问题中遇到的。

6.4.1 吸引子神经网络中的记忆检索

吸引子可以有很多种形式,如用于振荡系统的极限环,用于混沌系统的奇异吸引子,或用于具有李雅普诺夫函数的系统的点吸引子。下面我们将讨论后一种点吸引子的情况。神经网络的点吸引子是一种集体动态状态,在这种状态下,神经元以恒定的发射率(直到波动)的平稳模式异步放电。如果神经元被刺激短暂地激发,网络状态则松弛到最近的(在某种意义上是精确的)吸引子状态(抽象网络状态空间中的一点,由此得名)。

网络可用的特定吸引子状态集由突触配置决定。点吸引子的想法最自然地适合于联想记忆的实现,吸引子状态是通过诱导的神经活动初始状态的形式在提示的情况下进行检索的记忆。在早期的联想记忆模型中,目标是设计适当的突触方式,以确保神经活动的规定模式集是动力学的诱因。

虽然这是一种学习的暗示,但远远不够,它实际上是实验神经科学强烈支持的动态场景的一种存在证明(关于这个稍后会有更多讨论);更深层次的问题仍然存在,即如何模拟由大脑与其环境相互作用驱动的基于有监督、无监督或强化的学习机制,以及相关预期的产生。

1. 基本吸引子网络和 Hopfield 模型

提供一些有关此类联想记忆模型(当然,Hopfield 模型是第一个成功的例子)工作的详细信息是具有启发性的,这可以作为掌握神经状态动力学与突触矩阵结构之间关键相互作用的简单背景。为此,我们将从上一节的描述级别退后一步;我们稍后将考虑尖峰神经元的吸引子网络。

首先,在原始的 Hopfield 模型中,神经元是时间相关的二进制变量。两个基本的生物学特性以非常简单的形式得以保留:神经元对其输入进行空间积分,如果积分输入超过阈值,则其活动状态可能从低变高。

$$s_i(t) = \pm 1, \quad i = 1, 2, \cdots, N, \quad s_i(t+\delta t) = \text{sign}\left[\sum_{j \neq i}^{1,N} w_{ij} s_j(t) - \theta\right] \quad (6.2)$$

式中,N 是(完全连接的)网络中神经元的数量;w_{ij} 是将突触前神经元 j 连接到突触后神经元 i 的突触的功效;动力学描述了超过阈值 θ 后神经状态的确定性变化。

这种动态倾向于使神经状态与"局部场""对齐":

$$h_i = \sum_{j \neq i}^{1,N} w_{ij} s_j(t) \quad (6.3)$$

网络的动态性可以通过引入数量、能量来描述,该数量取决于网络的集体状态,并且每次更新时都会减少。如果存在这样的数量,并且对称突触矩阵总是如此,则网络动力学可以描述为向能量较低的状态下降,最终达到极小值。对于 Hopfield 模型,能量式为

$$E(t) = -\frac{1}{2}\sum_{i \neq j}^{1,N} w_{ij} s_i(t) s_j(t) = \frac{1}{2}\sum_i^{1,N} s_i(t) h_i(t) \quad (6.4)$$

对于确定性异步动力学,在每个时间步长处,最多一个神经元(例如 s_k)会改变其状态,因此,能量式为

$$E(t) = -s_k(t) h_k(t) - \frac{1}{2}\sum_{\substack{i \neq j \\ i,j \neq k}}^{1,N} w_{ij} s_i(t) s_j(t) \quad (6.5)$$

我们得到

$$\Delta E(t) \equiv E(t+\delta t) - E(t) = -[s_k(t+\delta t) - s_k(t)] h_k(t) \quad (6.6)$$

如果 s_k 不会改变它的状态,则 $\Delta E(t) = 0$;如果改变它的状态,则 $\Delta E(t) < 0$。如果在动态中加入噪声,网络不会落在一个与 E 的最小值相对应的固定点上,但它会在其邻近处波动。

关键步骤是为 $\{w_{ij}\}$ 设计一种方法,使预定模式成为动力学的固定点。这让我们想到了 Hopfield(1982)的开创性建议;让我们首先考虑仅选择一个模式(一种特定的神经状态配置)$\{\xi_i\}$,$i = 1, 2, \cdots, N$ 的情况,其中 $\xi_i = \pm 1$ 随机选择,我们将突触矩阵设为

$$w_{ij} = \frac{1}{N} \xi_i \xi_j$$

代入式（6.4），我们看到配置$\{s_i=\xi_i\}$，$i=1,2,\cdots,N$，是 E 的最小值，它达到了最小可能值$-\dfrac{1}{2}\dfrac{N-1}{N}$。该配置也易于验证为动力学的固定点(式(6.2))，因为

$$\mathrm{sign}\Big(\sum_{j\neq i}^{1,N}\frac{1}{N}\xi_i\xi_j\xi_j\Big)=\xi_i$$

$\{\xi_i\}$吸引的网络状态动态即使一些(少于一半)$s_i\neq\xi_i$，实现一个简单的实例的关键"纠错"属性吸引子网络：一个存储模式从部分初始检索信息。

著名的 Hopfield 处方突触矩阵扩展上述建议多个不相关的模式$\{\xi_i^\mu\}$，$i=1,2,\cdots$，N，$\mu=1,2,\cdots,P$（也就是说，对于所有独立 i、μ，$\xi_i=\pm1$)：

$$w_{ij}=\frac{1}{N}\sum_{\mu=1}^{P}\xi_i^\mu\xi_j^\mu,\quad w_{ii}=0 \tag{6.7}$$

当然，问题是 P 模式$\{\xi_i^\mu\}$同时采取动态的流动；正如预期的那样，这将取决于 P/N 的比值。一个基于信噪比分析的简单论证给出了相关因素的概念。

类似地，一个模式的情况下，一个人可以询问一个给定的模式的稳定性 ξ^ν，模式必须与它的局部场($\xi_i^\nu h_i>0$)：

$$\xi_i^\nu h_i=\xi_i^\nu\sum_{j\neq i}^{1,N}\frac{1}{N}\sum_{\mu=1}^{P}\xi_i^\mu\xi_j^\mu\xi_j^\nu=\frac{N-1}{N}+\frac{1}{N}\sum_{j\neq i}^{1,N}\sum_{\mu\neq\nu}^{1,P}\xi_i^\nu\xi_i^\mu\xi_j^\nu\xi_j^\mu \tag{6.8}$$

式中，第一项是一阶的"信号"部分；第二项是零均值"噪声"，它是一阶$\simeq NP$ 个不相关项的总和，可以估计为$\simeq\sqrt{NP}$阶。因此，噪声项为$\sqrt{P/N}$，并且只要 $P\ll N$ 可以忽略不计。

通过简单地将 w_{ij} 的一种模式添加到 w_{ij} 中，可以将 w_{ij} 的方法转换为时间本地学习规则。换句话说，可以想象一种情况，其中特定的活动模式 ξ_μ 被添加到神经元。这种模式代表了一种应该被储存的记忆，它诱发了接下来的突触改变 $w_{ij}\rightarrow w_{ij}+\xi_i^\mu\xi_j^\mu$。当对所有记忆重复该过程时，我们得到了 Hopfield 指定的突触矩阵。在线学习的这种形式就是上一节有关记忆存储的讨论。

应当注意的是，式(6.7)绝不是解决问题的唯一方法。例如，对于线性独立的模式，选择矩阵 w_{ij} 作为$\sum_j w_{ij}\xi_j^\mu$ 的解将对线性独立的模式起作用。但是，这将是一个非本地方法，因为它将涉及模式 ξ 的相关矩阵的逆。Hopfield 方法的优点是符合 Hebb (1949)提出的一般想法，即连接两个同时活跃的神经元的突触将被增强。

在检索阶段，Hopfield 模型中的网络状态填充的山谷(可能还有上面提到的虚假图案)与所存储的图案一样多。高维网络状态空间中 E 的最小值的多样性暗示了著名的景观隐喻，即系统在其中演化的一系列山谷和障碍将它们隔开。在确定性的情况下，网络状态的代表点从其初始状态向下滚动到最近的谷底，而噪声可以使系统越过障碍(对于给定的噪声，交叉概率对障碍高度具有典型的指数依赖性)。

一个山谷是位于其底部的点吸引子的"吸引盆地";在确定性动力学下最终导致该吸引子的一组初始状态。尽管具有暗示性,但通常必须谨慎地使用一维景观表示法,因为高维数会使直观的抓取力变弱。例如,马鞍上布满了景观,吸引力盆地的边界本身就是高维的。

2. 尖峰网络中的吸引子

从二元神经元网络到尖峰神经元网络,上面图片的大多数关键特征都保留了下来,但也有一些相关的区别。尖峰神经元模型中的主力是 IF 神经元:膜电位是线性积分器,其阈值机制是膜动力学的边界条件(请参见第 7 章)。扩散随机过程的理论为分析带有噪声输入的 IF 神经元动力学提供了适当的工具(Burkitt,2006;Renart 等,2004)。同样的形式也为描述"均值场"近似下均匀重复出现的 IF 神经元种群提供了关键:假定种群中的神经元与传入电流具有相同的统计特性(均值和方差);而这又取决于神经元的平均发射率和突触的平均复发率。在平衡状态下,任何给定的神经元必须以与其他神经元相同的平均速率产生峰值。这建立了一个自洽条件,该条件(与其他单神经元参数相等)确定了允许平衡状态的平均突触功效值。实现这种前后一致的平均场方程将平均发射率等同于单个神经元响应函数,该函数的自变量(输入电流的均值和方差)现在是相同平均发射率的函数。对于典型的 S 型响应函数,这些方程式具有一个稳定解(唯一平衡状态的发射率)或三个解(不动点),其中对应于最低和最高发射率的两个解是稳定的。

在后一种情况下,如果尖峰网络位于较低的固定点并接收到足够强大的瞬态输入,它可以跳过不稳定状态,并且在刺激终止后,它会将放松到较高的固定点(见图 6.4)。

这个网络可以容纳多个选择性亚种群,每个亚种群都被赋予了反复出现的突触,这些突触相对于跨亚种群的突触来说是很强的。在典型的情况下,从一个低活动的对称状态,刺激选择性地指向一个亚种群,可以激活吸引状态,在这个状态下,被短暂刺激的亚种群放松到一个高比率状态,而其他的又回到一个低比率状态。

在仿真中,导致选择性吸引子状态激活的事件序列如图 6.4 所示。我们指出,在导致上述情况的亚群之间的动态耦合中,兴奋性神经元与抑制性神经元之间的相互作用起着重要作用。

Del Giudice 等(2003)、Amit 和 Mongillo(2003)在简单的设置中提供了证明这种动态过程的可行性的例子,即在具有尖峰驱动突触的脉冲神经元网络中产生吸引子状态。最近人们考虑了更复杂的情形(Pannunzi 等,2012)。本研究旨在模拟视觉分类任务中记录的实验结果:观察被定义为与分类相关或不相关的视觉特征对神经活动的差异调制任务。假设这种调制是由于执行范畴决策区域的选择性反馈信号而产生的,建立了特征选择种群与决策编码种群相互作用的多模块模型。有可能证明学习历史,使最初非结构化的网络变成复杂的突触结构,支持成功完成任务,并观察到 IT 群体中与任务有关的活动调节。

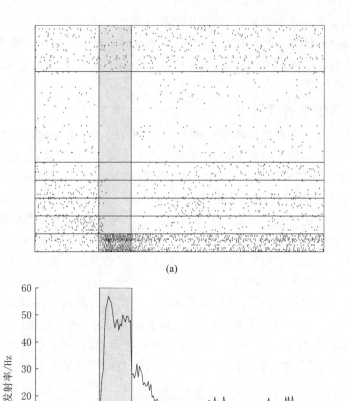

(a)

(b)

图 6.4 在模拟突触耦合的尖峰神经元中,对熟悉的刺激有选择性地激活持续延迟活动。增强的突触连接着编码相同刺激的兴奋性神经元。栅格图(a)显示了模拟网络中细胞子集发射的峰值,这些细胞分组为具有相同功能和结构特性的亚群。下面的五个栅格条带指的是神经元对五种不相关刺激的选择性;上面条带中的栅格是抑制性神经元的子集,中间的宽条带是背景兴奋性神经元。(b)绘制了选择性亚种群的发射率(单位时间内发射尖峰的神经元比例)。种群的活动是这样的,在刺激之前,所有的兴奋性神经元都以低速率(全局自发活动)发出峰值,几乎不受它们所属的功能组的影响。当一个选择性亚种群受到刺激时(在灰色垂直条所示的时间间隔内),在释放刺激时,该亚种群放松到一种自我维持的升高放电活动状态,这是吸引子动力学的一种表现。改编自 Del Giudice 等(2003),© 2003,经 Elsevier 许可转载

6.4.2 问　题

1. 神经和突触动力学之间的复杂相互作用

在以突触矩阵为基础的吸引子模型中,隐含的假设是突触矩阵可以通过生物学上合理的学习机制的某些形式出现。然而,这隐藏了一些微妙之处和陷阱。实际上,令人

惊讶的是,迄今为止,很少有研究工作致力于研究吸引子状态如何因为持续的神经尖峰活动而动态地出现在神经种群中,神经活动由外部刺激的流动和种群中的反馈,以及与生物学相关的峰值驱动突触变化(Amit 和 Mongillo,2003;Del Giudice 等,2003;Pannunzi 等,2012)决定。

我们现在将吸引子状态的熟悉场景视为关联记忆中的记忆状态,尽管大多数评论都具有更一般的有效性。一个非常基本的观察结果是,在循环网络中,神经和突触动力学以非常复杂的方式耦合:突触修饰(缓慢地)由神经活动驱动,而神经活动又由突触连接在任何给定时间的模式决定。传入的刺激不仅会激发网络放松到吸引子状态,对刺激具有选择性(如果此时存在适当的突触结构),还将根据其施加在网络上的尖峰活动来促进突触变化;学习和检索现在是相互交织的过程。

甚至早在面临记忆能力问题之前,上述神经与突触动力学之间的动态循环就挑战了相关神经状态的稳定性。实际上,一旦被刺激反复激发的神经活动在突触基质中留下痕迹,足以支持选择性的持久性吸引子状态,就会出现以下一系列神经活动:低激发活动的"自发"状态(ν_{spon});高激发状态,对应于对外界刺激的反应(ν_{stim});反馈支持的中间和选择性射击活动的状态,在没有大的扰动(ν_{sel})的情况下,刺激消失后仍然存在。

一个自然的要求是,在没有外来刺激的情况下,这个结构良好的网络应该能够长时间保持其记忆稳定;如果自发活动可以修改突触,或者突触矩阵可以在吸引子状态下发生显著改变,那么任何记忆状态将注定要消失,或最后一个诱发将极大地干扰其他记忆嵌入相同的突触矩阵在那个阶段(如果吸引子长时间不受干扰,则表示不同的记忆重叠)。因此,重要的是突触动力学设计,使突触变化只在刺激期间发生,平均速率 ν_{stim} 的峰值驱动(见 6.3 节关于记忆存储)。但随着突触的继续变化,ν_{stim} 和 ν_{sel} 一般数量也不同,因此为了在学习过程中始终满足上述约束,必须将早期和晚期阶段的学习进行比较,$\nu_{sel}^{late} < \nu_{stim}^{early}$。

在有趣的慢学习状态下,网络的"良好"学习轨迹(即网络在其进入选择性吸引子状态的过程中行进的突触构型序列)应为一系列准平衡状态。这些序列将具有可以通过平均场论近似研究和控制的附加特征。最后,必须调整突触模型的参数以确保 LTD 和 LTP 学习阶段之间达到平衡。引入合适的调节机制可能会放松这一严格要求。

2. 有限尺寸效应

任何真实的网络都具有有限数量的神经元 N。有限尺寸大小很重要,并且会导致偏离均值场理论的预测。特别是,对于有限的 N,每个种群都有排放率的分布。让我们考虑由相同激励刺激的连接神经元种群的突触,因此应该被增强:实际频率分布的高速率和低速率尾部破坏了突触转移概率模式的同质性,从而在同一突触组中,某些突触的 LTP 概率过高,而其他突触则意外地保持不变。类似地,有限大小的效应会在不期望和有害的地方引发不希望的突触过渡(例如,涉及突触后背景神经元的突触增强,这可能会成为自发状态不稳定的因素)。

导致"大小效应"或多或少有害的一种成分是"突触传递函数"的特征,即赋予 LTP/LTD 转移概率的功能是突触前和突触后发射率的函数。该功能在涉及速率分布重叠的关键区域的敏感性是确定有限大小效应将有多严重的重要因素。

6.5　神经形态芯片中的吸引子状态

点吸引子可以看作是构成大脑内部对话的复杂而动态的"单词"的基本的、离散的"符号"。这在目前的语境中是无法表达的,充其量只是确定计算范式定义的要素,计算范式还远未达到。然而,对吸引子潜在的计算作用的重新认识是在神经形态 VLSI 芯片中体现吸引子动力学的良好动机,毕竟这意味着最终要像大脑那样进行计算。

在这里我们简要介绍一些最近的结果,试图建立和控制刺激神经元的神经形态芯片的吸引子动力学。我们依次给出了一个记忆回迁的例子。这是一个简单的例子,在超大规模集成电路(VLSI)网络中,来自神经形态传感器实时获取的视觉刺激的反复呈现。

6.5.1　记忆检索

首先我们总结了最近的工作,这是第一次展示基于神经稳定 VLSI 硬件实现的双稳态尖峰神经网络中基于吸引子动力学的鲁棒工作记忆状态(Giulioni 等,2011)片上网络(见图 6.5)。由三个相互作用的群体(两个兴奋的,一个抑制的)的泄漏集成-发射(LIF)神经元组成。一个兴奋的种群(图 6.5 网络中的 E_{att} 种群)具有强烈的突触自

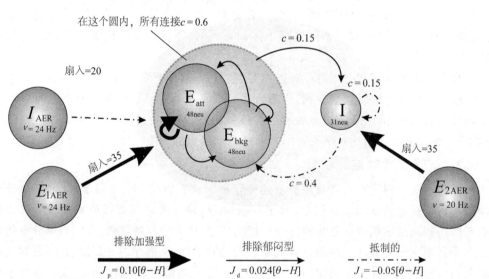

图 6.5　该网络的体系结构在具有 128 个神经元和 16 384 个可重置塑性突触的 VLSI 芯片上实现,是根据 6.3.2 小节中描述的模型进行设计的。除了物理上驻留在芯片中的兴奋性和抑制性神经元的 E_{att}、E_{bkg} 和 I 种群外,网络上的输入还通过在 PC 上模拟的其他人群提供,这些活动通过适当的 AER 通信基础设施实时转发。经许可转载,改编自 Giulioni 等(2011)

激,可以选择性地维持"稳定"状态的"高"和"低"射击活动(其余的兴奋神经元构成非选择性背景)。根据总的可交易性,瞬态外部刺激可能会激发 E_{att} 活性从"低"状态转变为"高"状态(参见图 6.5, E_{1AER} 和/或 I_{AER} 的外部平均发射率暂时增加);"高"状态会保留刺激的"工作记忆",直到释放后很久。在诸如芯片中实现的小型网络中,由于随机活动波动,状态切换也可以自发发生。这样的情况很有趣,但这里不再赘述。

兴奋性和抑制性输入瞬变对 E_{att} 的影响如图 6.6 所示。在四个连续的刺激(两个兴奋和两个抑制刺激)中显示了 E_{att} 和 E_{bkg} 神经元的平均放电。最初的刺激很弱。网络以准线性状态反应,E_{att} 的活动略有增加。刺激释放后,E_{att} 返回到"低"亚稳态。

第二个更强的兴奋性刺激在强烈自我偶联的 E_{att} 种群中引起非线性反应,并显著增加其活性(E_{bkg} 活性也受到较小程度的影响)。网络的周期性互动(远远超过了外部刺激本身)将网络驱动到"高"状态。消除刺激后,网络会放松到"高"亚稳态,从而保留早期刺激的"工作记忆"。

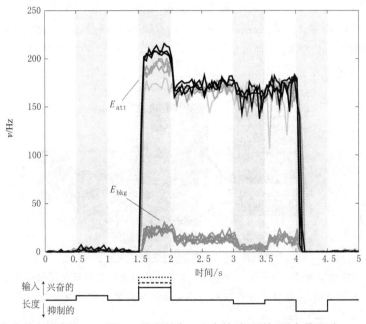

图 6.6 响应多个输入瞬变的 E_{att} 和 E_{bkg} 的发射率。兴奋性(抑制性)瞬变是通过 E_{1AER}(I_{AER})活动的方脉冲增量产生的。输入瞬变的时序图示在主面板下方:0.5、1.5 s 分别表示亚阈值($v_{E1}=34$ Hz)和超阈值($v_{E1}=67,84,115$ Hz)的"兴奋性"发作,分别为 3 s 和 4 s。亚阈值 kicks 仅调节当前亚稳态的活性。超阈值 kicks 还触发了向其他亚稳态的过渡。改编自 Giulioni 等(2011)。经许可转载

以类似的方式,抑制性刺激会诱导转变为"低"的亚稳态。在图 6.6 中,在 $t=3$ s 施加了弱抑制刺激,在 $t=4$ s 施加了强抑制刺激。前者只是暂时转移了"高"状态,刺激结束后 E_{att} 被吸引回"高"状态,因此"工作记忆"状态保持不变。后者足以破坏"高"状态的稳定,从而迫使系统回到"低"状态。

因此,"工作记忆"状态对活动波动和小扰动是具有鲁棒性的,这是吸引子性质的体现。

6.5.2　实时学习视觉刺激

有趣的是,VLSI 网络能够针对合适的预设突触结构展现出强大的吸引子动力学特性,但这种突触结构绝非显而易见持续刺激引起的神经活动与塑性突触的相应变化之间的动态耦合可以自动产生"神经兴奋性蛋白",从而影响神经对刺激的反应(参见6.4.2 小节中的讨论)。如前所述,这对于理论模型很难实现,更不用说对神经形态芯片了。在本小节中,我们以简单但重要的示例演示片上网络的学习能力(Giulioni 和 Del Giudice,2011 年对此进行了非常初步的介绍)。网络结构类似于图 6.5 所示,但这里我们总共使用了 196 个兴奋性神经元和 50 个抑制性神经元。网络分布在两个相同的芯片上,在图 6.7 所示的设置中,芯片之间的连接被定义为 PCI - AER 板中的一个可写的查找表。外部刺激来自动态视觉传感器视网膜(Lichtsteiner 等,2008),该视网膜以 AER 峰值的模式编码其视野中光强度的变化。视网膜发出的尖峰信号通过 PCI - AER 板朝向芯片。整个系统实时运行,并同时监视神经活动和突触状态(同样通过 PCI - AER 板)。在 Fusi 等(2000)引入模型之后,设计了兴奋性神经元之间的塑性突触并在上文中讨论。

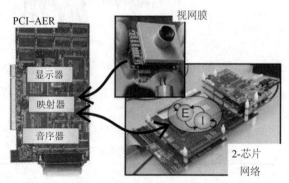

图 6.7　学习实验的硬件设置。一个 PCI - AER 板就宏观像素而言实现了递归网络中神经形态视网膜与神经元之间的映射,并管理了分布在两个芯片上的视网膜与网络之间的异步通信。经许可转载,摘自 Giulioni 和 Del Giudice(2011)

视网膜的视野被划分为 196 个宏像素,每个宏像素对应 9×9 视网膜像素的平方,每个宏像素是片上网络中单个神经元的输入源。从这个映射中可以看到网络的发射率与宏像素的几何排列相匹配(参见图 6.8 中的矩阵)。在实验开始时,所有的突触都设置为被抑制;给定一个选定的刺激结构,学习被期望选择性地增强连接对刺激共同活跃的神经元的突触。如图 6.8 所示,实验中选择了三种视觉刺激,每一种刺激都激活了网络中约四分之一的神经元(四分之一的神经元构成了背景、非选择性群体)。由于视网膜只对亮度对比的时间变化敏感,刺激呈现在视网膜上的是在白色背景上闪烁的黑点图案。未被刺激所占据的部分视野被稀疏的嘈杂背景所填充,引起硅视网膜的低活性。

学习协议包括对视网膜的视觉刺激的重复呈现,如图 6.8 所示。在同一图中,我们还报告了学习期间的网络响应和突触的演变。

在没有视觉刺激的情况下,初始网络处于低活动状态。在学习的早期阶段,当消除刺激后,网络将返回到这种低活动状态。

在反复演示后,建立了选择性的突触结构,以使成熟的网络在去除刺激后能够维持学习到的视觉模式的嘈杂但可识别的表现。从图 6.8 可以看出,对于成熟的网络($t >$ 120 s)刺激引起对选择性兴奋性亚群的快速反应;去除刺激后,选择性活动保持较高水平(由于学习产生强烈的自我激励)。高态持续超过 2 s 后,它会自发地衰减回到低态。实际上,在这样小的系统中,有限大小的波动很大,并且它们以重要的方式影响吸引子状态的稳定性。我们强调,在芯片中,不均匀性和不匹配会导致有效突触参数的广泛分散,面对这些突触参数,我们可以获得可靠的学习历史。

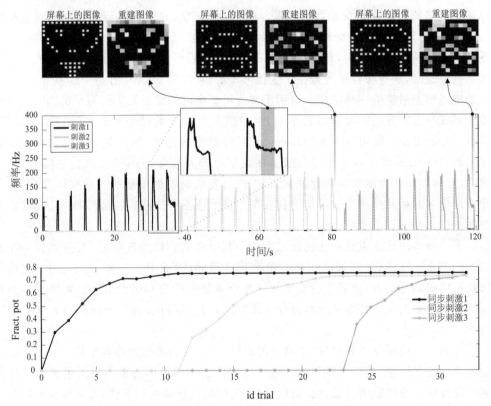

图 6.8　顶部面板:输入屏幕上显示的视觉刺激(每对左侧),并根据学习期后的网络活动对其进行重构。每次试验每 0.4 s 激活输入刺激。消除刺激后,在工作记忆阶段记录用于图像重建的数据。每个宏像素对应于网络中的一个神经元。灰度编码神经元的发射率。中部面板:由三个(正交)输入刺激激活的三个神经元组的平均发射率。下部面板:增强的突触部分,在每次学习试验之前阅读。在连接编码相同输入刺激的神经元的连接神经元中,每行报告增强的突触部分的时间过程。超过约 70% 的增强,我们观察到神经活动中的自我维持,工作记忆状态。在整个实验中,连接编码不同刺激的神经元以及将刺激编码的神经元连接到背景神经元的所有突触在整个实验过程中均保持压抑状态(未显示)

我们还证实(没有显示出来),成熟的网络显示出预期的模式完成能力:在呈现学习刺激的退化版本时,网络能够检索出与完整刺激对应的活动模式;学习对于突触矩阵初始条件的选择也是稳健的。

6.6　讨　论

本章的理论表明,在具有记忆和在线学习功能的神经形态设备中,存在一个可扩展性的基本问题。这个问题与代表突触权重的变量的边界有关,是很重要的,因为学习神经形态芯片大部分被可塑性突触占据。遗憾的是,这个问题只得到了部分解决,其结果是,目前的神经形态装置的记忆能力受到了很大的限制。在可用的最有效模型中,可存储密集记忆的数量 p 与突触数量的平方根 $\sqrt{N}$ 成正比,这足以执行各种不同且有趣的任务,但远不是在具有离线学习的神经网络中所能实现的,p 可以与 N 呈线性比例关系。在大规模神经系统中,具有在线学习功能的神经形态设备在记忆能力方面处于非常不利的地位,这些神经系统现在正变得可实现,并在第 16 章中作进一步描述。

神经形态系统的一些限制源自用于实现可塑突触的类似开关的简单机制。这种简单性不仅与生物突触的复杂性形成对比,也使得大规模的神经形态装置效率非常低。适当设计的复杂突触可以大大增加每个记忆存储的信息量(Fusi 等,2005)和可存储记忆的数量(Benna 和 Fusi,2013),缩小在线学习和离线学习的神经系统之间的差距。然而,这些类型的突触很难在硬件上实现,而且复杂的塑性突触所占的硅区非常大,因此使用更多数量的简单突触可能更有效率。目前还不清楚硅突触是否能像生物学上的突触一样从复杂性中受益。

另一种方法是在更结构化的记忆系统中利用简单的双稳态突触。记忆可以分布在大脑的多个区域,每个区域的记忆容量都是有限的(参见 Roxin 和 Fusi,2013)。这种方法可以提高记忆力,但通常需要复杂的神经系统来传递和组织信息。需要更多的理论研究来确定大规模神经系统的最佳实现策略,而且很可能每个问题都有不同的解决方案。

最后一个挑战是处理异质(电路中的不匹配)。生物系统能够容忍其动力学特征参数的巨大变化元素,甚至可以利用其组件的多样性。神经形态模拟设备也必须处理在芯片设计中不受控制的异质性。目前,电子失配具有很高的破坏性,并且极大地限制了神经形态设备的性能。将来,由不匹配产生的分集实际上将被用来执行计算,这并非不可想象。这将需要新的理论研究来理解异质性在计算中发挥的作用(参见 Shamir 和 Sompolinsky,2006)。

无论未来可塑突触模型的形式是什么,它都将适用于微电子技术的实现,并且确定对随后神经动力学的相关理论描述的限制,以及它对我们控制神经形态芯片能力的影响。我们在 6.4 节中给出了均值场理论的一个例子,它可以作为概念指南来建立一个程序,用于模型驱动的"系统识别"方法,以在芯片的参数空间中找到相关区域。然而,所显示的情况仍然很简单,因为该系统只包含少数同质种群。另一方面,具有复杂结构的突触连通性的神经系统将更需要一个导航参数空间的理论指南针,除非突触和神经元素将被赋予自调整机制,这才需要额外的复杂性。控制这些新的神经系统可能需要新的理论,才能处理复杂和高度异构的神经网络。

参考文献

[1] Amit D. Modeling Brain Function. Cambridge University Press,1989.

[2] Amit D J,Brunel N. Model of global spontaneous activity and local structured activity during delay periods in the cerebral cortex. Cereb. Cortex,1997,7(3):237-252.

[3] Amit D J,Fusi S. Constraints on learning in dynamic synapses. Netw.:Comput. Neural Syst.,1992,3(4):443-464.

[4] Amit D J,Fusi S. Learning in neural networks with material synapses. Neural Comput.,1994,6(5):957-982.

[5] Amit D J,Mongillo G. Spike-driven synaptic dynamics generating working memory states. Neural Comput.,2003,15(3):565-596.

[6] Anthony M,Bartlett P L. Neural Network Learning:Theoretical Foundations. Cambridge University Press,1999.

[7] Arthur J V,Boahen K. Learning in silicon:timing is everything //Weiss Y,Schölkopf B,Platt J. Advances in Neural Information Processing Systems 18 (NIPS). Cambridge,MA:MIT Press,2006:75-82.

[8] Babadi B,Abbott L F. Intrinsic stability of temporally shifted spike-timing dependent plasticity. PLoS Comput. Biol. 6(11),e1000961,2010.

[9] Ben Dayan Rubin D D,Fusi S. Long memory lifetimes require complex synapses and limited sparseness. Front. Comput. Neurosci.,2007,1(7):1-14.

[10] Benna M,Fusi S. Long term memory … now longer than ever. Cosyne 2013 II-1,2013:102-103.

[11] Bi G Q,Poo M M. Synaptic modifications in cultured hippocampal neurons:dependence on spike timing,synaptic strength,and postsynaptic cell type. J. Neurosci,1998,18(24):10464-10472.

[12] Block H D. The perceptron:a model for brain functioning. I. Rev. Mod. Phys. 1962,34(1):123-135.

[13] Brader J M,Senn W,Fusi S. Learning real-world stimuli in a neural network with spike-driven synaptic dynamics. Neural Comput.,2007,19(11):2881-2912.

[14] Burkitt A. A review of the integrate-and-fire neuron model:I. Homogeneous

synaptic input. Biol. Cybern. , 2006，95(1)：1-19.

［15］Buzsaki G. Rhythms of the Brain. Oxford University Press，2006.

［16］Chicca E，Fusi S. Stochastic synaptic plasticity in deterministic aVLSI networks of spiking neurons// Rattay F. Proceedings of the World Congress on Neuroinformatics. ARGESIM/ASIM Verlag，Vienna. ，2001：468-477.

［17］Dayan P，Abbott L F. Theoretical Neuroscience. MIT Press，2001.

［18］Del Giudice P，Fusi S，Mattia M. Modelling the formation of working memory with networks of integrate-and-fire neurons connected by plastic synapses. J. Physiol. Paris，2003，97(4-6)：659-681.

［19］Freeman W J. Evidence from human scalp EEG of global chaotic itinerancy. Chaos，2003，13(3)，1067-1077.

［20］Fusi S. Hebbian spike-driven syna pticplasticity for learning patterns of mean firing rates. Biol. Cybern. ，2002，87(5-6)：459-470.

［21］Fusi S. Spike-driven synaptic plasticity for learning correlated patterns of mean firing rates. Rev. Neurosci，2003，14(1-2)：73-84.

［22］Fusi S，Abbott L F. Limits on the memory storage capacity of bounded synapses. Nat. Neurosci. ，2007，10(4)：485-493.

［23］Fusi S，Senn W. Eluding oblivion with smart stochastic selection of synaptic updates. Chaos，2006，16(2)：026112.

［24］Fusi S，Annunziato M，Badoni D，et al. Spike-driven synaptic plasticity：theory，simulation，VLSI implementation. Neural Comput. ，2000，12(10)：2227-2258.

［25］Fusi S，Drew P J，Abbott L F. Cascade models of synaptically stored memories. Neuron，2005，45(4)：599-611.

［26］Gerstner W，Kempter R，van Hemmen J L，et al. A neuronal learning rule for sub-millisecond temporal coding. Nature，1996，383(6595)：76-81.

［27］Giulioni M，Del Giudice P. A distributed VLSI attractor network learning visual stimuli in real time and performing perceptual decisions //Apolloni B，Bassis S，Esposito A. Frontiers in Artificial Intelligence and Applications—Proceedings of WIRN 2011. IOS press，2011：344-352.

［28］Giulioni M，Camilleri P，Mattia M，et al. Robust working memory in an asynchronously spiking neural network realized with neuromorphic VLSI. Front. Neuromorphic Eng. ，2011，5：149.

［29］Graupner M，Brunel N. Calcium-based synaptic plasticity model explains sensitivity of synaptic changes to spike pattern，rate，and dendritic location. Proc. Natl. Acad. Sci. USA，2012，109(10)：3991-3996.

［30］Gütig R，Sompolinsky H. The tempotron：a neuron that learns spike timing-based decisions. Nat. Neurosci. ，2006，9(3)：420-428.

[31] Hebb D O. The Organization of Behavior: A Neuropsychological Theory. New York: Wiley, 1949.

[32] Hertz J, Krogh A, Palmer R G. Introduction to the Theory of Neural Computation. Addison Wesley, 1991.

[33] Hinton G, Sejnowski T J. Unsupervised Learning: Foundations of Neural Computation. Cam-bridge, MA: MIT Press, 1999.

[34] Hopfield J J. Neural networks and physical systems with emergent selective computational abilities. Proc. Natl. Acad. Sci. USA, 1982, 79(8): 2554-2558.

[35] Legenstein R, Naeger C, Maass W. What can a neuron learn withspike-timing-dependent plasticity ? Neural Comput., 2005, 17(11): 2337-2382.

[36] Levy W B, Steward O. Temporal contiguity requirements for long-term associative potentiation/depression in the hippocampus. Neuroscience, 1983, 8(4): 791-797.

[37] Lichtsteiner P, Posch C, Delbrück T. A 128 × 128 120 dB 15 μs latency asynchronous temporal contrast vision sensor. IEEE J. Solid-State Circuits, 2008, 43(2): 566-576.

[38] Markram H, Lubke J, Frotscher M, et al. Regulation of synaptic efficacy by coincidence of postsynaptic APs and EPSPs. Science, 1997, 275(5297): 213-215.

[39] Minsky M L, Papert S A. Perceptrons. Cambridge: MIT Press, 1969. Expanded edition 1988.

[40] Nägerl U V, Köstinger G, Anderson J C, et al. Protracted synaptogenesis after activity-dependent spinogenesis in hippocampal neuron. J. Neurosci., 2007, 27 (30): 8149-8156.

[41] O'Connor D H, Wittenberg G M, Wang S S H. Graded bidirectional synaptic plasticity is composed of switch-like unitary events. Proc. Natl. Acad. Sci. USA, 2005, 102(27): 9679-9684.

[42] Pannunzi M, Gigante G, Mattia M, et al. Learning selective top-down control enhances performance in a visual categorization task. J. Neurophys., 2012, 108 (11): 3124-3137.

[43] Parisi G. A memory which forgets. J. Phys. A., 1986, 19: L617.

[44] Petersen C C H, Malenka R C, Nicoll R A, et al. All-or-none potentiation at CA3-CA1 synapses. Proc. Natl. Acad. Sci. USA, 1998, 95(8): 4732-4737.

[45] Renart A, Brunel N, Wang X. Mean-field theory of irregularly spiking neuronal populations and working memory in recurrent cortical networks //Maass W, Bishop C M. Computational Neuroscience: A Comprehensive Approach. Chapman and Hall/CRC, 2004: 431-490.

[46] Renart A, de la Rocha J, Bartho P, et al. The asynchronous state in cortical circuits. Science. , 2010, 327(5965): 587-590.

[47] Rosenblatt F. The perceptron: a probabilistic model for information storage and organization in the brain. Psychol. Rev. , 1958, 65(6): 386-408. Reprinted in: Anderson J A, Rosenfeld E. Neurocomputing: Foundations of Research.

[48] Rosenblatt F. Principles of Neurodynamics. New York: Spartan Books, 1962.

[49] Roxin A, Fusi S. Efficient partitioning of memory systems and its importance for memory consolidation. PLoS Comput. Biol. , 2013, 9(7), e1003146.

[50] Sejnowski T J. Storing covariance with nonlinearly interacting neurons. J. Math. Biol. , 1977, 4: 303-321.

[51] Senn W, Fusi S. Convergence of stochastic learning in perceptrons with binary synapses. Phys. Rev. E. Stat Nonlin. Soft Matter Phys. , 2005a, 71(6Pt 1), 061907.

[52] Senn W, Fusi S. Learning only when necessary: better memories of correlated patterns in networks with bounded synapses. Neural Comput. 2005b, 17(10): 2106-2138.

[53] Shamir M, Sompolinsky H. Implications of neuronal diversity on population coding. Neural Comput. , 2006, 18(8): 1951-1986.

[54] Shouval H Z, Wang S S, Wittenberg G M. Spike timing dependent plasticity: a consequence of more fundamental learning rules. Front. Comput. Neurosci. , 2010, 4(19): 1-13.

[55] Sjöström P J, Turrigiano G G, Nelson S B. Rate, timing, and cooperativity jointly determine cortical synaptic plasticity. Neuron, 2001, 32(6): 1149-1164.

[56] Sompolinsky H. Neural networks with non-linear synapses and static noise. Phys. Rev. A, 1986, 34: 2571.

[57] Song S, Abbott L F. Cortical development and remapping through spike timing-dependent plasticity. Neuron, 2001, 32(2): 339-350.

[58] Song S, Miller K D, Abbott L F. Competitive Hebbian learning through spike-timing-dependent synaptic plasticity. Nat. Neurosci. , 2000, 3(9): 919-926.

[59] Sutton R S, Barto A G. Reinforcement learning: an introduction. MIT Press, 1998.

[60] Tsodyks M. Associative memory in neural networks with binary synapses. Mod. Phys. Lett. , 1990, B4: 713-716.

[61] van Vreeswijk C, Sompolinsky H. Chaotic balanced state in a model of cortical circuits. Neural Comput. , 1998, 10(6): 1321-1371.

[62] Vogels T P, Rajan K, Abbott L F. Neural network dynamics. Annu. Rev. Neurosci. , 2005, 28(1): 357-376.

第二部分
建立神经形态系统

第 7 章　硅神经元

树突状

体细胞

轴突

该图显示了猫的第 6 层神经元的重建，其中树突和细胞体为灰色，轴突和突触小体为黑色。经 Nuno da Costa、John Anderson 和 Kevan Martin 许可转载

　　第 2 章介绍的事件驱动的通信电路，第 3 章和第 4 章描述的传感器以及第 6 章描述的学习规则都涉及尖峰神经元的使用。尖峰神经元有许多不同的模型，并且有许多使用电子电路实现它们的方法。在本章中，我们介绍了此类神经形态电路的代表性子集，展示了遵循不同电路设计方法的简单模型和生物学上可靠模型的实现。

7.1　简　介

　　生物神经元是大脑网络的主要组成部分。这些细胞的神经元膜具有活性电导，可控制各种离子反转电位之间的离子电流和膜电容上的膜电压。这些活性电导通常对跨膜电位或特定离子的浓度敏感。如果这些特定离子的浓度或电压发生足够大的变化，则在轴突丘上产生电压脉冲，轴突丘是与轴突相连的体细胞的特殊区域。这种脉冲称为"尖峰"或"动作电位",沿着细胞的轴突传播,并在到达突触前末端时激活与其他神经元的突触连接。神经形态硅神经元(SiNs)(Indiveri 等,2011)是互补的金属氧化物半导体(CMOS),超大规模集成(VLSI)电路,可模拟生物神经元的电生理特性。该仿真使用与传统生物神经元的数字数值仿真相同的组织技术。根据仿真的程序和复杂性,可以实现不同类型的神经元电路,范围从简单的集成-发射(I&F)模型到完全基于电导模型功能的复杂电路的实现。

基于峰值的神经元计算模型对于研究峰值时序在计算神经科学领域的作用以及在神经形态工程领域实现事件驱动的计算系统都非常有用。在这种情况下,相关研究人员已经研发了几种基于尖峰的神经网络模拟器,并且许多研究都集中在用于模拟尖峰神经网络的软件工具和策略上(Brette 等,2007)。数字工具和模拟器对于探索神经网络的定量行为非常实用且方便。但是,它们对于实现实时行为系统或神经系统的大型仿真并不理想。即使是使用并行图形处理单元(GPUs)或现场可编程门阵列(FPGAs)的最新超级计算系统或定制数字系统,在运行足以容纳多个皮质的仿真时也无法获得实时性能。相反,使用 SiN 的神经系统的硬件仿真可以实时运行,并且网络的速度与神经元的数量或者它们的耦合无关。SiN 提供了一种可以在硬件中直接模拟神经元网络的介质,而不仅仅是在通用计算机上进行简单模拟的介质。与在通用计算机或定制数字集成电路上执行的仿真相比,它们具有更高的能源效率,因此它们适用于实时大规模神经仿真(Schemmel 等,2008;Silver 等,2007)。另一方面,SiN 电路仅提供数字模拟神经元精确性能的定性近似,因此对于详细的定量研究而言,它们并不是理想的选择。SiN 电路的明显优势是调查有关系统与其环境之间的严格实时交互的问题(Indiveri 等,2009;Le Masson 等,2002;Mitra 等,2009;Vogelstein 等,2007)。在这种情况下,为实现这些实时、低功耗神经形态系统而设计的电路可以用于为实际应用构建硬件、受大脑启发的计算解决方案。

SiN 回路是实现神经形态系统的主要构建模块之一。在最初的定义中,术语"神经形态"仅限用于与神经系统(例如,硅神经元电路,利用硅的物理介质直接复制神经细胞的生物物理)相同的物理计算原理进行操作的模拟 VLSI 电路集,现在其定义已经扩展到包括神经处理系统的模拟/数字硬件实现,以及基于尖峰的感觉处理系统。现在已经提出了许多不同类型的 SiN,它们可以在许多不同的级别上对真实神经元的属性进行建模:从模拟离子通道动力学和详细的树突或轴突形态的复杂生物物理模型到基本的集成-发射(I&F)电路。取决于感兴趣的应用领域,SiN 电路可以或多或少的复杂,将大量的神经元阵列全部集成在同一芯片上,或者将单个神经元在单个芯片上实现,或者将神经元的某些元素分布在多个芯片上。

从功能上来看,硅神经元都可以被描述为具有一个或多个负责接收来自其他神经元的尖峰并随着时间的推移将其积分并将其交换为电流的突触模块的电路,一个负责输入信号的时空积分以及输出模拟动作电位和/或数字尖峰事件的生成体细胞块。此外,突触和体细胞块都可以连接到对神经元的空间结构建模,以及分别在树突和轴突中进行信号处理电路的实现(见图 7.1)。

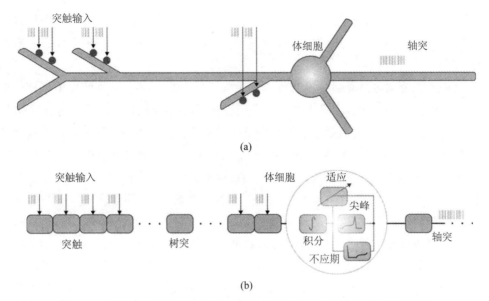

图 7.1　(a)神经模型图,突出显示主要计算元素;(b)对应的 SiN 电路模块

(1) 突　触

SiN 的突触电路可以对输入峰值进行线性和非线性积分,并具有详细的时间动态特性以及短期和长期可塑性机制。硅突触的时间积分电路,以及负责将电压尖峰转换为兴奋性或抑制性突触后电流(分别为 EPSCs 或 IPSCs)的电路,与体细胞和适应模块中使用的元件共享许多共同的元素(参见第 8 章)。

(2) 体细胞

SiN 的体细胞模块可以进一步细分为几个功能子块,这些功能子块反映了它们所实现的理论模型的计算特性。通常,SiN 包括以下一个或多个阶段:(线性或非线性)时间积分块、尖峰生成块、不应期块、尖峰频率或尖峰阈值自适应块。可以使用不同的电路设计技术和样式来实现这些功能子块中的任何一个。根据所使用的功能子块及其组合方式,生成的 SiN 可以实现从简单的线性阈值单元到复杂的多模块模型的各种神经元模型。

(3) 树突和轴突

树突和轴突电路模块可用于实现建模信号沿着被动神经纤维(Koch,1999)传播的电缆方程。这些电路允许这种考虑神经元空间结构的多室神经元模型设计。我们将在 7.2.5 小节中通过示例来描述此类电路。

7.2　硅神经元电路块

7.2.1　电导动力学

时间整合

研究表明,对神经元传导动力学和突触传输机制进行建模的一种有效方法是使用

公式为 $\tau \dot{y} = -y + x$ 的简单一阶微分方程,其中 y 表示输出电压或电流,x 表示输入驱动力(Destexhe 等,1998)。例如,该方程式控制着神经膜中所有被动离子通道的行为。

跟随器-积分器电路是对神经形态 VLSI 器件中可变电导建模的标准电压模式的电路。跟随器-积分器包括以负反馈模式配置的跨导放大器,其输出节点连接到电容器。在弱反型域中使用时,该跟随器-积分器电路表现为具有可调电导的一阶低通滤波器(LPF)(Liu 等,2002)。Mahowald 和 Douglas(1991)提出的硅神经电路就使用一系列跟随器-积分器来模拟钠、钾及其他蛋白质通道动力学。该电路将在 7.3.1 小节中简要介绍。另一种方法是使用电流模式设计。在这一领域,一种用于实现一阶微分方程的有效策略是使用对数域电路(Tomazou 等,1990)。例如,Drakakis 等(1997)展示了被称为"伯努利细胞"(Bernoulli-Cell)的对数域电路如何在硅神经元设计中有效地实现突触和电导动力学。该电路已在 Drakakis 等人(1997)的文章中得到了充分描述,并已用于实现神经元的 Hodgkin-Huxley VLSI 模型(Toumazou 等,1998)。类似的电路还有 Tau-Cell(Tau 细胞)电路,如图 7.2(a)所示。该电路最初在 Edwards 和 Cauwenberghs(2000)的论文中提出,作为 BiCMOS 对数域滤波器,van Schaik 和 Jin(2003)在文中将其作为亚阈值对数域电路进行了充分表征,Yu 和 Cauwenberghs(2010)在文中用其实现基于电导的突触。之后,该电路还用于实现 Mihalas-Niebur 神经元模型(van Schaik 等,2010b)和 Izhikevich 神经元模型(Rangan 等,2010;van Schaik 等,2010a)。

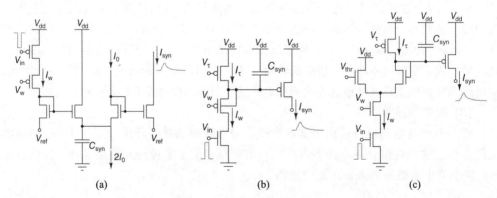

(a)　　　　　　　　　(b)　　　　　　　　　(c)

图 7.2　对数域积分器电路。(a)用于实现一阶低通滤波器(LPF)的亚阈值对数域电路;(b)"Tau 细胞"电路:可替代的一阶 LPF 设计;(c)"DPI"电路:非线性电流模式 LPF 电路

图 7.2(b)展示了一个可替代的对数域电路,可充当基本的低通滤波器(LPF)。基于 Frey(1993)最初提出的滤波器设计,该电路用作电压脉冲积分器,对到达 V_{in} 的输入尖峰进行积分,以产生具有指数上升时间和下降时间动态变化的输出电流 I_{syn}。LPF 电路的时间常数可以通过调整 V_{τ} 偏置来设置,最大电流幅度(例如对应于突触功效)

取决于 V_τ 和 V_w。Bartolozzi 和 Indiveri（2007）在文中对此电路进行了详细分析。图 7.2(c) 所示的差分对积分器（DPI）是类似于 LPF 脉冲积分器的非线性电路。该电路按照电流模式对电压脉冲进行积分，但不是使用单个 pFET 通过跨线性原理（Gilbert，1975）产生适当的 I_w 电流，而是使用负反馈配置中的差分对。这使得电路可以实现具有可调动态电导的 LPF 功能：积分输入电压脉冲以产生输出电流，该输出电流的最大幅度由 V_w、V_τ 和 V_{thr} 设定。

在图 7.2 所示的电路中，可以通过局部电路设置 V_w 偏差（突触权重）以实现学习和可塑性（Fusi 等，2000；Mitra 等，2009）。但是，DPI 通过 V_{thr} 偏置提供了额外的自由度。此参数可用于实施其他适应和可塑性方案，例如固有或稳态可塑性（Bartolozzi 和 Indiveri，2009）。

7.2.2　尖峰事件生成

即使在产生动作电位时，神经元的生物物理实现也会产生连续且平滑的模拟波形。但是，在许多其他神经元模型（例如 I&F 模型）中，动作电位是不连续且离散的事件，只要超过设置的阈值，就会产生该事件。

Axon-hillock 电路（Mead，1989）是为了在 VLSI 中实现 I&F 神经元模型而提出的原始电路之一。图 7.3(a) 所示为该电路的示意图。通常使用两个串联的反相器来实现放大器模块 A。输入电流 I_{in} 集成在薄膜输入电容 C_{mem} 上，并且模拟电压 V_{mem} 线性增加，直至达到放大器的开关阈值为止（见图 7.3(b)）。此时，V_{out} 迅速从 0 变为 V_{dd}，复位晶体管开通，并由 C_{mem} 和反馈电容 C_{fb} 实现电容分压器激活正反馈。由该正反馈引起的膜电压变化为

$$\Delta V_{mem} = \frac{C_{fb}}{C_{mem} + C_{fb}}$$

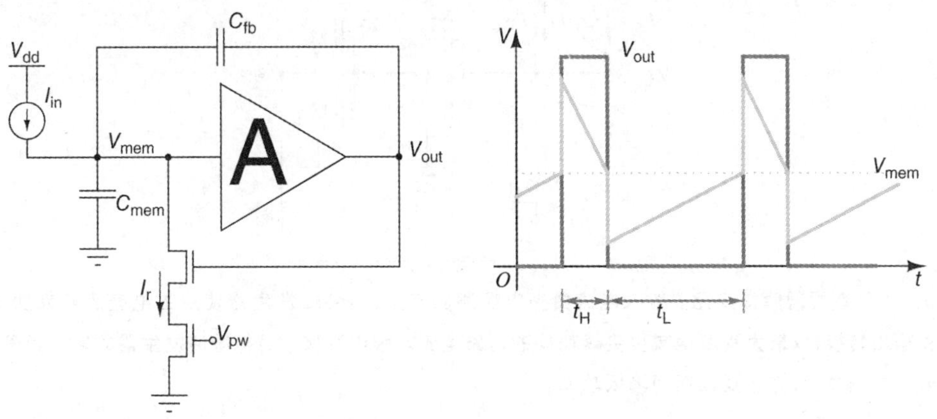

(a)　　　　　　　　　　　　　　(b)

图 7.3　Axon-hillock 电路。(a) 示意图；(b) 随时间变化的膜电压和输出电压轨迹

如果由 V_{pw} 设置的复位电流大于输入电流,则薄膜电容器将放电,直到再次达到放大器的开关阈值为止。在这一点上,V_{out} 摆动回零,并且膜电压沿相反方向经历相同的变化(见图 7.3(b)的 V_{mem} 迹线)。

尖峰时间间隔 t_L 与输入电流成反比,而脉冲持续时间 t_H 则取决于输入电流和复位电流:

$$t_L = \frac{C_{fb}}{I_{in}}V_{dd}, \quad t_H = \frac{C_{fb}}{I_r - I_{in}}V_{dd}$$

Mead(1989)在文中完整描述了电路操作。这种自复位神经元的主要优点之一是产生于正反馈机制,它具有出色的匹配特性:失配主要取决于电容器的匹配特性,而不是其任何晶体管。另外,正反馈使电路对噪声和尖峰阈值附近的小波动具有鲁棒性。

在这些类型的电路中,实现正反馈的另一种方法是复制放大器产生的电流,以产生一个尖峰回到积分输入节点上。该方法首次提出是在实现章鱼视网膜模型的视觉传感器中(Culurciello 等,2003)。图 7.4 所示是实现这种正反馈类型的模拟硅神经元电路。当膜电压 V_{mem} 接近逆变器 M_{A1} - M_{A3} 的开关阈值时,流经它的电流被复制并通过电流镜 M_{A1} - M_{A4} 送回到 V_{mem} 节点。pFET M_{A5} 用于延迟正反馈效应并避免振荡,而 nFET M_{R3} 用于重置神经元。除了消除峰值附近的波动外,该机制还大大降低了功耗:第一个逆变器处于导通状态(所有 nFET 和 pFET 都处于活动状态),用时非常短(例如,纳秒至微秒级),即使膜电位变化非常缓慢(例如,在毫秒到秒的时间范围内)。

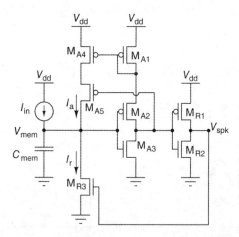

图 7.4　章鱼视网膜神经元。输入电流由光电探测器产生,而尖峰发生器使用正电流反馈来加速输入和输出转换,以最大程度地减少尖峰期间的短路电流。膜电容(C_{mem})与脉冲发生器的输入断开,以进一步加速过渡,并在复位期间降低功率

7.2.3　尖峰阈值和不应期

当膜电压超过电压阈值时,Axon - hillock 电路会产生尖峰事件,该阈值取决于晶

体管的几何形状和 VLSI 工艺特性。为了更好地控制尖峰阈值,可以使用一个五晶体管放大器,如图 7.5(a)所示。该神经元电路最先出现在 van Schaik(2001)的文中,包括用于设置明确的尖峰阈值和实施明确的不应期电路。图 7.5(b)显示了在产生动作电位期间膜电压 V_{mem} 各个阶段的变化。

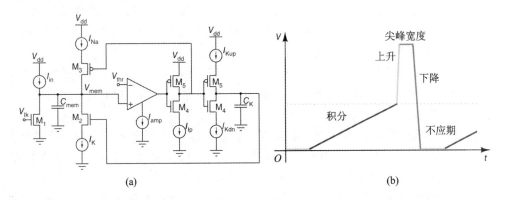

图 7.5 电压放大器 I&F 神经元。(a)示意图;(b)膜电压随时间变化的曲线

该电路的电容 C_{mem} 模拟了生物神经元的膜,而膜泄漏电流由 nFET 的栅极电压 V_{lk} 控制。在没有任何输入的情况下,膜电压被泄漏电流下拉至静止电位(地,这种情况下)。兴奋性输入(例如,由 I_{in} 建模)给膜电容充电,而抑制性输入(未示出)给膜电容放电。如果注入的刺激电流大于泄漏电流,则膜电位 V_{mem} 将从其静止电位提高。电压 V_{mem} 使用基本跨导放大器将其与阈值电压 V_{thr} 进行比较(Liu 等,2002);如果 V_{mem} 超过 V_{thr},则产生动作电位。动作电位的产生与生物神经元产生的方法类似,其中钠电导增大会导致峰值上升,而钾电导的延迟上升会导致峰值下降。在电路中建模如下:当 V_{mem} 上升到 V_{thr} 以上时,比较器的输出电压将上升到正的电源电压值。因此,随后的逆变器的输出将变低,从而使钠电流 I_{Na} 上拉膜电位。然而,与此同时,第二逆变器将允许电容 C_K 以可由电流 I_{Kup} 控制的速度充电。一旦 C_K 上的电压高至允许 nFET M_2 导通,钾电流 I_K 就能够释放膜电容电荷。钾通道的打开和关闭有两种不同的钾电流:电流 I_{Kup} 控制尖峰宽度,因为钠通道打开和钾通道打开之间的延迟与 I_{Kup} 成反比。如果现在 V_{mem} 降至 V_{thr} 以下,则第一个逆变器的输出将变为高电平,从而切断电流 I_{Na};此外,第二个逆变器将允许 C_K 通过电流 I_{Kdn} 放电;如果 I_{Kdn} 较小,则 C_K 上的电压只能缓慢下降,并且只要该电压保持足够高的水平以允许 I_K 释放膜,就不可能以小于 I_K 的 I_{in} 值刺激神经元。因此,I_{Kdn} 控制神经元的不应期。

这种设计用于控制尖峰阈值的原理已在类似的 SiN 实现中使用(Indiveri,2000;Indiveri 等,2001;Liu 等,2001)。类似地,在 7.3.2 小节中描述的 DPI 神经元中也使用了电流受限型反相器(反相放大电路,其中电流受到适当偏置的 MOSFET 限制的反相放大器)和电容来实现不应期的原理。

与 Axon-hillock 电路相比,该电路的另一个优势是功耗:Axon-hillock 电路非反相放大器包括两个串联的反相器,为慢输入信号消耗大量功率。当其输入电压 V_{mem} 缓慢超过开关阈值时,会长时间处于完全导通状态(nFET 和 pFET 同时导通)。其他 SiN 设计也解决了功耗问题,这些将在7.3.1 小节中讨论。

7.2.4　尖峰频率自适应和自适应阈值

尖峰频率自适应是在各种神经系统中都能观察到的一种机制。它的作用是响应不断地输入刺激以逐渐降低神经元的发射率。该机制在神经信息处理中具有重要作用,并且可减少包括硅神经元网络 VLSI 系统中的功耗和带宽使用。

有几种过程可以产生尖峰频率自适应。在这里,我们将重点介绍神经元的内在机制,该机制会产生缓慢的离子电流,并且每个动作电位都会从输入中减去。在许多 SiN 中,这种"负反馈机制"的模型都不一样。

在 SiN 中实现尖峰频率自适应的最直接的方法是对 SiN 自身产生的尖峰进行积分(例如,使用 7.2.1 小节中描述的滤波策略之一),然后从膜电容中减去产生的电流。这将模拟真实神经元中存在钙依赖性超极化后钾电流的影响(Connorset 等,1982),并在第二个模型中引入较低的变量,除了膜电位变量外,还可以有效地产生不同的尖峰行为。图 7.6(a)显示了在实现恒定输入电流的情况下,采用该机制实现的 SiN 的测量结果(Indiveri,2007)。

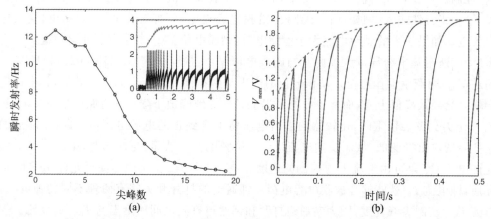

图 7.6　尖峰频率自适应是一种 SiN。(a)负离子电流缓慢机制:尖峰数与瞬时发射率的关系曲线。插图显示,单个峰值如何随时间增加其尖峰间的间隔。© 2003 IEEE。经许可转载,摘自 Indiveri (2007)。(b)自适应阈值机制:神经元的尖峰阈值随着每个尖峰的增加而增加,因此尖峰间的间隔随时间而增加

如 Mihalas-Niebur 神经元模型(Mihalas 和 Niebur,2009)所述,尖峰频率自适应和其他更复杂的尖峰行为也可以通过具有自适应阈值的模型来建模。在此模型中,一个简单的一阶方程用于基于膜电压变量本身来更新神经元的尖峰阈值电压:对于较高的膜电压值,尖峰阈值会向上调整,从而增加了恒定输入的尖峰之间的时间。另一方面,较低的膜电压值会导致尖峰阈值电压降低。阈值在此模型中适应的速度取决于某些参数。这些参数的调整确定了 SiN 表现出来的尖峰行为类型。图 7.6(b)显示了使用自

适应阈值的尖峰频率自适应。在这里,每次神经元出现尖峰时,阈值电压都会重置为更高的值,以致膜电压必须增加更大的量,尖峰之间的时间会因此增加。

将在 7.3 节中介绍这些机制中的二态变量 SiN 的示例。

7.2.5　轴突和树突树

一些实验表明,单个树状分支可以视为独立的计算单位。单个神经元可以视为多层计算网络,具有单独分离的树枝状分支,允许在合并其输出之前对不同分支上的不同输入集进行并行处理(Mel,1994)。

早期的 VLSI 树突系统通过开关电容器电路来实现树突电阻,尤其包括了树突状的无源电缆电路模型(Northmore 和 Elias,1998;Rascheand Douglas,2001)。其他研究者随后将一些有源通道整合到 VLSI 树突隔室中(例如 Arthur 和 Boahen,2004)。Farquhar 等(2004)使用晶体管通道方法来建立离子通道,以沿着树突长度建造有源性树状晶体模型,其中离子可沿着树突的长度扩散(Hasler 等,2007)。他们使用亚阈值MOSFET 来实现沿膜和跨膜看到的电导,并将扩散建模为离子流的宏观传输方法。生成的一维电路类似于 Hynna 和 Boahen(2006)在文中描述的扩散器电路,但允许对每个 MOSFET 的电导进行单独编程,以获得所需的神经元特性。Hasler 等(2007)和Nease 等(2012)在文中展示了 aVLSI 主动树突模型如何沿均匀直径的电缆在每五个分段的活动通道产生动作电位。

Wang 和 Liu(2010)构建了具有可重构树突结构的 aVLSI 神经元,该树结构既包括单个计算单元,又包括不同的空间滤波电路(见图 7.7)。使用该 VLSI 原型,他们证明了树突成分的响应可以描述为输入时间同步和空间聚类的非线性 S 型函数。该响应函数意味着可以根据输入的时空模式来诱发神经元中的线性或非线性计算(Wang 和Liu,2013)。他们还将工作扩展到具有 3×32 树突状隔室的二维神经元阵列,并证明了树突状非线性如何有助于神经元计算,例如减少了在体细胞中结合时不同隔室引起的失配所产生的响应变异的积累,并减少了输出尖峰的时序抖动(Wang 和 Liu,2011)。

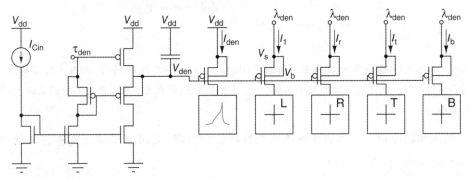

图 7.7　连接隔室的树突状膜回路和电缆回路。"＋"表示相邻的隔室。I_{den} 流入的模块与图 7.10 (a)中的电路相似

7.2.6　其他有用的构建基块

1. 数字- MOS

像 MOS 晶体管一样工作但具有数字可调系数 W/L 的电路在神经形态 SiN 电路中非常有用,用于提供加权电流或进行校准以补偿失配。图 7.8 显示了基于 MOS 梯形结构的可能电路实现方式(Linares-Barranco 等,2003)。在该示例中,5 位控制字 $b_4 b_3 b_2 b_1 b_0$ 用于设置有效比 $(W/L)_{eff}$。由于流过每个分支的电流差异很大,因此该电路没有唯一的时间常数。此外,流过低位分支的小电流将非常缓慢地稳定到稳态值,因此,此类电路不应被高速开关,而应用于提供直流偏置电流。该电路已用于基于空间的对比度视网膜(Costas-Santos 等,2007)和事件驱动的卷积芯片(Serrano-Gotarredona 等,2006,2008)中的电荷包 I&F 神经元,用于失配校准。

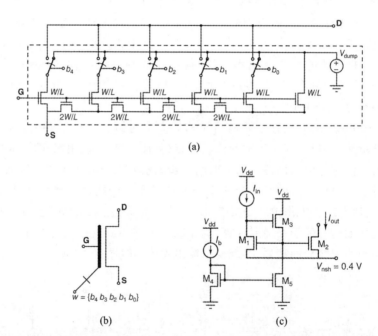

图 7.8　(a)Digi - MOS 电路:具有数字有效比 $(W/L)_{eff}$ 的 MOS 晶体管,基于 MOS 梯形结构的 5 位控制字实现示例。(b)Digi - MOS 电路符号。(c)极低电流镜:具有负栅极至源极偏压的电路,用于复制极低电流

使用相同原理但晶体管排列不同的替代设计方案,其可用于需要高速开关的应用(Leñero Bardallo 等,2010)。

2. 超低电流镜

通常,可以在常规电路中处理的最小电流受 MOS"截止亚阈值电流"的限制,该阈值电流是 MOS 晶体管的栅极至源极电压为零时传导的电流。但是,MOS 器件可以在

该极限以下很好地工作(Linares-Barranco 和 Serrano-Gotarredona,2003)。要使 MOS 晶体管正确地工作于该极限以下,就需要用负的栅极电压对它们进行偏置,如图 7.8 (c)的电流镜电路所示。晶体管 M_1 - M_2 构成电流镜,假定电流 I_{in} 非常小(pA 或 fA),远低于"截止亚阈值电流",因此,晶体管 M_1 和 M_2 需要负的栅极到源极电压。使用电压电平转换器 M_4 - M_5 并将 M_1 - M_2 的源极电压连接至 V_{nsh} = 0.4 V,可将镜面偏置为负栅极-源极电压。该技术已被应用于构建超低频紧凑型振荡器和滤波器(Linares-Barranco 和 Serrano-Gotarredona,2003),以及在空间对比度视网膜中执行像素内直接光电流操作(Costas-Santos 等,2007)。

7.3 硅神经元实现

现在,我们将使用 7.2 节介绍的电路和技术来描述硅神经元的实现。我们通过以下方式组织了各种电路解决方案:亚阈生物物理模型;事件驱动系统的紧凑型 I&F 电路;广义 I&F 神经元电路;高于阈值、加速时间的开关电容器和数字设计。

7.3.1 亚阈生物物理现实模型

本小节中描述的 SiN 设计类型利用了生物通道中的离子传输与晶体管通道中的电荷载流子之间的生物物理等效性。Mahowald 和 Douglas(1991)在描述基于经典电导的 SiN 实现中,使用五晶体管跨导放大器电路对离子电导建模(Liu 等,2002)。Farquhar 和 Hasler(2005)在文中展示了如何使用在亚阈值域内操作的单个晶体管对离子通道进行建模。通过使用双晶体管电路,Hynna 和 Boahen(2007)在文中展示了如何实现门控变量的复杂热力学模型(参见 7.2.1 小节)。通过使用图 7.10(a)的门控变量电路的多个实例,可以构建丘脑中继神经元的生物物理可靠模型。

1. 基于电导的神经元

该电路可能代表了第一个基于电导的硅神经元。它最初是由 Mahowald 和 Douglas(1991)提出的,它由相连的隔室组成,每个隔室由模拟特定离子电导的模块化子电路组成。这些类型的电路的动力学在本质上类似于 Hodgkin-Huxley 机制,而无须执行它们的特定方程式。具体的硅神经元电路如图 7.9 所示。

在该电路中,膜电容 C_{mem} 连接到实现电导项的跨导放大器,该电导项的大小由偏置电压 G_{leak} 调制。被动泄漏的电导将膜电位与膜可渗透的离子电位耦合(泄漏)。类似的策略用于实现有源钠和钾电导电路。在这些情况下,使用配置为简单的一阶 LPF 的跨导放大器来模拟电导的动力学;使用电流镜减去钠活化和失活变量(I_{Naon} 和 I_{Naoff}),而不是像 Hodgkin - Huxley 形式一样将它们相乘。附加的电流镜对钠和钾电导信号进行半波整流,因此它们永远不会为负。

使用这些原理还实现了其他几个电导模块,例如,用于持续钠电流、各种钙电流、钙依赖性钾电流、钾 A 电流、非特异性泄漏电流和异质(电极)电流的模块。原型电路可以用各种方法修改,以模拟所需离子电导的某一特性(例如,它的反转电位)。例如,某些电导对钙浓度而不是膜电压敏感,并且需要代表游离钙浓度的单独电压变量。

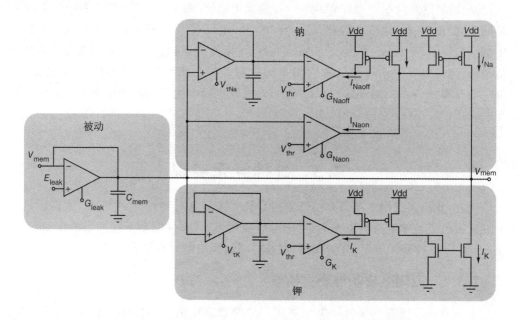

图 7.9　基于电导的硅神经元。"被动"模块执行的电导项可模拟神经元的被动泄漏行为:在没有刺激的情况下,膜电位 V_{mem} 遵循一阶 LPF 动力学泄漏到 E_{leak}。"钠"模块实现了钠激活和灭活电路,这些电路重现了在真实神经元中观察到的钠电导动力学。"钾"模块实现了可重现钾电导动力学的电路。偏置电压 G_{leak}、$V_{\tau Ha}$ 和 $V_{\tau K}$ 决定神经元的动态特性,而 G_{Naon}、G_{Naoff}、G_K 和 V_{thr} 用于设置硅神经元的动作电位特性

2. 丘脑中继神经元

塑造神经元输出活动的许多膜通道均表现出动力学特性,可以通过一系列依赖电压的门控粒子的状态变化来表示,这些通道必须打开才能导通。这些粒子的状态转变可以在热力学等效模型的背景下理解(Destexhe 和 Huguenard,2000):膜电压产生能量屏障,门控粒子(带电分子)必须克服能量势垒才能改变状态(例如,打开)。膜电压的变化可调节能量屏障的大小,从而改变门控粒子的开关速度。通道的平均电导率与开放的单个通道的总体百分比成正比。

由于晶体管还涉及带电粒子在电场中的运动,因此晶体管电路可以直接代表一组门控粒子的作用(Hynna 和 Boahen,2007)。图 7.10 显示了门控变量的热力学模型,图 7.10(a)中的晶体管 M_2 的漏极电流表示门控。电压 V_O 控制 M_2 中能量屏障的高度:V_O 增大会增加打开率,u_V 向 u_H 转移。V_C 增大具有相反的效果:闭合速率增加,u_V 将向 u_L 转移。通常,V_O 和 V_C 是负相关的。也就是说,随着 V_O 的增加,V_C 应该减小。

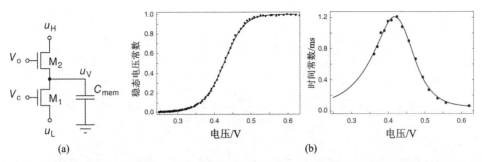

图 7.10　门控变量的热力学模型。(a)门控变量电路;(b)、(a)中变量电路的稳态电压常数和时间常数。有关详细信息,请参见 **Hynna** 和 **Boahen**(2007)

M_2 的源 u_V 是门控变量 u 的对数域表示。将 u_V 附加到第三晶体管(未显示)的栅极可实现变量 u 对 u_H 的调控。连接成简单的激活通道,V_O 与膜电压成正比(Hynna 和 Boahen,2007),稳态电压依赖性和 u 时间常数(通过输出晶体管测量)通常与 S 形曲线和钟形曲线匹配在神经生理学中进行测量,见图 7.10(b)。

丘脑中继神经元具有一个低阈值的钙通道(也称为 T 通道)和一个缓慢的失活变量,该变量在较高电压时会关闭,在较低电压时会打开。T 通道可以使用快速激活变量来实现,也可以使用图 7.10 的门控变量电路来实现。图 7.11(a)显示了一个带有 T 沟道电流的简单的两室神经元电路,该电路可以重现真实丘脑中继细胞的许多响应特性(Hynna 和 Boahen,2009)。在图 7.11(a)的神经元电路中,第一个块(左侧)对输入尖峰积分并表示树突状隔室,而第二个块(右侧)产生输出电压尖峰并表示体细胞隔室。

树突状隔室包含所有不涉及尖峰产生的活性膜成分,即突触(例如,7.2.1 小节中描述的 LPF 之一)和 T 通道,以及常见的无源膜成分,即膜电容(C_{mem})和膜电导(nFET M_1)。

体细胞室包括一个简单的 I&F 神经元,如 7.2.2 小节中所述的 Axon-hillock 电路,通过二极管连接的晶体管(M_2)从树突接收输入电流。尽管是细胞的简单表示,但中继神经元的频率对输入电流呈线性响应(McCormick 和 Feeser,1990),就像 I&F 细胞一样。由于二极管的整流行为(图 7.11a 中的 pFET M_2),电流仅从树突流向体细胞。结果,体细胞动作电位不会传播回树突。在树突状电压迹线(V_{mem})中,只有随后出现的超极化(复位)是明显的。这是对反向传播信号的树状低通滤波的简单近似。

当 V_{mem} 处于较高电压时,T 通道保持未激活状态,并且输入电流的阶跃变化会导致电压以恒定的频率响应(见图 7.11(c))。如果抑制电流输入细胞,降低初始膜电压,那么在该步骤之前 T 通道将失活(请参见图 7.11(b))。一旦这一步发生,V_{mem} 将开始缓慢增加,直到 T 通道激活,从而刺激细胞并使其破裂。由于 V_{mem} 现在更高,T 通道开始失活,从连续尖峰的尖峰频率下降可以看出,最终将导致尖峰活动停止。除了此处显示的行为之外,此简单模型还重现了丘脑对正弦输入的响应(Hynna 和 Boahen,2009)。

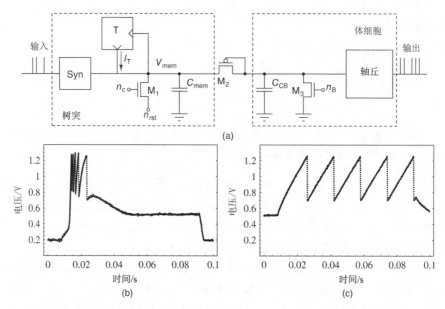

图 7.11　两室丘脑中继神经元模型。(a)神经元回路。(b)、(c)中继细胞的两种反应模式的树突电压(V_{mem})测量:突波(b)和强直(c)。这两种情况下,将 80 ms 宽的电流阶跃在 10 ms 时注入到树突区室中

可以通过使用和组合 7.2.1 小节中描述的基本构造块的多个实例来扩展此丘脑继电器 SiN 所采用的方法。

7.3.2　事件驱动系统的紧凑型 I&F 电路

我们已经介绍了用于实现尖峰神经元基本模型的电路。这些电路可能需要大量的硅面积。频谱的另一端是实现神经元基本模型的紧凑 I&F 电路。将这些大量的电路集成在单个芯片上是共同的目标,以创建大量的尖峰元素或密集互连的大型神经元网络(Merolla 等,2007;Schemmel 等,2008;Vogelstein 等,2007),它们使用地址事件表示(AER)(Boahen,2000;Deiss 等,1999;Lazzaro 等,1993),在芯片外传输尖峰信号(请参见第 2 章)。因此,开发紧凑的低功率电路非常重要,而且该电路可实现对实际神经元的有用抽象,还可以产生管理 AER 通信基础结构的异步电路所需的非常快速的数字脉冲。

如第 3 章所述,基本 I&F 尖峰电路的常见应用是它们在神经形态视觉传感器中的使用。在这种情况下,神经元负责编码信号由感光器测量并使用 AER 片外传输。Azadmehr 等(2005)以及 Olsson 和 Hfliger(2008)在文中使用了 7.2.2 小节描述的

Axon - hillock 电路产生 AER 事件。Olsson 和 Hfliger(2008)在文中展示了如何将该电路连接到 AER 接口电路,以最大程度地减少设备失配。相反,Cuellocielloet 等(2003)在文中使用了与图 7.4 相同的神经中枢,而 Lichtsteiner 等(2008)在文中介绍了一种具有良好阈值匹配特性的紧凑型 ON/OFF 神经元,这些在 3.5.1 小节中进行了介绍。

7.3.3　通用 I&F 神经元电路

前一小节描述的简化的 I&F 神经元电路跟 7.3.1 小节的生物物理模型相比,所需的晶体管和参数少得多。但是,它们并没有产生足够丰富的行为清单,这对于研究大型神经网络的计算特性是有益的(Brette 和 Gerstner,2005;Izhikevich,2003)。可以通过实施基于电导或广义的 I&F 模型来获得这两种方法之间的良好共性(Jolivet 等,2004)。研究表明,这些类型的模型可以捕获生物神经元的许多特性,而且与基于 HH 的模型相比,它们需要的微分方程更少且更简单(Brette 和 Gerstner,2005;Gerstner 和 Naud,2009;Izhikevich,2003;Jolivet 等,2004;Mihalas 和 Niebur,2009)。除了用于软件实现的有效计算模型之外,这些模型还适用于有效的硬件实现(Folowosele 等,2009a;Folowosele 等,2009b;Indiveriet 等,2010;LiviandIndiveri,2009;Ranganet 2010;van Schaiket 等,2010a,2010b;Wijekoon 和 Dudek,2008)。

1. Tau 细胞神经元

图 7.12 所示电路称为" Tau 细胞神经元",可用于实现 Mihalas - Niebur 神经元(van Schaik 等,2010b)和 Izhikevich 神经元(Rangan 等,2010;van Schaik 等,2010a)。基本的泄漏集成和发射功能是由 7.2.1 小节中所述的 Tau 细胞对数域电路实现的。此方法使用电流模式电路,因此状态变量通常将正常的膜电压 V_{mem} 转换为电流 I_{mem}。配置为一阶 LPF 的 Tau 细胞用于对泄漏积分进行建模。

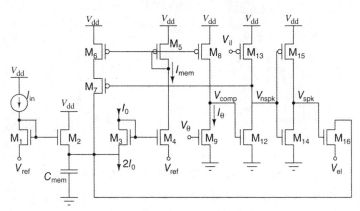

图 7.12　Tau 细胞神经元

为了产生尖峰，I_{mem} 被 pFET M_5 和 M_8 镜像复制，并与恒定阈值电流 I_θ 相比较。由于 I_{mem} 可以任意地接近 I_θ，因此增加了限流逆变器（M_{12}，M_{13}）以减少功耗，同时将比较结果转换为数字值 V_{nspk}。相较于 V_{nspk}，反相器 M_{14}，M_{15} 产生存在微延迟的正的尖峰电压 V_{spk}。pFET M_5 - M_7 基于 V_{nspk} 实施正反馈，而 nFET M_{16} 将 I_{mem} 重置为由 V_{el} 确定的值。这个复位导致正反馈结束，尖峰结束，膜准备开始下一个整合周期。

2. 对数域 LPF 神经元

对数域 LPF 神经元（LLN）是一个简单但可重新配置的 I&F 电路（Arthur 和 Boahen，2004，2007），可以重现广义 I&F 模型所表达的许多行为。基于图 7.2（b）的 LPF，LLN 得益于对数域设计风格的效率，它使用很少的晶体管，以低功率（50～1 000 nW）运行，并且不需要复杂的配置。LLN 实现了多种尖峰行为：有规律的尖峰、自适应和突发的尖峰频率（见图 7.13（b））。LLN 的无量纲膜电位 v 和自适应电导 g 变量（分别与图 7.13（a）中的 I_v 和 I_g 呈比例关系）可以由下式描述：

$$\tau \frac{\mathrm{d}}{\mathrm{d}t} v = -v(1+g) + v_\infty + \frac{v^3}{3}$$

$$\gamma_g \frac{\mathrm{d}}{\mathrm{d}t} g = -g + g_{max} r(t) \tag{7.1}$$

式中，v_∞ 是在没有正反馈的情况下 v 的稳态水平，且 $g = 0$；τ 和 τ_g 分别是膜电导和自适应电导时间常数；g_{max} 是自适应电导的最大绝对值。当 v 达到高电平（$\gg 10$）时，会发出尖峰信号，并且 $r(t)$ 在短暂的时间 T_R 内设置为高电平。$r(t)$ 是复位耐火信号，将 v 驱动为低电平（方程式中未显示）。

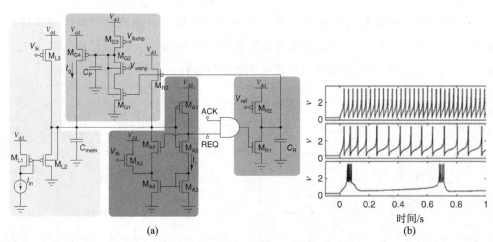

(a)   (b)

图 7.13 对数域 LPF 神经元（LLN）。（a）LLN 电路包括一个膜 LPF（$M_{L1} \sim M_{L3}$）、一个尖峰事件发生和正反馈元件（$M_{A1} \sim M_{A6}$）、一个复位耐火脉冲发生器（$M_{R1} \sim M_{R3}$），以及一个尖峰频率自适应 LPF（$M_{G1} \sim M_{G4}$）。（b）在 0.25 μm CMOS 中生成的 LLN 波形和归一化波形表现出尖峰、尖峰频率适应和突发（从上到下）的规律性

LLN 由 4 个子电路组成(见图 7.13(a)):膜 LPF(M_{L1} ~ M_{L3})电路、尖峰事件发生电路和正反馈(M_{A1} ~ M_{A6})电路、复位耐火脉冲发生器(M_{R1} ~ M_{R3})和自适应 LPF(M_{G1} ~ M_{G4})电路。膜 LPF 响应 I_{in}(∝$v_∞$)实现 I_v(∝v)的一阶(电阻-电容)动力学。正反馈元件驱动膜 LPF 与 v^3 成比例,类似于生物学的钠通道种群。当膜 LPF 被充分驱动时,$\frac{v^3}{2} > v$ 从而导致电位失控,即尖峰。尖峰的数字表示被作为 AER 请求(REQ)信号传输。在尖峰之后(在到达 AER 确认信号 ACK 时),耐火脉冲发生器产生一个具有可调持续时间的脉冲 $r(t)$。当 $r(t)$ 接通 M_{G1} 和 M_{R3} 时,重置膜 LPF(向 V_{DD} 方向)并激活自适应 LPF。激活后,自适应 LPF 会抑制膜 LPF,实现 I_g(∝ g),与尖峰频率成比例。

实施 LLN 的各种尖峰行为是要设定其偏差。为了实现常规的尖峰触发,我们将 g_{max} 设置为 0(由 M_{G2} 的偏置电压 V_{wahp} 设置),将 T_R 设置为 1 ms(由 M_{R2} 的偏置电压 V_{ref} 设置,其足以将 v 驱动到 0)。通过允许自适应 LPF(M_{G1} ~ M_{G4})对神经元本身产生的尖峰进行积分,可以获得尖峰频率的自适应。这可以通过增加 g_{max} 并设置 $\tau_g =$ 100 ms(即适当地调整 V_{1kahp})来完成。类似地,通过减小 $r(t)$ 脉冲的持续时间来获得突发行为,以使 v 在每次尖峰之后都不会拉到 1 以下。

3. DPI 神经元

DPI(差分对积分突触)神经元是广义 I&F 模型的另一种变体(Jolivet et 等,2004)。该电路具有图 7.13(a)的 LLN 使用的相同功能块,但是 LPF 和基于电流的正反馈电路的实例化不同:LPF 行为使用 7.2.1 小节描述的可调差分对积分突触电路,而正反馈是使用图 7.4 章鱼视网膜神经元电路实现的。从晶体管数量和具体电路来看,这些差异很小,但是对 SiN 的性能有重要影响。

DPI 神经元电路如图 7.14(a)所示。它包括:一个输入的 DPI 滤波器(M_{L1} ~ M_{L3})、一个电流正反馈的尖峰事件生成放大器(M_{A1} ~ M_{A6})、具有 AER 握手信号和不应期功能的尖峰复位电路(M_{R1} ~ M_{R6})以及由其他 DPI 滤波器(M_{G1} ~ M_{G6})实现的尖峰频率自适应电路。输入 DPI 滤波器 M_{L1} ~ M_{L3} 对神经元的泄漏电导进行建模,以响应恒定的输入电流产生指数下的阈值动态。积分电容 C_{mem} 代表神经元的膜电容,尖峰生成放大器中的正反馈电路同时模拟钠通道的激活和失活动力学。复位和不应期电路模拟钾电导功能。尖峰频率自适应 DPI 电路可模拟神经元的钙电导,并产生与神经元平均发射率成比例的超极化后电流(I_g)。

通过对输入和脉冲频率自适应 DPI 电路应用电流模式分析(Bartolozzi 等,2006;Livi 和 Indiveri,2009),有可能得出简化的分析解决方案(Indiveri 等,2010)。类似于式(7.1),表达式为

$$\tau \frac{\mathrm{d}}{\mathrm{d}t} I_{\mathrm{mem}} = -I_{\mathrm{mem}} \left(1 + \frac{I_g}{I_\tau}\right) + I_{\mathrm{mem}_\infty} + f(I_{\mathrm{mem}}) \tag{7.2}$$

$$\tau_g \frac{\mathrm{d}}{\mathrm{d}t} I_g = -I_g + I_{g\max} r(t)$$

式中，I_{mem} 是类似于式(7.1)的状态变量 v 的亚阈值电流；I_g 对应于式(7.1)的慢变量 g，其负责尖峰频率的适应。$f(I_{\mathrm{mem}})$ 解释了图 7.14(a)的正反馈电流 I_a，并且是 I_{mem} 的指数函数(Indiveri 等，2010)(见图 7.14(b))。对于 LLN，函数 $r(t)$ 是神经元尖峰期的统一函数，其他时期为零。式(7.2)中的其他参数定义为

$$\tau \overset{\mathrm{def}}{=} \frac{CU_T}{\kappa I_\tau}, \quad \tau_g \overset{\mathrm{def}}{=} \frac{C_p U_T}{\kappa I_{\tau_g}}, \quad I_{\mathrm{mem}_\infty} \overset{\mathrm{def}}{=} \left(\frac{I_{\mathrm{in}}}{I_\tau}\right) I_0 \mathrm{e}^{\frac{\kappa}{U_T} V_{\mathrm{thr}}}, \quad I_{g\max} \overset{\mathrm{def}}{=} \left(\frac{I_{M_{G2}}}{I_{\tau_g}}\right) I_0 \mathrm{e}^{\frac{\kappa}{U_T} V_{\mathrm{thr}_a}}$$

式中，$I_r = I_0 \mathrm{e}^{\frac{\kappa}{U_T} V_{\mathrm{lk}}}$，$I_{\tau_g} = I_0 \mathrm{e}^{\frac{\kappa}{U_T} V_{\mathrm{lkahp}}}$。

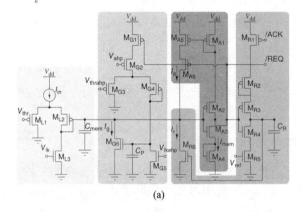

(a)

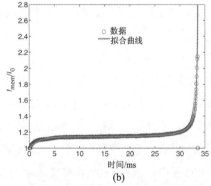

(b)

图 7.14　DPI 神经元电路。(a)电路原理图。输入的 DPI LPF($M_{L1} \sim M_{L3}$)可以模拟神经元的泄漏传导。尖峰事件发生放大器($M_{A1} \sim M_{A6}$)实现基于电流的正反馈(模拟钠活化和失活电导率)，并以极低的功率产生地址事件。复位块($M_{R1} \sim M_{R6}$)复位神经元，并将其保持在复位状态一段时间(由 V_{ref} 偏置电压设置)。其他的 DPI 滤波器对尖峰进行积分，并在超极化电流 I_g 之后产生缓慢的信号，以适应尖峰频率($M_{G1} \sim M_{G6}$)。(b)DPI 神经元电路对恒定输入电流的响应。测量数据拟合为一个函数，该函数具有在刺激开始时的指数$\propto \mathrm{e}^{-t/\tau_K}$、所有基于电导的模型以及其他指数$\propto \mathrm{e}^{-t/\tau_{\mathrm{Na}}}$(指数 I&F 计算模型的特征，Brette 和 Gerstner，2005)的特征。© 2010 IEEE。经许可转载，摘自 Indiveri 等(2010)

通过改变控制神经元的时间常数、不应期、尖峰频率适应动力学和泄漏行为的偏差 (Indiveri 等,2010),DPI 神经元可以产生多种尖峰行为(从常规尖峰到突发)。

考虑到广义 I&F 神经元的非线性项 $f(I_{mem})$ 的指数性质,DPI 神经元实现了自适应指数 I&F 模型。该 I&F 模型已被证明能够重现各种尖峰行为,并能解释来自锥体神经元的一系列实验测量结果(Brette 和 Gerstner,2005)。为了进行比较,LLN 使用三次项,而 van Schaik 等(2010a)和 Rangan 等(2010)提出的基于 Tau 细胞的神经元电路以及 7.3.4 小节中描述的二次型和开关电容器 SiN 使用二次项(由 Izhikevich 2003 年提出的 I&F 计算模型实现)。

7.3.4　高于阈值、加速时间和开关电容设计

到目前为止,所描述的 SiN 电路的晶体管大多在亚阈值或弱反型域内工作,电流范围通常介于 pA 到数百 nA 之间。这些电路的优点是能够以极低的功率要求和逼真的时间常数来仿真真实的神经元(例如,用于与神经系统进行交互,或实施时间行为与其所处理的信号相匹配的实时行为系统)。但是,在弱反型域中,失配效应比在强反型域中更为明显(Pelgrom 等,1989),并且经常需要学习,适应或进行其他补偿。

有人认为,为了如实地再现在数字体系结构上模拟的计算模型,有必要设计具有低失配和高精度的模拟电路(Schemmel 等,2007)。由于这个原因,研究人员已经提出了几种以强反型方式工作的 SiN 电路。但是,在这种情况下,电流要高出 4~5 个数量级。这样的电流若用于实现电阻器的有源电路,必会大大降低其电阻值。由于在 VLSI 中无法轻松实现由无源电阻产生大电阻值,因此有必要使用大型片外电容器(每个芯片上有少量神经元),以获得生物学上的实际时间常数,或者使用"加速"时标,其中 SiN 的时间常数比真实神经元的时间常数大 10^3 或 10^4 倍。或者,也可以使用开关电容器 (S-C),通过将电荷移入和移出带有时钟开关的集成电容器来实现小电导(因此具有较长的时间常数)。采用这一概念可以进一步实现由完全定制的时钟数字电路来实现 SiN。本小节概述了所有这些方法。

1. 二次 I&F 神经元

对于亚阈值情况,实现生物物理学上的详细模型,如上面所描述的模型,可以由更紧凑的简化 I&F 模型来补充。

如图 7.15(a)所示,二次 I&F 神经元电路(Wijekoon 和 Dudek,2008)是阈值以上通用 I&F 电路的一个示例。它的灵感来自 Izhikevich(2003)提出的适应性二次 I&F 神经元模型。使用两个状态变量的微分方程和一个单独的变量来实现所需的非线性振荡行为峰值后复位机制,如 Izhikevich(2003)在文中所述。但是,电路的实现并非旨在准确复制 Izhikevich(2003)描述的非线性方程,而是使用模拟 VLSI 实现最简单的电

路,该电路可以重现非线性方程式耦合系统的功能行为。

"膜电位"(V)和"慢变量"(U)这两个状态变量分别由电容 C_v 和 C_u 两端的电压表示。膜电位电路由晶体管 $M_1 \sim M_5$ 和膜电容 C_v 组成。膜电容整合了突触后的输入电流、尖峰产生的 M_3 正反馈电流和 M_4 产生的泄漏电流(主要由慢变量 U 控制)。正反馈电流由 M_1 产生被 $M_2 - M_3$ 镜像,与膜电位近似呈二次关系。如果产生尖峰,则由比较器电路($M_9 \sim M_{14}$)检测到,它在 M_5 的栅极上提供复位脉冲,该脉冲使膜电位快速超极化为节点 c 电压确定的值。慢变量电路由晶体管 M_1、M_2 和 $M_6 - M_8$ 构建。M_7 提供的电流大小由膜电位决定,其方式类似于膜电路。晶体管 M_6 提供非线性泄漏电流。调整晶体管和电容的大小,可以使电位 U 的变化慢于 V。在膜电位尖峰之后,比较器生成一个短脉冲来导通晶体管 M_8,以便由节点 d 的电压控制额外的电荷,被转移到 C_u 上。该电路采用 $0.35~\mu m$ CMOS 工艺技术进行设计和制造。它集成于包含 202 个神经元的芯片中,神经元具有各种电路参数(晶体管大小和电容)。由于该电路中的晶体管大部分以强反型方式工作,因此发射模式处于"加速"时间尺度,比生物实时速度快 10^4 倍(见图 7.15(b))。电路的功耗低于 10 pJ/尖峰。Wijekoon 和 Dudek(2009)提出了一个类似的电路,但工作在弱反型和在生物时间尺度上提供尖峰时间。

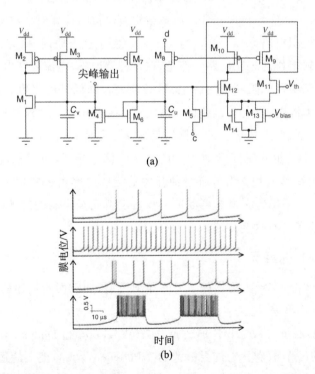

图 7.15　Izhikevich 神经元回路。(a)示意图;(b)从 0.35 μm CMOS VLSI 实现中记录的数据。针对节点 c 和节点 d 上的各种偏置电压参数,响应输入电流阶跃的尖峰图形,具有自适应功能的规律尖峰、快速尖峰、固有突发、颤动(从上到下)

2. 开关电容器 Mihalas‑Niebur 神经元

长期以来,开关电容器(S‑C)一直用于集成电路设计中,以实现可变电阻器,其尺寸可能会在几个数量级上变化。该技术可作为一种在硅神经元中实现电阻器的方法,这是对前部分描述的方法的补充。一般而言,SiN 的 S‑C 实现会产生其行为稳定、可预测和可复制的电路(具有低于阈值的 SiN 实现并不总是可以观察到的特性)。

图 7.16(a)所示的电路实现了一个由 S‑C 实现的泄漏 I&F 神经元(Folowosele 等,2009a)。在这里,突触后电流输入到神经元膜 V_m 上。S‑C、SW_1 充当膜电位 V_m 和神经元的静息电位 E_L 之间的"泄漏"。通过改变 SW_1 中的电容器或时钟 ϕ_1 和 ϕ_2 的频率,可以改变泄漏的值。比较器(未示出)用于将膜电压 V_m 与复位电压 Θ_r 进行比较。一旦 V_m 超过 Θ_r,就会发出"尖峰"电压脉冲,并将 V_m 重置为静息电位 E_L。

通过组合图 7.16(a)的 I&F 电路和图 7.16(b)所示的可变阈值电路来构建 Mihalas‑Niebur S‑C 神经元(Mihalas 和 Niebur,2009)。电路块按照实现 7.2.4 小节中描述的自适应阈值机制的方式排列。由于用于实现膜和阈值方程的电路相同,因此当需要具有固定阈值属性的简单 I&F 时,这些神经元的阵列密度可以加倍。这种方法的主要缺点是需要 S‑C 时钟的多个相位,这些相位必须分布(通常并行)到每个神经元。

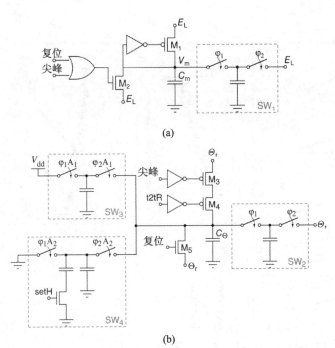

(a)

(b)

图 7.16 开关电容器 Mihalas-Niebur 神经元的实现。(a)神经元膜回路;(b)自适应阈值电路

图 7.17 显示了从采用该神经元模型的集成电路制作而成的实验结果(Indiveri 等,2010)。无须进行广泛而精确的调整,就可以轻松地在 S‑C 神经元中诱发这些复杂行为,证明它们在大型硅神经元阵列中的效用。

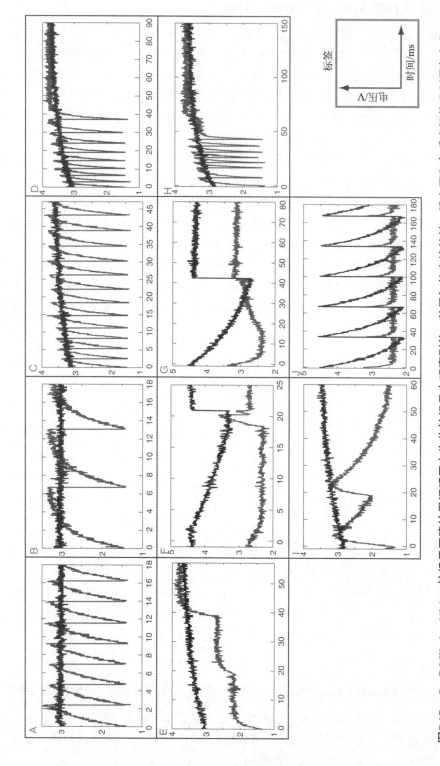

图7.17 S–C Mihalas-Niebur神经元回路结果证明了在生物神经元中观察到的10种已知的尖峰特性。膜电压和自适应阈值分别用灰色和黑色表示。A—主音尖峰，B—1级尖峰，C—尖峰频率适应，D—相位尖峰，E—调节，F—阈值变异，G—反弹尖峰，H—输入双稳态，I—积分器，J—超极化尖峰

7.4 讨 论

虽然从标准计算机模拟到定制 FPGA 设计的数字处理范式,有利于其稳定性、快速开发时间和高精度特性,但完全定制的 VLSI 解决方案往往可以在功耗、硅区使用和速度/带宽使用方面进行优化。对于硅神经元和定制的模拟/数字 VLSI 神经网络来说,尤其如此,它们是从大规模且实时的基于尖峰的计算系统的实现到紧凑的微电子电脑—机器的实现。特别是,尽管亚阈值电流模式电路比阈值电路具有更高的失配,但它们具有较低的噪声能量(噪声功率乘以带宽)和较高的能量效率(带宽大于功率)(Sarpeshkar 等,1993)。事实上,不均匀性的来源(例如,设备不匹配),通常被认为是一个问题,实际上可以在网络中用于计算目的(类似于真实的神经系统如何利用噪声)(Chicca 和 Fusi,2001;Chicca 等,2003;Merolla 和 Boahen,2004)。否则,可以通过巧妙的超大规模集成电路布局技术(Liu 等,2002)在设备级和系统级通过使用神经系统的相同策略(例如,在多个空间和时间尺度上的适应和学习)将失配源最小化。此外,通过将同步和异步数字技术与模拟电路的优势相结合,可以有效地校准组件参数和(重新)配置 SiN 网络拓扑,既适用于单片解决方案,也适用于大规模多片网络(Basu 等,2010;Linares-Barranco 等,2003;Sheik 等,2011;Silver 等,2007;Yu 和 Cauwenberghs,2010)。

显然,没有绝对的最佳设计。由于生物学中神经元类型的范围很广,因此 SiN 的设计和电路选择范围也很广。虽然基于电导的模型的实现对于需要少量 SiN 的应用很有效(例如在混合系统中,真实神经元与硅神经元接口),但紧凑的 AER I&F 神经元和对数域实现(例如二次 Mihalas - Niebur 神经元、Tau 细胞神经元、LPF 神经元或DPI 神经元)可以与事件驱动的通信结构和突触阵列集成,以用于超大规模可重构网络。的确,亚阈值实施及其阈值以上的"加速时间"对应方案都非常适合密集和低功耗集成,并且能量效率约为每个峰值几 pJ(Livi 和 Indiveri,2009;Rangan 等,2010;Schemmel 等,2008;Wijekoon 和 Dudek,2008)。除了连续的时间、无时钟的亚阈值和阈值以上的设计技术,我们还展示了如何使用数字调制电荷包和开关电容器(S - C)的方法来实现 SiN。S - C Mihalas-Niebur SiN 电路是一种特别稳健的设计,具有模型的广义线性 I&F 特性,并且可以产生多达 10 种不同的尖峰行为。设计风格和使用的SiN 电路的具体选择取决于其应用。可以产生多种行为的更大且高度可配置的设计更适合于研究项目,在该项目中,科学家探索了参数空间并将 VLSI 器件的行为与其生物学对应物进行了比较。相反,更紧凑的设计用于需要将信号编码为尖峰序列且大小和功率预算至关重要的特定应用中。图 7.18 说明了一些最相关的硅神经元设计。

文献中提出的庞大数量的硅神经元设计,表明当从生物神经系统中获得灵感时,创新机会巨大。潜在的应用领域遍及计算和生物学领域:神经形态系统为下一代的异步提供了线索,低功耗、功能强大的并行计算,可以在摩尔定律运行过程中弥补计算能力

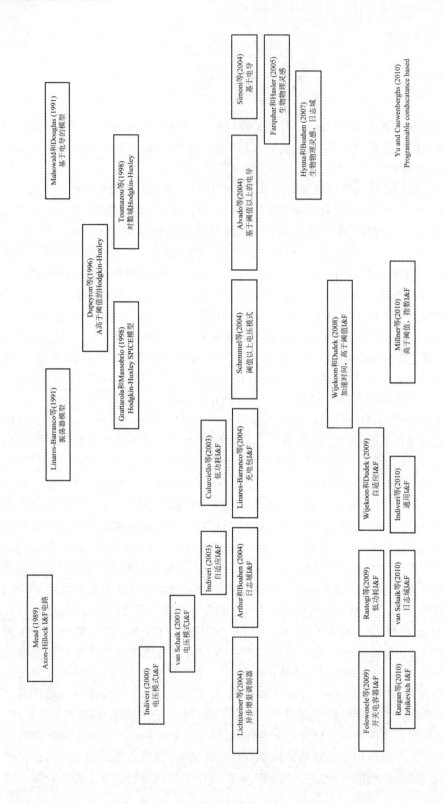

图7.18 硅神经元设计时间表。该图的结构是，时间顺序从上到下依次排列，而水平方向表示复杂性增加，左侧是基本集成-发射模型，右侧是基于复杂电导的模型。参考文献中提供了有关设计的更多信息的相应出版物信息。

差距,而混合硅神经元系统则允许神经科学家解锁神经回路的秘密,可能有一天会走向完全集成的大脑-机器接口。还必须评估新兴技术(例如,记忆装置)及其在增强尖峰硅神经网络中的效用,以及维持已被证明硅神经元设计是成功的现有技术的知识库。此外,随着更大的片上尖峰硅神经网络的发展,通信协议(如 AER)、片上存储器、尺寸、可编程性、适应性和容错等问题也变得非常重要。在这方面,本文中描述的正弦电路和设计方法提供了构建模块,将为这些非凡的突破铺平道路。

参考文献

[1] Alvado L,Tomas J,Saighi S,et al. Hardwarecomputation of conductance-based neuron models. Neurocomputing, 2004, 58-60: 109-115.

[2] Arthur J V, Boahen K. Recurrently connected silicon neurons with active dendrites for one-shot learning. Proc. IEEE Int. Joint Conf. Neural Netw. (IJCNN), 2004, 3: 1699-1704.

[3] Arthur J V, Boahen K. Synchrony in silicon: the gamma rhythm. IEEE Trans. Neural Netw, 2007, 18: 1815-1825.

[4] Azadmehr M, Abrahamsen J P, Hafliger P. A foveated AER imager chip. Proc. IEEE Int. Symp. Circuits Syst. (ISCAS), 2005, 3: 2751-2754.

[5] Bartolozzi C, Indiveri G. Synaptic dynamics in analog VLSI. Neural Comput, 2007, 19(10): 2581-2603.

[6] Bartolozzi C, Indiveri G. Global scaling of synaptic efficacy: homeostasis in silicon synapses. Neurocom-puting, 2009, 72(4-6): 726-731.

[7] Bartolozzi C, Mitra S, Indiveri G. An ultra low power current-mode filter for neuromorphic systems and biomedical signal processing. Proc. IEEE Biomed. Circuits Syst. Conf. (BIOCAS), 2006: 130-133.

[8] Basu A, Ramakrishnan S, Petre C, et al. Neural dynamics in reconfigurable silicon. IEEE Trans. Biomed. Circuits Syst. , 2010, 4(5): 311-319.

[9] Boahen K A. Point-to-point connectivity between neuromorphic chips using address-events. IEEE Trans. Cir-cuits Syst. II, 2000, 47(5): 416-434.

[10] Brette R, Gerstner W. Adaptive exponential integrate-and-fire model as an effective description of neuronal activity. J. Neurophys. , 2005, 94: 3637-3642.

[11] Brette R, Rudolph M, Carnevale T, et al. Simulation of networks of spiking neurons: a review of tools and strategies. J. Comput. Neurosci. , 2007, 23(3): 349-398.

[12] Chicca E, Fusi S. Stochastic synaptic plasticity in deterministic aVLSI networks of spiking neurons //Rattay F. Proceedings of the World Congress on Neuroinformatics ARGESIM/ASIM Verlag, Vienna. , 2001: 468-477.

[13] Chicca E, Badoni D, Dante V, et al. A VLSI recurrent network of integrate-and-fire neurons connected by plastic synapses with long-term memory. IEEE Trans Neural Netw. , 2003, 14(5): 1297-1307.

[14] Connors B W, Gutnick M J, Prince D A. Electrophysiological properties of neocortical neurons in vitro. J. Neurophys, 1982, 48(6): 1302-1320.

[15] Costas-Santos J, Serrano-Gotarredona T, Serrano-Gotarredona R, et al. A spatial contrast retina with on-chip calibration for neuromorphic spike-based AER vision systems. IEEE Trans. Circuits Syst. I, 2007, 54(7): 1444-1458.

[16] Culurciello E, Etienne-Cummings R, Boahen K. A biomorphic digital image sensor. IEEE J. Solid-State Circuits, 2003, 38(2): 281-294.

[17] Deiss S R, Douglas R J, Whatley A M. A pulse-coded communications infrastructure for neuromorphic systems: Chapter 6// Maass W, Bishop C M. Pulsed Neural Networks. Cambridge, MA: MIT Press, 1999: 157-178.

[18] Destexhe A, Huguenard J R. Nonlinear thermodynamic models of voltage-dependent currents. J. Comput. Neurosci, 2000, 9(3): 259-270.

[19] Destexhe A, Mainen Z F, Sejnowski T J. Kinetic models of synaptic transmission. Methods in Neuronal Modelling, from Ions to Networks. Cambridge, MA: The MIT Press, 1998: 1-25.

[20] Drakakis E M, Payne A J, Toumazou C. Bernoulli operator: a low-level approach to log-domain processing. Electron. Lett. , 1997, 33(12): 1008-1009.

[21] Dupeyron D, Le Masson S, Deval Y, et al. A BiCMOS implementation of the Hodgkin- Huxley formalism // Proceedings of FifthInternational Confetrence on Microelectronics Neural, Fuzzy and Bio-inspired Systems (MicroNeuro). Los Alamitos, CA: IEEE Computer Society Press, 1996: 311-316.

[22] Edwards R T, Cauwenberghs G. Synthesis of log-domain filters from first-order building blocks. Analog Integr. Circuits Signal Process, 2000, 22: 177-186.

[23] Farquhar E, Hasler P. A bio-physically inspired silicon neuron. IEEE Trans. Circuits Syst. I: Regular Papers, 2005, 52(3): 477-488.

[24] Farquhar E, Abramson D, Hasler P. A reconfigurable bidirectional active 2 dimensional dendrite model. Proc. IEEE Int. Symp. Circuits Syst. (ISCAS), 2004, 1: 313-316.

[25] Folowosele F, Etienne-Cummings R, Hamilton T J. A CMOS switched capacitor implementation of the Mihalas-Niebur neuron. Proc. IEEE Biomed. Circuits Syst. Conf. (BIOCAS), 2009a: 105-108.

[26] Folowosele F, Harrison A, Cassidy A, et al. A switched capacitor implementation of the generalized linear integrate-and-fire neuron. Proc. IEEE Int. Symp. Circuits Syst. (ISCAS), 2009b: 2149-2152.

[27] Frey D R. Log-domain filtering: an approach to current-mode filtering. IEE Proc. G: Circuits, Devices and Systems, 1993, 140(6): 406-416.

[28] Fusi S, Annunziato M, Badoni D, et al. Spike-drivensynapticplasticity:theory, simulation, VLSI implementation. Neural Comput. , 2000, 12(10): 2227-2258.

[29] Gerstner W, Naud R. How good are neuron models? Science, 2009, 326 (5951): 379-380.

[30] Gilbert B. Translinear circuits: a proposed classification. Electron. Lett. , 1975, 11: 14-16.

[31] Grattarola M, Massobrio G. BioelectronicsHandbook: MOSFETs, Biosensors, and Neurons. New York: McGraw-Hill, 1998.

[32] Hasler P, Kozoil S, Farquhar E,et al. Transistor channel dendrites implementing HMM classifiers. Proc. IEEE Int. Symp. Circuits Syst. (ISCAS), 2007: 3359-3362.

[33] Hynna K M, Boahen K. Neuronal ion-channel dynamics in silicon. Proc. IEEE Int. Symp. Circuits Syst. (ISCAS), 2006: 3614-3617.

[34] Hynna K M, Boahen K. Thermodynamically-equivalent silicon models of ion channels. Neural Comput, 2007, 19(2): 327-350.

[35] Hynna K M, Boahen K. Nonlinear influence of T-channels in an in silico relay neuron. IEEE Trans. Biomed. Eng. , 2009, 56(6): 1734.

[36] Indiveri G. Modeling selective attention using a neuromorphic analog VLSI device. Neural Comput. 2000, 12(12): 2857-2880.

[37] Indiveri G. Alow-power adaptive integrate-and-fire neuron circuit. Proc. IEEE Int. Symp. Circuits Syst. (ISCAS), 2003, 4: 820-823.

[38] Indiveri G. Synaptic plasticity and spike-based computation in VLSI networks of integrate-and-fire neurons. Neural Inform. Process.-Letters and Reviews 2007, 11(4-61): 135-146.

[39] Indiveri G, Horiuchi T, Niebur E, et al. A competitive network of spiking VLSI neurons //Rattay F. World Congress on Neuroinformatics. ARGESIM/ ASIM Verlag, Vienna. ARGESIM Report No. 20, 2001: 443-455.

[40] Indiveri G, Chicca E, Douglas R J. Artificial cognitive systems: from VLSI networks of spiking neurons to neuromorphic cognition. Cognit. Comput. , 2009, 1: 119-127.

[41] Indiveri G, Stefanini F, Chicca E. Spike-based learning with a generalized integrate and fire silicon neuron. Proc. IEEE Int. Symp. Circuits Syst. (ISCAS), 2010: 1951-1954.

[42] Indiveri G, Linares-Barranco B, Hamilton T J, et al. Neuromorphic silicon neuron circuits. Frontiers in Neuroscience, 2011, 5:1-23.

[43] Izhikevich E M. Simple model of spiking neurons. IEEE Trans. Neural Netw, 2003, 14(6): 1569-1572.

[44] Jolivet R, Lewis T J, Gerstner W. Generalized integrate-and-fire models of neuronal activity approximate spike trains of a detailed model to a high degree of accuracy. J. Neurophys, 2004, 92: 959-976.

[45] Koch C. Biophysics of Computation: Information Processing in Single Neurons. Oxford University Press, 1999.

[46] Lazzaro J, Wawrzynek J, Mahowald M, et al. Silicon auditory processors as computer peripherals. IEEE Trans. Neural Netw, 1993, 4(3): 523-528.

[47] Le Masson G, Renaud S, Debay D, et al. Feedback inhibition controls spike transfer in hybrid thalamic circuits. Nature, 2002, 4178: 854-858.

[48] Leñero Bardallo J A, Serrano-Gotarredona T, Linares-Barranco B. A five-decade dynamic-range ambient- light - independent calibrated signed - spatial - contrast AER retina with 0.1-ms latency and optional time-to-first-spike mode. IEEE Trans. Circuits Syst. I: Regular Papers, 2010, 57(10): 2632-2643.

[49] Lewis M A, Etienne-Cummings R, Hartmann M, et al. An in silico central pattern generator: silicon oscillator, coupling, entrainment, physical computation and biped mechanism control. Biol. Cybern, 2003, 88(2): 137-151.

[50] Lichtsteiner P, Delbrück T, Kramer J. Improved on/off temporally differentiating address-event imager. Proc. 11th IEEE Int. Conf. Electr. Circuits Syst. (ICECS), 2004: 211-214.

[51] Lichtsteiner P, Posch C, Delbrück T. A 128 × 128 120 dB 15 μs latency asynchronous temporal contrast vision sensor. IEEE J. Solid-State Circuits, 2008, 43(2): 566-576.

[52] Linares-Barranco B, Serrano-Gotarredona T. On the design and characterization of femtoampere current-mode circuits. IEEE J. Solid-State Circuits, 2003, 38 (8): 1353-1363.

[53] Linares-Barranco B, Sánchez-Sinencio E, Rodrígu ez Vázquez et al. A CMOS implementation of Fitzhugh-Nagumo neuron model. IEEE J. Solid-State Circuits, 1991, 26(7): 956-965.

[54] Linares-Barranco B, Serrano-Gotarredona T, Serrano-Gotarredona R. Compact low-power calibration mini-DACs for neural massive arrays with programmable weights. IEEE Trans. Neural Netw. , 2003, 14(5): 1207-1216.

[55] Linares-Barranco B, Serrano-Gotarredona T, Serrano-Gotarredona R,et al. Current mode techniques for sub-pico-ampere circuit design. Analog Integr. Circuits Signal Process, 2004, 38: 103-119.

[56] Liu S C,Kramer J,Indiveri G, et al. Orientation-selectivea VLSI spiking neu-

rons. Neural Netw，2001，14(6/7)：629-643.

[57] Liu S C，Kramer J，Indiveri G，et al. Analog VLSI：Circuits and Principles. MIT Press，2002.

[58] Livi P，Indiveri G. A current-mode conductance-based silicon neuron for address-event neuromorphic systems. Proc. IEEE Int. Symp. Circuits Syst. (ISCAS)，2009：2898-2901.

[59] Mahowald M，Douglas R. A silicon neuron. Nature，1991，354：515-518.

[60] Mc Cormick DA，Feeser H R. Functional implications of burst firing and single spike activity in lateral geniculate relay neurons. Neuroscience，1990，39(1)：103-113.

[61] Mead C A. Analog VLSI and Neural Systems. Addison-Wesley，Reading，MA，1989.

[62] Mel B W. Information processing in dendritic trees. Neural Comput，1994，6(6)：1031-1085.

[63] Merolla P，Boahen K. A recurrent model of orientation maps with simple and complex cells // Thrun S，Saul L，Schölkopf B. Advances in Neural Information Processing Systems 16 (NIPS) Cambridge，MA：MIT Press，2004：995-1002.

[64] Merolla P A，Arthur J V，Shi B E，et al. Expandable networks for neuromorphic chips. IEEE Trans. Circuits Syst. I：Regular Papers 2007，54(2)：301-311.

[65] Mihalas S，Niebur E. Ageneralized linear integrate-and-fire neural model produces diverse spiking behavior. Neural Comput. 2009，21：704-718.

[66] Millner S，Grübl A，Meier K，et al. A VLSI implementation of the adaptive exponential integrate-and-fire neuron model //Lafferty J，Williams C K I，Shawe-Taylor J，et al. Advances in Neural Information Processing Systems 23 (NIPS). Neural Information Processing Systems Foundation，Inc.，La Jolla，CA，2010：1642-1650.

[67] Mitra S，Fusi S，Indiveri G. Real-time classification of complex patterns using spike-based learning in neuromorphic. VLSI. IEEE Trans. Biomed. Circuits Syst.，2009，3(1)：32-42.

[68] Nease S，George S，Hasler P，et al. Modeling and implementation of voltage-mode CMOS dendrites on a reconfigurable analog platform. IEEE Trans. Biomed. Circuits Syst.，2012，6(1)：76-84.

[69] Northmore D P M，Elias J G. Building silicon nervous systems with dendritic tree neuromorphs：Chapter 5// Maass W，Bishop C M. Pulsed Neural Networks，Cambridge，MA：MIT Press，1998：135-156.

[70] Olsson J A Häfliger P. Mismatch reduction with relative reset in integrate-and-fire photo-pixel array. Proc. IEEE Biomed. Circuits Syst. Conf. (BIOCAS), 2008: 277-280.

[71] Pelgrom M J M, Duinmaijer A C J, Welbers A P G. Matching properties of MOS transistors. IEEE J. Solid-State Circuits, 1989, 24(5): 1433-1440.

[72] Rangan V, Ghosh A, Aparin V, et al. A subthreshold a VLSI implementation of the Izhikevich simple neuron model. In: Proceedings of 32th Annual International Conference of the IEEE Engineering in Medicine and Biology Society (EMBC), 2010: 4164-4167.

[73] Rasche C, Douglas R J. Forward- and backpropagation in a silicon dendrite. IEEE Trans. Neural Netw, 2001, 12(2): 386-393.

[74] Rastogi M, Garg V, Harris J G. Low power integrate and fire circuit for data conversion. Proc. IEEE Int. Symp. Circuits Syst. (ISCAS), 2009: 2669-2672.

[75] Sarpeshkar R, Delbrück T, Mead C A. White noise in MOS transistors and resistors. IEEE Circuits Devices Mag., 1993, 9(6): 23-29.

[76] Schemmel J, Meier K, Mueller E. A new VLS I model of neural microcircuits including spike time dependent plasticity. Proc. IEEE Int. Joint Conf. Neural Netw. (IJCNN), 2004, 3: 1711-1716.

[77] Schemmel J, Brüderle D, Meier K, et al. Modeling synaptic plasticity within networks of highly accelerated I&F neurons. Proc. IEEE Int. Symp. Circuits Syst. (ISCAS), 2007: 3367-3370.

[78] Schemmel J, Fieres J, Meier K. Wafer-scale integration of analog neural networks. Proc. IEEE Int. Joint Conf. Neural Netw. (IJCNN), 2008: 431-438.

[79] Serrano-Gotarredona R, Serrano-Gotarredona T, Acosta-Jimenez A, et al. On real-time AER 2D convolutions hardware for neuromorphic spike based cortical processing. IEEE Trans. Neural Netw., 2008, 19(7): 1196-1219.

[80] Serrano-Gotarredona T, Serrano-Gotarredona R, Acosta-Jimenez A, et al. A neuromorphic cortical-layer microchip for spike-based event processing vision systems. IEEE Trans. Circuits Syst. I: Regular Papers, 2006, 53 (12): 2548-2566.

[81] Sheik S, Stefanini F, Neftci E, et al. Systematic configuration and automatic tuning of neuromorphic systems. Proc. IEEE Int. Symp. Circuits Syst. (ISCAS), 2011: 873-876.

[82] Silver R, Boahen K, Grillner S, et al. Neurotech for neuroscience: unifying concepts, organizing principles, and emerging tools. J. Neurosci., 2007, 27 (44): 11807.

[83] Simoni M F, Cymbalyuk G S, Sorensen M E, et al. A multiconductance silicon

neuron with biologically matched dynamics. IEEE Trans. Biomed. Eng. , 2004，51(2)：342-354.

[84] Toumazou C, Lidgey F J, Haigh D G. Analogue IC Design：The Current-Mode Approach. Stevenage, UK：Peregrinus, 1990.

[85] Toumazou C, Georgiou J, Drakakis E M. Current-mode analogue circuit representation of Hodgkin and Huxley neuron equations. IEE Electron. Lett. , 1998，34(14)：1376-1377.

[86] van Schaik A. Building blocks for electronic spiking neural networks. Neural Netw, 2001, 14(6-7)：617-628.

[87] van Schaik A, Jin C. The tau-cell：a new method for the implementation of arbitrary differential equations. Proc. IEEE Int. Symp. Circuits Syst. (ISCAS)，2003，1：569-572.

[88] van Schaik A, Jin C, McEwan A, et al. A log-domain implementation of the Izhikevich neuron model. Proc. IEEE Int. Symp. Circuits Syst. (ISCAS)，2010a：4253-4256.

[89] van Schaik A, Jin C, McEwan A, et al. A log-domain implementation of the Mihalas-Niebur neuron model. Proc. IEEE Int. Symp. Circuits Syst. (ISCAS)，2010b：4249-4252.

[90] Vogelstein R J, Mallik U, Culurciello E, et al. Amultichipneuromorphic system for spike-based visual information processing. Neural Comput. , 2007, 19(9)：2281-2300.

[91] Wang Y X, Liu S C. Multilayer processing of spatiotemporal spike patterns in a neuron with active dendrites. Neural Comput. , 2010, 8(22)：2086-2112.

[92] Wang Y X, Liu S C. A two-dimensional configurable active silicon dendritic neuron array. IEEE Trans. Circuits Syst. I, 2011, 58(9)：2159-2171.

[93] Wang Y X, Liu S C. Active processing of spatio-temporal input patterns in silicon dendrites. IEEE Trans. Biomed. Circuits Syst. , 2013，7(3)：307-318.

[94] Wijekoon J H B, Dudek P. Compact silicon neuron circuit with spiking and bursting behaviour. Neural Netw, 2008, 21(2-3)：524-534.

[95] Wijekoon J H B, Dudek P. A CMOS circuit implementation of a spiking neuron with bursting and adaptation on a biological timescale. Proc. IEEE Biomed. Circuits Syst. Conf. (BIOCAS), 2009：193-196.

[96] Yu T, Cauwenberghs G. Analog VLSI biophysical neurons and synapses with programmable membrane channel kinetics. IEEE Trans. Biomed. Circuits Syst. , 2010, 4(3)：139-148.

第 8 章　硅突触

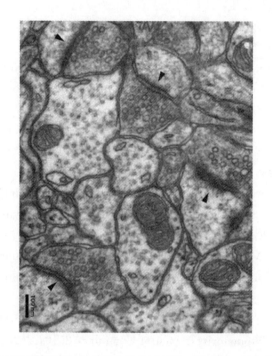

这是小鼠体感觉皮层的电子显微图,箭头指向突触后密度。经 Nuno da Costa, John Anderson 和 Kevan Martiin 许可转载

　　突触形成生物神经元之间的连接,也可以形成第 7 章所描述的硅神经元之间的连接。它们是真实神经系统和人工神经系统中计算和信息传输的基本元素。在建模时,真实突触的非线性特性和动力学对于软件模拟、神经形态的大规模集成来说,是极其复杂的。神经形态超大规模集成电路(VLSI)有效地实时再现了突触动态行为。超大规模集成电路(VLSI)的突触电路将输入的峰值转化为模拟电荷,然后产生突触后电流,这些电流被集成到突触后神经元的膜电容上。本章讨论了各种电路策略,用于实现在真实突触中观察到的时间动态;还介绍了电路实现非线性效应和短期动态(如短期抑制和促进)以及长期的动力学,例如基于尖峰学习机制更新学习系统的突触权重。如第 6 章中讨论的机制以及第 10 章中讨论的使用更新浮栅技术的非易失性权值存储和更新。

8.1　简　介

　　生物突触是一个复杂的分子机器。突触主要有两类：电突触和化学突触。本章中
的电路实现后一种类型。图 8.1 描述了化学突触工作原理的简化图。在化学突触中，

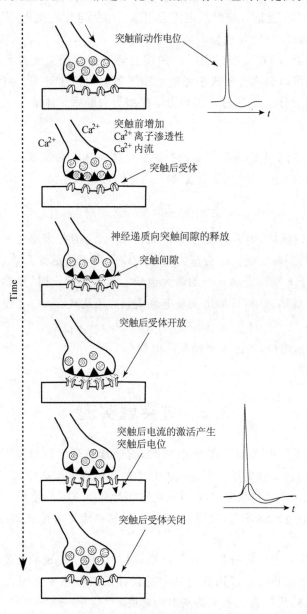

图 8.1　突触传递的过程

突触前膜和突触后膜被称为突触间隙的细胞外空间分开。突触前动作电位的到来触发 Ca^{2+} 的内流,然后导致神经递质释放到突触间隙。这些神经递质分子(如 AMPA、GABA)与突触后侧的受体结合。这些受体主要由两类膜通道组成:一类是离子配体门控的膜通道,如带有 Na^+、K^+ 等离子的 AMPA 通道,另一类是离子配体门控和电压门控的膜通道,如 NMDA 通道。这些通道可以是兴奋性的,也可以是抑制性的,即突触后电流可以使细胞膜充放电。皮层中典型的受体是兴奋性的 AMPA 以及 NMDA 受体以及抑制性的 GABA 受体。突触后电流会引起突触后电位的变化,当这个电位超过神经元细胞体的阈值时,神经元就会产生动作电位。

Destexhe 等(1998)在文中提出了一种描述突触神经递质动力学的框架方法。使用这种方法,我们可以合成方程式来完整地描述突触的传递过程。对于双态配体门控通道模型,神经递质分子 T 通过一级动力学模型与突触后受体结合:

$$R + T \underset{\beta}{\overset{\alpha}{\rightleftharpoons}} TR^* \tag{8.1}$$

式中,R 和 TR^* 分别是未绑定和绑定的突触后受体;α 和 β 分别是发射机绑定的向前速率常数和绑定的向后速率常数,结合受体 r 的比例可以描述为

$$\frac{dr}{dt} = \alpha[T](1-r) - \beta r \tag{8.2}$$

如果将 T 建模为短脉冲,则 r 的动力学可以用一阶微分方程来描述。

如果传输器与突触后受体结合直接阻断了相关离子通道的开放,则通过突触所有通道的总电导等于 r 乘以突触 $\bar{g}_{syn}$ 的最大电导。当 r 接近 1 时,自然会出现响应饱和(所有通道都是开放的)。然后给出突触电流 I_{syn} 的表达式:

$$I_{syn}(t) = \bar{g}_{syn} r(t)[V_{syn}(t) - E_{syn}] \tag{8.3}$$

式中,V_{syn} 为突触后电位;E_{syn} 为突触反转电位。

8.2　硅突触实现

在硅实现中,基于电导的公式如式(8.3),它通常被简化为一种不依赖于膜电位和突触逆转电位之间的差异电流。因为线性相关的晶体管电流电压只在一个小电压范围有效,即在零点几伏的亚阈值互补金属氧化物半导体(CMOS)电路中有效。化简后的突触模型将突触后电流描述为:当输入尖峰到达时,电流呈阶梯增加,当脉冲消失时,电流呈指数衰减。

表 8.1 总结了构建硅突触相关计算模块,以及可用于实现的可能的设计策略。第一列中的每个计算模块都可以用其他列中的设计策略电路来实现。8.2.1 小节介绍了一些更常用的电路,用作表 8.1 中的基本构建块。

在本章所述的突触电路中,输入是一个接近尖峰输入的短时间脉冲(微秒级别),而突触输出电流会给神经元电路的膜电容充电。

表 8.1   主要的突触计算模块和电路设计策略

计算模块	设计策略	
脉冲动力学	亚阈值	高于阈值
下降沿时间动态	电压模式	电流模式
上跳沿和下降沿时间动态	异步的	开关电容
短期可塑性	生物模型	现象模型
长期可塑性(学习)	实时	加速时间

8.2.1 无电导电路

突触电路通常采用简化的突触模型,部分原因是复杂的模型需要数十个晶体管,这将导致芯片上可实现的突触比例减少。早期的硅突触电路通常不包含短期和长期的动态可塑性。

1. 脉冲电流源突触电路

脉冲电流源突触电路是最简单的突触回路之一(Mead,1989)。如图 8.2(a)所示,电路由一个电压控制的亚阈值电流源晶体管和一个由主动低电平有效的尖峰激活的开关晶体管串联组成。激活由输入尖峰(V_{dd} 和 Gnd 之间的数字脉冲)控制,该脉冲位于 M_{pre} 晶体管的栅极上。当一个输入尖峰到达时,M_{pre} 晶体管打开,输出电流 I_{syn} 是由 V_m(突触权重)的 M_w 晶体管决定的。假设电流源晶体管 M_w 处于饱和状态,电流为亚阈值,突触电流 I_{syn} 可以表示为

$$I_{syn}(t) = I_0 \exp\left[-\frac{\kappa}{U_T}(V_w - V_{dd})\right] \qquad (8.4)$$

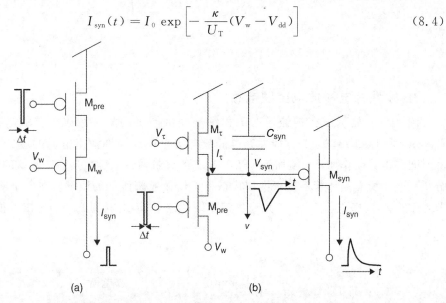

(a)   (b)

图 8.2   (a)脉冲电流源突触电路(b)复位和放电电路

式中,V_{dd} 为电源电压,I_0 为漏电流,κ 为亚阈值的斜率因子,U_T 为热电压(Liu,2002)。突触后膜电位受到一个阶跃电压产生的变化与输入的 $I_{syn}\Delta t$ 成比例,Δt 是输入峰值的脉宽。

这种电路结构紧凑,所以不考虑电流的动态变化。假设膜没有时间常数,输入峰值之间的时间间隔不影响突触后整合;因此,具有相同平均速率但不同峰值时间分布的输入脉冲序列会导致相同的输出神经元发射率。然而,由于其简单性和区域紧凑性,该电路已被广泛应用于各种基于脉冲的 VLSI 实现中,这些脉冲神经网络使用平均发射率作为神经代码(Chicca 等,2003;Fusi 等,2000;Murray,1998)。

2. 复位和放电突触电路

通过将输出电流 I_{syn} 的持续时间延长到超过输入峰值持续时间(Lazzaro 等,1994),该电路可以扩展到包括简单的动态范围。该突触电路(见图 8.2(b))包括三个 pFET 晶体管和一个电容;M_{pre} 作为一个数字开关,由输入脉冲控制;M_τ 作为恒定的亚阈值电流源运行,对电容 C_{syn} 进行充电;M_{syn} 产生的输出电流指数依赖于 V_{syn} 节点(假设 M_{syn} 的亚阈值操作饱和):

$$I_{syn}(t) = I_0 \exp\left[-\frac{\kappa}{U_T}(V_{syn}(t) - V_{dd})\right] \tag{8.5}$$

当一个有效的低输入尖峰到达 M_{pre} 晶体管的栅极(脉冲从 V_{dd} 到 Gnd)时,这个晶体管被打开并且 V_{syn} 节点被短路到权重偏置电压 V_w。当输入脉冲结束(数字脉冲从 Gnd 到 V_{dd}),M_{pre} 关闭。I_{syn} 是一个恒定电流,所以 V_{syn} 线性变化达到 V_{dd},斜率为 I_{syn}/C_{syn}。输出电流如下:

$$I_{syn}(t) = I_{w0}\exp\left(-\frac{t}{\tau}\right) \tag{8.6}$$

式中

$$I_{w0} = I_0 e^{-\frac{\kappa}{U_T}(V_w - V_{dd})}, \quad \tau = \frac{\kappa I_\tau}{U_T C_{syn}}$$

3. 线性充电和放电突触电路

图 8.3(a)显示了在神经形态工程领域经常使用的复位和放电突触电路的修改(Arthur 和 Boahen,2004)。线性充电和放电突触电路允许输出电流的缓冲时间和下降时间。电路动作如下:施加到 nFET M_{pre} 的突触前输入脉冲是高度活跃的。下面的分析是基于所有晶体管都处于饱和状态和工作在亚阈值下的假设。在一个输入脉冲,节点 $V_{syn}(t)$ 以净电流 $I_w - I_\tau$ 设定的速率线性减小,输出电流 $I_{syn}(t)$ 可以被描述为

$$I_{syn}(t) = \begin{cases} I_{syn}^- \exp\left(\dfrac{t - t_i^-}{\tau_c}\right) & \text{充电阶段} \\ I_{syn}^+ \exp\left(-\dfrac{t - t_i^+}{\tau_d}\right) & \text{放电阶段} \end{cases} \tag{8.7}$$

式中,t_i^- 为第 i 个输入尖峰到达的时间;t_i^+ 为尖峰之后的时间;I_{syn}^- 为 t_i^- 时的输出电

流；I_{syn}^{I} 为 t_i^+ 时的输出电流；$\tau_{\text{c}} = \dfrac{U_{\text{T}} C_{\text{syn}}}{\kappa (I_{\text{w}} - I_{\tau})}$，$\tau_{\text{d}} = \dfrac{U_{\text{T}} C_{\text{syn}}}{\kappa l_{\tau}}$，输出电流的动态特性是指数型的。

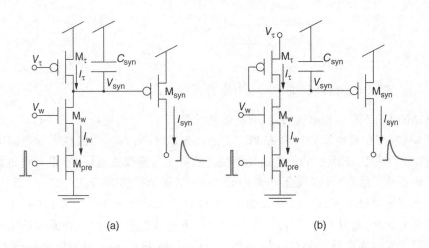

图 8.3 （a）线性充放电突触电路与（b）电流镜像积分器（CMI）突触电路

假设每个尖峰持续一个固定短暂周期 Δt，连续两个峰值到达时间分别为 t_i 和 t_{i+1}，我们可以写为

$$I_{\text{syn}}(t_{i+1}^{-}) = I_{\text{syn}}(t_i^{-}) \exp\left[\Delta t \left(\frac{1}{\tau_{\text{c}}} + \frac{1}{\tau_{\text{d}}}\right)\right] \exp\left(-\frac{t_{i+1}^{-} - t_i^{-}}{\tau_{\text{d}}}\right) \tag{8.8}$$

从这个递归方程，假设初始条件 $V_{\text{syn}}(0) = V_{\text{dd}}$，则我们可以得到响应线性充电和放电突触通用峰值序列 $\rho(t)$。将 t 时刻的输入尖峰列频率记为 f，则式（8.8）可以表示为

$$I_{\text{syn}}(t) = I_0 \exp\left[-\frac{\tau_{\text{c}} - f \Delta t (\tau_{\text{c}} + \tau_{\text{d}})}{\tau_{\text{c}} \tau_{\text{d}}}\right] \tag{8.9}$$

这个电路的主要缺点是它不是一个线性积分器，且 V_{syn} 是一个高阻抗节点；所以如果输入频率太高，如在式（8.9）中，如果 $f > \dfrac{1}{\Delta t} \dfrac{I_{\tau}}{I_{\text{w}}}$，则 $V_{\text{syn}}(t)$ 可以降至任意低值，甚至到接地值。在这些条件下，电路的稳态响应不会对输入频率进行编码。输入动态电荷对输入脉冲宽度的抖动也很敏感，就像前面所有的突触一样。

4. 电流镜像积分器突触

通过将 M_{τ} 晶体管（图 8.3（b））替换为一个二极管连接晶体管 Boahen（1997），这种修改电路有一个截然不同的突触反应。M_{τ} 和 M_{syn} 两个晶体管实现电流镜像，同时与电容 C_{syn} 一起形成一个电流镜像积分器（CMI）。这个非线性积分器电路产生平均输出电流 I_{syn}，该电流随输入发射率而增加，并且具有饱和非线性，最大振幅取决于电路参数：权值 V_{w} 和时间常数偏差 V_{τ}。对稳态条件（Hynna 和 Boahen，2001）和通用尖峰序列（Chicca，2006），CMI 响应解析已经被推导出来。响应输入尖峰的输出电流为

$$I_{syn}(t) = \begin{cases} \dfrac{\alpha I_w}{1 + \left(\dfrac{\alpha I_w}{I_{syn}^-} - 1\right) \exp\left(-\dfrac{t - t_i^-}{\tau_c}\right)} & \text{充电阶段} \\[4mm] \dfrac{I_w}{\dfrac{I_w}{I_{syn}^+} + \dfrac{t - t_i^-}{\tau_d}} & \text{放电阶段} \end{cases} \qquad (8.10)$$

式中 t_i^-、t_i^+、I_{syn}^-、I_{syn}^+ 已经在式（8.7）中说明，另外，$\alpha = e^{\frac{V_r - V_{dd}}{U_T}}$，$\tau_c = \dfrac{C_{syn} U_T}{\kappa I_w}$，$\tau_d = \alpha \tau_c$。来自电路的电压（$V_{syn}$）和电流（$I_{syn}$）响应仿真见图 8.4。在充电阶段，EPSC 以 s 型函数随时间增加，而在放电阶段，EPSC 以 $1/t$ 的比值减小。因此，与其他突触电路的典型指数衰减曲线相比，EPSC 的放电速度更快。参数 α 由源偏置电压 V_r 设置可以用来减缓 EPSC 衰减。然而，该参数会影响 EPSC 放电剖面的持续时间、EPSC 充电相位的最大幅值和直流突触电流；因此，更长的响应时间（较大的值 τ_d）产生高 EPSC 值。尽管存在这些非线性，而且 CMI 不能产生突触后电流的线性总和，但这种紧凑的电路仍被神经形态工程学界广泛使用（Boahen，1998；Horiuchi 和 Hynna，2001；Indiveri，2000；Liu 等，2001）。

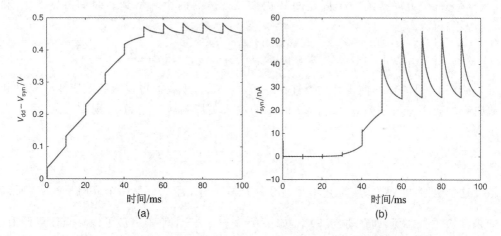

(a)　　　　　　　　　　(b)

图 8.4　(a)CMI 电压输出和(b)响应 100 Hz 输入尖峰串的突触电流输出

5. 求和指数突触电路

Shi 和 Horiuchi(2004)对复位和放电突触电路进行了改进，使多个输入峰值的电荷结果可以线性相加。这个求和突触亚阈值电路如图 8.5 所示。输入电压尖峰被施加到晶体管 M_1 的栅极电压。这里的栅电压 V_r 设置突触的时间常数，就像在其他突触回路。V_w 通过一个作为水平移位器的源跟随器间接地决定突触的权重。源跟随器中的偏置电流由输出突触电流 I_{syn} 的副本设置。当多个输入尖峰到达 M_1 时，增加的 I_{syn} 通过源跟随器降低 V_x 的值。通过应用 8.2.1 小节中讨论的跨线性原理可以得出：

$$\frac{\mathrm{d}}{\mathrm{d}t}I_{\mathrm{syn}} + \frac{\kappa I_{\tau}}{CU_{\mathrm{T}}}I_{\mathrm{syn}} = \frac{M\kappa_n}{CU_{\mathrm{T}}}\exp(\kappa V_{\mathrm{w}}/U_{\mathrm{T}}) \tag{8.11}$$

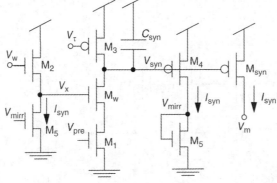

图 8.5　求和突触电路。输入峰值应用于 V_{pre}。有两个控制参数。电压 V_{w} 通过源跟随器电路调节突触的权重,而 V_{τ} 设置时间常数。为了减小 n 型源跟随器中的体效应,所有的晶体管都可以转换到相反的极性

6. 对数域突触电路

本小节介绍的电路基于 Frey(1993,1996)、Seevinck(1990)提出的对数域、电流模式滤波器设计方法的突触电路。这些滤波器电路利用了亚阈值金属氧化物半导体场效应晶体管(MOSFET)栅源电压与其通道电流之间的对数关系,因此被称为对数域滤波器。尽管 Frey 的原型电路是基于双极型晶体管,但构造这种滤波器的方法仍可以扩展到亚阈值工作的 MOS 晶体管。

电流和栅源电压之间的指数关系,意味着我们可以使用由 Gilbert(1975)首次提出的跨线性原理来求解电路中的电流关系,或者构造具有特定输入/输出传递函数的电路。这个原则在第 9 章的 9.3.1 小节中也有概述。考虑一组闭环连接的晶体管,以下公式满足顺时针(CW)方向的电压和逆时针(CCW)方向的电压:

$$\sum_{n\in\mathrm{CCW}}V_n = \sum_{n\in\mathrm{CW}}V_n \tag{8.12}$$

用亚阈值指数 I-V 关系代替式(8.12)中的 I,得到

$$\prod_{n\in\mathrm{CCW}}I_n = \prod_{n\in\mathrm{CW}}I_n \tag{8.13}$$

我们可以将跨线性原理应用于图 8.6 中的低通滤波电路中的电流:

$$I_{\mathrm{ds}}^{\mathrm{M1}} \cdot I_{\mathrm{ds}}^{\mathrm{M2}} = I_{\mathrm{ds}}^{\mathrm{M3}} \cdot I_{\mathrm{ds}}^{\mathrm{M4}}$$

$$I_{\mathrm{ds}}^{\mathrm{M3}} = I_{\mathrm{b}} + C\,\frac{\mathrm{d}}{\mathrm{d}t}V_{\mathrm{c}}$$

$$\frac{\mathrm{d}}{\mathrm{d}t}I_{\mathrm{out}} = \frac{\kappa}{U_{\mathrm{T}}}I_{\mathrm{out}}\,\frac{\mathrm{d}}{\mathrm{d}t}V_{\mathrm{c}}$$

$$I_{\mathrm{in}} \cdot I_{\mathrm{b}} = \left(I_{\mathrm{b}} + \frac{CU_{\mathrm{T}}}{\kappa I_{\mathrm{out}}}\,\frac{\mathrm{d}}{\mathrm{d}t}I_{\mathrm{out}}\right) \cdot I_{\mathrm{out}}$$

得到输入电流 I_{in} 与输出电流 I_{out} 的一阶微分方程：

$$\tau \frac{\mathrm{d}}{\mathrm{d}t}I_{out} + I_{out} = I_{in} \tag{8.14}$$

式中，$\tau = \dfrac{CU_T}{\kappa I_b}$。

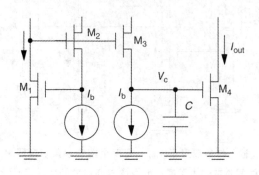

图 8.6　对数域积分器电路

7. 对数域动态积分突触电路

与图 8.6 中所示的对数域积分器电路不同，图 8.7 中所示的对数域积分器突触电路具有输入电流，仅在输入峰期间激活（Merolla 和 Boahen，2004）。与其他突触电路一样，输出电流 I_{syn} 对其栅电压 V_{syn} 具有相同的指数依赖性，见式(8.5)。该电流对时间的导数为

$$\frac{\mathrm{d}}{\mathrm{d}t}I_{syn} = \frac{\mathrm{d}I_{syn}}{\mathrm{d}V_{syn}} \frac{\mathrm{d}}{\mathrm{d}t}V_{syn}$$

$$= -I_{syn} \frac{\kappa}{U_T} \frac{\mathrm{d}}{\mathrm{d}t}V_{syn} \tag{8.15}$$

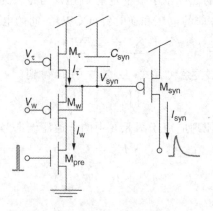

图 8.7　对数域积分器突触电路

在输入尖峰（充电阶段）期间，V_{syn} 的动力学由方程 $C_{syn} \dfrac{\mathrm{d}}{\mathrm{d}t}V_{syn} = -(I_w - I_\tau)$，控

制。将一阶微分方程与式(8.15)结合,可以得到

$$\tau \frac{\mathrm{d}}{\mathrm{d}t} I_{\mathrm{syn}} + I_{\mathrm{syn}} = I_{\mathrm{syn}} \frac{I_{\mathrm{w}}}{I_{\tau}} \tag{8.16}$$

式中,$\tau = \dfrac{C_{\mathrm{syn}} U_{\mathrm{T}}}{\kappa I_{\tau}}$。该电路的优势在于,$I_{\mathrm{w}}$ 与 I_{syn} 成正比:

$$I_{\mathrm{w}} = I_0 \exp\left[-\frac{\kappa(V_{\mathrm{w}} - V_{\mathrm{syn}})}{U_{\mathrm{T}}}\right] = I_{\mathrm{w}0} \frac{I_0}{I_{\mathrm{syn}}} \tag{8.17}$$

式中,I_0 为泄漏电流,$I_{\mathrm{w}0}$ 为初始条件下通过 M_{w} 的电流,此时 $V_{\mathrm{syn}} = V_{\mathrm{dd}}$。将 I_{w} 的表达式代入式(8.16)中,微分方程的右项就不再依赖于 I_{syn},而成为常数。因此,对数域积分器函数采用标准一阶低通滤波方程的形式,对到达 t_i^- 和结束于 t_i^+ 的尖峰的响应为

$$I_{\mathrm{syn}}(t) = \begin{cases} \dfrac{I_0 I_{\mathrm{w}0}}{I_{\tau}}\left[1 - \exp\left(-\dfrac{t - t_i^-}{\tau}\right)\right] + I_{\mathrm{syn}}^- \exp\left(-\dfrac{t - t_i^-}{\tau}\right) & \text{充电阶段} \\ I_{\mathrm{syn}}^+ \exp\left(-\dfrac{t - t_i^+}{\tau}\right) & \text{放电阶段} \end{cases} \tag{8.18}$$

这是迄今为止描述的唯一具有线性滤波特性的突触电路。相同的硅突触可以用来以线性的方式对来自不同来源的潜在尖峰的贡献进行求和。这可以在神经结构中节省大量的硅基板,因为突触不能实现学习或局部适应机制,因此可以解决过去阻碍大规模 VLSI 多芯片发展的芯片面积问题。

然而,对数域突触电路存在两个问题。第一个问题是图 8.7 所示的 VLSI 电路布局比其他突触电路布局占用的面积更多,因为 pFET M_{w} 需要良好的自我隔离。第二个更严重的问题是,脉冲神经网络系统中使用的脉冲长度,通常持续不到几微秒,因为太短所以无法向突触后神经元的膜电容注入足够的电荷,看不到任何效果。其中最大的损失可能是 $\Delta Q = \dfrac{I_0 I_{\mathrm{w}0}}{I_{\tau}}\Delta t$ 和 $I_{\mathrm{w}0}$ 的增加不能超出亚阈值电流限制(纳米级);否则,滤波器的对数域属性分解(注意,I_{τ} 也是固定的,设置所需的时间常数为 τ)。一种可能的解决方案是使用片上脉冲扩展电路来增加这个快速(芯片外)输入脉冲的长度。然而,这种解决方案需要在每个输入突触处增加电路,由此整个电路的布局变得更大(Merolla 和 Boahen,2004)。

8. 差分对积分器突触电路

由三个非场效应晶体管代替隔离的 pFET M_{w},差分对积分器(DPI,Diff-Pair Integrator)突触电路(Bartolozzi 和 Indiveri,2007)在保持其线性滤波特性的同时,解决了对数域积分器突触电路存在的问题,从而保留了对来自不同来源的时间尖峰进行复用的可能性。DPI 突触电路如图 8.8 所示。该电路由四个非场效应管、两个场效应管和一个电容器组成。nFET 形成了一个差动对,其分支电流 I_{in} 表示在充电时段对突触的输入。假设亚阈值操作和饱和状态,I_{in} 可以表示为

$$I_{in} = I_w \frac{e^{\frac{\kappa V_{syn}}{U_T}}}{e^{\frac{\kappa V_{syn}}{U_T}} + e^{\frac{\kappa V_{thr}}{U_T}}} \tag{8.19}$$

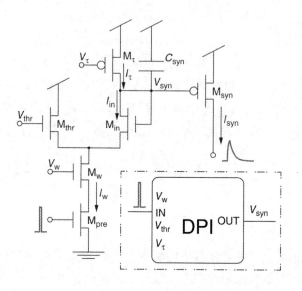

图8.8　差分对积分器突触电路

将式(8.19)的分子、分母同乘以 $e^{\frac{-\kappa V_{dd}}{U_T}}$，可以得到

$$I_{in} = \frac{I_w}{1 + \left(\frac{I_{syn}}{I_{gain}}\right)} \tag{8.20}$$

当公式 $I_{gain} = I_0 e^{-\frac{\kappa\left(V_{thr}-V_{dd}\right)}{U_T}}$ 表示虚拟的 p 型亚阈值电流时，该电流不与电路中的任何 pFET 相连。

对于对数域积分器，我们结合 C_{syn} 电容方程 $C_{syn} \dfrac{d}{dt} V_{syn} = -(I_{in} - I_\tau)$ 以及式(8.5)，可以得到

$$\tau \frac{d}{dt} I_{syn} = -I_{syn}\left(1 - \frac{I_{in}}{I_\tau}\right) \tag{8.21}$$

式中，$\tau = \dfrac{C_{syn} U_T}{\kappa I_t}$。将式(8.20)中的 I_{in} 代入式(8.21)，得到

$$\tau \frac{d}{dt} I_{syn} + I_{syn} = \frac{I_w}{I_\tau} \frac{I_{syn}}{1 + \left(\frac{I_{syn}}{I_{gain}}\right)} \tag{8.22}$$

这是一个一阶非线性微分方程,而稳态条件可以用封闭形式求解,其解为

$$I_{syn} = I_{gain}\left(\frac{I_w}{I_\tau} - 1\right) \tag{8.23}$$

如果 $I_w \gg I_\tau$,那么输出电流 I_{syn} 最终会达到 $I_{syn} \gg I_{gain}$,条件是当电路受到输入阶跃信号的刺激时。如果 $\frac{I_{syn}}{I_{gain}} \gg 1$,式(8.22)第二项的 I_{syn} 依赖性被取消,非线性微分方程简化为标准的一阶低通滤波方程:

$$\tau \frac{d}{dt}I_{syn} + I_{syn} = I_{gain}\frac{I_w}{I_\tau} \tag{8.24}$$

在这种情况下,电路对尖峰信号的输出电流响应为

$$I_{syn} = \begin{cases} I_{gain}\frac{I_w}{I_\tau}\left[1 - \exp\left(-\frac{t - t_i^-}{\tau}\right)\right] & \text{充电阶段} \\ I_{syn}^+ \exp\left(-\frac{t - t_i^+}{\tau}\right) & \text{放电阶段} \end{cases} \tag{8.25}$$

此电路的动力学几乎与对数域积分器突触电路相同,区别在于公式中 I_w/I_τ 在此是乘以 I_{gain},而不是对数域积分器解决方案里的 I_0。这一增益项可用于放大充电阶段响应幅值,因此解决了产生足够大的电荷包的问题。这些包来自神经元的积分电容,用于极短时间的输入尖峰,同时保持所有电流在亚阈值范围内,不需要额外的脉冲扩展电路。相对于对数域电路,该电路的另一个优点是,电路的布局不需要对这些 pFET 进行良好的结构隔离。

虽然该电路不如许多突触电路紧凑,但它是唯一可以重现生物突触后突触电流指数动态变化的电路,而不需要额外的输入脉冲扩展电路。此外,该电路对时间常数、突触权重和突触尺度参数具有独立的控制。由 V_{thr} 参数获得的额外自由度可用于对具有相同 V_{thr} 偏置的 DPI 电路进行全局缩放。反过来,这一特性可以用于实现全局稳态可塑性机制,与作用于突触权重节点 V_w 的局部尖峰的可塑性机制互补。

8.2.2　电导电路

在目前所描述的突触电路中,突触后电流 I_{syn} 几乎与膜电压 V_m 无关,因为突触的输出来自晶体管饱和时的漏极节点。更完整的突触模型则被称为基于电导的突触,它包括了离子电流对 V_m 的依赖。这种依赖关系的电流所对应的 V_m 动态描述如下:

$$C_m \frac{dV_m}{dt} = g_1(t)(E_1 - V_m) + g_2(t)(E_2 - V_m) + g_{leak}(E_{rest} - V_m) \tag{8.26}$$

式中,C_m 为膜电容;V_m 为膜电位;$g_i(t)$ 为随时间变化的突触电导;$E_i(i=1,2)$ 为特定离子电流(如 Na^+、K^+)对应的突触反转电位,右侧各项对应特定离子电流。

1. 单晶体管突触电路

晶体管在电阻区工作时,可产生突触后电流,该电流依赖于膜电位和反转电位之间的差异。对于在亚阈值下工作的晶体管和小于约 $4kT/q$ 的漏源电压(V_{ds})来说,这种

关系近似线性。在这些条件下操作晶体管实现基于电导依赖性的电路包括 Diorio 等 (1996,1998)在文中描述的单晶体管突触电路,以及 Hynna 和 Boahen(2007)、Farquhar 和 Hasler(2005)所描述的 Hodgkin-Huxley 电路。通过在强反型中操作晶体管,电流线性增长的 V_{ds} 范围是栅源电压 V_{gs} 的函数。在该区域,晶体管的使用是通过高于阈值的多晶硅阵列实现的(Schemmel 等,2007,2008)。

2. 开关电容突触电路

图 8.9 中的开关电容突触电路实现了基于电导的膜方程的一个离散版本。突触 i 的动态表达式为

$$C_m \frac{\Delta V_m}{\Delta T} = g_i (E_i - V_m) \tag{8.27}$$

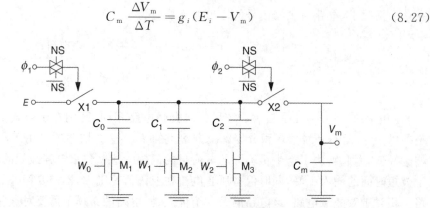

图 8.9 基于单室开关电容电导的突触电路。当一个传入事件的地址被解码,行和列选择电路激活细胞神经元选择(NS)行。不重叠的时钟(ϕ_1、ϕ_2)、控制切换,并由输入事件激活。© **2007 IEEE**。经许可转载,摘自 **Vogelstein 等(2007)**

电导 $g_i = g$ 在振幅上是离散的。电荷转移量取决于三个几何大小的突触权重电容($C_0 \sim C_2$)哪一个是激活的。这些元件通过晶体管 M_1、M_2、M_3 栅极上的二进制控制电压 W_0、W_1、W_2 来动态地开或关。二进制控制电压 W_0、W_1、W_2 提供了 8 个可能的电导值。根据突触电导 $g = npq$ 来调节突触事件的数量和概率,可以调节更大的有效电导动态范围(Koch,1999),即电导与突触前神经元上突触释放位点的数量(n)、突触释放概率(p)以及突触后对一定量神经递质(q)的反应的乘积成正比。有序地激活开关 X1 和 X2,一个与外部供应和动态调制的反转电位 E 和 V_m 之间的差成比例的电荷包被加到(或从)膜电容 C_m。

图 8.10 举例说明当突触反转电位和突触权重变化时,以传导为基础的神经元通过开关电容突触接收到一系列事件时的反应(Vogelstein 等,2007)。该神经元是集成-发射阵列收发器(IFAT)系统(在 13.3.1 小节中讨论过)中使用的阵列的一部分。与标准的 I&F 模型相反,膜电压揭示了由于电导基础模型的操作,事件的顺序对神经输出的强烈影响。这种电路也可以实现通常在 Cl⁻ 通道中观察到的"分流抑制"。当突触反转电位接近神经元的静息电位时,这种效应就会发生。分流抑制是由这种突触门控的神经活动的非线性相互作用产生的,这种效应在传导基础模型中是独特的,而在标准

I&F 模型和漏 I&F 模型中都没有。

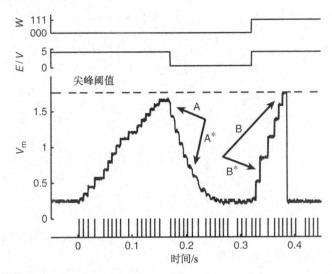

图 8.10　来自一系列传导为基础的突触和神经元内部的神经元的反应。下面的轨迹显示了神经元的膜电位(V_m),它在图中是底部用垂直线标记的时间发送的一系列事件。突触反转电位(E)和突触权重(W)为在顶部两条线。一系列兴奋事件后的抑制事件比许多抑制事件后的相同抑制事件对膜电位的影响更大(比较箭头 A 和 A* 指示的事件),反之亦然(通过箭头 B 和箭头 B* 比较事件)。© 2007 IEEE。经许可转载,摘自 Vogelstein 等(2007)

在图 8.9 中突触回路没有任何时间动态,对这个设计的扩展(Yu 和 Cauwen-berghs,2010)赋予了该电路突触动力学。

8.2.3　NMDA 突触电路

NMDA(甲基天门冬氨酸)受体形成另一类重要的突触通道。只有在神经递质(谷氨酸)存在的情况下,膜电压在给定阈值以上去极化时,这些受体才允许离子通过通道流动。图 8.11 显示了(Rasche 和 Douglas,2001)利用差分电路的阈值特性来演示此特性的电路。如果膜节点电压 V_m 小于外部偏置电压 V_{ref},则输出电流 I_{syn} 流过差分对左分支的晶体管 M_4,对突触后去极化没有影响。另一方面,如果 V_m 高于 V_{ref},则电流也会流入膜电位节点,使神经元去极化,从而实现典型的 NMDA 突触的电压门控。

该电路可以重现真实 NMDA 突触的电压门控和时间动态特性。能够在 VLSI 器件中实现这些特性是很重要的,因为有证据表明,它们在检测突触前活动和突触后去极化之间的符合性以诱导长期电位(LTP)增强起着至关重要的作用(Morris 等,1990)。此外,NMDA 突触可能有助于稳定脉冲神经元循环的 VLSI 网络的持续活动,这是在工作记忆背景下的计算研究中提出的(Wang,1999)。

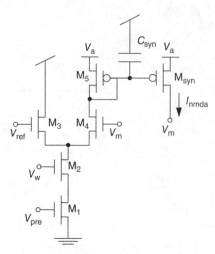

图 8.11　NMDA 突触电路。V_m 是突触后膜电压。差分对电路的晶体管 M_3 和 M_4 模拟电流-电压特性。输入到 V_{pre} 和 V_w 的尖峰设置了突触权重

8.3　动态塑性突触

到目前为止，所讨论的突触电路都有一个在运行期间由一个固定值指定的权重。实验表明，在许多生物突触中，突触中膜通道的有效电导是动态变化的。电导的这种变化依赖于突触前和/或突触后的活动。短期动态突触状态是由突触前活动决定的，其时间常数很短，在几十到几百毫秒之间。长时间常数适应性突触的权重会被突触前和突触后的活动所改变，其时间常数可以从秒到小时、天、年不等。它们的功能角色通常在学习模式中被探索。接下来将描述突触回路中随着短期或长期的可塑性突触权重发生的变化。

8.3.1　短期可塑性

动态突触是可抑制的、促进的，或者两者兼而有之。在一个被抑制的突触中，突触强度在每一个尖峰后都有所下降，并在时间常数 τ_d 内恢复到最大值。这样一来，一个被抑制的突触就类似于一个高通滤波器。它主要是编码输入的变化，而不是输入的绝对水平。抑制突触的输出电流主要表示突触前频率的变化。稳态电流振幅与输入频率近似成反比。在促进突触时，强度在每个尖峰后都增加，并在时间常数 τ_f 内恢复到最小值。它就像一个非线性低通滤波器，可以响应尖峰速率的变化。突触前发射率的逐步增加导致突触强度的逐渐增加。

这两种类型的突触都可以作为时不变衰落记忆滤波器（Maass 和 Sontag，2000）。用于网络模拟和拟合生理数据的两种普遍模型是现象学模型（Markram 等，1997；Tsodyks 和 Markram，1997；Tsodyks 等，1998；Abbott 等，1997；Varela 等，1997）。

在 Abbott 等（1997）的模型中，突触权重的下降由变量 D 定义，D 在 0～1 之间变化，则突触强度为 $gD(t)$。其中 g 为最大突触强度；D 的动力学由下式表示：

$$\tau_{\mathrm{d}} \frac{\mathrm{d}[D(t)]}{\mathrm{d}t} = 1 - D(t) + \mathrm{d}D(t)\delta(t) \qquad (8.28)$$

式中,τ_{d} 是抑制后的恢复时间常数;在一个尖峰之后,D 减少了 $d(d<1)$,即 $\delta(t)$。

图 8.12 所示为抑制突触电路。Rasche、Hahnloser(2001)和 Boegerhausen 等 (2003)都在论文中描述了电路的细节及其响应。电压 V_{a} 决定了最大突触强度 g,而突触强度 $gD = I_{\mathrm{syn}}$ 与电压 V_{x} 呈指数关系。由晶体管 $M_1 \sim M_3$ 组成的子电路控制 V_{x} 的动态。尖峰信号输入到 M_1 和 M_4 的栅极。在输入尖峰期间,从节点 V_{x} 中移除一定数量的电荷量(由 V_{d} 决定)。在尖峰之间,V_{x} 通过二极管连接的晶体管 M_3(见图 8.13)恢复到 V_{a}。由 M_5、M_{syn} 和电容 C_{syn} 组成的电流镜电路,通过调整电压增益,可以将 I_{syn} 电流源转换为具有一定增益和时间常数的等效电流 I_{d}。突触的强度由下式给出:

$$I_{\mathrm{syn}} = gD = I_0 \mathrm{e}^{\frac{\kappa V_{\mathrm{x}}}{U_{\mathrm{T}}}}$$

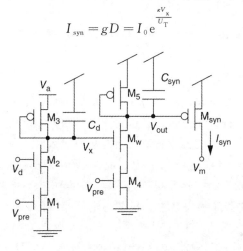

图 8.12   抑制突触电路

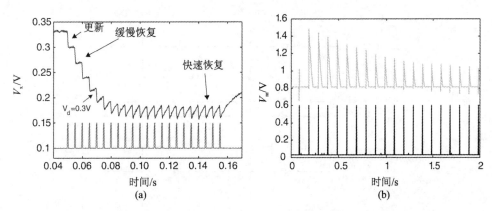

图 8.13   图 8.12 抑制突触电路测量的响应曲线。(a)V_{x} 随时间变化的曲线中,当输入尖峰到达时,V_{x} 会降低,并根据其与静息值的距离以不同的速率恢复到静息值,$V_{\mathrm{a}} \approx 0.33$ V。改编自 Boegershausen 等(2003),经麻省理工学院出版社许可转载。(b)神经元受到常规脉冲输入(底部曲线)刺激时的瞬态响应(通过测量其膜电位 V_{m} 得到)。每个子图的下部为输入脉冲序列

8.3.2　长期可塑性

在短期可塑性的突触模型中,突触的权重取决于输入尖峰活动的短时间历史。在长期可塑性的情况下,权重由突触前和突触后的活动决定。实现这种学习规则的超大规模集成(VLSI)电路范围从 Hebbian 规则到尖峰时序相关可塑性(STDP)规则及其变体。按照图 8.14 所示的一般框图,已实现了各种类型的长期可塑性 VLSI 突触电路。

图 8.14　学习突触的一般框图。元件是由一个 Hebbian/STDP 模块(用于实现了学习规则)、一个记忆模块和突触电路组成

1. 权值更新的模拟输入

建立学习突触的最早尝试之一是来自 20 世纪 90 年代 Mead 实验室的浮栅电路(一个早期的研究(Holler 等,1989),是关于可培训网络的)。这些电路利用了正常 CMOS 工艺中的非易失性存储器存储机制、热电子注入和电子隧穿的可用性,从而导致在浮动栅上修改存储器或电压的能力(Diorio 等,1996,1998;Hasler,2005;Hasler 等,1995,2001;Liu 等,2002)。这些机制将在第 10 章作进一步解释,图 8.15 展示了一个突触数组的例子。这些非易失性更新机制与电可擦、可编程只读存储器(EEPROM)技术中使用的机制相似,只是 EEPROM 晶体管是为数字编程和二进制数据存储而优化的。浮栅硅突触具有以下所期望的特性:模拟存储器是非易失性的,并且存储器更新是双向的。突触的输出是输入信号与存储值的乘积。在图 8.14 中,单个晶体管突触电

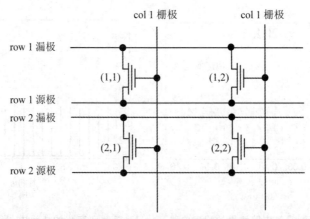

图 8.15　一个 2×2 突触阵列的高阈值浮栅晶体管与电路更新权重使用隧穿和注入机制。row 突触共享一根漏极导线,因此通过将 row 1 漏极电压提高到一个值,并将 col 1 栅极设置到一个低值来激活突触(1,1)处的隧穿。为了在相同突触处注入升高 col 1 栅极电压并且降低 row 1 漏极电压

路本质上实现了学习突触的三个组件。虽然最初的工作是围绕专业双极技术中的高阈值 nFET 晶体管展开的,但在普通 CMOS 技术的 pFET 晶体管中也得到了类似的结果(Hasler 等,1999),因此目前的工作是围绕连接到各种神经元模型的 pFET 突触阵列展开的(Brink 等,2013)。使用浮栅动力学提供的显式动态的各种浮栅学习突触包括相关学习规则(Dugger 和 Hasler,2004),以及后来使用基于尖峰输入并遵循 STDP 规则的浮栅突触(Häfliger 和 Rasche,1999;Liu 和 Moeckel,2008;Ramakrishnan 等,2011)。实现突触的浮栅技术的优点是,电路的参数可以使用相同的非易失性技术进行存储(Basu 等,2010)。

2. 采用浮栅技术的基于尖峰学习电路

Häfliger 等(1996)最早描述了基于尖峰学习 VLSI 电路。正如 Kohonen(1984)所描述的,这个电路实现了基于 Riccati 方程的尖峰版本的学习规则。如果输出机制是 I&F 神经元(这里的权重向量归一化意味着权重向量长度总是收敛到给定的恒定长度),则该电路所基于的这种依赖于时间的学习规则(在 Häfliger(2007)中有更详细地描述)实现了精确的权重归一化,并且可以在该依赖于时间的学习规则(更详细地描述)中检测尖峰训练中的时间相关性。(注:输入脉冲序列在与其他输入的交叉相关图上显示一个约为零的峰值,也就是说,它们倾向于同时发射,将更有可能增加突触的权重。)

为了用微分方程描述权值更新规则,下面将问题突触的输入脉冲序列 x(与之对应的是神经元 y 的输出脉冲序列)描述为狄拉克函数和的形式:

$$x(t) = \sum_j \delta(t - t_j) \qquad (8.29)$$

式中,t_j 为第 j 个输入脉冲的时间。

有时对输入脉冲使用特征函数 x' 更方便,也就是说,函数在启动时等于 1,否则等于 0。

权值更新获得一个输入脉冲和一个后续动作电位之间的潜在因果关系,即当一个动作电位跟在一个输入脉冲之后时。这非常符合 Hebb 的原始假设,即输入"引起"的动作电位会使突触权重增加(Hebb,1949)。另一方面,如果动作电位之前没有突触输入,那么这个权重就会降低。为了实现这一点,需要为每个突触引入一个"相关信号"c。它的目的是跟踪最近的输入活动。其动力学描述如下:

$$\frac{\mathrm{d}c}{\mathrm{d}t} = x - \frac{1}{\tau}c - y(c + x') \qquad (8.30)$$

在突触上的相关信号 c 每输入一个尖峰就增加 1,随时间常数 τ 呈指数增减,每输出一个尖峰就复位,清 0。

Häfliger(2007)用图 8.16 中的电路解释了这个方程。一个活跃的低输入尖峰 nPre 激活由 nInc 偏置的电流源晶体管(M_2),并增加节点 corr 上的电压,corr 代表变量 c。该电压受通过 M_5 泄漏电流的影响。这种恒定的泄漏电流与理论规律的主要区别是,它不是阻性电流。一个输出尖峰导致信号 Ap 升高几微秒。在此期间,corr 在 M_3 和 M_4 之间被复位。这些信号动力学在图 8.16 右上角的插图中得到了说明。

　　理论权重更新规则最初是由 Häfliger 等(1996)提出的,后来 Häfliger(2007)对因果输入-输出关系进行了更详细的描述,对非因果关系进行了严格分析:

$$\frac{\mathrm{d}w}{\mathrm{d}t} = \mu y \left(c - \frac{1}{v^2} w\right) \tag{8.31}$$

在每个输出尖峰处,权重 w 因 μc 递增,因 $\frac{\mu}{v^2} w$ 递减。其中 μ 是学习率,v 是权重向量归一化的长度。

　　在图 8.16 中,晶体管 M_6 到 M_9 计算了该更新规则的正项 μc,作为神经元的采样输出脉冲 Ap(表示脉冲序列 y 中的一个脉冲):它们将节点 corr 上的电压线性地转换为一个有效的低脉冲长度,如图 8.16 右下插图所示:信号 Ap 会激活电流比较器 M_6/M_8 并且当通过 Pullen 设置的电流极限耗尽时,其输出电压 nLearn–up 在 corr 达到闲置电压 Corr 基线所需的时间内变低,也就是说,持续时间与 c 成正比。当 corr 等于 Corr_baseline 时,M_6 被偏置到 Vthreshold 源电流,其略大于 M_8 提供的电流。

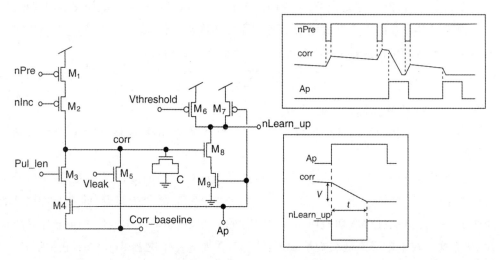

图 8.16　近似式(8.30)(晶体管 M1、M2、M5)和式(8.31)(晶体管 M3、M4、M6~M9)的正权值更新项的电路。后者是一种数字脉冲"nLearn_up",其持续时间与神经元触发时的 c 项对应。该电路实现了图 8.14 中 Hebbian 模块的增重(LTP 部分)

　　因此,该电路的结果是时域上的宽度调制数字脉冲。这个脉冲可以连接到任何类型的存储单元,模拟权重存储单元根据该脉冲的持续时间成比例地增加其内容,例如,电容器或浮栅在该脉冲持续时间内对来自电流源或隧穿节点的电流进行积分。

　　式(8.31)中的负更新项以类似的方式通过宽度调制输出脉冲实现,例如,在电容式或浮栅权重存储单元上激活负电流源。最初的电路(Häfliger 等,1996)使用电容式权重存储,后来的实现使用模拟浮栅(Häfliger 和 Rasche,1999)和"弱"多级存储单元(Häfliger,2007;Riis 和 Häfliger,2004)。

(1) 尖峰时间依赖可塑性规则

在第 6 章的 6.3.1 小节中概述了基于尖峰学习规则,也称为 STDP 规则。它模拟了生理实验中观察到的突触可塑性行为(Markram 等,1997;Song 等,2000;van Rossum 等,2000)。STDP 规则的形式如图 8.17 所示。在一个时间窗内,若突触前尖峰先于突触后尖峰,则突触权重就会增加;若突触前尖峰和突触后尖峰出现的顺序反过来,则突触权重降低。在加法形式中,权重的变化 $A(\Delta t)$ 与突触权重无关,其饱和在固定的最大最小值(Abbott 和 Nelson,2000):

$$\Delta w = \begin{cases} W_+ \, e^{-\Delta t/\tau_+}, & \Delta t > 0 \\ W_- \, e^{-\Delta t/\tau_-}, & \Delta t < 0 \end{cases} \tag{8.32}$$

式中,$t_{\text{post}} = t_{\text{pre}} + \Delta t$。在乘法形式中,权重的变化取决于突触权重值。

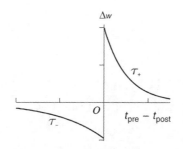

图 8.17   时间不对称学习曲线或与尖峰时间相关的适应性曲线

(2) STDP 硅电路

Bofill-i-Petit 等(2002)、Indiveri(2003)和 Indiveri 等(2006)描述了模拟图 8.17 中权重更新曲线的硅 STDP 电路。图 8.18 中的电路可以实现权重依赖和权重独立的更新(Bofill-i-Petit 和 Murray,2004)。每个突触的权重由存储在其权重电容 C_w 上的电荷来表示,权重的强度与 V_w 成反比。V_w 值越接近地面,突触越强。

由塑性突触驱动的神经元的尖峰输出定义为 Post。当 Pre(输入尖峰)有效时,由 I_{bpot} 在二极管连接的晶体管 M_9 上产生的电压被复制到 M_{13} 的栅极。由于 V_{bpot} 设置了的泄漏电流,所以电容 C_{pot} 两端的电压从其峰值开始随时间衰减。当突触后神经元激发时,Post 将 M_{12} 接通。因此,权重增加(V_w 减小)一定量,该量反映了自上一次突触前事件以来所经过的时间。

通过简单的线性 V-I 配置(由 M_5 和 M_6 以及电流镜 M_7 和 M_8 组成)引入了与权重有关的机制(见图 8.18(a))。M_5 是在强反型下工作的低增益晶体管,而 M_6 是在弱反型下工作的宽晶体管,因此它具有更高的增益。当 V_w 减小(权重增加)时,通过 M_5

和 M_6 的电流增加,但是 M_5 被高增益晶体管保持在线性区。因此,从 I_{bpot} 中应减去与权重值成比例的电流。对于较大的权重值,注入 M_9 的较小电流将导致权重的增强峰下降。

以类似增强的方式,当权重检测到突触前和突触后尖峰之间的非因果相互作用时,权重会通过图 8.18(b)所示的电路减弱。当产生突触后尖峰事件时,Post 脉冲会为 C_{dep} 充电。累积的电荷以 V_{bdep} 设置的速率通过 M_{16} 线性泄漏。非线性衰减电流(I_{dep})发送到位于输入突触中的权重变化电路(见图 8.18(a)中的 I_{dep})。当突触前尖峰到达突触时,M_1 打开。如果在 Post 脉冲后足够快地发生这种情况,则 V_w 会更接近 V_{dd}(权重强度降低)。

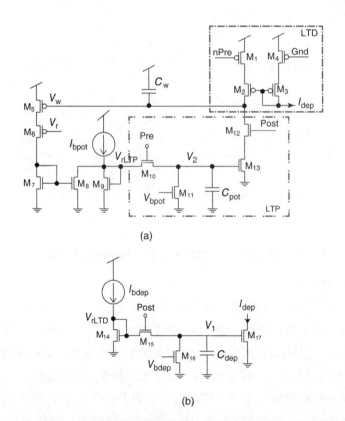

(a)

(b)

图 8.18　权重改变电路。(a)突触强度与 V_w 值成反比。V_w 越高,突触的权重越小。该电路检测因果尖峰的相关性。(b)电路的这一部分产生了学习窗口下降侧的衰减形状

通过将 V_r 设置为 V_{dd},该电路可用于实现与权重无关的学习。该电路的修改版本已用于表达 STDP 规则的变体,例如 Song 等(2000)在文中所讨论的权重更新的加法和乘法形式(Bamford 等,2012)。

3. 二进制加权的可塑性突触

(1) 随机二进制

第 6 章 6.3.2 小节中描述的双稳态突触已经在模拟 VLSI 中实现(Fusi 等,2000)。这个突触使用一种由模拟变量表示的内部状态,每当突触前神经元出现尖峰时,它就会向上或向下跳跃。跳跃的方向是由突触后神经元的去极化水平决定的。除了突触在没有刺激的情况下在长时间尺度上保持记忆,模拟突触变量的动态类似于感知器规则。在峰值之间,突触变量线性向上漂移(趋向上限)或向下漂移(趋向下限),这取决于该变量是高于还是低于突触阈值。这两个定义突触变量的值是稳定的突触效应。

因为刺激发生在一个有限(短)的时间间隔上,随机性是由突触前和突触后神经元脉冲时间的变异性产生的。当跳跃累积克服了刷新漂移,长时间强化(LTP)和长时间衰减(LTD)的转变在突触发生前爆发。突触可以在其固有时间常数的数量级的周期内保留一组连续的值,但是在较长的时间尺度上,仅保留两个值:突触功效在两个稳定值之一的附近的一条带中波动,直到强烈刺激产生足够的尖峰将其驱赶出该条带并进入另一个稳定值附近。图 8.19 所示的电路显示了学习突触的不同构建块。

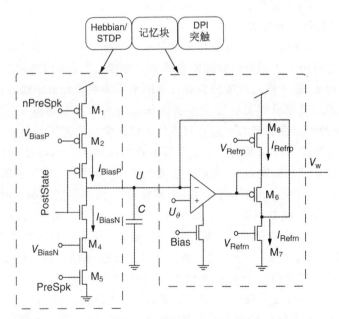

图 8.19　双稳态突触电路示意图。非独立活动的 Hebbian 块可实现 $H(t)$。电容 C 的电压为 $U(t)$,由式 (8.33) 可知,$U(t)$ 与内部变量 $X(t)$ 有关。记忆块可实现 $R(t)$ 并提供刷新电流

电容 C 充当模拟存储元件:无量纲内突触状态 $X(t)$ 与电容器电压的关系如下:

$$X(t) = \frac{U(t) - U_{\min}}{U_{\max} - U_{\min}} \tag{8.33}$$

式中，$U(t)$ 为跨突触电容的电压，在 $U_{min} \approx 0$ 和 $U_{max} \approx V_{dd}$ 所限定的区域内可以变化。

（2）Hebbian 块

Hebbian 块实现了 $H(t)$，仅在突触前尖峰到达时才激活。突触内部状态根据突触后去极化而上升或下降。二进制输入信号 PostState 确定跳跃方向，并且是两个电压电平之间比较的结果：突触后神经元 $V(t)$ 的去极化和激发阈值 θ_V。如果去极化高于阈值，则 PostState≈ 0；否则接近电源电压 V_{dd}（未显示用于生成 PostState 的电路）。在没有突触前尖峰的情况下，M_1 和 M_5 不导通，并且没有电流流入电容 C。在突触前尖峰的发射期间（nPreSpk 为低），PostState 信号控制哪个分支被激活。如果 PostState$=0$（突触后去极化高于阈值 θ_V），则电容 C 充电。充电速率由 V_{BiasP} 决定，即流过 M_2 的电流。类似地，当 PostState$=1$ 时，下部分支被激活，电容放电至地端。

（3）记忆块

记忆块实现了 $R(t)$，当电压 $U(t)$ 高于阈值 U_θ（对应于 θ_X）时，电容充电，否则放电。这一项会抑制任何微小的波动，这些波动会使 $U(t)$ 远离两个稳定状态。如果 $U(t) < U_\theta$，比较器的电压输出约为 V_{dd}，则 M_5 不导通，而 M_6 导通。结果是电流 I_{Refrn} 使电容放电。如果 $U(t) > U_\theta$，则比较器的低输出导通 M_5，电容器以与电流 I_{Refrp} 和 I_{Refrn} 之差成比例的速率充电。

（4）随机二进制停止学习

在图 8.19 中实现的基于尖峰学习算法是基于 Brader（2007）和 Fusi（2000）等描述的模型。该算法可用于实现非监督和监督的学习协议，并训练神经元充当感知器或二进制分类器。通常，输入模式被编码为具有不同平均频率的峰值序列集，而神经元的输出发射率则代表二进制分类器的输出。实施该算法的学习电路可细分为两个主要模块：每个塑性突触中都存在带有双稳态权重的尖峰触发的权重更新模块，以及神经元中存在的突触后停止学习控制模块。停止学习电路实现该算法的特征，如果输出神经元有一个非常高或非常低的发射率，则停止更新权重，这表明输入向量和所学习的突触权重之间的点积接近 1（模式识别属于训练类）或接近 0（模式识别不属于训练类）。

突触后停止学习控制电路如图 8.20 所示。这些电路产生两个全局信号 V_{UP} 和 V_{DN}，这两个全局信号 V_{UP} 和 V_{DN} 在属于同一树突树的所有突触之间共享，以分别实现正/负权重更新。I&F 神经元产生的突触后尖峰由 DPI 电路积分。DPI 电路产生与真实神经元中钙浓度有关的信号 V_{Ca}，并代表神经元最近的尖峰活动。通过三个相应的电流模式 WTA（Winner – Take – All，赢家通吃）电路将该信号与三个不同的阈值（V_{thk1}、V_{thk2} 和 V_{thk3}）进行比较（Lazzaro 等，1989）。同时，跨导放大器将神经元的膜电位 V_m 与固定阈值 V_{thm} 进行比较。V_{UP} 和 V_{DN} 的值取决于该放大器的输出以及钙浓度信号 V_{Ca}。具体地讲，如果 $V_{thk1} < V_{Ca} < V_{thk3}$ 并且 $V_m > V_{mth}$，则会使突触权重增加（$V_{UP} < V_{dd}$）。如果 $V_{thk1} < V_{Ca} < V_{thk2}$ 且 $V_{mem} < V_{thm}$，则可以减小突触权重（$V_{DN} > 0$）；否则，不允许更改突触权重（$V_{UP} = V_{dd}$，$V_{DN} = 0$）。

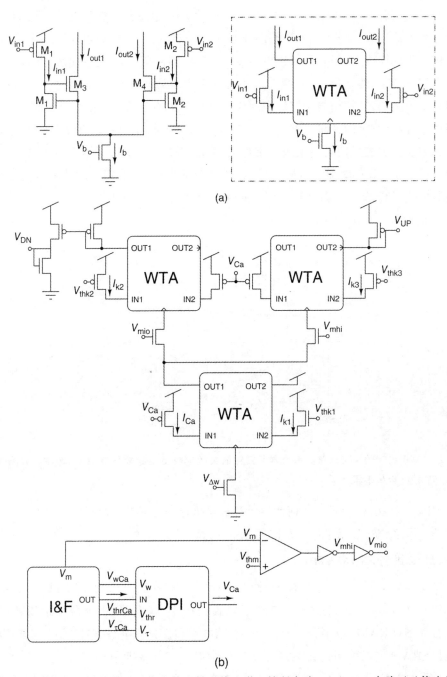

(a)

(b)

图 8.20 具有双稳态突触的神经元体中的突触后停止学习控制电路。(a) WTA 电路;(b) 停止学习控制电路采用 DPI 电路

　　突触前权重更新模块包括四个主要模块:输入级(见图8.21中的$M_{I1}\sim M_{I2}$)、尖峰触发的权重更新电路(见图8.21中的$M_{L1}\sim M_{L4}$)、双稳态权重刷新电路(见图8.21中的跨导放大器)和电流模式DPI电路(未显示)。双稳态权重刷新电路是一个具有很小"摆率"的正反馈放大器,它将权重电压V_w与设定的阈值V_{thw}进行比较,并根据$V_w>V_{thw}$或$V_w<V_{thw}$的不同,将其缓慢地驱动到两个电源轨V_{whi}或V_{wlo}之一。这种双稳态驱动是连续的,其作用与尖峰触发的权重更新电路的作用叠加在一起。输入地址-事件到达后,两个数字脉冲将根据V_{UP}和V_{DN}的值触发权重更新块并增加或减小权重:如果在突触前突起期间启用了来自突然后的V_{UP}信号,停止学习控制模块$V_{UP}<V_{dd}$,突触权重的V_w瞬间增加。同样,如果在突触前的尖峰期间,V_{DN}信号来自突触后,权重控制模块很高,则V_w会瞬间减小。突触前尖峰到达时,DPI块产生的EPSC的幅度与$V_{\Delta w}$成比例。

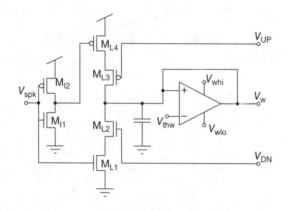

图8.21 基于尖峰的学习电路。每个学习突触的突触前权重更新模块或Hebbian块。信号V_{UP}和V_{DN}由图8.20中的电路产生

　　Mitra等(2009)展示了如何使用此类电路执行分类任务,并表征该VLSI学习系统的性能。该系统还显示了第6章图6.3中的过渡动力学。

(2) 二进制SRAM STDP

　　基于STDP学习规则更新突触权重的另一种方法是二进制STDP突触电路(Arthur和Boahen,2006)。它由三个子电路构成:衰减电路、积分器电路和静态随机存取存储器(SRAM),如图8.22所示。衰减电路和积分器电路以对称方式实现增强和抑制。SRAM电路可保持突触的当前二进制状态(增强或抑制)。

　　为了增强效果,衰减电路会记住上一个突触前的尖峰。当该尖峰出现时,其电容器被充电,然后线性放电。突触后尖峰对电容器上残留的电荷进行采样,使其通过指数函数将所得电荷转储到积分器电路中,此后此电荷线性衰减。在突触后尖峰时刻,SRAM(交叉耦合的反相器)读取积分器电容上的电压。如果超过阈值,则SRAM的状态将从

抑制变换到增强(nLTD 变为高电平,nLTP 变为低电平)。STDP 电路的抑制侧是完全对称的,除了它对突触后的激活和突触前的激活做出响应,并将 SRAM 的状态从增强变为抑制(nLTP 变为高电平,nLTD 变为低电平)。当 SRAM 处于增强状态时,突触前的尖峰会激活主神经元的突触;否则,尖峰无效。SRAM 的输出激活了 8.2.1 小节中描述的对数域突触电路。

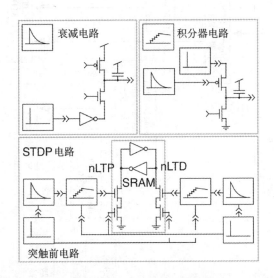

图 8.22 (SRAM) STDP 电路。该电路由衰减电路、积分器电路和 STDP 电路三个子电路组成。改编自 Arthur 和 Boahen(2006)。经麻省理工学院出版社许可转载

8.4 讨 论

图 8.23 描述了各种突触电路在过去几年里是如何发展的。突触电路可能比硅神经元电路造价更高(以晶体管数量计)。随着更多功能的添加,每个突触的晶体管数量增加。此外,这些电路仍然面临着线性电阻器难以实现的困难,特别是当这些电路在低于阈值的条件下工作时。因此,设计人员应考虑应用程序所需的必要功能,而不是根据所有可能的功能建立突触。本章重点介绍混合信号突触电路,还考虑了针对突触和神经元的全数字解决方案,虽然这些电路平均耗散更多功率,但可以使用现有的设计工具更快地设计出这些电路,如 Arthur 等(2012)、Merolla 等(2011)和 Seo 等(2011)所展示的。

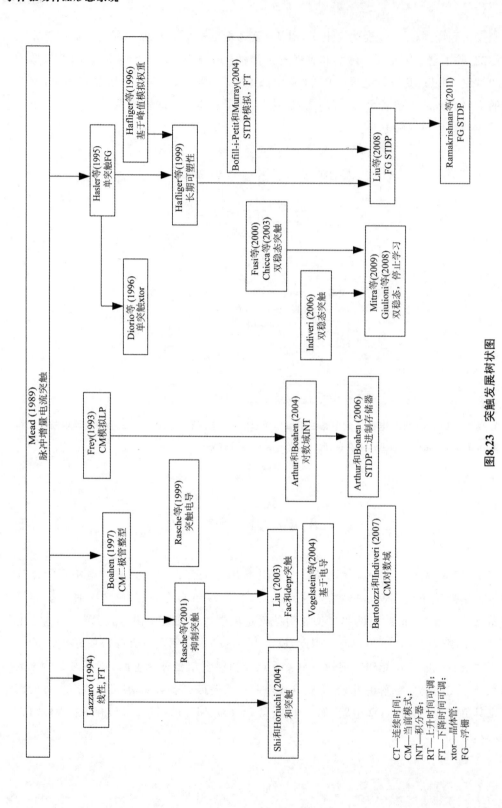

图8.23 突触发展树状图

CT—连续时间；
CM—当前模式；
INT—积分器；
RT—上升时间可调；
FT—上升/下降时间可调；
xtor—晶体管；
FG—浮栅

参考文献

[1] Abbott L F，Nelson S B. Synaptic plasticity：taming the beast. Nat. Neurosci. ，2000，3：1178-1183.

[2] Abbott L F，Varela J A，Sen K，et al. Synaptic depression and cortical gain control. Science，1997，275(5297)：220-223.

[3] Arthur J V，Boahen K. Recurrently connected silicon neurons with active dendrites for one-shot learning. Proc. IEEE Int. Joint Conf. Neural Netw. (IJCNN)，2004，3：1699-1704.

[4] Arthur J V，Boahen K. Learning in silicon：timing is everything // Weiss Y，Schölkopf B，Platt J. Advances in Neural Informa- tion Processing Systems 18 (NIPS) Cambridge，MA：MIT Press，2006：75-82.

[5] Arthur J V，Merolla P A，Akopyan F，et al. Building block of a programmable neuromorphic substrate：a digital neurosynaptic core. Proc. IEEE Int. Joint Conf. Neural Netw. (IJCNN)，2012：1-8.

[6] Bamford S A，Murray A F，Willshaw D J. Spike-timing-dependent plasticity with weight dependence evoked from physical constraints. IEEE Trans. Biomed. Circuits Syst. ，2012，6(4)：385-398.

[7] Bartolozzi C，Indiveri G. Synaptic dynamics in analog VLSI. Neural Comput. ，2007，19(10)：2581-2603.

[8] Basu A，Ramakrishnan S，Petre C，et al. Neural dynamics in reconfigurable silicon. IEEE Trans. Biomed. Circuits Syst. ，2010，4(5)：311-319.

[9] Boahen K A. Retinomorphic Vision Systems：Reverse Engineering the Vertebrate Retina. PhD thesis. Pasadena，CA：California Institute of Technology，1997.

[10] Boahen K A. Communicating neuronal ensembles between neuromorphic chips// Lande T S Neuromorphic Systems Engineering. The International Series in Engineering and Computer Science. Springer，1998,447：229-259.

[11] Boegerhausen M，Suter P，Liu S C. Modeling short-term synaptic depression in silicon. Neural Comput. 2003,15(2)：331-348.

[12] Bofill-i-Petit A，Murray A F. Synchrony detection by analogue VLSI neurons with bimodal STDP synapses// Thrun S，Saul L，Schölkopf B. Advances in Neural Information Processing Systems 16 (NIPS) Cambridge，MA：MIT Press，2004：1027-1034.

[13] Bofill-i-Petit A，Thompson D P，Murray A F. Circuits for VLSI implementation of temporally asymmetric Hebbian learning// Dietterich T G，Becker S，Ghahramani Z. Advances in Neural Information Processing Systems 14 (NIPS) Cambridge，MA：MIT Press，2002：1091-1098.

[14] Brader J M, Senn W, Fusi S. Learning real-world stimuli in a neural network with spike-driven synaptic dynamics. Neural Comput., 2007, 19(11): 2881-2912.

[15] Brink S, Nease S, Hasler P, et al. A learning-enabled neuron array IC based upon transistor channel models of biological phenomena. IEEE Trans. Biomed. Circuits Syst., 2013, 7(1): 71-81.

[16] Chicca E. A Neuromorphic VLSI System for Modeling Spike-Based Cooperative Competitive Neural Networks. PhD thesis. Zürich, Switzerland: ETH Zürich, 2006.

[17] Chicca E, Badoni D, Dante V, et al. A VLSI recurrent network of integrate-and-fire neurons connected by plastic synapses with long-term memory. IEEE Trans Neural Netw., 2003, 14(5): 1297-1307.

[18] Destexhe A, Mainen Z F, Sejnowski T J. Kinetic models of synaptic transmission. Methods in Neuronal Modelling, from Ions to Networks. Cambridge, MA: The MIT Press, 1998: 1-25.

[19] Diorio C, Hasler P, et al B A, et al. A single-transistor silicon synapse. IEEE Trans. Elect. Dev., 1996, 43(11): 1972-1980.

[20] Diorio C, Hasler P, Minch B A, et al. Floating-gate MOS synapse transistors. Neuromorphic Systems Engineering: Neural Networks in Silicon. Norwell, MA: Kluwer Academic Publishers, 1998: 315-338.

[21] Dugger J, Hasler P. A continuously adapting correlating floating-gate synapse. Proc. IEEE Int. Symp. Circuits Syst. (ISCAS), 2004, 3: 1058-1061.

[22] Farquhar E, Hasler P. A bio-physically inspired silicon neuron. IEEE Trans. Circuits Syst. I: Regular Papers, 2005, 52(3): 477-488.

[23] Frey D R. Log-domain filtering: an approach to current-mode filtering. IEE Proc. G: Circuits, Devices and Systems, 1993, 140(6): 406-416.

[24] Frey D R. Exponential state space filters: a generic current mode design strategy. IEEE Trans. Circuits Syst. II, 1996, 43: 34-42.

[25] Fusi S, Annunziato M, Badoni D, et al. Spike-driven synaptic plasticity: theory, simulation, VLSI implementation. Neural Comput., 2000, 12 (10): 2227-2258.

[26] Gilbert B. Translinear circuits: a proposed classification. Electron. Lett., 1975, 11: 14-16.

[27] Giulioni M, Camilleri P, Dante V, et al. A VLSI network of spiking neurons with plastic fully configurable "stop-learning" synapses. Proc. 15th IEEE Int. Conf. Electr., Circuits Syst. (ICECS), 2008: 678-681.

[28] Häfliger P. Adaptive WTA with an analog VLSI neuromorphic learning chip. IEEE Trans. Neural Netw. 2007, 18(2): 551-572.

[29] Häfliger P, Rasche C. Floating gate analog memory for parameter and variable storage in a learning silicon neuron. Proc. IEEE Int. Symp. Circuits Syst.

(ISCAS) Ⅱ, 1999: 416-419.

[30] Häfliger P, Mahowald M, Watts L. A spike based learning neuron in analog VLSI // Mozer M C, Jordan M I, Petsche T. Advances in Neural Information Processing Systems 9 (NIPS) Cambridge, MA: MIT Press, 1996: 692-698.

[31] Hasler P. Floating-gate devices, circuits, and systems. Proceedings of the Fifth International Workshop on System-on-Chip for Real-Time Applications. IEEE Computer Society, Washington, DC, 2005: 482-487.

[32] Hasler P, Diorio C, Minch B A, et al. Single-transistor learning synapses with long term storage. Proc. IEEE Int. Symp. Circuits Syst. (ISCAS) Ⅲ, 1995: 1660-1663.

[33] Hasler P, Minch B A, Dugger J, et al. Adaptive circuits and synapses using pFET floating-gate devices// Cauwenberghs G. Learning in Silicon. Kluwer Academic, 1999: 33-65.

[34] Hasler P, Minch B A, Diorio C. An autozeroing floating-gate amplifier. IEEE Trans. Circuits Syst. Ⅱ, 2001, 48(1): 74-82.

[35] Hebb D O. The Organization of Behavior: A Neuropsychological Theory. New York: Wiley, 1949.

[36] Holler M, Tam S, Castro H, et al. An electrically trainable artificial neural network with 10240 'floating gate' synapses. Proc. IEEE Int. Joint Conf. Neural Netw. (IJCNN) Ⅱ, 1989: 191-196.

[37] Horiuchi T, Hynna K. Spike-based VLSI modeling of the ILD system in the echolocating bat. Neural Netw. , 2001, 14(6/7): 755-762.

[38] Hynna K M, Boahen K. Space-rate coding in an adaptive silicon neuron. Neural Netw. , 2001, 14(6/7): 645-656.

[39] Hynna K M, Boahen K. Thermodynamically-equivalent silicon models of ion channels. Neural Comput. 2007, 19(2): 327-350.

[40] Indiveri G. Modeling selective attention using a neuromorphic analog VLSI device. Neural Comput. , 2000, 12(12): 2857-2880.

[41] Indiveri G. Neuromorphic bistable VLSI synapses with spike-timing dependent plasticity// Becker S, Thrun S, Obermayer K. Advances in Neural Information Processing Systems 15 (NIPS). Cambridge, MA: MIT Press, 2003: 1115-1122.

[42] Indiveri G, Chicca E, Douglas R J. A VLSI array of low-power spiking neurons and bistable synapses with spike-timing dependent plasticity. IEEE Trans. Neural Netw. , 2006, 17(1): 211-221.

[43] Koch C. Biophysics of Computation: Information Processing in Single Neurons. Oxford University Press, 1999.

[44] Kohonen T. Self-Organization and Associative Memory. Berlin: Springer, 1984.

[45] Lazzaro J, Ryckebusch S, Mahowald M A, et al. Winner-take-all networks of

O(n) complexity// Touretzky D S. Advances in Neural Information Processing Systems 1 (NIPS). SanMateo, CA: Morgan-Kaufmann, 1989: 703-711.

[46] Lazzaro J, Wawrzynek J, Kramer A. Systems technologies for silicon auditory models. IEEE Micro, 1994, 14(3): 7-15.

[47] Liu S C. Analog VLSI circuits for short-term dynamic synapses. EURASIP J. App. Sig. Proc. , 2003, 7: 620-628.

[48] Liu S C, Moeckel R. Temporally learning floating-gate VLSI synapses. Proc. IEEE Int. Symp. Circuits Syst. (ISCAS), 2008: 2154-2157.

[49] Liu S C, Kramer J, Indiveri G, et al. Orientation-selective aVLSI spiking neurons. Neural Netw. , 2001, 14(6/7): 629-643.

[50] Liu S C, Kramer J, Indiveri G, et al. Analog VLSI: Circuits and Principles. MIT Press, 2002.

[51] Maass W, Sontag E D. Neural systems as nonlinear filters. Neural Comput. , 2000, 12(8): 1743-1772.

[52] Markram H, Lubke J, Frotscher M, et al. Regulation of synaptic efficacy by coincidence of postsynaptic APs and EPSPs. Science, 1997, 275(5297): 213-215.

[53] Mead C A. Analog VLSI and Neural Systems. Reading, MA: Addison-Wesley, 1989.

[54] Merolla P, Boahen K. A recurrent model of orientation maps with simple and complex cells// Thrun S, Saul L K, Scholkopf B. Advances in Neural Information Processing Systems 16 (NIPS). Cambridge, MA: MIT Press, 2004: 995-1002.

[55] Merolla P A, Arthur J V, Akopyan F, et al. A digital neurosynaptic core using embedded crossbar memory with 45 pJ per spike in 45 nm. Proc. IEEE Custom Integrated Circuits Conf. (CICC), September, 2011: 1-4.

[56] Mitra S, Fusi S, Indiveri G. Real-time classification of complex patterns using spike-based learning in neuromorphic VLSI. IEEE Trans. Biomed. Circuits Syst. , 2009, 3(1): 32-42.

[57] Morris R G M, Davis S, Butcher S P. Hippocampal synaptic plasticity and NMDA receptors: a role in information storage? Phil. Trans. R. Soc. Lond. B, 1990, 320(1253): 187-204.

[58] Murray A. Pulse-based computation in VLSI neural networks// Maass W, Bishop C M. Pulsed Neural Networks. MIT Press, 1998: 87-109.

[59] Ramakrishnan S, Hasler P E, Gordon C. Floating gate synapses with spike-time-dependent plasticity. IEEE Trans. Biomed. Circuits Syst. , 2011, 5(3): 244-252.

[60] Rasche C, Douglas R J. Forward- and backpropagation in a silicon dendrite. IEEE Trans. Neural Netw. , 2001, 12(2): 386-393.

[61] Rasche C, Hahnloser R. Silicon synaptic depression. Biol. Cybern. , 2001, 84(1): 57-62.

[62] Riis HK, Häfliger P. Spike based learning with weak multi-level static memory. Proc. IEEE Int. Symp. Circuits Syst. (ISCAS), 2004, 5: 393-396.

[63] Schemmel J, Brüderle D, Meier K, et al. Modeling synaptic plasticity within networks of highlyaccelerated I&F neurons. Proc. IEEE Int. Symp. Circuits Syst. (ISCAS), 2007: 3367-3370.

[64] Schemmel J, Fieres J, Meier K. Wafer-scale integration of analog neural networks. Proc. IEEE Int. Joint Conf. Neural Netw. (IJCNN), June, 2008: 431-438.

[65] Seevinck E. Companding current-mode integrator: a new circuit principle for continuous time monolithic filters. Electron. Lett. , 1990, 26: 2046-2047.

[66] Seo J, Brezzo B, Liu Y, et al. A 45 nm CMOS neuromorphic chip with a scalable architecture for learning in networks of spiking neurons. Proc. IEEE Custom Integrated Circuits Conf. (CICC), September, 2011: 1-4.

[67] Shi R Z, Horiuchi T. A summating, exponentially-decaying CMOS synapse for spiking neural systems// Thrun S, Saul L, Schölkopf B. Advances in Neural Information Processing Systems 16 (NIPS). Cambridge, MA: MIT Press, 2004: 1003-1010.

[68] Song S, Miller K D, Abbott L F. Competitive Hebbian learning through spike-timing-dependent synaptic plasticity. Nat. Neurosci. , 2000, 3(9): 919-926.

[69] Tsodyks M, Markram H. The neural code between neocortical pyramidal neurons depends on neurotrans-mitter release probability. Proc. Natl. Acad. Sci. USA, 1997, 94(2): 719-723.

[70] Tsodyks M, Pawelzik K, Markram H. Neural networks with dynamic synapses. Neural Comput. , 1998, 10(4): 821-835.

[71] van Rossum M C, Bi G Q, Turrigiano G G. Stable Hebbian learning from spike timing-dependent plasticity. J. Neurosci. , 2000, 20(23): 8812-8821.

[72] Varela J A, Sen K, Gibson J, et al. Aquantitative description of short-term plasticity at excitatory synapses in layer 2/3 of rat primary visual cortex. J. Neurosci. , 1997, 17(20): 7926-7940.

[73] Vogelstein R J, Mallik U, Cauwenberghs G. Silicon spike-based synaptic array and address-event transceiver. Proc. IEEE Int. Symp. Circuits Syst. (ISCAS), V, 2004: 385-388.

[74] Vogelstein R J, Mallik U, Vogelstein J T, et al. Dynamically reconfigurable silicon array of spiking neurons with conductance-based synapses. IEEE Trans. Neural Netw. , 2007, 18(1): 253-265.

[75] Wang X J. Synaptic basis of cortical persistent activity: the importance of NMDA receptors to working memory. J. Neurosci. , 1999, 19(21): 9587-9603.

[76] Yu T, Cauwenberghs G. Analog VLSI biophysical neurons and synapses with programmable membrane channel kinetics. IEEE Trans. Biomed. Circuits Syst. , 2010, 4(3): 139-148.

第9章 硅耳蜗构造模块

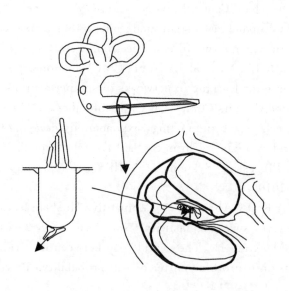

本章将详细介绍第 4 章硅耳蜗中使用的某些电路模块。它着眼于设计各种一维 (1D) 和二维 (2D) 硅耳蜗时使用的一些基本电路结构。几乎所有的硅耳蜗都是围绕二阶低通或带通滤波器构建的。这些滤波器通常被视为二阶部分。

9.1 介　绍

对于一维耳蜗,电压域滤波器是最常用的,一方面是因为电压域电路很容易理解;另一方面是因为电流域电路较难使人信服。第一个二维耳蜗(Watts 等,1992)确实也是使用电压模式二阶滤波器设计的,但使用电流模式二阶滤波器大大简化了电阻栅网的实现,对二维耳蜗中的流体进行建模(见第 4 章)。因此,二维耳蜗的后期版本使用了电流域(即对数域)滤波器。

在本章中,我们首先介绍电压域二阶滤波器,然后是对数域二阶滤波器。一维和二维耳蜗,无论是在电压域还是电流域中实现,都需要呈指数下降的电流来偏置滤波器,这需要单独的章节来讨论。如第 4 章所述,内部毛细胞(IHC)刺激听觉神经的神经元并使其兴奋。本章最后介绍 IHC 的实施。

9.2　电压域二阶滤波器

一维电压域耳蜗的二阶滤波器由三个跨导放大器构成。我们将首先介绍跨导放大器,然后讨论二阶滤波器。我们还将详细分析这些电路的工作原理。

9.2.1　跨导放大器

基本的跨导放大器如图 9.1(a)所示。当在弱反型中偏置时,它有一个双曲正切传递函数:

$$I_{out} = I_{bias} \tanh\left(\frac{V_+ - V_-}{2nU_T}\right) \tag{9.1}$$

式中, I_{bias} 、 V_+ 和 V_- 的关系如图 9.1 所示; n 是取决于技术的弱反型斜率因子,通常其值在 $1\sim2$ 之间;热电压 U_T 由 $U_T = kT/q$ 给出, k 为玻耳兹曼常数, T 为热力学温度, q 为电子电荷。室温下 $U_T \approx 25$ mV。

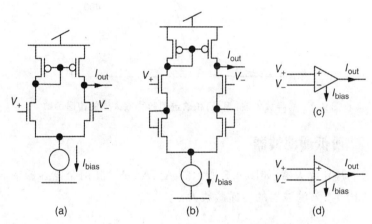

图 9.1　基本的跨导放大器。(a)示意图和(c)符号描述了线性范围扩大的跨导放大器;(b)示意图和(d)符号

当流经差分对晶体管的电流远小于这些晶体管的比电流时,跨导放大器会在弱反型中偏置,即

$$I_{bias} \ll I_S = 2n\mu C_{ox} W/LU_T^2 \tag{9.2}$$

式中, W 是晶体管的沟道宽度; L 是长度; μ 是少数载流子的迁移率; C_{ox} 是单位面积的栅极氧化物电容。具体电流取决于工艺参数、晶体管的几何形状和温度(Vittoz, 1994)。对于小输入($|V_+ - V_-| < 60$ mV),我们可以将放大器视为线性跨导:

$$I_{out} = g_a (V_+ - V_-) \tag{9.3}$$

随着跨导可以给出:

$$g_a = \frac{I_{bias}}{2_n U_T} \tag{9.4}$$

最后一个等式表明,当放大器以弱反型工作时,放大器的跨导与偏置电流成正比。

正如在 9.2.4 小节中所见,我们还需要一个跨导放大器,其线性范围扩大如图 9.1(b)所示。该放大器的传递函数为

$$I_{out} = I_{bias} \tanh\left(\frac{V_+ - V_-}{2n(n+1)U_T}\right) \tag{9.5}$$

和

$$g_a = \frac{I_{bias}}{2n(n+1)U_T} \tag{9.6}$$

因此,相对于相同的偏置电流的普通跨导放大器,改进后的放大器的线性范围扩大了 $n+1$ 倍,其中 n 约为 1.5,跨导降低了 60%。两个放大器的传递函数如图 9.2 所示。

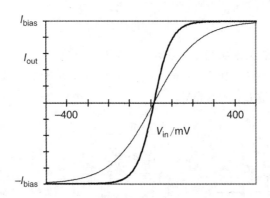

图 9.2　跨导放大器(粗线)和改进型跨导放大器的传递函数

9.2.2　二阶低通滤波器

可以用三个跨导放大器(如图 9.3 所示的 A_1、A_2、A_3)和两个电容器构成一个二阶低通滤波器(LPF)。该滤波器的传递函数为

$$H(s) = \frac{V_{out}}{V_{in}} = \frac{1}{1 + \tau s/Q + (\tau s)^2} \tag{9.7}$$

式中,$s = j\omega$,$j^2 = -1$,ω 是角频率。当 A_1 和 A_2 都具有电导 g_τ 且两个电容器都具有电

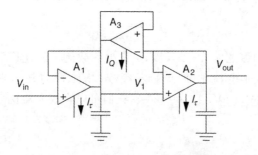

图 9.3　二阶低通滤波器

容 C 时,时间常数 $\tau=C/g_{\mathrm{m}}$。滤波器的品质因数 Q 表示为

$$Q=\frac{1}{2-g_Q/g_\tau} \tag{9.8}$$

式中,g_Q 是放大器 A_3 的电导。对于 Q 的两种取值,图 9.4 反映了式(9.7)描述的滤波器的增益和相位响应。

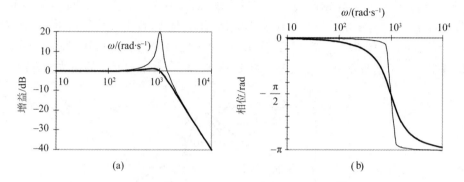

图 9.4　对于 $Q=1$(粗线),$Q=10$,当 $1/\tau=1\,000\ \mathrm{s}^{-1}$ 时二阶低通滤波器的(a)增益和(b)相位响应

9.2.3　滤波器的稳定性

由式(9.8)可知,当 $g_Q=2g_\tau$ 时,Q 变为无穷大。由式(9.7)可以看到,当 $\omega=1/\tau$ 时,滤波器的增益也变得无限大,滤波器将变得不稳定,$g_Q<2g_\tau$ 作为滤波器的小信号稳定极限。但是,图 9.3 的滤波器也具有较大的信号稳定极限,这对 Q 值施加了更严格的约束。为了获得传递函数式(9.7),我们已经将滤波器视为线性系统。该近似值仅对小输入信号有效。Mead(1989)表明,大的瞬态输入信号会在该滤波器中持续振荡。在振荡期间,三个放大器均处于饱和状态,其输出为正的或负的偏置电流。因此,我们可以采用分段线性方法来分析这种情况。在这种情况下,我们将放大器视为电流源。以下分析主要改编自 Mead,更为通用的是,因为它不假定振荡的幅值等于电源电压。

当 V_{in} 急剧增加时,放大器 A_1 饱和并以最大输出电流 I_τ 对电容器(在其输出端)充电。如果同时 $V_1>V_{\mathrm{out}}$,则 A_3 也会以最大输出电流 I_Q 对电容器充电,我们可以写出

$$\frac{\mathrm{d}V_1}{\mathrm{d}t}=\frac{I_Q+I_\tau}{C} \tag{9.9}$$

式中,$V_{\mathrm{out}}\ll V_1\ll V_{\mathrm{in}}$。因此,$V_1$ 将以最大速率升高。一旦 V_1 赶上 V_{in},A_1 的输出电流就会改变符号,这时我们可以写出

$$\frac{\mathrm{d}V_1}{\mathrm{d}t}=\frac{I_Q-I_\tau}{C} \tag{9.10}$$

式中,$V_{\mathrm{out}}\ll V_{\mathrm{in}}\ll V_1$。

为了使 $Q>1$,I_Q 必须大于 I_τ,以便在这种情况下,V_1 以较小的斜率继续增加,直

至达到正电压 V_{dd}，或 V_{out} 赶上 V_1。只要保持 $V_1 > V_{out}$，我们就可以用分段线性方法写出 V_{out} 方程式，具体如下：

$$\frac{dV_{out}}{dt} = \frac{I_\tau}{C} \tag{9.11}$$

式中，$V_{out} \ll V_1$。

一旦 V_{out} 赶上 V_1，A_3 输出的符号将发生变化，并且 V_1 开始急剧下降，直到 V_1 降至 V_{in} 以下，此时 A_1 输出的符号再次发生变化，并且 V_1 缓慢下降至负电压 V_{ss}，或者直到 V_{out} 再次赶上。图 9.5 根据上述方程式描绘了电路的行为。粗线显示了 V_1 的演变，细线显示了 V_{out} 的演变。每当 V_{out} 赶上 V_1 时，两个电压的变化都会改变方向。

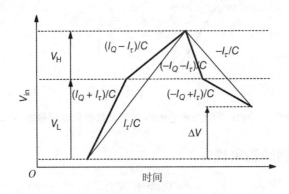

图 9.5 V_1（粗线）和 V_{out} 的波形分段线性逼近。每条折线的斜率显示在其旁边

通过比较在一个上升和下降周期的开始和结束时 V_{out} 追上 V_1 的电压，我们可以确定振荡的性质。如果 ΔV（见图 9.5）为正，则振幅将在每个周期内减小，并且振荡一段时间后停止。当 ΔV 为零时，达到稳定极限，由此振幅保持恒定。对于振荡的上升部分，方程式写为

$$\frac{C}{I_Q + I_\tau}V_L + \frac{C}{I_Q - I_\tau}V_H = \frac{C}{I_\tau}(V_L + V_H) \tag{9.12}$$

式中，V_L 和 V_H 如图 9.5 所示。同样，对于下降部分，当 $\Delta V = 0$ 时方程式可写为

$$\frac{C}{I_Q + I_\tau}V_H + \frac{C}{I_Q - I_\tau}V_L = \frac{C}{I_\tau}(V_L + V_H) \tag{9.13}$$

当且仅当 $V_L = V_H$ 时，才能满足式（9.12）和式（9.13）。用 V 替换任一等式中的 V_L 和 V_H，然后除以 CV/I_τ，可得出

$$\frac{1}{I_Q/I_\tau + 1} + \frac{1}{I_Q/I_\tau - 1} = 2 \tag{9.14}$$

重写此方程式，可以得到以下结论：

$$\frac{I_Q^2}{I_\tau^2} - \frac{I_Q}{I_\tau} - 1 = 0 \Rightarrow \frac{I_Q}{I_\tau} = \frac{1 + \sqrt{5}}{2} \approx 1.62 \tag{9.15}$$

这里给出了图 9.3 中低通滤波器大信号稳定的临界值。由于放大器的电导与偏置电流成正比，因此这种大信号稳定条件是将 g_Q/g_τ 限制为该值，并且因此将 Q 的最大

值限制为 2.62(请参见式(9.8))。因此,当使用基本跨导放大器时,大信号稳定极限会严重限制滤波器的最大品质因数。

9.2.4　稳定的二阶低通滤波器

电路改善可以使用两个宽范围跨导放大器 A_1 和 A_2(见图 9.6)实现以及一个基本的跨导放大器(Watts 等,1992)实现,见图 9.1(b)。在这种情况下,我们可以写出电导率方程式:

$$\frac{g_Q}{g_\tau} = (n+1)\frac{I_Q}{I_\tau}　　(9.16)$$

这确保了 g_Q/g_τ 变为 2,也就是说,在 I_Q/I_τ 变为 1.62 之前,Q 变为无穷大,因为 $n > 1$。因此,滤波器在小信号的情况下始终保持大信号稳定。

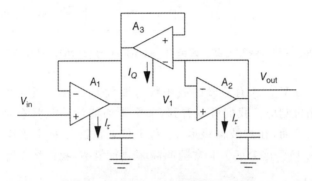

图 9.6　修改后的二阶低通滤波器

使用两个宽范围跨导放大器(A_1 和 A_2)和一个基本跨导放大器(A_3),我们便拥有了一个二阶低通滤波器,可以使用这些放大器的偏置电流来设置截止频率和品质因数。通过级联这些滤波器并以指数递减的电流偏置放大器,我们可以创建耳蜗基底膜的模型。图 9.6 中二阶 LPF 的有限输入线性范围可以通过修改 A_1 和 A_2 放大器来增大,因此输入到阱终端,而不是输入到差分对晶体管的栅端(Sarpeshkar 等,1997)。

9.2.5　差　异

耳蜗滤波器级联中每个二阶输出端的电压 V_{out}(见图 9.6)代表耳蜗基底膜一小部分的位移,但是,由于对生物耳蜗中的内毛细胞的刺激与耳蜗基底膜速度成正比,因此必须区分每个二阶的输出。如 Watts 等(1992)所述,这可以通过在每个阶段增加一放大器 A_2 的输出电流 I_{dif} 的副本来实现。由于电容器上的电压与电容器上电流的积分成正比,因此 I_{dif} 实际上与耳蜗基底膜速度成正比。然而,在位移幅度相等的情况下,高频的速度会比低频的速度大得多,从而产生由耳蜗开始到末端减小的输出信号幅度。将 I_{dif} 归一化可以校正每个输出的幅度。为此,Watts 等(1992)通过一条电阻线来控制电流镜的增益,该电流镜在每个阶段都创建 I_{dif} 副本。但是,该电阻线会在电路中引入额外的失配源。

不需要归一化的替代解决方案是取 V_{out} 和 V_1 之差（见图 9.7）。我们可以重写式（9.3）以适用于 A_2：

$$g_\tau(V_1 - V_{out}) = I_{out} \tag{9.17}$$

或者

$$V_1 - V_{out} = \frac{I_{out}}{g_\tau} = \frac{sCV_{out}}{g_\tau} = \tau s V_{out} \tag{9.18}$$

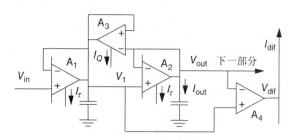

图 9.7 耳蜗级联的一部分，带微分器。改编自 van Schaik 等（1996）。经麻省理工学院出版社许可转载

这等效于微分 V_{out}，所有阶段的截止频率增益为 0 dB。图 9.8 显示了微分后的滤波器增益和相位响应。我们可以看到，单个带通滤波器只具有每十倍频 20 dB 的高频截止斜率。然而，在滤波器级联中，每个低通滤波器每十倍频的截止斜率将累积 40 dB（见图 9.4）。这会产生非常陡的高频截止斜率，我们将在后面的图 9.12 的测量中看到。

如图 9.7 所示，增加一个额外的跨导放大器 A_4，可以从输出中获取电流 I_{dif}，以确保

$$I_{dif} = g_m(V_1 - V_{out}) = g_m \tau s V_{out} \tag{9.19}$$

式中 g_m 是该放大器的跨导。

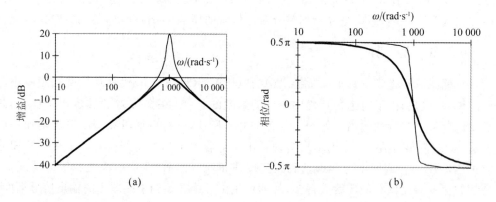

图 9.8 带微分器的二阶低通滤波器的 (a)增益和(b)相位响应(当 $1/\tau = 1\ 000\ \text{s}^{-1}$ 时,$Q=1$(粗线),$Q=10$)

9.3 电流域二阶滤波器

在本节中,我们介绍了 Hamilton 等(2008a,2008c)提出的用于实现二维硅耳蜗的对数域电路。虽然这些电路不特定于二维硅耳蜗,但它们很好地介绍了对数域滤波器和电流模式下的电路,与9.2节中介绍的电路有很好的对应。

9.3.1 跨线性回路

对数域滤波器基于跨线性回路。跨线性回路是对数域电路设计的基本概念(Gilbert,1975)。Gilbert(1990)在文中对此进行了如下描述:

在一个包含偶数个正向偏置结的闭环中,正向结的排列方式是使顺时针和逆时针极性等值,顺时针方向上电流密度的乘积等于逆时针方向上电流密度的乘积。

这个概念是基于如下关系:

$$e^A \times e^B = e^{A+B} \tag{9.20}$$

因此,仅当流过器件的电流是器件端子电压的指数函数时才有效,所有 BJT 和 MOSFET 在低于阈值区域工作时就是这种情况。图9.9的电路可以很好地描述这个概念。

在图9.9中,M_1 和 M_3 构成逆时针结,而 M_2 和 M_4 构成顺时针结。晶体管 M_5 对于正确偏置 M_2 和 M_3 的源极电压、吸收流过 M_2 和 M_3 的电流必不可少。因此,根据以上定义,我们可以得出:

$$I_1 I_3 = I_2 I_4 \tag{9.21}$$

或者,将通过 M_2 的电流定义为电路的输出,我们可以这样写:

$$I_2 = \frac{I_1 I_3}{I_4} \tag{9.22}$$

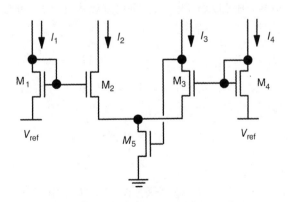

图9.9 跨线性乘法器

式(9.21)说明了在对数域中工作时构造乘法器电路的难易程度。在分析其他对数域电路的功能时,了解跨线性回路的原理也是重要的工具。

Tau 细胞

Tau 细胞(van Schaik 和 Jin,2003)是代表一类对数域滤波器的基本构建块。Tau 细胞的示意图如图 9.10 所示。Tau 细胞旨在通过时间常数 τ 和电流反馈 $A_i v$ 来实现完全可编程性。它可以用作构建块,以创建许多更复杂、更高阶的滤波器。

Tau 细胞基于跨线性回路原理,其核心结构与图 9.9 相同。在图 9.10 中,形成跨线性回路所必需的栅源结的闭环是由晶体管 $M_1 \sim M_4$ 创建的,因此,

$$I_{i-1} I_0 = I_{M2} I_i \tag{9.23}$$

电容 C 将动力引入跨线性回路,从而产生滤波器。通过电容器的电流方程式如下:

$$I_C = C \frac{dV_C}{dt} = I_{M2} + I_{M3} - 2I_0 + AI_0 - \frac{AI_0 I_{i+1}}{I_i} \tag{9.24}$$

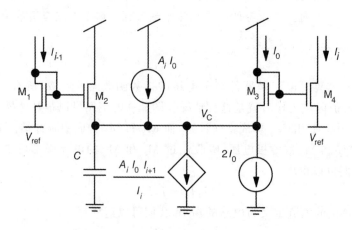

图 9.10　Tau 细胞

如果假设 M_3 和 M_4 的栅极电容明显小于电容 C,也就是说,如果假设 M_3 的栅极动态比源极动态快很多,则可以由 $I_{M3} = I_0$ 简化方程式(9.24),并使用等式(9.23)消除 I_{M2},然后得到

$$I_C = C \frac{dV_C}{dt} = \frac{I_{i-1} I_0}{I_i} - I_0 + AI_0 - \frac{AI_0 I_{i+1}}{I_i} \tag{9.25}$$

此外,由于 M_3 和 M_4 的栅极电压相同,并且假设 M_4 的漏极电压至少比 V_{ref} 大 100 mV,我们可以写

$$I_i = I_0 e^{\frac{V_C - V_{ref}}{U_T}} \tag{9.26}$$

式(9.26)可以表示为

$$\frac{dI_i}{dt} = \frac{I_0}{U_T} e^{\frac{V_C - V_{ref}}{U_T}} \frac{dV_C}{dt} = \frac{I_i}{U_T} \frac{dV_C}{dt} \tag{9.27}$$

我们可以使用该式来消去式(9.25)中的 V_C,得到

$$\frac{CU_T}{I_0}\frac{dI_i}{dt} = I_{i-1} - (1-A)I_i - AI_{i+1} \tag{9.28}$$

因此,在拉普拉斯域中,单个 Tau 细胞的传递函数可以写为

$$T_i = \frac{I_i}{I_{i-1}} = \frac{1}{(\tau_i s + 1 - A_i) + A_i T_{i+1}} \tag{9.29}$$

式中,$\tau = \dfrac{CU_T}{I_0}$ 是时间常数;τ_i 是第 i 阶段的时间常数;I_{i-1} 是输入电流;I_i 是第 i 阶段的输出电流,$I_{i+1} = T_{i+1}I_i$。如果没有下一个阶段,那么根据定义,$T_{i+1} = 0$,$A_i = 0$。

9.3.2　二阶 Tau 细胞对数域滤波器

可以通过连接两个 Tau 细胞来实现二阶低通滤波器,如图 9.11 所示。在这里,我们看到第一个细胞有反馈增益 A_1,而第二个 Tau 细胞则没有反馈。电流反馈 $A_1 I_0 I_{i+1}/I_i$ 可通过图 9.9 的乘法器实现。Hamiltonet 等(2008b)在文中描述了一种更优化的实现电流反馈的方法。图 9.12 给出了二阶 Tau 细胞低通滤波器的示意图。图 9.12 中的二阶低通滤波器的一般公式为

$$T(s) = \frac{I_{out2}}{I_{in}} = \frac{1}{\tau^2 s^2 + \dfrac{\tau s}{Q} + 1} \tag{9.30}$$

式中,τ 是时间常数;Q 是品质因数。

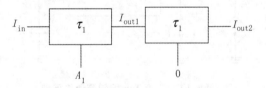

图 9.11　二阶 Tau 细胞滤波框图

为了构建类似于 9.2.5 小节中所述的带通滤波器,必须从图 9.12 中第一个 Tau 细胞 I_{out1} 的输出中减去图 9.12 中第二个 Tau 细胞的输出 I_{out1},例如

$$\frac{I_{out}}{I_{in}} = \frac{I_{out1} - I_{out2}}{I_{in}} = \frac{s\tau + 1}{\tau^2 s^2 + \dfrac{\tau s}{Q} + 1} - \frac{1}{\tau^2 s^2 + \dfrac{\tau s}{Q} + 1}$$

$$= \frac{s\tau}{\tau^2 s^2 + \dfrac{\tau s}{Q} + 1} \tag{9.31}$$

式中,I_{out} 是带通滤波器的输出。图 9.13 所示为等式(9.31)描述的带通滤波器结构。

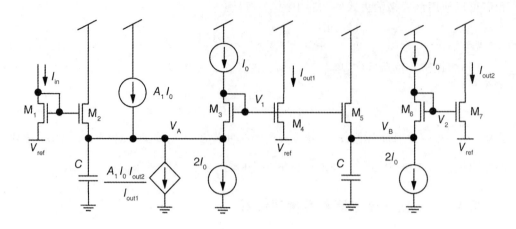

图 9.12 二阶 Tau 细胞低通滤波器

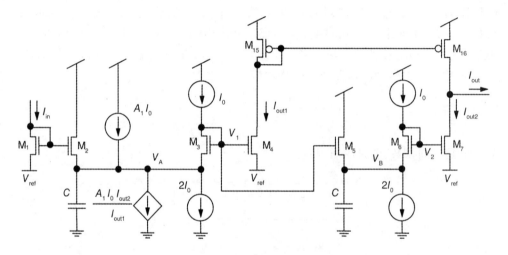

图 9.13 二阶 Tau 细胞带通滤波器

9.4 指数偏差生成

由于沿着耳蜗基底膜的位置与真实耳蜗中的最佳频率之间存在指数关系,因此我们需要在模型中使用截止频率呈指数下降的滤波器。在第 4 章提到的所有硅耳蜗模型中,使用在弱反型下工作的 MOS 晶体管的栅极上线性降低的电压,可获得指数相关性。在弱反型中,饱和 nFET 的漏极与主体相连,其栅极电压称为同一主体,此时漏极电流用方程式表示为

$$I_D = I_S e^{V_G - V_{T0}/nU_T} \qquad (9.32)$$

式中,I_S 由式(9.2)定义;V_{T0} 为晶体管的阈值电压。这表明,漏极电流与栅极电压呈指

数关系。使用电阻多晶硅线很容易产生随距离线性减小的空间电压分布。如果线路两端之间存在电压差,则线路上的电压将沿其整个长度线性减小。因此,使用 MOS 晶体管对图 9.6 的放大器进行偏置,可以创建具有指数级锐减的截止频率的滤波器级联,这些放大器的闸门通过多晶硅线等长度连接(Lyon 和 Mead,1988)。正如我们在公式(9.32)中看到的,其实漏极电流也指数地依赖于阈值电压,V_{T0} 的微小变化将导致漏极电流的大变化。由于滤波器的截止频率和品质因数均与这些漏极电流成正比,因此,V_{T0} 的较小变化会产生较大的参数变化。即使采取了足够的预防措施,两个栅极和源极电压相同的晶体管,其漏极电流的均方根(RMS)失配 12% 也不例外(Vittoz,1985)。通常我们可以使用 CMOS 兼容的横向双极晶体管(CLBT)作为偏置晶体管来解决此问题。如果将 MOS 晶体管的漏极或源极结正向偏置以便将少数载流子注入局部衬底,则可获得 CLBT。如果栅极电压足够负极性(对于 n 沟道器件),则表面上不会有电流流过,并且该操作是纯双极性的(Arreguit,1989;Vittoz,1983)。图 9.14 显示了在这种工作模式下电流载体的主要流动,其源极、漏极和阱终端分别重命名为发射极 E、集电极 C 和基极 B。

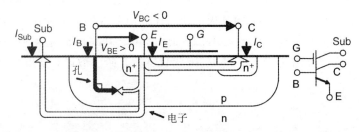

图 9.14 MOS 晶体管的双极操作:载流子和符号。改编自 van Schaik 等(1996)。经麻省理工学院出版社许可转载

由于没有 p$^+$ 掩埋层可防止注入到基板,所以该横向 npn 双极晶体管与垂直 npn 结合在一起。发射极电流 I_E 被分成基极电流 I_B、横向集电极电流 I_C 和衬底集电极电流 I_{Sub}。因此,共基极电流增益 $B = -I_C/I_E$ 不能接近于 1。但是,由于阱内部的重组率非常低且发射极效率高,因此共射极电流增益 $E = I_C/I_B$ 可能很大。E 和 B 的最大值在同心结构中获得,使用集电极包围的最小尺寸发射极和最小侧面基本宽度。当 $V_{CE} = V_{BE} - V_{BC}$ 大于几百 mV 时,该晶体管处于激活模式,并且对于正常的双极晶体管,集电极电流由下式给出:

$$I_C = I_{Sub} e^{V_{EB}/U_T}$$

式中,I_{Sub} 是双极模式下的特定电流,与载流子的发射极到集电极流的横截面成比例。由于 I_C 独立于 MOS 晶体管阈值电压 V_{T0},因此当使用 CLBT 创建电流源时,可作为抑制分布式 MOS 电流源失配的主要来源。CLBT 的一个缺点是其早期电压低,即该器件的输出电阻低。因此,最好使用如图 9.15(a)所示的共源共栅电路,这样产生的输出电阻是单个 CLBT 的数百倍;而在图 9.15(b)所示的布局中,面积损失是可以接受的(Arreguit,1989)。

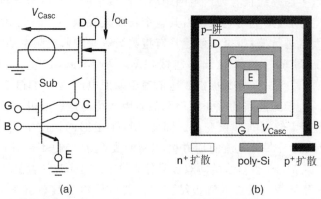

图 9.15 (a)CLBT 共源共栅电路,(b)布局 CLBT 共源共栅电路。改编自 van Schaik 等(1996)。经麻省理工学院出版社许可转载

当使用电阻线偏置时,CLBT 的另一个缺点是其基极电流会在电阻线上引入额外的电压。但是,由于耳蜗中的截止频率由 CLBT 的输出电流控制,并且这些截止频率相对较小(通常为 20 kHz 或更小),因此 CLBT 的输出电流将较小。如果共射极电流增益 E 远大于 1,则这些 CLBT 的基极电流与流过电阻线的电流相比将非常小,由小的基极电流引起的电压误差可以忽略不计。此外,由于耳蜗的截止频率一般会持续 20 年,截止频率从开始到结束呈指数递减,因此只有前几阶滤波器对从电阻线引出的电流有明显的影响。

9.5　内毛细胞模型

如 9.2.5 小节和图 9.7 所示,电压域和电流域硅耳蜗通常每个截面都有一个电流输出信号,代表 BM 振动的速度。然后,该电流作为内毛细胞(Inner Hair Cell,IHC)电路的输入,对从振动到神经信号的传导进行建模。自 Lazzaro 和 Mead(1989)提出以来,已经开发了许多 IHC 电路模型。更为复杂的电路模型,例如 McEwan 和 van Schaik(2004)提出的模型,旨在详细再现 IHC 行为,包括所有各种时间常数。在这里,我们讨论 Chan 等人(2006)提出的 IHC 模型,并对 IHC 的两个主要特性进行建模,即半波整流和低通滤波。该 IHC 模型的电路如图 9.16 所示。

在该电路中,代表耳蜗部分的带通输出电流 I_c 由电流镜进行半波整流,使用 V_{ioff} 设置电流 I_{off} 来添加 DC 偏移。作为第一近似值,该半波整流电流为

$$I_{HWR} = \max(0, I_c + I_{off}) \tag{9.34}$$

半波整流器的输出经过基于图 9.10 的 Tau 细胞的一阶对数域低通滤波器,但它使用的是 pFET 而不是 nFET。尽管如此,传递函数仍然相同,在 Laplace 中

$$\frac{I_{IHC}}{I_{HWR}} = \frac{G}{s\tau + 1} \tag{9.35}$$

其中 G 由下式得出：

$$G = e^{\frac{V_{\text{ref0}} - V_{\text{ref}}}{U_{\text{T}}}} \tag{9.36}$$

低通滤波器的时间常数为 $\tau = \dfrac{CU_{\text{T}}}{I_0}$，其中 C 由 MOS 电容器可得。和生物学中的 IHC 一样，该截止频率设置在 1 kHz 左右，模拟了在大于 1 kHz 的频率下，在真实听觉神经上观察到的锁相性减少。两个控制信号 V_{ref} 和 V_{ref0} 略低于 V_{dd}，以允许提供 $2I_0$ 的两个 pFET 在饱和状态下工作。V_{ref} 和 V_{ref0} 之间的任何电压差都由电流增益体现，具体取决于式(9.36)中给出的差值。

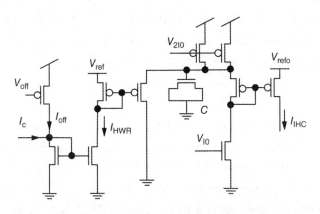

图 9.16　IHC 回路

如第 4 章所述，生物 IHC 表现出对正在进行的刺激的适应性。因此，它对刺激的开始反应更强烈，而不是持续强烈。这得益于在刺激偏移后暂时抑制其反应。这种适应可以在更复杂的 IHC 电路中直接建模，如 McEwan 和 van Schaik(2004)所述，或者使用 IHC 的输出来刺激具有自适应阈值的神经元模拟。在第二种情况下，实际上是神经元对声音的开始有更强的响应，而不是 IHC，但最终结果非常相似。硅神经元在第 7 章中已详细讨论。

9.6　讨　论

在本章中，我们描述了第 4 章中硅耳蜗模型的主要构建模块电路。如第 4 章所述，现在的模拟硅耳蜗设计仍然存在许多未解决的问题。例如，这些电路的作用域应该是电流还是电压。本章中的电路也面临着与模拟设计相同的设计挑战，如噪声，动态范围和不匹配等。虽然电流模式电路通常比电压模式电路更紧凑并且具有更大的动态范围，但它们更容易受到阈值电压变化的影响。为了减少制造器件中的失配，必须适当调整晶体管的尺寸并校准电路。这些折中由设计师在各种耳蜗设计中进行。自 Lyon 和 Mead(1988)首次实现以来，尽管硅耳蜗的设计已经走了很长一段路，但要匹配生物耳蜗的卓越性能,我们还有很长的路要走。世界各地的几个研究小组正在积极研究更接近这一目标的方法。

参考文献

［1］Arreguit X. Compatible Lateral Bipolar Transistors in CMOS Technology：Modeland Applications. PhD thesis. Switzerland：Ecole Polytechnique Fédérale Lausanne，1989.

［2］Chan V，Liu S C，van Schaik A. AER EAR：a matched silicon cochlea pair with address event representation interface. IEEE Trans. Circuits Syst. I：Special Issue on Smart Sensors，2006，54(1)：48-59.

［3］Gilbert B. Translinear circuits：a proposed classification. Electron Lett. ，1975，11：14-16.

［4］Gilbert B. Current-mode circuits from a translinear viewpoint：a tutorial // Toumazou C，Lidgley F J，Haigh D G. Analogue IC Design：The Current-Mode Approach Peter. Peregrinus Ltd. ，1990：11-93.

［5］Hamilton T J，Jin C，van Schaik A，et al. A 2-D silicon cochlea with an improved automatic quality factor control-loop. Proc. IEEE Int. Symp. Circuits Syst. (ISCAS)，2008a：1772-1775.

［6］Hamilton T J，Jin C，van Schaik A，et al. An active 2-D silicon cochlea. IEEE Trans. Biomed. Circuits Syst. ，2008b，2(1)：30-43.

［7］Hamilton T J，Tapson J，Jin C，et al. Analogue VLSI implementations of two dimensional，nonlinear，active cochlea models. Proc. IEEE Biomed. Circuits Syst. Conf. (BIOCAS)，2008c：153-156.

［8］Lazzaro J，Mead C. Circuit models of sensory transduction in the cochlea // Mead C，Ismail M. Analog VLSI Implementations of Neural Networks. Kluwer Academic Publishers，1989：85-101.

［9］Lyon R F，Mead C A. An analog electronic cochlea. IEEE Trans. Acoust. Speech Signal Process. ，1988，36(7)：1119-1134.

［10］McEwan A，van Schaik A. An alternative analog VLSI implementation of the Meddis inner hair cell model. Proc. IEEE Int. Symp. Circuits Syst. (ISCAS)，2004：928-931.

［11］Mead C A. Analog VLSI and Neural Systems. Reading，MA：Addison-Wesley，1989.

［12］Sarpeshkar R，Lyon R F，Mead C A. A low-power wide-linear-range transconductance amplifier. Analog Integr. Circuits Signal Process. ，1997，13：123-151.

[13] van Schaik A, Fragnière E, Vittoz E. Improved silicon cochlea using compatible lateral bipolar transistors // Touretzky D S, Mozer M C, Hasselmo M E. Advances in Neural Information Processing Systems 11 (NIPS). Cambridge, MA: MIT Press, 1996: 671-677.

[14] van Schaik A, Jin C. The tau-cell: a new method for the implementation of arbitrary differential equations. Proc. IEEE Int. Symp. Circuits Syst. (ISCAS), 2003: 569-572.

[15] Vittoz E. MOS transistors operated in the lateral bipolar mode and their application in CMOS technology. IEEE J. Solid-State Circuits, 1983, SC-24: 273-279.

[16] Vittoz E. The design of high-performance analog circuits on digital CMOS chips. IEEE J. Solid-State Circuits, 1985, SC-20: 657-665.

[17] Vittoz E A. Analog VLSI signal processing: why, where, and how? J. VLSI Signal Process. Syst. Signal Image Video Technol. , 1994, 8(1): 27-44.

[18] Watts L, Kerns D, Lyon R, et al. Improved implementation of the silicon cochlea. IEEE J. Solid-State Circuits, 1992, 27(5): 692-700.

第10章 可编程和可配置的模拟神经形态集成电路[①]

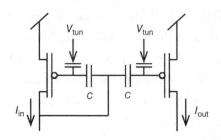

无论是传统的还是神经形态的,任何系统的基本能力都具有长期记忆性,无论是用于程序控制、参数存储还是通用配置。本章概述了一种基于浮栅电路的可编程模拟技术,用于实现此类系统的可重构平台。它涵盖了浮栅器件、电容电路和电荷修改的基本概念,这些机制是这种可配置模拟技术的基础。另外,还讨论了这些技术在大型浮栅阵列器件编程中的应用。该技术提供的模拟可编程为广泛的可编程信号处理方法(如图像处理)提供了可能,并且通过可配置的模拟平台可以实现,如大规模现场可编程模拟阵列(FPAA)。

10.1 简 介

在过去的 10 年中,浮栅(FG)电路方法由一些基础性的学术成果(Hasler 等,1995;Shibata 和 Ohmi,1992)发展为具有学术和工业应用的稳定电路和系统技术。这种可编程模拟技术支持模拟信号处理方法。可编程的模拟技术可以使模拟组件看起来像可配置的数字选项一样用户容易掌握使用。这种方法可以实现模拟信号处理高效计算,其效率是自定义数字计算的 1 000～10 000 倍,这使得十多年来无法实现的一系列便携式应用程序成为可能(Mead,1990)。

本章的目标是对这些可编程模拟技术进行一般理解。接下来的几节详细介绍可编程模拟技术的基本概念。10.2 节讨论了浮栅设备的基本概念。10.3 节描述了基于电

---

① 本章部分文本来自 Hasler(2005),经 IEEE 许可转载。

容的电路,这是浮栅电路方法的基础。10.4 节描述了在浮栅设备上修改电荷的基本机制,从而使这种模拟技术可编程。10.5 节描述了将这些技术扩展到对浮栅设备阵列编程,其中每个设备都可以执行不同的计算。

特别是,这些技术中许多都是有价值的,大规模现场可编程模拟阵列(FPAA)的开发和可用性,可为非集成电路设计人员提供应用。

10.2　浮栅电路基础知识

图 10.1 显示了浮栅 p 沟道 FET(pFET)器件的布局、截面和电路符号(Hasler 和 Lande,2001)。浮栅是由二氧化硅包围的多晶硅栅。浮栅上的电荷被永久储存,供长期记忆,因为它被高质量的绝缘体完全包围着。布局显示,浮栅为与其他层无接触的多晶硅层。这种浮栅可以作为金属氧化物半导体场效应晶体管(MOSFET)的栅极,并且可以将电容连接到其他层。在电路中,当没有通向固定电势的直流通路时,就会产生浮栅。没有直流通路意味着只有电容连接到浮动结点,如图 10.1 所示。

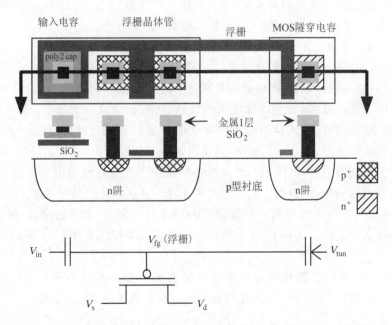

图 10.1　浮栅 **pFET** 在标准双聚、n 阱工艺中的布局、横截面和电路图:横截面对应于通过布局视图切片的水平线。**pFET** 晶体管是 n 阱工艺中的标准 **pFET** 晶体管。栅极输入通过多晶硅电容器、扩散线性电容器或 **MOS** 电容器电容耦合到浮栅上,如电路图所示(其他两图中没有明确显示)。在 V_{tun} 和浮栅之间是我们的隧穿结的符号——带有箭头指示电荷流动方向的电容器。© **2005 IEEE**。经许可转载,摘自 **Hasler(2005)**

浮栅电压由存储在浮栅上的电荷决定,可以调节源极和漏极之间的通路,因而可以用于计算。因此,浮栅器件可以看作是带有一个或多个控制门的单晶体管,设计者可控制对表面电位的耦合。浮栅器件可以通过选择浮栅器件中的电容耦合来计算大范围的静态和动态跨线性函数(Minch 等,2001)。

10.3   启用电容电路的浮栅电路

浮栅电路为集成电路设计者提供了一种实用的基于电容的技术,因为在 MOS 过程中自然产生的结果是电容而不是电阻。可编程浮栅电路技术,以及长期维持特性,使跨导运算放大器(OTA)的性能(Srinivasan 等,2007)、电压基准(Srinivasan 等,2008)、滤波器(Graham 等,2007)、数据转换器(Ozalevli 等,2008b)以及一系列其他模拟电路方法得到改进。图 10.2 显示了关键的基本电容电路元件。图 10.2(a)显示了相当于电阻分压器的电容。除了额外电压 V_{charge},所得到的表达式与电容分压器所期望的一样,该电压由输出节点上的电荷(Q)设置,即 $V_{charge} = Q/(C_1 + C_2)$。图 10.2(b)为放大器反馈的电容电路。如预期的那样,该放大器的闭环为 $-C_1/C_2$;该放大器的输出也有一个电压项,这是由于在"−"输入端存储的电荷(Q),其中 $V_{charge} = Q/C_2$。

图 10.2(c)显示了图 10.2(b)中放大电路更真实的电路模型。这个电路包括寄生电容,为一个单极零点系统,假设放大器设置了一个单极(即放大器有一个与频率无关的跨导)。一般来说,我们可以将放大器描述为跨导放大器,假设电容器设定的增益低于放大器的增益。提高 C_w 可增加输入的线性范围;通常,C_w 大于 C_1 和 C_2,其中 C_w 对放大器的输入电容、显式绘制电容和寄生电容进行建模。提高函数 $C_w C_L/C_2$ 会成比例地增加信噪比(信号功率);因此,与输出噪声和信噪比由负载电容(kT/C 热噪声)设置的许多滤波器不同,该函数允许对给定的噪声上界有较低的引出电容。在提高放大器线性范围的同时,也提高了放大器的信噪比。这些电路方法扩展了跨导 C 滤波方法,允许一些参数由电容器的比例设置(Graham 等,2004),如带通增益、线性范围、噪声水平和带宽。这些方法加上 10.4 节中讨论的阵列编程技术,产生了精确的低功率滤波器技术。

图 10.2(d)显示了其他电路向电容传感器测量变化的轻微扩展(即微机电系统(MEMs)传感器)。用增益 A_V 的理想放大器分析了该电路,我们得到

$$V_{out} = V_1 \frac{\Delta C_{sensor} + \dfrac{1}{A_V}(C_{sensor} + C_w)}{C_2}$$

$$\Delta V_{out} = V_1 \frac{\Delta C_{sensor}}{C_2} \tag{10.1}$$

式中,C_w 为放大器"−"输入端的电容,包括放大器的输入电容。假设 V_1 保持不变,这种电路结构通过放大器增益来衰减传感器电容和 C_w 的影响,这一影响只针对直流项。

例如,对于 $C_{sensor} = 1$ pF、最大 $\Delta C_{sensor} = 2$ fF(典型的 MEMs 传感器)和 $A_V = 1\,000$,我们选择 $C_2 = 20$ fF 以获得 1 V 的最大 V_{out} 变化,从而产生一个输出补偿电压 0.25 V。C_{sensor} 和 C_w 的常数部分增加了闭环电路的线性范围。

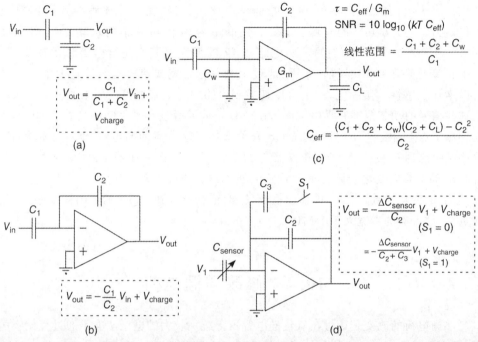

图 10.2 电容器的基本电路。(a)电容分压器电路。(b)放大器周围的电容反馈。假设放大器有 MOS 输入;因此,输入实际上只是电容性的。(c)假设放大器有一个有限的 G_m,我们确定了该放大器的关键参数(带宽、信噪比和输入线性范围)。(d)用于直接测量电容传感器的电路修改。© 2005 IEEE。经许可转载,摘自 Hasler(2005)

该电路仍为一阶系统(假设为跨导 G_m 的与频率无关放大器),其拉普拉斯域的传递函数为

$$\frac{V_{out}(s)}{\Delta C_{sensor}} = \frac{V_1}{C_2}\frac{1 - s(C_2/G_m)}{1 + s\tau} \tag{10.2}$$

它具有与图 10.2(c)中放大器相同的时间常数(τ),并且由于电容馈通,它的零值通常具有比放大器带宽高得多的频率响应。通常,C_{sensor} 和 C_L(输出负载电容,如图 10.2(c)所示)在大小上大致相同(C_L 可能更大),且大于 C_2。如上例,$C_L = C_{sensor} = 1$ pF,得到的带宽如下表所列:

跨导 $G_m/(k\Omega)^{-1}$	偏置电流/μA	带宽/MHz
1	30	3
10	300	30

输出噪声(整个频带)为

$$\hat{V}_{out} = \sqrt{\frac{qV_{IC}n(C_{sensor}+C_w)}{C_2 C_L}}$$ (10.3)

式中,n 为产生放大器噪声的等效器件数;V_{IC} 为跨导(G_m)与差分对晶体管偏置电流之比。对于上面的例子,一个典型的低噪声放大器级,输入晶体管在亚阈值电流下工作,会产生 0.5 mV 的总噪声,在最大的电容偏转和最小的偏转之间产生大约 66 dB 的信噪比。对于我们的示例电路,2 fF 的最大电容变化给出 1 V 的输出,其中 1 aF 的变化是在 0 dB 信噪比水平;通过限制目标带宽或使放大器带宽大于目标带宽可以增加敏感性。实际上,一组可以切换到电路中的电容器可以用来改变 C_2,从而改变这些信号的动态范围和噪声。图 10.2(d)显示了增益水平之间的切换;开关不在电荷存储节点上,因为"−"端上的 MOS 开关增加了该节点的漏电流,减少了保持时间。这些结果已通过可变 MEM 电容器件的实验验证。在一个特定的系统中,观察到 100 aF 的电容器变化会导致噪声明显小于 1 mV 的放大器产生 37.5 mV 的变化;因此,3 fF 的变化导致1.13 V 的输出摆幅,3 aF 的变化导致 1 mV 的输出摆幅(0 dB 信噪比点)。放大器的带宽大于 1 MHz。

10.4　修改浮栅电荷

浮栅电荷的改变是通过在氧化硅电容器上施加较大的电压使电子通过氧化物的隧道,或者通过热电子注入增加电子。虽然浮栅电路的物理性质在其他地方早已被广泛讨论(Hasler 等,1995,1999;Kucic 等,2001),但在这里还是简要回顾一下。

10.4.1　电子隧道效应

通过电子隧道效应移除电子,在浮栅上增加电荷。通过增加隧穿电压(V_{tun})或降低浮栅电压,增加穿过该隧穿电容器的电压,可以增加穿过氧化物的有效电场,从而增加电子穿过势垒的概率,见图 10.3(d)。从电子隧穿的经典模型出发,给出

$$I_{tun} = I_0 e^{(\varepsilon_0 t_{ox})/V_{ox}}$$ (10.4)

式中,ε_0 是从薛定谔方程的 WKB(Wentzel-Kramers-Brillouin)解导出的基本参数;t_{ox} 为氧化物电介质的厚度;V_{ox} 是电介质上的电压,我们可以推导出氧化物在给定电压(隧穿电压减去浮栅电压)附近的电子隧穿电流的近似模型(Hasler 等,1995,1999),如

$$I_{tun} = I_{tun0} e^{(V_{tun}-V_{fg})/V_x}$$ (10.5)

式中,V_x 是与隧穿器件相关的参数,是氧化物上偏置电压的函数。

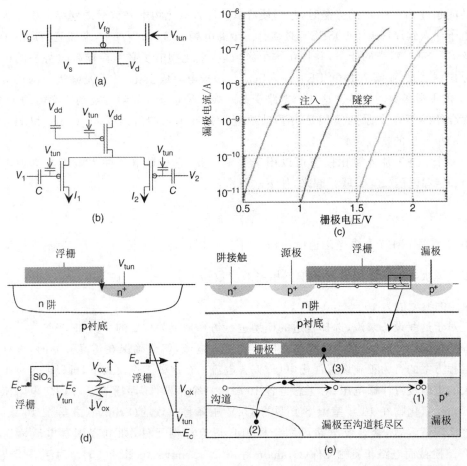

图 10.3 修改浮栅电荷的方法。(a)浮栅器件基本电路表示。(b)可编程浮栅差分对。输入晶体管和电流源晶体管都被编程。实际上,开发一种方法来编程放大器的偏置电压以及电流源的值是可取的。(c)来自编程 pFET 晶体管的电流-电压曲线。我们通过电子隧穿(较弱的 pFET 晶体管)和热电子注入(较强的 pFET 晶体管)的互补组合来修改电荷。(d)Si - SiO₂ 系统中电子隧穿的基本情况。(e)pFET 热电子注入的基本情况。一些穿过通道的空穴获得足够的能量来产生撞击电离事件,产生的电子会增加向通道移动的能量。其中一些电子将有足够的能量克服 Si - SiO₂ 势垒并到达栅极端。
© 2005 IEEE。经许可转载,摘自 Hasler(2005)

10.4.2　pFET 热电子注入

pFET 热电子注入用于给浮栅增加电子(去除电荷)。使用 pFET 热电子注入是因为它无法在不影响基本晶体管运行的情况下从互补金属氧化物半导体(CMOS)过程中消除,因此在所有商业 CMOS 工艺中均可用。大家可能想知道,在当前载流子为空穴的 pFET 中,如何将热电子注入到浮栅上?图 10.3(e)显示了 pFET 在有利于热电子注入的偏置条件下工作的带状图。由于高电场的作用,热空穴碰撞电离在漏极到沟道耗尽区的漏极边缘产生电子。这些电子返回到沟道区,并在行进中获得能量。当它们的动能超过 $Si-SiO_2$ 的势垒时,它们便可以被注入氧化物中并被运送到浮栅中。为了将电子注入到浮栅上,MOSFET 必须有一个高电场区域($10\ V/\mu m$)来加速沟道电子到高于 $Si-SiO_2$ 势垒的能量,并且在这个区域内,氧化物电场必须传输越过势垒的电子到浮栅。因此,亚阈值 MOSFET 注入电流与源极电流成正比,并且是漏极至沟道电势(Φ_{dc})的平滑函数的指数。这两个电路变量的乘积是建立外部学习规则所必需的关键。下面介绍的第一个原则模型是由基础物理量推导出来的,它显示了 Duffy 和 Hasler (2003)推导出的指数函数。

一个 pFET 注入简化模型可以用于手工计算,它将热电子注入电流与沟道电流(I_s)和漏源电压(ΔV_{ds})联系起来,如下式所示:

$$I_{inj} = I_{inj0} \left(\frac{I_s}{I_{s0}} \right)^{\alpha} e^{-\Delta V_{ds}/V_{inj}} \tag{10.6}$$

式中,I_{inj0} 是 pFET 在参考沟道电流(I_{s0})下工作时的注入电流;$I_s = I_{s0}$ 为基准电流且漏极至源极电压;V_{inj} 是器件和偏置相关的参数;$\alpha = 1 - \dfrac{U_T}{V_{inj}}$。在 $0.5\ \mu m$ CMOS 工艺中 V_{inj} 的典型值为 $100 \sim 250\ mV$。

对于这些设备来说,选择合适的模型进行仿真是至关重要的。例如,当仿真一组被编程的浮栅器件时,一般不需要实现隧穿和注入电流,但应确保在仿真开始时,根据特定编程方案的行为正确设置浮栅电压/偏置电流。在这种工作模式下,可以通过一个非常大的电阻设置浮栅电压;对于总电容 100 fF(一个小器件)浮栅节点,$10^{26}\ \Omega$ 电阻压降与 10 nm 氧化物在 10 年室温下典型的 4 μV 压降是一致的(Srinivasan 等,2005)。在某些情况下,晶体管等效电路可用于模拟自适应浮栅元件,如电容耦合电流输送器(C4)二阶截面电路和突触元件(Graham 等,2004;Srinivasan 等,2005)。对于需要快速适应率的应用来说,这些技术往往是有用的电路。

10.5　可编程模拟器件的精确编程

电荷修正方案,以及它们详细的建模,为各种电路所使用的大量浮栅器件的精确编程打开了大门。图 10.4(a)显示了自动编程大量浮栅元件的起点。图 10.4(a)说明了如何访问可编程器件,在这里定义为 Prog 或程序模式,以及如何使用这些元件执行计算,这被定义为运行模式。从运行模式到程序模式,意味着对所有电路进行重新配置,使每个浮栅器件配置为一个二维网格阵列,其中漏极和栅极线沿正交方向移动。使用外围控制电路,单个元件在一个使用外围控制电路的大矩阵中被隔离(访问栅极和漏极线)(Hasler 和 Lande,2001;Kucic 等,2001)。当在一个模具上处理成千上万个浮栅元件时,这样的标准技术是必要的。

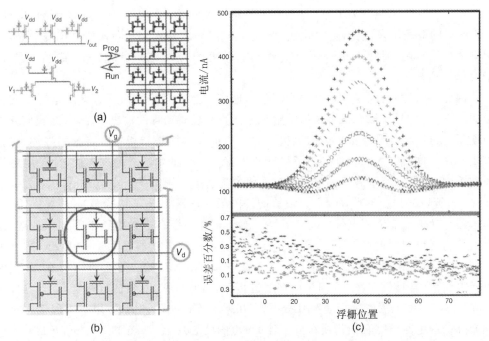

图 10.4　大量浮栅元件的编程。(a)在运行模式下,基础设备在芯片上获取任意数量的浮栅元件,并将这些器件重新配置成一个规则的浮栅元件阵列。(b)热电子注入需要沟道电流(阈值下限)和高电场,因此,在器件阵列中,可以使用 AND 方案访问单个元件既可以用于测量,又可以用于编程。(c)对不同振幅的一系列函数进行编程的实验测量。相应的误差百分数绘制在数据下面;实验误差(在这个例子中,介于 0.3%~0.7%之间)与实验波形不相关。© 2005 IEEE。经许可可转载,摘自 Hasler(2005)

这种编程方案在编程操作期间最大限度地减少了阵列中浮栅元件之间的交互。其他元件被切换到一个单独的电压,以确保这些器件不会注入。使用热电子注入增加输出电流对器件进行编程,使用电子隧穿减少输出电流来擦除器件。由于较差的选择性,隧穿主要用于擦除以及粗略的编程步骤。该方案利用基于实际电流和目标电流的漏源极电压,在固定的时间($1 \mu s$~$10 s$甚至更长)内进行注入。大多数快速编程技术使用的脉冲宽度在10~$100 \mu s$范围内,这使大规模生产中的大型浮栅元件阵列编程成为可能。开发用于 pFET 编程的有效算法需要讨论栅极电流与漏极至源极电压的关系。该方案还测量了电路工作状态下的结果,以实现对工作电路的优化调整(不需要补偿电路)。一旦编程,浮栅元件以非易失的方式保持其通道电流。一个自定义的编程板(PCB 板)围绕这些标准对大型浮栅阵列进行编程(Kucic 等,2001;Serrano 等,2004),并且继续工作,使用行并行编程技术(Kucic,2004)在片上移动所有这些块。40 多位研究人员已在数百个集成电路项目中使用了这些方法。限制这些器件快速编程的因素是电流测量的速度和准确性,而不是热电子注入的物理原理。

这些器件的编程有多精确？由于浮点处有一个电子(q)离开总电容(C_T),其精度受到电压(ΔV)变化的限制,

231

$$\Delta V = q/C_T \tag{10.7}$$

对于 16 fF(一个小器件)的 C_T,一个电子的电压变化为 10 μV。对于驱动浮栅电压的
2 V 摆幅的电压源来说,精度约为 0.000 5%或 17~18 位。对于亚阈值电流源,在整个
亚阈值电流范围(通常为 6~8 个数量级)内,精度约为 0.05%(11 位)。误差随 C_T 的
增大呈反比减小。

因此,真正的问题是编程算法能多精确地实现这一理论极限。一是测量待编程数
量的准确性。例如,如果只有 8 位精度来测量我们想要编程的输出电流,那么我们就不
能期望通过这种测量获得更高的编程性能。二是编程算法和相关电路的局限性,包括
寄生元件。这些方法的设计是为了尽量减少寄生元件的影响。另一方面,由于电容器
失配等因素,经常使用微调编程来改善这些失配造成的影响(Bandyopadhyay 等,2005;
Graham 等,2004)。最后,C_T 可以设置前一阶段的热噪声(kT/C 噪声);一个 16 fF 的
电容器将使单次亚阈值器件的总噪声为 0.25 mV,如果在最终电路中不加以处理,这
个误差将是编程精度的 25 倍。图 10.4(c)显示了一个浮栅器件($C_T \approx 100$ fF)阵列编
程精度的测量值。实验结果表明,0.5~0.25 μm 的 CMOS 工艺,器件可以在 35 倍的
目标电流范围内以 0.5%~0.1%的精度进行编程,并且在 60 倍的目标电流下,器件可
以在 1%的精度范围内进行编程(Bandyopadhyay 等,2006)。最近,用于编程任意尺寸
浮栅阵列的电路已完全能集成在 pA 至 μA 范围的芯片上(Basu 和 Hasler,2011)。

10.6　可编程模拟方法的缩放

减小 CMOS 工艺中氧化层的厚度是这些模拟方法长期潜在的一个问题。从公
式(10.4)中我们注意到,对于相同的 I_0 参数和恒定的场缩放,隧穿泄漏电流大致恒
定,也就是说,电源和氧化物厚度的比例相同,因此,在 10 年的时间里,这些工艺在室
温下都应产生最小的浮栅电荷损耗。不幸的是,这些表达式是针对一个三角形势垒推
导的,低氧化物电压下,小于等效的 3.04 eV Si - SiO₂ 势垒时,势垒变为梯形,并且缩
放不再成立。这个问题对于 0.18 μm 及以下的工艺变得重要。对于典型的 0.18 μm
工艺,SiO₂ 氧化物厚度约为 5 nm,被视为满足典型 10 年寿命要求的最小氧化物厚度;
目前大多数电可擦可编程只读存储器(EEPROM)工艺使用大于或等于 5 nm 的氧化物
厚度。

逻辑的初始结论表明,浮栅电路采用小于 0.18 μm CMOS 工艺是不实际的。所幸
这种技术有多种尺寸可供选择。首先,从 0.35 μm 和 0.25 μm CMOS 工艺开始,现代
CMOS 工艺为晶体管提供了多种氧化物厚度。其中一个应用是开发能够与更大的外
部电压(即 5 V、3.3 V、2.5 V)相连接的电路;这些器件(包括晶体管和电容器)将提供
至少一层且厚度不小于 5 nm 的氧化层,因此可存储设备。这些器件将略大于缩小的
器件,但仅限于有源沟道区域,因为光刻也改善了其他晶体管的尺寸和寄生。由于浮栅
场效应晶体管(FET)的叠加电容有效地降低了其最大增益,这些器件不需要很长的沟

道;因此设计最小或更小的沟道长度,对于这些器件甚至精密模拟电路而言都是合理的。

此外,在栅极管电流对于基本的 CMOS 晶体管操作电流过大之前,SiO_2 中的氧化层厚度将被限制在大约 1.3 nm。因此,电容最大改善是 3 倍,面积最大改善是 9 倍。在实际应用中,如果所有的器件都能精确地按照流程进行缩放,那么面积的改善只会比实际情况缩小。通常电容设置了器件的信噪比,与理想缩放相比,电容因子的分辨率损失小于 1 位。在给定的 CMOS 工艺中,向具有低泄漏、高介电材料方向发展将同样会提高标准数字 CMOS 和可编程模拟 CMOS。(注:此处的"泄漏"指的是晶体管关断时的源极漏电流,而不是基极漏电流,见 11.2.8 小节。)

第二,即使在典型的工艺电压范围内,小氧化物器件也能自然地实现自适应浮栅特性。它们可以在隧穿结和注入元件以及漏极侧的隧穿结之间达到平衡,并直接获得在自调零浮栅放大器电路(Hasler 等,1996)和自适应滤波电路(Kucic 等,2001)中已经证明的特性。由此产生的栅极漏电流便成为一种有用的电路特性,而不是一个可以绕过的效应。因此,可以得出结论,随着 CMOS 工艺尺寸缩至更小,这些可编程模拟器件不仅可用,而且将会有更多的器件可供选择。

10.7　低功耗模拟信号处理

在过去的 30 年中,我们看到硅集成电路处理和伴随而来的数字处理技术的快速改进所带来的影响。这导致了处理量的显著增加和/或功耗的显著降低。随着对低功耗便携式和/或自主传感器系统的需求,在固定的功率预算下获得更多的计算量变得越来越重要。以 Gene Frantz (Frantz,2000)命名的 Gene 定律假设,由于特征尺寸的减小,数字信号处理微处理器的计算效率(运算与功率)大约每 18 个月翻一翻,见图 10.5(a)。即使在数字计算方面有了这些显著的改进,但在许多便携式应用所需的功率预算限制内,许多数字信号处理算法仍无法实时实现。此外,较近的研究结果(Marr 等,2012)表明,数字乘法和累积操作系统(MAC)没有通过改进集成电路过程提高计算效率,进一步说明需要其他方法和改进。

Mead(1990)假设,对于低、中分辨率(即 6～12 位信噪比)信号,模拟计算的效率可能比自定义数字处理高出 10 000 倍。Sarpeskar 后来定量地指出,对于低、中信噪比水平,大多数模拟输入系统(如感觉系统)的典型信噪比水平,模拟系统的成本将低于数字系统的成本(Sarpeshkar,1997)。由此可知,模拟信号处理(ASP)的潜力已经众所周知,但直到最近才可以实施。

本节对可用可编程模拟信号处理技术的范围进行了高层次的概述,其中许多技术已经证明了 Mead 的原始假设。这些方法是通过标准 CMOS 中的可编程模拟技术实现的(Hasler 和 Lande,2001)。这些密集的模拟可编程和可重构元件使得模拟信号处理(ASP)的效率比自定义数字信号处理(DSP)的效率高 1 000～10 000 倍,同时也使精确模拟设计的效率与数字技术成正比。该技术的结果如图 10.5(a)所示,在当前技术中,假设数字性能以过去 20 年的速度发展,那么低功耗的计算系统可能在 20 年后通过自定义的数字技术实现。这种效率的提高可用于降低给定问题的功率需求,或解决当前数字路线图认为难以解决的计算问题。通过可编程模拟信号处理取得的进展,将比从第一个上市的 DSP 芯片到今天的集成电路的 DSP 芯片取得的进展更大。

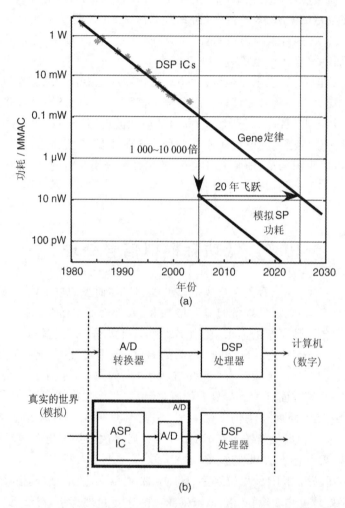

图 10.5　使用可编程模拟技术的动机。(a)DSP 微处理器的计算效率图(功耗/MMAC),对这些数据点的外推拟合(Gene 定律,Frantz,2000),产生可编程模拟系统的效率。在模拟和数字信号处理系统之间,提高效率的典型值是 10 000,因此有望使用在 20 年内的可用的低功耗计算系统。© 2005 IEEE。经许可转载,摘自 Hall 等(2005)。(b)说明在模拟、数字信号协作处理中的权衡取舍。在 ASP 和 DSP 之间放置边界线位置的问题很大程度上取决于应用程序的特定要求

　　现有模拟信号处理功能的范围带来了将这些模拟信号处理系统与数字信号处理系统合并以提高整体系统性能的许多潜在机会。图 10.5(b)说明了模拟信号处理和数字

信号处理之间的权衡。该模型假设来自真实世界传感器信号的典型模型,原本是模拟的,需要被数字计算机利用。一种方法是让一个模/数转换器(ADC)放置在尽可能靠近模拟传感器信号的位置,以利用数字信号处理器中可用的计算灵活性。另一种方法是使用模拟信号处理来执行一些计算,这需要更简单的 ADC,并减少后续数字处理器的计算负载。这种新方法被称为协同模拟/数字信号处理(CADSP),它打开了信号处理系统设计和实现方式的新视角,有望大幅降低信号处理系统的功耗(Hasler 和 Anderson,2002)。

10.8　与数字方法的低功耗比较:内存中的模拟计算

我们的出发点是一个可编程模拟晶体管,它允许同时进行非易失性存储(模拟权重)、计算(计算该存储权重和输入之间的乘积)且不影响计算的模拟编程,可以根据输入信号的相关性进行调整,并且采用标准 CMOS 工艺制造;一些电路已经在其他地方(Hasler 和 Lande,2001)被详细讨论过。这些可编程晶体管的精确和有效的编程使模拟信号处理方法成为可能。例如,0.5 μm CMOS 工艺,在 150 pA～1.5μA 的电流范围内,规划 0.2% 的目标电流是可以实现的(Bandyopadhyay 等,2005),成百上千个元素可以在一秒钟内被编程到这种精度。在室温(300 K)下,编程产生的电流在 10 年内变化不到 0.1%。许多电路拓扑在较宽的温度范围内工作良好。

图 10.6 显示了可编程模拟计算与传统数字计算的比较。模拟计算阵列的概念是通过可编程模拟晶体管进行并行模拟信号处理计算,这种晶体管类似于一些改良的 EEPROM 单元,因此与 EEPROM 密度密切相关。图 10.6(a)显示了模拟计算阵列的通用框图,并与传统数字计算进行了比较。与数字存储器不同的是,每个单元充当一个乘法器,将存储的模拟值乘到该单元的模拟输入信号。在内存单元中执行计算避免了在大多数信号处理系统中的处理量瓶颈。这种计算方法可以以一种直接的方式扩展到许多其他信号处理的操作和算法。因此,与以 4 位精度存储该数字系数阵列所需的数字存储器相同的电路复杂度和功耗,可以实现完全并行计算。此外,在简单地读出要发送到数字处理器的两列数据所需的复杂度中,将执行整个矩阵-矢量乘法以及可能更复杂的计算。折中方案是降低计算精度,并且需要浮栅编程。

图 10.6(b)显示了 128×32 向量-矩阵乘法器(VMM)的实验数据,使用这些模拟计算阵列方法在 0.83 mm^2 面积的 0.5 μm CMOS 中构建(Chawla 等,2004)。由此得到的模拟计算模拟效率,定义为带宽与功率耗散(即 MHz/μW)之比,在 4 MMAC/μW 下测量;功率效率与节点电容有关,因此在此过程中可以实现大于 20 MMAC/μW 的值(Chawla 等,2004;Hasler 和 Dugger,2005)。比较而言,最节能的 DSP 处理器(即 TI 54C 系列或 DSP 工厂系列)的功率效率为 1～8 MMAC/mW(最佳情况);因此,模拟方法的计算效率是数字方法的 1 000 倍。其他模拟信号处理技术进一步显示,计算能力效率比数字方法提高了 300～1 000 倍(Graham 等,2007;Hasler 等,2005;Ozalevli 等,2008a;Peng 等,2007)。此外,这些方法在商业终端产品中产生了显著的电能效率

（Dugger 等，2012）。最近的研究结果显示，基于神经启发的方法，通过丰富的树突神经元网络实现单词识别计算的效率有了更大的提高（George 和 Hasler，2011；Ramakrishnan 等，2012）。

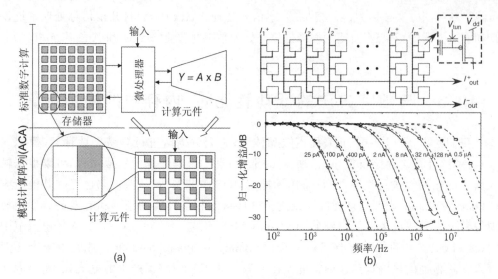

图 10.6　大规模模拟信号处理的计算效率。（a）比较模拟计算阵列的内存计算方法与需要内存和处理单元的标准数字计算方法。为了处理访问两列数字数据的复杂性和能力，我们对输入的数据向量执行一个完整的矩阵计算。（b）通过向量-矩阵乘法（VMM）计算说明计算效率。使用向量-向量乘法（每个盒子含有一个可编程晶体管），我们比较了整个亚阈值偏置电流区域的实验和模拟结果。从这个实验数据来看，这个模拟 VMM 有 4 MMAC/μW 的计算效率（主要是由于节点电容），这比最佳的 DSP 集成电路的值 4～10 MMAC/mW 更好。图（b）© 2004 IEEE。经许可转载，摘自 Chawla 等（2004）

10.9　数字复杂度下模拟编程：
大规模现场可编程模拟阵列

　　过去几十年，我们见证了大规模 FPAA 技术的发展（Hall 等，2002，2004）。在历史上 FPAA 只有很少的可编程元素和有限的互连能力，主要是作为主板上一些运放芯片的替代品（Anadigm，2003a，2003b；Fas，1999；Lee 和 Gulak，1991；Quan 等，1998）。类似于可编程逻辑器件（PLD）到 FPGA 的可配置逻辑的演变，FPAA 芯片（见图 10.7）正在向大量可重构模拟块的方向发展，其提供了一个可重构的平台，可用于实现多种不同的应用。模拟电路的快速原型设计在模拟系统的设计和测试中具有重要的意义。

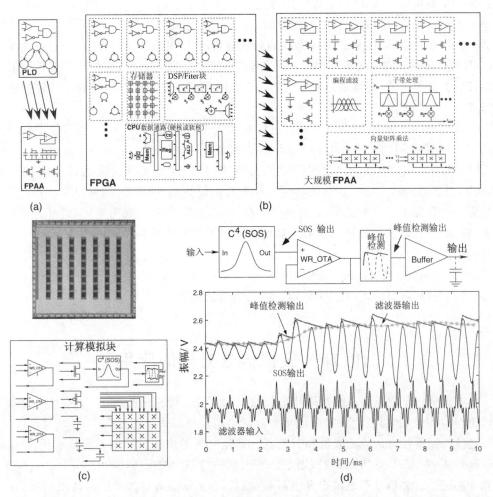

图 10.7　大规模现场可编程模拟阵列(FPAA)示意图。(a)以前的大多数 FPAA 集成电路都更接近可编程逻辑器件(PLD)。(b)大型 FPAA 具有类似于现场可编程门阵列(FPGA)的模拟阵列的计算复杂度,包括多层布线。(c)上图显示了由 64 个计算模拟块(CAB)和 150 000 个模拟可编程元件组成的大规模 FPAA 芯片的照片,下图显示了 CAB 中的组件。它包含 1 个 4×4 矩阵乘法器、3 个宽线性范围 OTA(WR_OTA)、3 个固定值电容器、1 个电容耦合电流传输器 C4 二阶部分(SOS)滤波器、1 个峰值检测器和 2 个 pFET 晶体管。(d)典型的子带系统。上面的图显示了如何先通过 C4 SOS 滤波器对输入信号进行带通滤波,然后再由 WR_OTA 对 SOS 输出进行缓冲,然后再从峰值检测器输出子带的幅度,该顺序类似于对信号进行离散傅里叶变换。实验数据取自 FPAA 系统。输入波形是具有 1.8 kHz 和 10.0 kHz 分量的调幅信号。峰值检测器的输出显示有(在(d)的顶图中虚线将电容器连接到输出)和没有添加到输出级的积分电容器。图(d)© 2005 IEEE。经许可转载,摘自 Hall 等(2005)

　　FPAA 和 FPGA 一样,允许硬件解决方案的快速原型化。一个典型的结构由几个计算模拟块(CAB)组成;目前最大的 FPAA 使用 100 个 CAB,超过 100 000 个可编程模拟参数,其中数千个 CAB 可能使用最先进的 CMOS 技术。在 FPAA 块中,开关器件是一个模拟可编程元件,它可以作为一个理想的开关、可变电阻、电流源和/或在一个单一模拟可编程存储器元件中可配置的计算元件。由此产生的芯片可以使用一个高级数字控制接口编程,这是 FPGA 器件的典型特点,并提供输入/输出(I/O)引脚,连接到 CAB 元件阵列。在系统设计中使用这些模拟信号处理技术,信号压缩不仅是传感器有效传输的必要条件,而且也是用于低功耗工作的集成电路之间有效的数字传输的必要条件。

在过去的几年中,相关研究人员已经对几代 FPAA 设备进行了创新,其中包括一系列对计算有用的 CAB 和浮栅布线的大规模 FPAA 设备(Basu 等,2010a,2010b;Schlottmann 等,2012a)以及进一步的架构修订,以实现部分快速的可重新配置性(Schlottmann 等,2012b)并与低功耗可配置数字模块集成(Wunderlich 等,2013)。这些方法还开发了一个 USB 驱动的硬件平台(Koziol 等,2010),其简单易用,可用于类开发(Hasler 等,2011),以及用于实现直接编译为工作硬件的高级 Simulink 系统设计的各种软件工具(Schlottmann 和 Hasler,2012)。FPAA 已针对一系列信号处理应用(Ramakrishnan 和 Hasler,2013;Schlottmann 和 Hasler,2011;Schlottmann 等,2012b)和神经接口应用(Zbrzeski 等,2010)进行了构建。

10.10　模拟信号处理的应用

本节介绍集成电路系统使用几毫瓦的模拟信号处理应用的例子。特别地,我们将讨论模拟变换成像仪、允许在图像平面进行可编程模拟信号处理的 LMOS 成像仪,以及连续时间模拟自适应滤波器和分类器。其他有趣的应用包括增强噪音的语音(Anderson 等,2002;Yoo 等,2002),用于语音识别的模拟前端系统(Smith 等,2002;Smith 和 Hasler,2002)以及任意波形发生器和调制器(Chawla 等,2005)。在波束形成、自适应均衡、雷达和超声成像、软件无线电和图像识别中已经应用。

10.10.1　模拟变换成像仪

图 10.8 显示了利用可编程模拟技术改进 CMOS 成像和具有相对高填充因子的可编程信号处理的组合的一个例子(Hasler 等,2003;Lee 等,2005)。转换成像仪芯片能够对传入的图像计算一系列的矩阵变换。这种方法允许在可编程架构中进行视网膜和更高层次的仿生计算,该架构仍然拥有与有源像素图像传感器(APS)成像仪类似的高填充因子像素。该成像仪能够对图像进行可编程的矩阵操作。每个像素由一个光电二极管传感器元件和一个乘法器组成。产生的数据流体系结构直接用于空间变换的计算、运动计算和立体声计算。图 10.8(b)和图 10.8(c)显示了将此成像仪用作单芯片解决方案与使用标准数字实现 JPEG 压缩的比较,这对于启用了图片和视频的手机至关重要,从而使功耗降低了几个数量级,能够在手持设备上启用视频流。

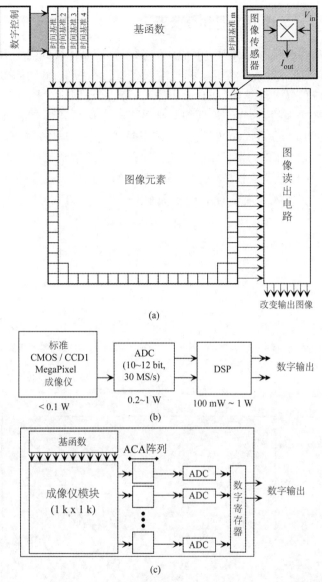

图 10.8 模拟技术应用于成像信号处理。(a)矩阵变换成像仪平面图。每个像素处理器将输入与测量的图像传感器结果相乘,并输出与该结果成比例的电流。图像输出速率将与扫描给定图像的时间相同。这种方法允许可编程的任意可分离矩阵图像变换。© 2002 IEEE。经许可转载,摘自 Hasler 等(2002a)。(b) 在 JPEG 实施中,在使用数字信号处理器(DSP)计算每个图像上的离散余弦变换(DCT)之前,标准互补金属氧化物半导体/电荷耦合器件(CMOS/CCD)成像仪获得的图像使用 ADC 转换为数字值。这些模块中的每一个功耗都在 0.1 ~1 W 的范围内。(c)比较标准图像处理系统与转换图像器,以进行 JPEG 计算。JPEG 压缩是变换成像仪的一个典型示例,其中的矩阵被编程用于模块 DCT 变换。模拟计算阵列(ACA)ADC 用于读取转换后的图像,但这些 ADC 可以根据每个通道上的信息使用可变比特率进行控制,从而显著节省功耗。作为一个大规模单芯片解决方案,变换成像仪的功率大约为 1 mW

10.10.2 自适应滤波器和分类器

经过连续编程的模拟晶体管,由于输入连续信号,晶体管的强度因输入信号的相关性而适应(Hasler 和 Lande,2001)。自适应设备支持在密集、低功耗的模拟信号处理架构中开发自适应信号处理算法,如自适应滤波器和神经网络。权重自适应是通过连续运行编程机制来实现的,这样使得低频电路根据输入信号和误差信号的相关性而适配于稳态。Hasler 和 Dugger(2005)给出了一个最小均方(LMS)节点,该节点基于由连续适应的可编程晶体管构建的 LMS 突触。图 10.9 总结了这些结果。大多数其他外部积学习算法(有监督或无监督)都是 LMS 算法的直接扩展。这种方法通过启用一系列信号处理算法来实现大规模的片上学习网络。图 10.9(b)给出了一个测试集来表征

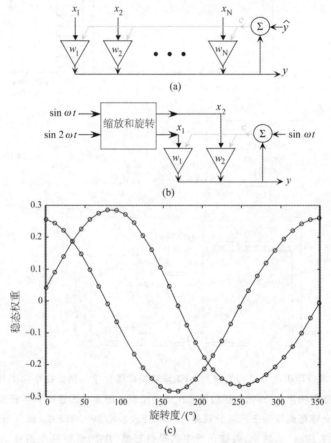

(a)

(b)

(c)

图 10.9　自适应浮栅节点。(a)自适应浮栅节点框图。在这种架构中,既可以构建有监督的算法,也可以构建无监督的单层网络。(b) 用于检查两输入节点中的最小均方(LMS)行为的实验设置。缩放操作,然后将旋转矩阵应用于谐波相关正弦波的正交信号空间基础上,可产生系统输入信号;选择基本正弦波作为目标。(c)测量数据显示稳态权重依赖于二维输入混合矩阵的参数 θ。正如理论上预期的那样,第一个权值得到余弦曲线,第二个权值得到正弦曲线。图(a)和(c)摘自 **Hasler** 和 **Dugger**(2005)。© **2005 IEEE**。经许可转载

两输入 LMS 网络在输入信号相关范围内的权值自适应行为；图 10.9(c)实验数据曲线（0.5 μm 工艺）与理想解析表达式吻合较好，验证了该系统的性能。使用这种自适应浮栅 LMS 节点，阵列被构建在一个 2 mm×2 mm 区域的 128×128 突触的顺序上（0.35 μm 工艺），运行在 1 mW 的功率下，带宽超过 1 MHz；一个自定义的数字处理器或一组 DSP 处理器对相同带宽的信号执行类似计算将会消耗 3～10 W。这些技术可以扩展到其他可编程和自适应分类器，如矢量量化或高斯混合（Hasler 等，2002a；Peng 等，2005）。

10.11　讨　论

浮栅技术提供了一个在标准 CMOS 工艺中制造的紧凑设备，同时提供了长期（非易失性）存储、计算、在一个独立于功能的通用架构中的自动化系统可编程性，以及在单个设备中的适应性。有时在相同的结构中，这些设备允许数字路由以及可编程的计算元件。这种方法已用于自定义集成电路和可重构架构，以建立复杂的信号处理系统，包括可编程和自适应滤波器、乘法器、放大、矩阵和阵列信号操作，以及傅里叶处理。在模拟计算系统中，可以使用参数 DAC 或复杂动态存储器来替代浮栅技术。当参数值变得较大（例如，超过 30）时，这些方法会产生巨大的系统级影响（例如，Schlottmann 和 Hasler，2012）。

浮栅晶体管是大多数商用非易失性存储器（包括 EEPROM 和闪存）的基础。目前的 EEPROM 器件已经在 32 nm 工艺中占用 100 nm×100 nm 面积的单个晶体管中存储了 4 位（即 16 级）（Li 等，2009；Marotta 等，2010），在撰写本文时，较小的技术节点已经进入生产阶段。因此，浮栅电路也有望扩展到更小的过程节点，其阵列密度与 EEPROM 器件相似。这种现代集成电路工艺的研究工作现已开展。

浮栅设备和电路被多个小组用于多神经元的神经形态实现（Brink 等，2013；Schemmel 等，2004），包括参数存储、基于电容的电路和自适应学习网络。这些方法的使用形成了可用的最密集的突触阵列集成电路（Brink 等，2013）。

浮栅电路的一个关键方面是对大量浮栅器件进行准确而快速的编程（Basu 和Hasler，2011）。本章介绍的方法是利用构造，该方法能够最大限度地减少电容失配对编程精确系统的影响。对浮栅器件进行编程的一个限制因素是在较大范围内（即 pA至 μA）准确测量电流，通过使用具有集成电路编程功能的全数字接口的全片上电路，该方法已得到了显著改善（Basu 和 Hasler，2011）。除此之外，这种基础器件的发展也有助于神经形态学和信号处理组织的应用专家采用这种技术。

第 11 章从非易失性存储开始，介绍了模拟电流和电压的数字配置，作为使用标准CMOS 技术包括少量可配置但易失的芯片参数的方式。

参考文献

［1］ Anadigm. Anadigm Company Fact Sheet Anadigm. (2003a). http://www. ana-digm. com/Prs_15. asp/.

［2］ Anadigm. Anadigm FPAA Family Overview Anadigm. (2003b). http://www. anadigm. com/Supp_05. asp/.

［3］ Anderson D，HaslerP，Ellis R，et al. A low-power system for audio noise sup-pression：a cooperative analog-digital signal processing approach. Proc. 2002 IEEE 10 th Digital Signal Processing Workshop，and the 2nd Signal Processing Education Workshop，2002：327-332.

［4］ Bandyopadhyay A，Serrano G，Hasler P. Programming analog computational memory elements to 0. 2% accuracy over 3. 5 decades using a predictive method. Proc. IEEE Int. Symp. Circuits Syst. (ISCAS)，2005，3：2148-2151.

［5］ Bandyopadhyay A，Serrano G，Hasler P. Adaptive algorithm using hot-electron injection for programming analog computational memory elements within 0. 2 percent of accuracy over 3. 5 decades. IEEE J. Solid-State Circuits，2006，41(9)：2107-2114.

［6］ Basu A，Hasler P E. A fully integrated architecture for fast and accurate pro-gramming of floating gates over six decades of current. IEEE Trans. Very Large Scale Integr. (VLSI) Syst. ，2011，19(6)：953-959.

［7］ Basu A，Brink S，Schlottmann C，et al. A floating-gate based field programma-ble analog array. IEEE J. Solid-State Circuits，2010a，45(9)：1781-1794.

［8］ Basu A，Ramakrishnan S，Petre C，et al. Neural dynamics in reconfigurable sili-con. IEEE Trans. Biomed. Circuits Syst. ，2010b，4(5)：311-319.

［9］ Brink S，Nease S，Hasler P，et al. A learning-enabled neuron array IC based up-on transistor channel models of biological phenomena. IEEE Trans. Biomed. Circuits Syst. ，2013，7(1)：71-81.

［10］ Chawla R，Bandyopadhyay A，Srinivasan V，et al. A 531 nW/MHz, 128 × 32 current-mode pro- grammable analog vector-matrix multiplier with over two decades of linearity. Proc. IEEE Custom Integrated Circuits Conf. (CICC)，2004：651-654.

［11］ Chawla R，Twigg C M，Hasler P. An analog modulator/demodulator using a programmable arbitrary waveform generator. Proc. IEEE Int. Symp. Circuits Syst. (ISCAS)，2005：6106-6109.

［12］ Duffy C，Hasler P. Modeling hot-electron injection in pFETs. J. Comput. Electronics，2003，2：317-322.

[13] Dugger J，Smith P D，Kucic M，et al. An analog adaptive beamforming circuit for audio noise reduction. Proc. IEEE Int. Conf. Acoust. Speech Signal Process. (ICASSP)，2012：5293-5296.

[14] Fast Analog Solutions Ltd. TRAC020LH Datasheet：Totally Re-configurable Analog Circuit-TRAC © issue 2，Oldham，UK，1999.

[15] Frantz G. Digital signal processor trends. IEEE Micro，2000，20(6)：52-59.

[16] George S，Hasler P. HMM classifier using biophysically based CMOS dendrites for wordspotting. Proc. IEEE Biomed. Circuits Syst. Conf. (BIOCAS)，2011：281-284.

[17] Graham D W，Smith P D，Ellis R，et al. A programmable bandpass array using floating-gate elements. Proc. IEEE Int. Symp. Circuits Syst. (ISCAS) Ⅰ，2004：97-100.

[18] Graham D W，Hasler P，Chawla R，et al. A low-power，programmable bandpass filter section for higher-order filter applications. IEEE Trans. Circuits Syst. Ⅰ：Regular Papers，2007，54(6)：1165-1176.

[19] Hall T，Hasler P，Anderson D V. Field-programmable analog arrays：a floating-gate approach// Glesner M，Zipf P，Renovell M. Field-Programmable Logic and Applications：Reconfigurable Computing is Going Mainstream. Lectures Notes in Computer Science. Heidelberg：Springer Berlin，2002，2438：424-433.

[20] Hall T，Twigg C，Hasler P，et al. Application performance of elements in a floating-gate FPAA. Proc. IEEE Int. Symp. Circuits Syst. (ISCAS)，2004，2：589-592.

[21] Hall T，Twigg C，Gray J D，et al. Large-scalefield-programmableanalogar-raysforanalog signal processing. IEEE Trans. Circuits and Syst. Ⅰ，2005，52(11)：2298-2307.

[22] Hasler P. Floating-gate devices，circuits，and systems. Proc. Fifth Int. Workshop on System-on-Chip for Real-Time Applications，2005：482-487.

[23] Hasler P，Anderson D V. Cooperative analog-digital signal processing. Proc. IEEE Int. Conf. Acoust. Speech Signal Process. (ICASSP) Ⅳ，2002：3972-3975.

[24] Hasler P，Dugger J. An analog floating-gate node for supervised learning. IEEE Trans. Circuits Syst. Ⅰ：Regular Papers，2005，52(5)：835-845.

[25] Hasler P，Lande T S. Overview of floating-gate devices，circuits，and systems. IEEE Trans. Circuits Syst. Ⅱ，2001，48(1)：1-3.

[26] Hasler P，Diorio C，Minch BA，et al. Single transistor learning synapses// Tesauro G，Touretzky D，Leen T. Advances in Neural Information Processing

Systems 7 (NIPS). Cambridge, MA: MIT Press, 1995: 817-824.

[27] Hasler P, Minch B A, Diorio C, et al. An autozeroing amplifier using pFET hot-electron injection. Proc. IEEE Int. Symp. Circuits Syst. (ISCAS) III, 1996: 325-328.

[28] Hasler P, Minch B A, Diorio C. Adaptive circuits using pFET floating-gate devices. Proc. 20th Anniversary Conf. Adv. Res. VLSI, Atlanta, GA, 1999: 215-229.

[29] Hasler P, Smith P, Duffy C, et al. A floating-gate vector-quantizer. Proc. 45th Int. Midwest Symp. Circuits Syst. 1, Tulsa, OK, 2002a: 196-199.

[30] Hasler P, Bandyopadhyay A, Smith P. A matrix transform imager allowing high fill factor. Proc. IEEE Int. Symp. Circuits Syst. (ISCAS) III, 2000b: 337-340.

[31] Hasler P, Bandyopadhyay A, Anderson D V. High-fill factor imagers for neuro-morphic processing enabled by floating-gate circuits. EURASIP J. Adv. Signal Process, 2003: 676-689.

[32] Hasler P, Smith P D, Graham D, et al. Analog floating-gate, on-chip auditory sensing system interfaces. IEEE Sensors J., 2005, 5(5): 1027-1034.

[33] Hasler P, Scholttmann C, Koziol S. FPAA chips and tools as the center of an design-based analog systems education. Proc. IEEE Int. Conf. Microelectronic Syst. Education, 2011: 47-51.

[34] Koziol S, Schlottmann C, et al. Hardware and software infrastructure for a family of floating-gate based FPAAs. Proc. IEEE Int. Symp. Circuits Syst. (ISCAS), 2010: 2794-2797.

[35] Kucic M. Analog Computing Arrays. PhD thesis. Georgia Institute of Technology Atlanta, GA, 2004.

[36] Kucic M, Hasler P, Dugger J, et al. Programmable and adaptive analog filters using arrays of floating-gate circuits// Brunvand E, Myers C. Proceedings of 2001 Conference on Advanced Research in VLSI. IEEE, 2001: 148-162.

[37] Lee J, Bandyopadhyay A, Baskaya I F, et al. Image processing system using aprogrammable transform imager. Proc. IEEE Int. Conf. Acoust. Speech Signal Process. (ICASSP), 2005, 5: 101-104.

[38] Lee K F E, Gulak P G. A CMOS field-programmable analog array. IEEE Int. Solid-State Circuits Conf. (ISSCC) Dig. Tech. Papers, 1991: 186-188.

[39] Li Y, Lee S, Fong Y, et al. A 16 Gb 3-bit per cell (X3) NAND flash memory on 56 nm technology with 8 MB/s write rate. IEEE J. Solid-State Circuits, 2009, 44(1): 195-207.

[40] Marotta G G, Macerola A, D'Alessandro A, et al. A 3 bit/cell 32 Gb NAND

flash memory at 34 nm with 6 MB/s program throughput and with dynamic 2 bit/cell blocks configuration mode for a program throughput increase up to 13 MB/s. IEEE Int. Solid-State Circuits Conf. (ISSCC) Dig. Tech. Papers, 2010: 444-445.

[41] Marr B, Degnan B, Hasler P, et al. Scaling energy per operation via an asynchronous pipeline. IEEE Trans. Very Large Scale Integr. (VLSI) Syst. , 2012, 21(1): 147-151.

[42] Mead C A. Neuromorphic electronic systems. Proc. IEEE, 1990, 78(10): 1629-1636.

[43] Minch B A, Hasler P, Diorio C. Multiple-input translinear element networks. IEEE Trans. Circuits Syst. II, 2001, 48(1): 20-28.

[44] Ozalevli E, Huang W, Hasler P E, et al. A reconfigurable mixed-signal VLSI implementation of distributed arithmetic used for finite impulse response filtering. IEEE Trans. Circuits Syst. I: Regular Papers, 2008a, 55(2): 510-521.

[45] Ozalevli E, Lo H J, Hasler P E. Binary-weighted digital-to-analog converter design using floating- gate voltage references. IEEE Trans. Circuits Syst. I: Regular Papers, 2008b, 55(4): 990-998.

[46] Peng S Y, Minch B, Hasler P. Programmable floating-gate bump circuit with variable width. Proc. IEEE Int. Symp. Circuits Syst. (ISCAS), 2005, 5: 4341-4344.

[47] Peng S Y, Hasler P, Anderson D V. An analog programmable multi-dimensional radial basis function based classifier. IEEE Trans. Circuits Syst. I: Regular Papers, 2007, 54(10): 2148-2158.

[48] Quan X, Embabi S H K, Sanchez-Sinencio E. A current-mode based field programmable analog array architecture for signal processing applications. Proc. IEEE Custom Integrated Circuits Conf. (CICC), Santa Clara, CA, 1998: 277-280.

[49] Ramakrishnan S, Hasler J. A compact programmable analog classifier using a VMM+WTA network. Proc. IEEE Int. Conf. Acoust. Speech Signal Process. (ICASSP), 2013: 2538-2542.

[50] Ramakrishnan S, Wunderlich R, Hasler P E. Neuronarray with plastic synapses and programmable dendrites. Proc. IEEE Biomed. Circuits Syst. Conf. (BIOCAS), 2012: 400-403.

[51] Sarpeshkar R. Efficient Precise Computationwith Noisy Components: Extrapolating Froman Electronic Cochlea to the Brain. PhD thesis. Pasadena, CA: California Institute of Technology, 1997.

［52］ Schemmel J，Meier K，Mueller E. A new VLS Imodel of neural microcircuits including spike time dependent plasticity. Proc. IEEE Int. Joint Conf. Neural Networks (IJCNN)，2004，3：1711-1716.

［53］ Schlottmann C R，Hasler P. FPAA empowering cooperative analog-digital signal processing. Proc. IEEE Int. Conf. Acoust. Speech Signal Process. (ICASSP)，2012：5301-5304.

［54］ Schlottmann C R，Hasler P. A highly dense，low power，programmable analog vector-matrix multiplier：the FPAA implementation. IEEE J. Emerg. Select. Top. Circuits Syst.，2011，1(3)：403-410.

［55］ Schlottmann C R，Abramson D，Hasler P. A MITE-based translinear FPAA. IEEE Trans. Very Large Scale Integr. (VLSI) Syst.，2012a，2(1)：1-9.

［56］ Schlottmann C R，Shapero S，Nease S，et al. A digitally enhanced dynamically reconfigurable analog platform for low-power signal processing. IEEE J. Solid-State Circuits，2012b，47(9)：2174-2184.

［57］ Serrano G，Smith P，Lo H J，et al. Automatic rapid programming of large arrays of floating-gate elements. Proc. IEEE Int. Symp. Circuits Syst. (ISCAS) I，2004：373-376.

［58］ Shibata T，Ohmi T. A functional MOS transistor featuring gate-level weighted sumand threshold operations. IEEE Trans. Elect. Devices，1992，39(6)：1444-1455.

［59］ Smith P D，Hasler P. Analog speech recognition project Proc. IEEE Int. Conf. Acoust. Speech Signal Process. (ICASSP)，2002，4：3988-3991.

［60］ Smith P D，Kucic M，Ellis R，et al. Cepstrum frequency encoding in analog floating-gate circuitry. Proc. IEEE Int. Symp. Circuits Syst. (ISCAS) IV，2002：671-674.

［61］ Srinivasan V，Dugger J，Hasler P. An adaptive analog synapse circuit that implements the least-mean-square learning algorithm. Proc. IEEE Int. Symp. Circuits Syst. (ISCAS)，2005，5：4441-4444.

［62］ Srinivasan V，Serrano G J，Gray J，et al. A precision CMOS amplifier using floating-gate transistors for offset cancellation. IEEE J. Solid-State Circuits，2007，42(2)：280-291.

［63］ Srinivasan V，Serrano G J，Twigg C M，et al. A floating-gate-based programmable CMOS reference. IEEE Trans. Circuits Syst. I：Regular Papers，2008，55(11)：3448-3456.

［64］ Wunderlich R B，Adil F，Hasler P. Floating gate-based field programmable mixed-signal array. IEEE Trans. Very Large Scale Integr. (VLSI) Syst.，2013，21(8)：1496-1504.

[65] Yoo H，Anderson D V，Hasler P. Continuous-time audio noise suppression and real-time implementation Proc. IEEE Int. Conf. Acoust. Speech Signal Process. (ICASSP) Ⅳ，2002：3980-3983.

[66] Zbrzeski A，Hasler P，Kölbl F，et al. A programmable bioamplifier on FPAA for in vivo neural recording. Proc. IEEE Biomed. Circuits Syst. Conf. (BIO-CAS)，2010：114-117.

第 11 章　偏置发生器电路

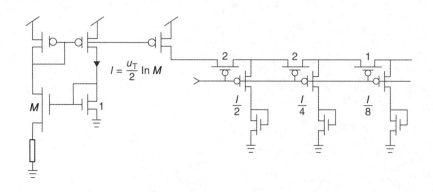

$$I = \frac{u_T}{2} \ln M$$

神经形态芯片通常需要宽范围的偏置电流,这些偏置电流与工艺、电源电压无关,并且会随温度适当变化以产生恒定的跨导。这些电流可以持续数 10 年,甚至低于晶体管的"截止电流"。本章介绍如何设计宽动态范围可配置偏置电流基准;每个基准电流的输出是产生所需电流的栅极电压;偏置电流由引导镜像"主偏置"基准电流产生,主电流依次除以数字控制的电流分配器产生所需的参考电流;讨论了诸如电源灵敏度、匹配度、稳定性和裕量之类的非理想情况。开源设计套件简化了将这些电路包含在新设计中的工作。

11.1　简　介

模拟和混合信号神经形态和生物启发的芯片(例如第 3 章和第 4 章中描述的传感器以及第 13 章中描述的某些多芯片系统)需要许多可调的基准电压和基准电流。参考电压可用于反馈转换配置的差分放大器的输入,可作为电压比较器的阈值,也可用于斜电阻梯的输入。基准电压通常不需要精确,在许多设计中,它们随过程变化而变化,尽管它们不应该对电源噪声敏感,但这并不重要。基准电流到处都会用到,例如,用于偏置放大器中,设置各种电路的时间常数以及静态逻辑的功率负载。

芯片中通常有大量相同的电路(例如,像素、列放大器或单元),它们需要相同的偏置。所需电流可能会持续数 10 年。例如,考虑一个芯片,其电路的时间跨度从 ns 到 ms 不等,它使用具有 1 pF 电容器的亚阈值 $g_m - C$ 滤波器。简单 $g_m - C$ 电路的上升时间 T 缩放为 C/g_m。亚阈值工作状态下的晶体管跨导 g_m 为 I/U_T,其中 I 是偏置电

流，U_T 是热电压。这种芯片需要 10 μA～10 pA 的偏置电流 $I = CU_T/T$，范围为 60
年。实际上，电流范围将大于此范围，因为快速电路将运行超阈值并需要更高的电流。
如此宽范围的偏置电流产生了与常规工业混合信号芯片完全不同的特殊要求，这些芯
片通常从几十倍的参考数据中产生所有偏置电流。

偏置基准电流经常在实验芯片中被忽略，因为设计人员认为，芯片设计产品化便可
以在以后的版本中轻松添加这些"标准"电路。但这是实现过程，电压和温度（PVT）制
造公差的策略不佳。结果，这些芯片需要单独调整才能正确运行。通常通过使用片外
组件直接设置偏置晶体管栅极电压来指定这些偏置。但是，所需电压取决于芯片间阈
值电压的变化。如果这些电压是由电位计或电源基准的数/模转换器（DAC）产生的，
则它们对电源纹波很敏感。同样，亚阈值电流也与温度呈指数关系，在室温下每 6～
8 ℃就会加倍。电位器和电压 DAC 静态功耗很大。每个芯片都需要单独调整，这既困
难又耗时，特别是在参数缩放空间很大时。这些调整后的参数必须与芯片在整个组件
中一起组装到最终系统中，并将该系统分发给最终用户。

一些早期的设计人员使用片外电阻为片上缩放电流镜提供电流，从而生成了所需
电流的缩放版本（Gray 等，2001）。尽管该方案很简单，但每个独立的偏置都需要一个
引脚、一个稳压电源，当需要较小的片上电流时，还需要超大的片上电流镜。例如，可行
的 1 MΩ 的片外电阻需要的电流镜不符合实际，其比例高达 10^7。

行业标准的电流基准不适合大多数神经形态芯片的偏置。原因是工业上使用的参
考电压一直是运行于阈值以上的年代久远的传统模拟电路，并且所需的偏置电流范围
非常有限。当这些参考电压用于神经形态芯片时，它们会提供较小范围的潜在偏置电
流，其结果是，有时需要重新制造芯片才能将电流调整到所需值。

几个小组已经开发出用数字可配置片上电路代替这些片外组件的电路。其中一些
设计是开源的，带有布局和原理图（jAER，2007），并已集成到多个小组的芯片中，就像
斯坦福大学 Boahen 小组共享 AER 收发器电路一样。这些集成电路包括视觉和听觉
传感器以及多神经元芯片。

本章从广泛讨论的核心电路开始，每个核心电路之后都有典型的工作特性测量。
本章最后简单介绍了可用的设计套件。

11.2　偏置发生器电路

图 11.1 所示电路包括三个主要部分：产生主电流 I_m 的"主偏置"；将主电流细分
为缩放副本以形成一组较小参考的"电流分流器"；一个可配置的缓冲器，将偏置电流复
制到当前使用的地方。每个偏置都有一个主电流和一个电流分流器的副本。从分流器
中复制一部分选定的主电流，以形成单个偏置电流。该电流由高度可配置的有源镜像
复制，从而产生电压，该电压连接到偏置电路中的晶体管栅极。在以下各小节中，将从
主偏置开始讲述这些电路。

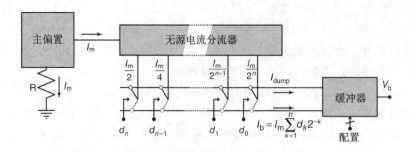

图 11.1　偏置发生器架构显示核心电路

11.2.1　自举电流镜主偏置基准电流

图 11.1 中的主电流 I_m 是由图 11.2 中熟悉的自举基准电流产生的,该基准电流主要参考 Widlar(1965,1969),其最早是由 Vittoz 和 Fellrath(1977)在 CMOS 中报道的(另见教科书,如 Baker 等,1998;Gray 等,2001;Lee,2004;Razavi,2001)。晶体管 M_{n1} 和 M_{n2} 的增益比为 $(W_{n1}/L_{n1})/(W_{n2}/L_{n2})=M$。由于镜像 M_{p1}、M_{p2} 迫使两个分支中的电流相同,M_n 晶体管中电流密度的比值会设置其栅源电压差,该差值可通过负载电阻 R 表示。该电路的关键特征是电流仅由电阻 R、比率 M 和温度确定,因此产生的跨导正如将要讨论的那样,它与温度无关。

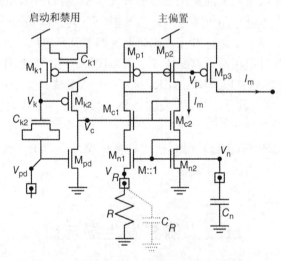

图 11.2　主偏置基准电流以及启动和禁用电路。I_m 是主电流,R 是设置 I_m 的外部电阻。C_{k1} 和 C_{k2} 是几百 fF 的 MOS 电容。正方形代表原型设计的焊盘和推荐的外部连接。改编自 Delbruck 和 van Schaik(2005)。经 Springer Science 和 Business Media 许可转载

通过使两个分支中的电流相等来计算在环路中流动的主电流 I_m。亚阈值时此等式表示为

$$I_m = I_o e^{\kappa v_n / v_T} = I_o M e^{(\kappa v_n - I_m R)/U_T} \tag{11.1}$$

式中,I_0 是晶体管截止电流,κ 是背栅或体效应系数(也称为 $1/n$)。从式(11.1)中消除 I_0 和 V_n,可得到如下非常简单且准确的公式:

$$I_m = \frac{U_T}{R} \ln M \tag{11.2}$$

式中,$U_T = kT/q$ 是热电压。负载电阻 R 两端的电压 V_R 不取决于亚阈值内的电阻 R,它可由下式直接测量温度:

$$V_R = U_T \ln M \tag{11.3}$$

高于阈值的分析得出的式(11.4)不是非常准确,但对于估计所需的电阻仍然有用:

$$I_m = \frac{2}{\beta_n R^2} \left(1 - \frac{1}{\sqrt{M}}\right)^2, \quad \beta = \mu_n C_{ox} \frac{W_{n2}}{L_{n2}} \tag{11.4}$$

式中,μ_n 是电子有效迁移率,C_{ox} 是单位栅氧化电容。在强反型中,电流随 R^2 减小,而在弱反型中,电流随 R 减小。

实际的 I_m 大约等于式(11.2)和式(11.4)的总和。对于理想的晶体管,I_m 不依赖电源电压或阈值电压,而是与亚阈值的绝对温度(PTAT)密切相关。实际上,它受漏极电导的电源电压以及电流镜中晶体管之间的阈值电压不匹配的影响很小。该主偏置电路通常被称为恒定 g_m 电路,因为用电流 I_m 偏置的晶体管的 g_m 与主偏置的弱反型和强反型操作均不依赖于温度。W/L 与经电流 I_m 偏置的 M_{n2} 相同的晶体管的跨导由下式给出:

$$g_m = \frac{\kappa \ln M}{R}(弱反型), \quad g_m = \frac{2(1 - 1/\sqrt{M})}{R}(强反型) \tag{11.5}$$

式中,g_m 仅取决于 R、M 和 κ(Nicolson 和 Phang,2004)。因此,g_m 取决于温度的弱反型或强反型,而仅取决于 R 和 κ 的温度依赖性。这种依赖性导致 g_m 的变化远小于电压偏置晶体管的指数依赖性。仅当晶体管与 M_{n1} 具有相同的类型并且以相同的工作方式运行时,这种温度独立性才成立。由分流器输出的较小电流偏置电路具有些许与温度相关的 g_m。

比值 M 并不重要,只要它实质上大于 1 即可,通常使用的范围是 8~64。M 的主要作用是改变环路增益,这会影响电源抑制、启动和稳定性。

11.2.2　主偏置电源抑制比

重要的是,该主电流不受无法避免的电源电压变化或噪声的影响。为了增加主偏置电流的电源抑制比(PSRR),通过使用长 M_p 并用 M_{c1}、M_{c2} 级联 M_{n1} 来增加晶体管的漏极电阻,pFET 未级联以保留裕量。Razavi 计算主偏置电流的电源灵敏度以作为练习(Razavi(2001)论文中的示例 11.1)。这种小信号分析的结果很有趣,而且令人惊讶,因为如果图 11.2 中的 M_{p2} 镜像输出晶体管具有无限大的漏极电阻,则对电源电压的灵敏度将消失。换句话说,如果 p 镜像完美复制电流,则 M_{n1}(或 M_{c1})晶体管的输出电阻就无关紧要。为什么这看起来合理?如果 p 镜像完美复制,则 n 镜不可能有不相等的输出电流。因此,满足了两个分支中电流相等的原假设,并且电源变化没有影响。也许

大家仍然认为 M_{n1} 中有限的漏极电导会增加 M_{n1} - M_{n2} 反射镜的增益,但事实并非如此,因为增加的漏极电导并不会增加镜像增益。它只会增加输出电流,而增量电流增益则决定了主偏置电流。对主偏置电路的仿真会增加 M_{n1} - M_{n2} 反射镜的长度(这会减小反射镜的输出电导),因此会稍微增加主偏置电流。

对于低电压操作,共源共栅占据了很大的裕量,将晶体管 M_{p1} 和 M_{p2} 变长并且排除 M_{c1} - M_{c2} 共源共栅是不错的选择。

11.2.3 主偏置的稳定性

主偏置中有一个细微且潜在的不稳定性,但只要正确理解,就很容易避免。C_R 过大会导致大信号极限循环振荡。由于该节点通常连接到外部电阻,因此很容易无意间产生大电容。大的 M 比也可以产生大的寄生电容 C_R。若补偿电容 C_n 为 C_R 的数倍,可以使电路稳定。实际上,V_n 被连接到焊盘上,在焊盘上,外部电容可确保主偏置稳定。在最新的设计套件中(jAER,2007),布局中包括了一个大电容,没有必要将 V_n 带到焊盘。有关这种可能的不稳定的更多详细信息,请参见 Delbrück 和 van Schaik (2005)的论文。

11.2.4 主偏置启动和电源控制

主偏置需要启动电路。自举电流镜电路的两个分支中的极小电流(有时被错误地称为"零电流")会形成基本稳态的工作点(Lee,2004),甚至可以根据寄生电流而保持稳定。Delbrück 和 van Schaik(2005)在文中进行了广泛的讨论。

无论造成亚稳态低电流状态的原因是什么,图 11.3 中的启动仿真曲线表明,即使处于不稳定状态,从"关断"状态的逃逸也很慢,因此启动电路是必要的,以便在通电时快速逃逸该寄生工作点。

当前正在使用许多启动机制(Ivanov 和 Filanovsky,2004;Razavi,2001;Rincon-Mora,2001)。在这里,我们描述了一种四晶体管启动电路,该电路在上电时将电流瞬时注入电流镜环路,然后自行关闭。与许多其他启动电路不同,该机制与过程无关,因为它不依赖于阈值或电源电压,并且不需要任何特殊的设备。它用于商业计算机外围产品,该产品在十多年的商业生产中已经出货了数亿个单元。即使在最不乐观的情况下(例如,电源电压缓慢上升、低阈值电压和高温),模拟启动行为仍然是一个好主意。

要了解启动电路,请参考图 11.2。晶体管 M_{k1}、M_{k2}、M_{pd} 以及 MOS 电容 C_{k1} 和 C_{k2} 启用启动和电源控制功能。从 M_{k2} 流出的电流会在加电时启动环路,该电流"接通"直到 M_{k1} 将 V_k 充电至 V_{dd},然后将其关闭。C_{k2} 在上电时将 V_k 保持为低电平(V_{pd} 处于接地状态),而 C_{k1} 确保 V_p 最初保持在 V_{dd} 附近,并保持 M_{k1} 为"关断"状态,才可以启动。C_{k1} 和 C_{k2} 必须足够大,有足够的电荷流入环路使其继续运行;其典型值是几百毫微微法。C_{k1} 和 C_{k2} 是 MOS 电容,以避免需要特殊的电容器层,例如第二多晶硅层。设置 MOS 电容器的极性,使其在启动有效时反向(C_{k2})或累加(C_{k1})工作(C_{k1} 的另一个重要作用将在后面讨论)。当偏置发生器工作时,该启动电路中没有电流。

M_{k2} 注入的电荷是电路参数的复杂函数,要点是,直到主偏置中有电流流入时,M_{k2} 才关断。

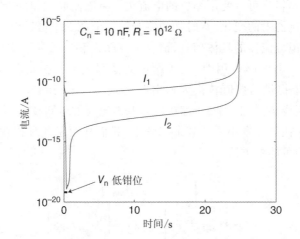

图 11.3　故意产生关闭状态时缓慢重启的仿真。改编自 Delbrück 和 van Schaik(2005)。经 Springer Science 和 Business Media 许可转载

　　如果主偏置电路曾经陷入亚稳态的低电流状态,则不会快速自动恢复。这种情况可能发生在深度欠压且电源电压恢复缓慢的情况下。电容 C_{k1} 在这里很重要,它的作用倾向于保持 M_{p1} 的栅源电压(以及由此当 V_{dd} 改变时其电流恒定)。如果没有 C_{k1},则 V_{dd} 的突然下降会暂时关断 M_{p1},然后导致主偏置的意外关闭和延迟关闭。

　　在某些系统中,需要有完全关闭所有偏置电流然后重新启动它们的功能,例如对于仅需要通过外部周期性唤醒信号进行周期性激活的传感器芯片。该控制由"掉电"输入 V_{pd} 启用,该输入接地以正常工作。将 V_{pd} 升高至 V_{dd} 可通过 M_{pd} 将 V_c 接地并切断环路电流来关闭主偏置和导出的偏置。将 V_{pd} 下拉到地,通过电容 C_{k2} 将 M_k 拉低(M_{k1} 为"关闭"),启动电路并且像以前一样重新启动电流。当 V_{pd} 为高电平时,由于 V_k 处于 V_{dd} 且 M_{k2} 截止,因此没有电流流入 M_{pd}。从 V_n 到地的导电路径(例如,通过泄漏的 C_n)可能需要以足够的速率将 V_{pd} 泵送几个周期,以将电流镜环路移至正反馈状态。但是,如果像往常一样,除了通过 M_{n2} 之外没有其他直流路径,则 V_{pd} 上的单个向下过渡足以重启。其他电路,例如 11.2.10 小节中的偏置缓冲器,也可以将偏置与禁用状态下的适配电源轨捆绑在一起使用该禁用信号。

11.2.5　电流分流器:获得主电流的数字控制部分

　　到目前为止,已描述了主偏置产生基准电流 I_m。该主电流是在芯片特定位置的单个电路块中生成的单个基准电流。为了将该电流用于芯片中其他模拟电路的基准偏置,首先需要将其缩放到芯片所需的特定偏置电流,然后再将其分布到整个芯片中。在本小节中,我们将重点放在第一个方面:将其缩放到所需的值。更具体地说,我们将采用数字控制方法缩减至所需值。对于原型电路,这是一个很好的选择,设计人员可能希

望通过探索以替代偏置值,而不是最初模拟和设计中使用的值,或者在操作过程中需要调整偏置值(为什么不按比例放大主偏置电流呢? 实际电阻值决定了主电流位于偏置电流的上限附近。当然,可以使用缩放的电流镜将主电流放大几倍,或者采用更紧凑的方式,使用电流分流器上的变化(有时称为复合镜),但此处不再讨论。有关将主电流乘以 8 和 64 的复合镜分流器的具体信息,请参见 Yang 等 2012 年论文中的图 1。

通常,电流分流器电路可用图 11.4 所示的框图表示。在此方框中,输入电流 I_m 根据控制总线 w 上提供的数值转换为输出电流 I_b。未驱动到输出 I_b 的输入电流 I_m 的一部分被转存到线 I_{dump} 上。鉴于缩放输入基准电流的电路技术不同,该转存输出可能存在也可能不存在。在本小节的其余部分中,我们介绍了几种提供基准电流的数字控制缩减比例值的可能的方法。

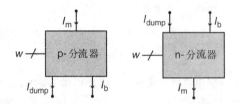

图 11.4　分流器的概念。根据控制总线 w 提供的数字码,输入主电流 I_m(来自左侧或沉在右侧)被转换成输出电流 I_b。剩余的电流被丢弃到 I_{dump}

使用电流分流原理,可以最稳健、紧凑地完成电流分流(Bult 和 Geelen,1992)。接下来,我们将在讨论无源电流分流器时比较无源和有源分流器,并介绍电流分流的原理。

1. 无源分流梯

在图 11.5 所示的无源分流器中,主电流被晶体管 M_{p3} 复制到电流分流器。分流器以 R-2R 电阻梯的方式连续分割 I_m 的副本,以形成几何上隔开的一系列较小电流。通过使用 w 的位配置开关,可将分流器的所需电流分支连接形成 I_b,而其余的 I_m 则进入 I_{dump}。

该分流器称为无源电流分流器,因为我们输入电流,并且输入的相同电荷会在各种抽头处输出。在每个分支,电流的一半被分流,其余的则到达后面阶段。调整最后阶段的大小以终止该行,就像它无限长一样。从分流器的远端开始,很容易看到晶体管的并联和串联组合如何导致每个分支的电流均分。M_R 和两个 M_{2R} 晶体管(每个具有与 M_R 晶体管相同的 W/L)形成 R-2R 网络;倍频程分流器由单个 M_R 晶体管终止。分流器具有 N 级,在 k 级从分流器横向流出的电流为 $I_m/2k$。最后两个电流相同。分流器中 pFET 栅极的基准电压 V_n 应该为低电压,以满足最小化分流器的电源电压要求,但它必须足够高,以使输出电路饱和,从而将所选电流相加。这里的 V_n 与图 11.2 中的主偏置电压 V_n 相同,因为它便于随主偏置电流正确缩放。

电流分流原理仅取决于有效器件的几何形状,即可在从弱到强的所有工作范围内准确地分流电流。在此 R-2R 分流器中,通过从终端阶段开始跟踪每个晶体管的操

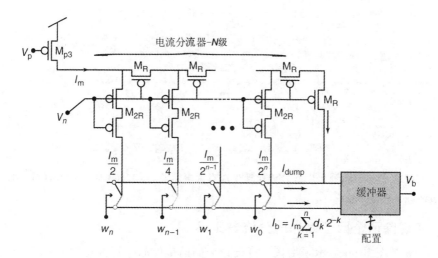

图 11.5   无源电流分流器。M_R 和 M_{2R} 是尺寸相同的单位晶体管

作,并观察到横向 M_{2R} 和侧向 M_R 晶体管共享相同的源极和栅极电压,并且横向晶体管处于饱和状态。可以很容易地观察到,串联和并联路径的组合会导致一半的电流流入每一级的每个分支,而无需任何关于通道工作条件的假设。从输入端看,整个分流器形成一个"复合晶体管",其有效 W/L 等于其 M_R 或 M_{2R} 单位晶体管之一。

2. 有源分流梯

图 11.5 所示的电流分流原理将输入电流无源地分为多个分支。另外,还可以利用 MOS 梯形图结构来主动生成加权电流源。如图 11.6 所示,其中晶体管 M_0 用于设置梯形结构的栅极电压。可以将 M_0 视为电流镜(尺寸为 W/L)的输入晶体管,而其他晶体管的串并联合成也相当于 W/L 的等效 M_1 晶体管。该 M_1 晶体管将是电流镜的输出晶体管。由于 M_0 和 M_1 具有相同的 W/L 值,因此它们将驱动相同的电流 I_{range}。但是,通过等效输出晶体管 M_1 的总电流在物理上分支为电流分量 I_j,这些电流分量 I_j 总计为 I_{range},其中在每个阶段 $I_j = 2I_{j+1}$。与无源电流分流器的情况一样,必须保证电流流过每个分支。因此,所有垂直晶体管的漏极端应连接到具有相同漏极电压 V_D 的电压节点。在图 11.6 中,这些漏极端连接到节点 I_b 或节点 I_{dump} 上,但应将二者偏置在相同的电压 V_D 上,以避免差分漏极电导效应。根据数字码 b_j 设置开关。以与无源分流器相同的方式,节点 I_b 处可用的输出电流值可以是单位电流源 I_j 的任意组合。因此,电流镜输出晶体管 M_1 有效地用作数字控制大小的晶体管,其大小在 $(W/L)/2^n$ 的步长范围内以数字方式在 0 和 W/L 之间设置,其中 n 是控制数位。漏极电压 V_D 必须足够大以驱动电流 I_{range} 的 W/L 值的晶体管保持饱和。与无源分流情况类似,该有功电流源也可以在弱、中和强反型状态下正常工作。但是,与无源分流情况不同,如果最小电流小于关断电流,则必须按照 11.2.8 小节中所述偏移源极电压。

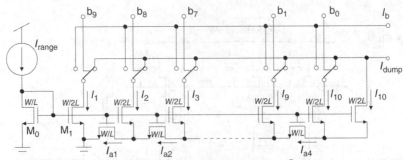

图 11.6 有源电流分流器,利用电流分流原理生成有源电流源。© 2003 IEEE。经许可转载,摘自 Linares-Barranco 等(2003)

3. 实现除两个因子以外的分流器比率

图 11.5 和图 11.6 显示了由按八度分位分割的单位晶体管构建的 R-2R 分流器,但是通过使用具有不同纵横比的 M_R 和 M_{2R},其他比率也是可能的。通过改变垂直和水平晶体管的纵横比,可以控制连续电流分支之间的相对比例。例如,图 11.7 说明了如何对水平、垂直和端接晶体管进行比例调整,以在连续的电流分支之间实现比例系数 N。

但是,我们强烈建议您使用单位晶体管。例如,比例系数 $N=8$,将需要 7 个平行的横向晶体管和 8/7 个横向单位晶体管的串联/并联组合,从而使布局变大。在这种情况下,构建一个八度分流器并仅选择每三分之一的输出会简单得多。与衬底偏置和短/窄沟道效应相关的细微影响可以对纵横比不同的晶体管产生不同的影响。这些影响导致不理想的分流器行为,尤其是在深层子系统中。这些效果并非总是能正确建模,因此仿真可能无法显示正确的测量行为。参见 Yang 等(2012)在文中对 1/8 分流器的特定布置和此结构的测量结果。

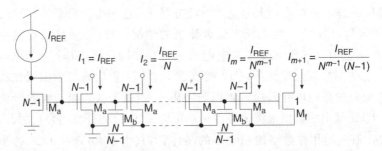

图 11.7 在连续分支之间生成任意电流比率。改编自 Linares-Barranco 等(2004)。经 Springer Science 和 Business Media 许可转载

4. 比较有源和无源电流分流器

有源电流分流器的优点是具有较低的空间要求,但成本可能更高,整体精确低,低端电流范围比较小。因为有源电流分流器从单个输入晶体管镜像到多个副本,所以精度在很大程度上取决于原始副本,而原始副本则取决于输入晶体管的匹配。由于此晶

体管的大小与匹配器中使用的单位晶体管匹配,因此其面积比图 11.5 中所示的无源分流器中使用的主偏置的 pFET 复制受到更大的约束。该 pFET 可以具有任意大的面积,因此可以使其匹配非常精确。另一方面,与有源分流器的单个二极管压降相比,无源分流器的余量为一个以上的二极管压降。两种类型的分流器已在多种设计中成功应用。

11.2.6 实现偏置电流的良好单调分辨率

分流器电路中的 MOS 晶体管容易发生器件间失配。结果,按比例缩小的数字控制电流在标称期望值附近具有随机误差(从分流器到分流器)。例如,对于最大额定电流为 500 pA 的 8 位有源分流器使用图 11.6 所示的 $2W/L$—W/L 比率时,人们会期望获得 256 个可能的电流偏置值,这些偏置值在 0～500 pA 均匀分布。然而,我们可以得到如图 11.8(a)所示的实际测量结果,其中 256 个值中的每一个都随机偏离了期望的标称值。由于梯形开关电流到 I_1,因此得到了两个中心值的最大可能偏差(见图 11.6)。在这种特殊情况下,分支中随机错误的积累导致了较大的差距。注意,增加每个梯形图的分支数不能解决此问题。如果用户试图在间隙内编程一个临界值,这将是一个严重的问题。或者在另一种情况下,情况可能是相反的,并且所产生的电流在代码值上不是单调的。结果是,增加代码实际上会降低某些电流值。如果将偏置电流作为反馈环路的一部分进行控制,则可能会出现问题,因为这可能会导致正反馈不稳定。

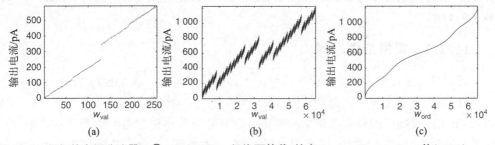

图 11.8 很好的有源分流器。© 2007 IEEE。经许可转载,摘自 Serrano-Gottaredona 等(2007)

为了避免这种情况,一种选择是使用图 11.9 中所示的"双梯形"电路(Serrano-Gotarredona 等,2007),也称为"随机梯形"。这样,引入了很多冗余,因为现在每个梯形分支都被复制,每个分支都有自己的随机错误,并且分支的任何组合都是可能的,因为现在控制位的数量是原来的两倍。图 11.8(b)显示了组合两个阶梯的结果,每个阶梯与图 11.8(a)中使用的阶梯相似。可以看出,输出电流现在上升到以前最大值的两倍,数字代码(x 轴)现在达到 216。在 y 轴上,我们可以看到值上下波动,并且值重叠,覆盖范围要好得多。图 11.8(c)显示了与图 11.8(b)相同的电流输出值,但单调重新排序。这种重新排序实际上是通过以下方法完成的:首先测量图 11.8(b)(16 个分支中的最差值)中的所有值,然后存储查找表以从原始数字 w_{val} 映射到已排序的数字 w_{ord}。该技术的缺点是每个芯片上制造的双梯形图都需要进行实验表征,并且需要计算并存储 2^n 个 n 位条目的查找表,其中在图 11.8 中 n 为 16,并以固件或软件的形式存储。校准时间可能会增加测试成本,而查找存储器的成本可能对生产不利。范围选择的另一种实现方式(Yang 等,2012),在 jAER 方案(jAER,2007)中开源,它覆盖了较大的范围,并包含了内置的电流测量电路,允许填充过大的步数和在正常运行期间的校准。

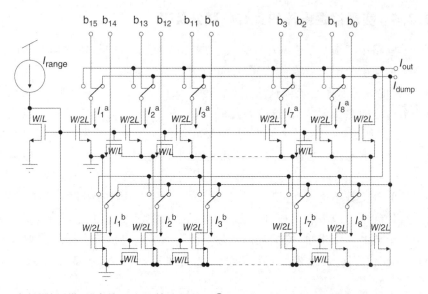

图 11.9 多级"随机梯形"电路可实现精确偏置。© 2007 IEEE。经许可转载,摘自 Serrano-Gottaredona 等(2007)

11.2.7 粗精范围选择

通用数控偏置单元的设计应使其可用于提供尽可能宽的偏置电流范围。到目前为止,所描述的选项为每个偏置单元构建单个梯形图,并具有所需的多个梯形图分支。例如,如果主偏置提供的最大电流为 100 μA,而需要的最小偏置电流约为 1 pA,则我们将需要至少 27 位的 M–2M 梯形图。但是,在这种情况下,最小的可编程电流步长处于最小电流的数量级,因此在较低范围内调谐非常粗,并且在最大偏置下提供了太多不必要的分辨率。一种解决方案是使用粗精细范围选择,这样可以减少所需控制位的总数(Bult 和 Geelen,1992;Serrano-Gotarredona 等,2007)。这也是最新的开源设计工具包中采用的策略(jAER,2007;Yang 等,2012)。

图 11.10 显示了此概念实现的可能。首先通过比例结构为 $N=10$ 的梯形结构复制基准电流。这样,连续的梯形支路电流就被缩放 10 倍。数字选择电路仅选择其中一个支路并提供电流 I_{range}。然后,将该电流馈送到与八度比的阶梯。例如,我们可以将范围选择梯形覆盖范围从 100 μA 降低到 1 pA,这对于 $N=10$ 梯形将需要 8 个输出分支。要从 8 个分支中选择一个,我们只需要 4 个范围选择位。然后,对于 $N=2$ 梯形图,我们可以使用 8 位从而在每个范围内具有 256 个选择值。

图 11.10 中还包括用于输出符号反转的附加电流镜,该电流镜可以使用位 w_{sign} 切换到当前路径。此外,输出电流可以定向到其目标偏置或外部测试板,用于通过配置位 w_{test} 来测量所选电流。在此特定图中,$N=2$ 梯形图使用随机梯形图复制进行精确电流扫描(Serrano-Gotarredona 等,2007)。Yang 等(2012)在文中描述了旨在易于实施和高度集成的开源实现。该设计套件包括 11.2.10 小节中所述的可配置缓冲器。

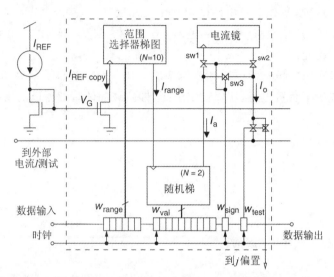

图 11.10　示例偏置单元包括范围选择功能和输出电流符号选择。© **2007 IEEE**。经许可转载,摘自 **Serrano-Gottaredona 等(2007)**

11.2.8　小电流的偏移源偏置

随着技术的发展,电源电压和晶体管阈值电压也随之减小。在其他条件都相同的情况下,亚阈值泄漏的截止电流 I_0 随阈值电压的减小而呈指数增长,我们使用"截止电流"一词来表示处于截止状态的晶体管的漏源电流。具体来说,我们将此电流与源极和漏极到本地衬底的反向偏置结漏电流区分开。截止电流是 $V_{gs}=V_{sb}=0$ 的晶体管的饱和电流,即饱和亚阈值晶体管漏极电流中的指数初值 $I_0:I_{ds}=I_{0exp}(\kappa/U_T)$,其中 κ 是背栅系数,U_T 是热电压,I_0 通常比衬底泄漏电流大几个数量级。例如,在 180 nm 工艺技术中,1 pA 对 1 fA。在 20 世纪 80 年代后期的 2 μm 技术上,截止电流约为 1 fA。在当今主流的 180 nm 模拟技术中,它们徘徊在 10 pA 左右。将来,许多逻辑技术的截止电流甚至可能高达 1 nA。在模拟设计中,传统的电流镜只能复制几倍的 I_0 电流。

Linares-Barranco 等(2003,2004)提出了偏移源(SS)偏置的原理(见图 11.11)。电流镜的偏移源电压 V_{sn} 与电源轨相差几百 mV,以允许电流镜在其栅极电压低于其公共源电压的情况下工作。从电流镜漏极输入端到公共栅极电压 V_g 的电平转换源极跟随器(由电流 I_{bb} 偏置)即使在 I_1 小于 I_0 或更低的情况下,也可使输入晶体管的漏源电压保持饱和。M_1 和 M_2 的公共电源均保持在 V_{sn},通常高于地电位 200~400 mV。

对于小（次关断）输入电流，这种布置可使 V_g 降至 V_{sn} 以下。之后，电流镜能够复制百分之几的 I_0 电流，如图 11.11 右图所示。为了构建一个完整的系统，这种反射镜的互补需要电源 V_{sn} 和 V_{sp}。

　　偏移源电压 V_{sn} 和 V_{sp} 非常接近电源轨，并且必须在此处进行有效调节，特别是因为它们也会被这些小电流偏置的任何电路使用。可以由图 11.12 的低压差稳压电路提供 V_{sn} 稳压，并为 V_{sp} 提供互补电路（Delbrück 等，2010）。基准电压 V_{nref} 由分栅二极管连接对 M_{r1} 和 M_{r2} 产生。M_{r1} 又宽又短，而 M_{r2} 又长又窄。M_{r2} 以三极管模式运行，充当负载电阻，因此允许产生 $200 \sim 400$ mV 的基准电压。然后使用缓冲放大器创建一个负反馈环路，该环路将偏移源电压调节为基准电压。对缓冲器使用宽输出范围放大器很重要，因为取决于负载电流，所以输出电压（即负载晶体管的栅极电压）需要从低压到高压一直摆动。

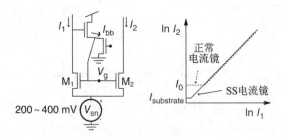

图 11.11　偏移源（SS）电流镜的原理。© 2010 IEEE。经许可转载，摘自 Delbrück 等（2010）

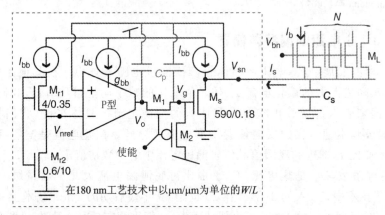

图 11.12　偏移源参考和稳压器电路。© 2010 IEEE。经许可转载，摘自 Delbrück（2010）

　　可编程缓冲偏置电流源 I_{bb} 通常约为 1 μA，它设置 V_{nref} 并偏置 p 型误差放大器。宽通晶体管 M_s 吸收 N 个外部 nFET 源 M_L 提供的电流 I_s。OTA 以负反馈方式驱动 V_g（启用稳压器时），将 V_{sn} 调整为 V_{nref}。如果 V_{sn} 降低，则 V_g 降低，反之亦然。当源极外部消失时，V_{sn} 上的 I_{bb} 电流源将 V_{sn} 保持在高电平，它还设置了 M_s 的最小跨导。开关 M_1 和 M_2 允许禁用 SS 调节器，并通过断开 OTA 将 V_g 连接到 V_{dd} 使 V_{sn} 接地。寄生电容 C_p（尤其是跨 M_s 的漏极-栅极电容）会导致不稳定，因为它们提供了从 V_o 到

V_{sn} 的正反馈路径。较大的 C_s/C_p 电容分压比会降低反馈增益,以稳定稳压器。

11.2.9　个体偏差的缓冲和旁路解耦

一旦电流分流器提供其输出电流 I_b,下一步就是将其分配到芯片中的一个或多个目标点。存在的目标偏置点是单个还是大量(例如,百万像素阵列的像素内的偏置),情况会大有不同。在偏置为小电流或可用于偏置许多电池的一般情况下,最好主动缓冲偏置电压以使其与外部干扰分离,并启用特殊状态(例如连接到电源)。最近的设计套件包含提供这些功能的通用偏置缓冲单元,并允许在布局后选择偏置电压极性。这样,设计人员可以简单地引用偏置布局,并通过设置配置位来选择电压类型和其他选项。在这里,我们将首先讨论图 11.13 所示的一些一般的去耦和缓冲注意事项,然后描述图 11.14 所示的通用偏置缓冲器(BB)的实现。

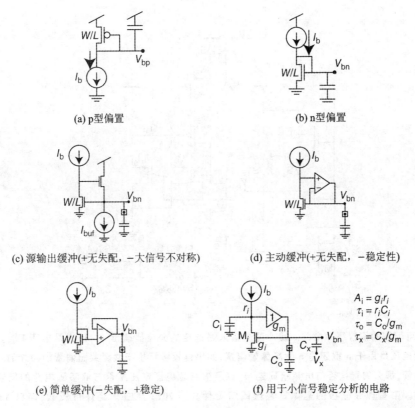

(a) p型偏置　　　　　　　　　　　(b) n型偏置

(c) 源输出缓冲(+无失配,－大信号不对称)　　(d) 主动缓冲(+无失配,－稳定性)

(e) 简单缓冲(－失配,+稳定)　　(f) 用于小信号稳定分析的电路

$$A_i = g_i r_i$$
$$\tau_i = r_i C_i$$
$$\tau_o = C_o/g_m$$
$$\tau_x = C_x/g_m$$

图 11.13　旁路和缓冲。(a)和(b)显示了如何旁路到 n 型和 p 型偏置。(c)～(e)缓冲偏置电压比较。(f)用于小信号稳定性分析的电路。图(c)～(f)改编自 Delbrück 和 van Schaik(2005),经 Springer Science 和 Business Media 许可转载

二极管连接的晶体管吸收电流 I_b 并在亚阈值条件下工作,其跨导或源电导为 $g \approx I_b/U_T$(忽略由 κ 引起的差异)。这意味着,较小偏置电流的偏置电压将具有高阻抗(例

如,对于 $I_b = 100$ pA,阻抗约为 $10^8 \Omega$),并且容易受到芯片上与之电容耦合的其他信号的干扰,例如,通过交叉线或通过漏栅寄生电容。图 11.13(a)、(b)展示了最简单的解决方法,即以较大的电容旁路偏置到合适的电源轨(p 型为 V_{dd},n 型为地)。旁路偏置还有另外一个好处,就是可以大大降低电源纹波对偏置电流的影响。重要的是,旁路到合适的电源轨,以便使偏置电压相对于合适的晶体管源电压稳定。这样,另一路线上的寄生电容将对栅源电压影响甚小。

如果芯片裸露,则将这些产生的偏置电压移出芯片时务必小心,因为焊盘中的 ESD 保护结构会在光照条件下产生大量电流(例如,在 1 klx 下产生几 nA)。当编程的偏置电流较小时,焊盘中的这些寄生光电流会明显干扰偏置电流。此外,当偏置电流在亚 nA 范围内时(特别是在潮湿环境下),封装引脚之间的寄生电导会严重影响产生的偏置,因此,最好主动缓冲此栅极电压,使其源阻抗与偏置电流无关。11.2.11 小节讨论了寄生光电流如何影响电流分流器。在这里,我们讨论图 11.13(c)~(f)所示的主动缓冲。

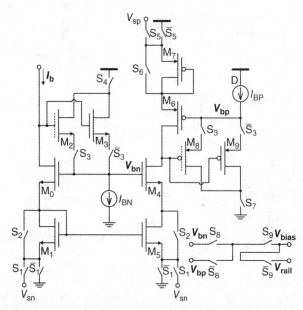

图 11.14 可配置的偏置缓冲电路。缓冲器的输入是选定的分流器输出 I_b,输出是电压 V_{bias}。配置位控制偏置电压是用于 n 型还是 p 型晶体管偏置,如果偏置包括用于共源共栅偏置的额外的二极管连接的晶体管,那么偏置是否与电源轨弱连接,以及偏移源电源电压是否与偏移源电源的低电流偏置一起使用。带有虚线栅极的晶体管是低阈值器件。© 2012 IEEE。经许可转载,摘自 Yang 等 (2012)

栅极电压的有源缓冲很简单,但是需要注意,应该理解这些原理是有效使用的。当大量相同的电路(例如,像素)被偏置时,偏置电压上的总电容通常很大。这有助于旁路偏置电压以减少电容耦合。另一方面,电压的任何干扰都可能持续很长时间,因为必须将大电容恢复为静态电平。图 11.13(c)、(d)中的电路以及图 11.14 中的偏置缓冲电路使用带反馈的有源电流镜,不会产生一阶失配,因为栅极电压 V_{bn} 稳定在输入晶体管吸收偏置电流 I_b 所需的电压上。与图 11.13(e)所示由二极管连接的晶体管简单电压缓冲器相比,这种反馈让它们具有优势,后者引入了电压缓冲器的失调电压。但是,由于放大器可能驱动大电容,所以必须考虑有源电路的谐振频率,因此应该比较放大器输入和输出节点的时间常数。如果谐振频率与干扰频率相当,那么缓冲器可以放大干扰而不是抑制干扰。

使用图 11.13(f)的等效电路可以计算得到免谐振的条件(Delbrück 和 van Schaik,2005)。通过电容 C_x 耦合的正弦扰动 V_x 的响应由式(11.6)给出,其参数如图 11.13(f)所示。

$$\frac{V_{bn}}{V_x} \approx \frac{\tau_x s(\tau_i s + 1)}{(\tau_i s + 1)(\tau_o s + 1) + A_i} \tag{11.6}$$

为了得到临界阻尼,式(11.6)的极点必须位于负实轴上。换句话说,将式(11.6)右侧设置为零($(\tau_i s + 1)(\tau_o s + 1) + A_i = 0$)的解是实数和负数。为了实现这一点,式(11.7)必须适用于缓冲放大器的时间常数:

$$\tau_o < \frac{\tau_i}{4A_i} \tag{11.7}$$

式中,τ_o 是单位增益缓冲放大器输出的时间常数,该放大器通常驱动一个大电容;τ_i 是放大器输入节点的时间常数,它由小输入电容 C_i 和大输入电阻 $r_i \approx V_E/I_b$ 组成,其中 V_E 是输入节点的早期电压;A_i 是从 M_i 的栅极看的输入节点的增益。如果 $\tau_o = \tau_i$,则我们具有最大谐振条件,并且 $Q = \sqrt{A_i}/2$,通常约为 10。当根据式(11.7)适当偏置电路时,高通滤波器的等效时间常数减小,公式如下:

$$\tau = \frac{\tau_i}{4A_i} = \frac{C_i}{4g_i} = \frac{C_i U_T}{4\kappa I_b} \approx \frac{C_i U_T}{I_b} \tag{11.8}$$

与仅二极管连接产生的偏置电流的无源情况(其高通时间常数 $\tau = C_o U_T/I_b$)相比,主动缓冲偏置高通时间常数减少了 C_o/C_i,有很多数量级为了达到这种状态,必须将误差放大器偏置到足够快的速度,以满足式(11.7)。由于这些参数随偏置电流和偏置电流的使用而变化,因此缓冲电源也是可编程的。

11.2.10 通用偏置缓冲电路

图 11.13(c)中的有源镜用于图 11.14 中所示的通用可配置偏置缓冲(BB)电路(Yang 等,2012)。BB 的输入是分流器输出电流 I_b,它产生偏置电压 V_{bias}。这个复杂的电路具有许多配置开关,可以实现各种模式,但是工作原理仅基于一对互补的有源镜,可以选择将其配置为使用偏移源(11.2.8 小节),以及是否插入了附加的二极管连接的晶体管进入当前路径以产生共源共栅偏置。缓冲电路的输入是 I_m 的已编程分数 I_b,输出是缓冲的偏置电压 V_{bias}。内部缓冲电流 I_{BN} 和 I_{BP} 由单独的偏置发生器产生,该偏置发生器在所有偏置之间共享。在该缓冲器偏置发生器中,I_{BN} 和 I_{BP} 来自二极管连接的晶体管,而不是 BB 电路。V_{rail} 是处于"禁用"状态的电源电压。

在实现此缓冲时,仔细模拟它以研究净空限制很重要。晶体管 M_2 和 M_8 是低阈值器件。这些将自动用于大偏置电流,以提供足够的余量。开关 S_3 由连接到粗偏置位的逻辑(未示出)构成,从而根据电流的大小使用适当的支路。

11.2.11　保护偏置分流器电流不受寄生光电流的影响

在制造光学传感器时,重要的是在使用小偏置电流(例如使用 11.2.8 小节中讨论的偏移源偏置电流)时考虑寄生光电流的影响。每个有源区都可以像光电二极管一样工作,为局部块(衬底或沟道)产生电流。这些光电流可以与最小偏置电压下的偏置电流相媲美,后者可以根据芯片上发出的光来改变偏置电流,从而影响电路工作。

为了在光学传感器芯片上使用,最好使用由 pFET 构成的电流分流器,因为这些 pFET 内置在植入 p 衬底的 n 沟道中(我们通常假设使用 p 型衬底,因为这已经成为最常见的情况)。因此,用金属覆盖 n 沟道,可以保护它们免受寄生光电流的影响。这样,在 n 沟道中将不会产生少数载流子,因此在 pFET 中不会产生任何寄生光电流。如果使用 nFET 器件,它们的源极和漏极将充当寄生光电二极管,这些寄生光电二极管将从硅的裸露区域收集扩散的少数载流子。

11.3　包括外部控制器的整体偏置发生器结构

所有这些子电路均与整体偏置发生器中的外部控制器连接。这里讨论的示例是根据 Delbrück 等(2010)在文中所述发展而来的。如图 11.15 所示,外部控制器(通常为微控制器,但也可能是集成控制器)将配置位加载到移位寄存器中,以控制一组 N 个独立的偏置电流,插图中显示了其中的一个(对于集成控制器,这些位可能直接来自寄存器组,而不是移位寄存器)。单个自举镜像产生的主电流 I_m 由所有 N 个偏置共享。在此实现中,用于偏置的 32 位配置字被移入移位寄存器级(SR),然后被锁存(L)(锁存器是必需的,否则在加载位时,偏置将以不可预测的方式变化)。32 位可分为用于偏置电流 I_b 的 22 位、用于偏置缓冲器电流 I_{bb} 的 6 位和用于缓冲器的 4 位组态。偏置是菊花链式的(在此实现中为 15 位)。在为 CLOCK 提供时钟的同时,将这些位加载到 IN0 位上;在所有位都加载完之后,将切换 LATCH 以激活新设置。在像这样一个原始电路中,通过使用将位串行加载到单个全局移位寄存器中的体系结构简化了设计。最近的实现是使用具有可寻址偏差(Yang 等,2012)的粗细范围选择策略。

图 11.16 显示了 180 nm 4 金属 2 晶硅工艺中偏置发生器的部分布局。每个偏压占 $200 \times 200~\mu m^2$ 焊盘的大约 80% 的面积。为了防止低电流下寄生光电二极管动作,整个电路被图像传感器黑色屏蔽罩覆盖,而电路的低电流部分则用金属覆盖。nFET 周围的 n 阱保护环为少数载流子提供额外的屏蔽,这些少数载流子可能会横向扩散穿过衬底。

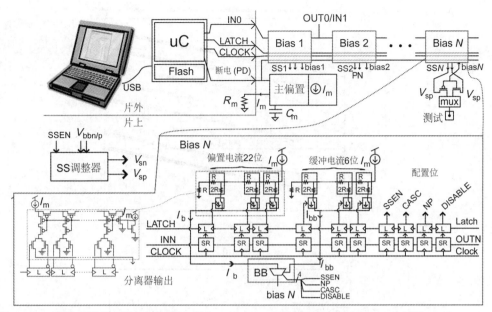

图 11.15　整体偏置发生器架构示例。© 2010 IEEE。经许可转载,摘自 Delbrück 等 (2010)

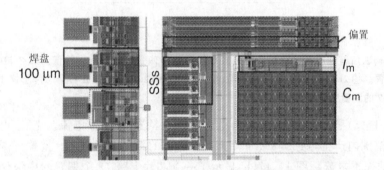

图 11.16　图 11.15 的 180 nm 工艺偏置发生器的部分布局。单个偏置所占面积与 100 μm 间距的焊盘相当

11.4　典型特征

本章将对其中一种制造的偏置发生器的测量特性进行讨论。目的是展示典型行为并提出一些观察到的不理想之处;图 11.8 中已经显示了电流分流器可变性的一个示例。图 11.17 所示的第二个示例来自 Yang 等(2012)论文的粗精细设计套件中的数据。

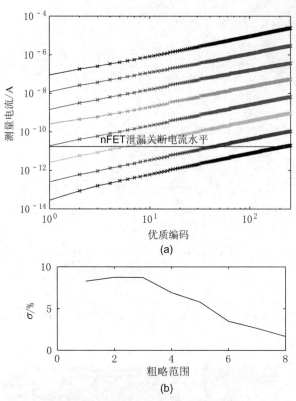

图 11.17 (a)在所有粗略范围内测量的偏置电流与精确偏置编码对比。最低的三个粗略范围使用了偏移源偏置。© 2012 IEEE。经许可转载,摘自 Yang 等(2012)。(b)在一个芯片上跨 12 个偏置的优质编码 127 的测量变异系数$(\sigma I)/I$

图 11.17(a)显示了在所有 8 个粗略范围内测得的偏置电流。电流可以在超过 180 dB 的范围内产生,从 25 μA 下降到截止电流的百分之几以下。重叠范围允许灵活选择所需的偏置电流。图 11.17(b)显示了一个芯片上跨 12 个偏置的中级偏置电流的匹配情况。分流器任何节点处恒定的约 10% 的相对变化(在较小的电流区域中)是由于串联和并联电阻组合在一起具有与任何单个元件相同的总可变性的结果(Scandurra 和 Ciofi,2003)。偏置电流高于阈值时,可变性会降低。

11.5 设计工具包

几代偏置发生器设计套件是开源的(jAER,2007)。开源设计工具包使开发人员可以更轻松地在其设计中添加偏置发生器。在针对 180 nm 工艺的最新一代套件(Yang 等,2012)和 Cadence 设计工具中,偏置是通过粗精细策略产生的,可以单独寻址,可以使用内置校准电路进行测量,还可以通过数字配置各种输出选项。每个偏置所需的自定义布局是将每个偏置的复位值绑定到两个电源轨中的一个上。这些套件包括构建专

家模式和用户友好模式的偏差控件所需的必要固件和主机 PC 软件,例如图 11.18 中
所示的控件。

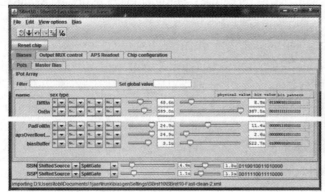
(a) 专家模式

(b) 用户友好模式

图 11.18 GUI 控制偏差。(a)专家模式,显示偏置类型、粗略范围和优质编码的选择。(b)用户友好
模式,其中暴露了传感器特性的功能控制,并且(a)中标称值附近的变化适当改变了选定的偏置

11.6 讨 论

本章讨论了集成偏置电流发生器的电路和架构,这些电路可以被视为专用的电流
DAC。未来将会有更多的发展,以适应和改进这些电路及其系统级实现,朝着更微小
的工艺技术、更低的电源电压以及更高的灵活性和功能性发展。随着数字电路成本的
持续下降,晶体管的匹配趋于恶化,校准将变得更加重要。

参考文献

[1] Baker R J, Li H W, Boyce D E. CMOS Circuit Design, Layout, and Simulation.
IEEE Press,1998.

[2] Bult G, Geelen G. An inherently linear and Bult compact MOST-only current di-
vision technique. IEEE J. Solid-State Circuits, 1992,27(12): 1730-1735.

[3] Delbrück T, van Schaik A. Bias current generators with wide dynamic range.
Analog Integr. Circuits Signal Process, 2005,43: 247-268.

[4] Delbrück T, Berner R, Lichtsteiner P, et al. 32-bit configurable bias current gen-
erator with sub-off-current capability. Proc. IEEE Int. Symp. Circuits Syst.
(ISCAS), 2010: 1647-1650.

[5] Gray P R, Hurst P J, Lewis S H, et al. Analysis and Design of Analog Integrat-

ed Circuits. 4th ed. Wiley，2001.

［6］ Ivanov V V，Filanovsky I M. Operational Amplifier Speedand Accuracy Improvement：Analog Circuit Design with Structural Methodology. Kluwer Academic Publishers，2004.

［7］ jAER. jAER Open Source Project. (2007). http://jaerproject. org.

［8］ Lee T H. The Design of CMOS Radio-Frequency Integrated Circuits. 2nd ed. Cambridge，UK：Cambridge University Press，2004.

［9］ Linares-Barranco B，Serrano-Gotarredona T，Serrano-Gotarredona R. Compact low-power calibration mini-DACs for neural massive arrays with programmable weights. IEEE Trans. Neural Netw. ，2003，14(5)：1207-1216.

［10］ Linares-Barranco B，Serrano-Gotarredona T，Serrano-Gotarredona R，et al. Current mode techniques for sub-pico-ampere circuit design. Analog Integr. Circuits Signal Process，2004，38：103-119.

［11］ Nicolson S，Phang K. Improvements in biasing and compensation of CMOS opamps. Proc. IEEE Int. Symp. Circuits Syst. (ISCAS)，2004：665-668.

［12］ Razavi B. Design of Analog CMOS Integrated Circuits. New York：McGraw-Hill，Inc. ，2001.

［13］ Rincon-Mora G. Voltage References：From Diodes to Precision High-Order Bandgap Circuits. John Wiley & Sons，2001.

［14］ Scandurra G，Ciofi C. R-βR ladder networks for the design of high-accuracy static analog memories. IEEE Trans. Circuits Syst. I：Fundamental Theory and Applications，2003，50(5)：605-612.

［15］ Serrano-Gotarredona R，Camunas-Mesa L，Serrano-Gotarredona T，et al. The stochastic I-Pot：a circuit block for programming bias currents. IEEE Trans. Circuits Syst. II：Express Briefs，2007，54(9)：760-764.

［16］ Vittoz E，Fellrath J. CMOS analogin tegrated circuits based on weak inversion operations. IEEE J. Solid-State Circuits，1977，12(3)：224-231.

［17］ Widlar R J. Some circuit design techniques for linear integrated circuits. IEEE Trans. Circuit Theory，1965，12(4)：586-590.

［18］ Widlar R J. Design techniques for monolithic operational amplifiers. IEEE J. Solid-State Circuits，1969，4(4)：184-191.

［19］ Yang M H，Liu S C，Li C H，et al. Addressable current reference array with 170 dB dynamic range. Proc. IEEE Int. Symp. Circuits Syst. (ISCAS)，2012：3110-3113.

第 12 章 片上 AER 通信电路

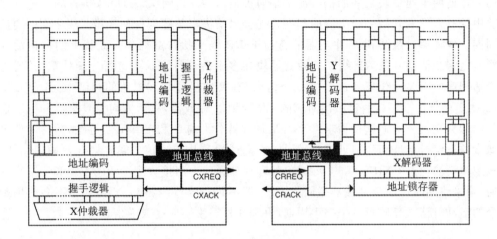

本章介绍了第 2 章提到的用于通信结构的片上晶体管电路;尤其是异步通信电路,用于按照地址事件表示(AER)协议接收和发送地址事件。发射地址事件的发射器需要 AER 电路,例如,第 3 章和第 4 章中描述的传感器以及第 7 章中的多神经元芯片。接收器对传入的地址事件进行解码,并刺激第 7 章和第 8 章中所述的多神经元电路上的相应突触和神经元。它们也可以通过数字芯片或第 13 章所述的接口从计算机输出人工尖峰序列刺激。

12.1 简 介

早期神经形态芯片的电路最初由 Caltech Mead 实验室的学生 Sivilotti(1991)和 Mahowald(1994)设计。这些设计是受当时在加州理工学院 Chuck Seitz 和 Alain Martin 小组正在进行的异步电路设计研究的影响。当时,设计异步电路并不是一件容易的事,因为没有用于异步电路的设计工具。阿兰·马丁(Alain Martin)提出的通信硬件过程(CHP)设计方法有助于简化通用异步电路的设计(Martin,1986;Martin 和 Nystrom,2006)。这种方法涉及从预期系统的高级规范开始的一系列程序分解和转换的应用。由于每一步都保留了原始程序的逻辑,因此产生的电路是规范、正确的逻辑实现。这种方法在 Martin 实验室被用来设计各种自定义的异步处理器,包括现场可编程门阵列(FPGA)和微控制器(Martin,1986;Martin 等,1989,2003)。使用这种方法曾构建了在发送器(发报机)上必需的片上 AER 电路,用于将地址事件异步地从片外传送到接收器。Boahen(2000,2004a,2004b,2004c)在文中提供了有关按照 CHP 设计方法构建 AER 晶体管模块的详细信息。

12.1.1 通信周期

图 12.1 中的框图显示了二维结构的发送器和接收器芯片中各种 AER 模块的结构。任何两个通信块之间的信号流都是通过请求(R)和确认(A)信号执行的。从发送器中的一个像素开始一个尖峰的起始首先会启动像素与称为行仲裁器的块之间的通信周期。像素通过激活到 Y 仲裁器的行请求 RR 线来执行此操作。此行上的任何活动像素也将激活同一条 RR 线。Y 仲裁器块在多个活动行请求中进行分配仲裁,并通过激活相应的 RA 行线来确认其中一个请求(有关仲裁过程和电路的详细信息,请参见12.2.2 小节)。然后,通过激活对应的 CR 线到 X 仲裁器,在行方向上具有活动 RA 信号的像素在列方向上进行请求。X 和 Y 仲裁器分别与 X 和 Y 编码器通信,后者对选定像素的选定行地址和列地址进行编码。它们还通过片上通信逻辑模块开始通信周期,该逻辑模块通过 CXREQ 和 CXACK 处理片外通信。当接收到激活的 RA 和 CA 线路后,像素将同时从两个仲裁器撤回其请求(即不再拉这些线路)。Y 仲裁器不会使用剩余的活动行请求开始下一个握手周期,直到片外握手周期完成为止。

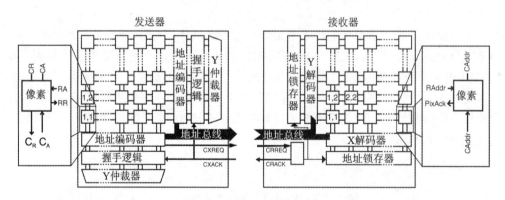

图 12.1　2D 发送器芯片和 2D 接收器芯片上的 AER 模块框图。信令的细节已在文中描述。如果不需要发送器的地址转换,则可以将信号 CXREQ 和 CXACK 连接到 CRREQ 和 CRACK

片外通信周期发生在发送器和接收器之间。在这种情况下,通信路径由数据路径(活动像素的数字地址)和控制路径(两个设备的请求和确认信号)组成。遵循图 2.14 中的单发送单接收信令协议,在激活芯片请求 R 之前,数据应有效。该顺序意味着,R 只能在从更改编码要发送的尖峰地址的地址位开始出现一小段延迟后,才能由发送方激活。该协议也称为捆绑数据协议,并非像标准异步电路那样对延迟不敏感。延迟不敏感特性在电路构造中很重要,无论通过制造设备中异步电路的导线和晶体管的最终延迟如何,都可确保正常工作。

大多数神经形态芯片都使用捆绑数据协议,因为生成芯片请求信号的电路比对延迟不敏感的版本更紧凑。产生芯片请求信号的延迟通常是由一组电流被限制的逆变器和电容器来完成的,该延迟在制造后会体现出不同。因此必须对电路进行工艺设计,以使所有延迟变化都尽可能小。对延迟不敏感的版本使用双轨编码方案,其中每个地址位由两行表示。传输"0"时激活两条线之一,而传输"1"时激活另一条线。然后,完成电路确定何时激活了每个地址位的两条线之一(Martin 和 Nystrom,2006)。完成电路的输出用作芯片请求信号。在捆绑数据协议和对延迟不敏感的版本之间,需要的权衡是,双轨编码方案需要两倍的输出焊盘和用来生成芯片请求信号的其他电路完成。

接收器在接收到有效的 CRREQ 时会生成一个有效的 CRACK 信号,该信号也用于锁存输入的数字地址。然后,将已解码的 X 和 Y 地址用于通过激活的行和列线以刺激相应的像素。当发送器停用 CRREQ 时,一旦激活了像素阵列的确认信号(从所有像素确认中得出的总和),便激活 CRACK,表示像素已接收到解码后的地址。在某些芯片中,设计是这样的,即像素确认不用于 CRACK 的灭活,以加快通信周期。仅当片上解码过程快于片外通信的持续时间时,该时序假设才有效。

12.1.2 通信提速

从发送器像素到接收器像素的请求和确认信号的控制流程如图 12.2 所示。

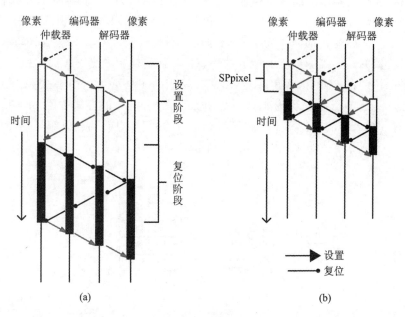

图 12.2 控制信号流从像素通过仲裁器和发送器的编码器开始,到达解码器和接收器(从左到右)的像素。箭头表示在设置阶段激活各个块之间的请求(从左到右)和激活相应的确认(从右到左),然后首先在复位阶段禁用请求并禁用确认信号。(a)在复位阶段完成握手之前,为原始像素完成设置阶段。(b)流水线化允许信号在设置阶段向前传播而无须等待上一级的复位阶段,从而减少了总体握手时间。SPpixel,像素的设定相位持续时间短于(a)中的设定相位。© 2000 IEEE。经许可转载,摘自 Boahen(2000)

在图 12.2 中,假设图 2.14 中所示的为四相握手协议。当从该像素到编码器和仲裁器的请求激活开始启动像素的设置阶段时,此信息将一直传播到接收器上的像素。然后,接收器像素激活其确认信号,并且该确认信息一直发送回发送器上的像素。当此周期完成时,从发送器像素一直到接收器上的像素的请求被取消激活开始执行复位阶段,随后来自该像素的确认信号被取消激活,导致传播到对发射器像素的确认。通信时间可能会非常长,因为在激活从编码器到发送器像素的确认之前,源自发送器上像素的请求必须一直传递到接收器上。为了加快这个通信周期,实现了流水线化,其中在两个通信过程之间局部完成了设置阶段,而无须等待来自发送器上像素的请求信号激活,一直传播到接收器上的像素(Sutherland,1989))。我们将在 12.2.2 小节再谈这个问题。

12.2　AER 发送器模块

发送器上的三种主要握手模块包括像素内的握手电路、仲裁器和芯片级握手逻辑模块。两个通信进程之间的握手协议信号的激活是通过图 12.3(a)所示的穆勒 C 单元门来实现的(Muller 和 Bartky,1959)。a 和 b 输入由请求 R 驱动,并确认过程的 A 信号。除非 a 和 b 的输入都为 0 或 1,否则输出 c 不会改变。由于不总是驱动输出,所以由两个以反馈方式连接的反相器组成的静态器将保持输出状态 c 直到 a 和 b 处于相同逻辑水平。该门的真值表及其符号如图 12.3(b)、(c)所示。如果去除了 pFET 和 nFET 其中一个,则该电路称为非对称 C 单元。在按照(a)的方式去除 pFET M$_1$ 的情况下,只有 b 输入端的上行和下行转换得到检查,并且该电路的相应符号在(d)中显示。12.2.2 小节公平仲裁器电路中使用了非对称 C 单元。

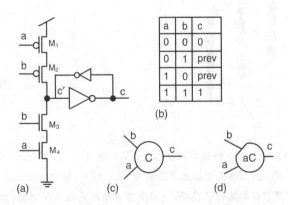

图 12.3　穆勒 C 单元。(a)晶体管电路。当输入 a 和输入 b 不具有相同的逻辑输入状态时,反馈逆变器保持状态 c。(b)该电路的真值表表示前态。(c)C 单元门的符号。(d)在(a)所示晶体管电路中 pFET M$_1$ 不存在的非对称 C 单元门的符号

12.2.1　像素内的 AER 电路

AER 通信电路通常由类似神经元的电路(例如 Axon-hillock 电路)来实现,但也可以通过任何产生数字脉冲的电路来实现。在 Axon-hillock 电路中(参见图 12.4),由实际用于像素功能的预期电路产生的输入电流 I_{in} 给类似神经元的电路充电。图中的示例假定 I_{in} 由突触电路生成。然后,该电流为薄膜电容 C_1 充电。当电压 V_m 超过第一逆变器的阈值时,第二逆变器的输出 V_{sp} 变为有效,并且通过 C_1 和 C_2 的正反馈进一步提高 V_m。V_{sp} 驱动 M_1 拉低 nRR。当从行仲裁器激活 RA 线时,晶体管 M_2 和 M_3 激活 nCR。

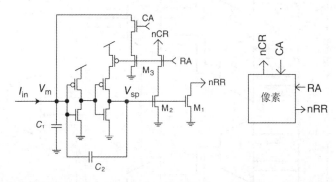

图 12.4　神经元像素内的示例 AER 握手电路。神经元由 Axon-hillock 电路建模。该电路生成的握手信号分别是的行请求和确认信号 nRR 和 RA,以及列的请求和确认信号 nCR 和 CA。信号名称上的前缀 n 表示信号为低电平有效。文本中描述了电路操作的详细信息

当 CA 线被列仲裁器激活时,V_m 被拉低,从而复位了神经元输出 V_{sp},反过来又停止拉低 nRR。该行具有一个上拉电阻(参见图 12.11(b)),当没有像素请求时,它会将 nRR 返回到 V_{dd}。这种方法称为有"线或",它取代了传统的"或"门,用单个 pFET 代替所有上拉晶体管,大大减少了所需的面积。该 pFET 可以连接到固定电压(无源),也可以由外围信号交换电路主动驱动。有源驱动的 p 沟道 FET(pFET)方案将在 12.3.5 小节中介绍。

12.2.2　仲裁器[①]

仲裁器通过仲裁器接口模块从像素阵列接收行或列的请求线,并在活动线之间进行仲裁(请参见图 12.5)。仲裁器接口模块处理来自行(或列)的请求和确认的握手信号、ChipAck 信号。这些内容将在 12.2.3 小节进一步讨论。对于行和列的每个维度(假设有 N 个行或列),仲裁器由 $N-1$ 个双输入仲裁器单元的树状结构组成,排列在树中,$b = \log_2 N$ 层,需要在 N 个像素之间进行仲裁。如果其两个输入 Req 信号中的任何一个处于活动状态,则每个双输入仲裁器门都会在下一级将 Req 输出到双输入仲裁

---

① 本小节中的部分文本和图形摘自 Mitra(2008),经 Srinjoy Mitra 许可使用。

器。例如,对于两个输入门 A1,输入请求信号标记为 r_{11} 和 r_{12},相应的 Ack 线为 a_{11} 和 a_{12}。来自 A1 的输出信号 r_{21} 到达下一个仲裁器门 B1 的两个输入之一,此过程继续到树的顶部。然后,在树顶部的最终选定输出 Req 进入反相器,反相器的输出变为 Ack 信号,该信号现在通过各个门向下传播,直到阵列行的活动 RR 线的对应 RA 线变为由仲裁器接口模块激活。对于 2D 阵列,第二个仲裁器处理列维度中已确认行的活动像素的 CR 和 CA 线。

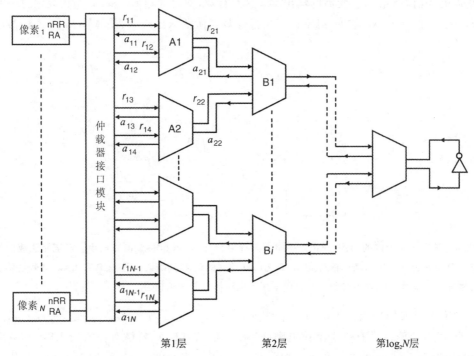

图 12.5 不同行像素和两输入仲裁器的仲裁树之间的通信接口。仲裁器接口模块电路如图 12.11 所示。仲裁器从阵列中的活动行中的 nRR 行中进行仲裁。在此图中,我们假设每一行仅包含一个像素

仲裁器电路设计须满足两个标准:低延迟和公平性。第一个标准确保传入的请求将尽快得到服务,而第二个标准则确保无论接收者在仲裁树上的位置如何,都按照接收到的顺序对请求进行服务。在延迟和公平之间进行折中的各种仲裁器体系结构的讨论已在第 2 章中讨论。接下来我们讨论三种不同的仲裁器,均能说明随着时间的推移电路中已实现的折中方案。

1. 原始仲裁器

早期神经形态芯片中使用的原始仲裁器电路仲裁很公平,但操作缓慢(Martin 和 Nystrom,2006)。两输入仲裁器门如图 12.6 所示。它的核心包括一个 ME,见图 12.6 (a)。该元件由一对交叉耦合的"与非"门和随后的反相器组成,这些反相器由相对的"与非"门的输出供电(Mead 和 Conway,1980)。当输入 1 和输入 2 都为低电平时,对

应于真值表中的[00],输出 o_1 和 o_2 保持为高电平。此条件等效于对仲裁器门的两个输入请求均处于非活动状态。当请求之一变为高电平时,此条件对应于真值表中的输入[01]或[10],ME 输出之一将变为高电平,向下一阶段发出有效请求。当两个输入请求都变高电平时,ME 的前输出状态将保留。

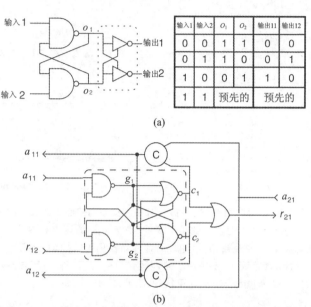

输入1	输入2	o_1	o_2	输出11	输出12
0	0	1	1	0	0
0	1	1	0	0	1
1	0	0	1	1	0
1	1	预先的		预先的	

(a)

(b)

图 12.6 两输入仲裁器门的实现。仲裁器门的核心是互斥元素(ME)模块,在(a)中显示了其对应的真值表。互斥元素模块中的反相器由输入仲裁器门(b)中的 NOR 门取代。摘自 Mitra(2008),经 **Srinjoy Mitra** 许可转载

当输入 1 和输入 2 大约同时变高电平时,就会出现临界条件。在输出稳定为逻辑 0 和 1 的情况下,NAND 输出暂时进入亚稳态。亚稳态源于门的物理实现方式的固有不对称性(Martin 等,2003;Mitra,2008)。门输出达到最终逻辑值所需的时间取决于两个请求变高之间的时间差。由"与非"门的输出供电的后续一组逆变器门确保了在下一级看不到亚稳输出。从理论上讲,这种亚稳态可以持续很长时间,但实际上,电路会迅速稳定到最终逻辑值(Martin 等,2003)。

两输入仲裁器门

如图 12.6(b)所示,此门的操作如下:当一个输入请求变为活动状态($r_{11}=1$)时,仅当另一个输入 a_{12} 的响应无效时,即 $a_{12}=0$ 时,c_1 才变为高电平。因此当该门处于其另一输入 r_{12} 的握手周期的中间时,确保第二个握手周期不会由该门启动。当 c_1 或 c_2 为高电平时,门 r_{21} 的输出变为高电平。当来自下一仲裁等级 a_{21} 的确认变高时,相应的输入确认变高。C 元素门确保 c_1 和 a_{21}(以及 c_2 和 a_{21})都经过四相握手周期。

图 12.5 中前两个仲裁级之间的握手信号时序"乒乓图"如图 12.7 所示。时序示例说明了输入请求 r_{11} 激活后的设置阶段和复位阶段,并假设仲裁树仅具有两个仲裁级别(即 $N=2$)。如果在 r_{11} 的设置或复位阶段中对门 A1 的输入请求 r_{12} 和对门 A2 的输入请求 r_{13} 变为活动状态,则直到 r_{11} 的复位阶段之后,这些请求才会得到响应。在

门 B1 使确认信号 a_{21} 无效后,该门可以在其两个有效输入请求 r_{21} 和 r_{22} 之间再次自由仲裁。如果选择 r_{22},则激活 r_{13} 的设置阶段和复位阶段,如乒乓图的底部所示。

该仲裁器的通信周期很长,因为在激活对此仲裁器的确认信号之前,第一级仲裁器块必须等待,直到仲裁树的所有通信过程中的握手周期完成为止。此设计用于早期的神经形态芯片,包括 Mahowald(1994)的视网膜。

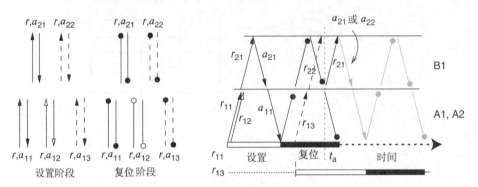

图 12.7 图 12.5 中前两个仲裁级之间的握手信号时序。实心和空心箭头表示激活仲裁器门 **A1**((r,a_{11})至(r,a_{12})和(r,a_{21}))的握手信号。虚线箭头表示 **A2**(r,a_{13})的请求和确认信号。实心和空心圆表示复位阶段握手信号无效。仲裁器门 **A1** 和 **A2** 到仲裁器门 **B1** 之间的握手信号用(r,a_{21})至(r,a_{22})表示。标签 **A1**、**A2**、**B1** 表示图 12.5 中所示的仲裁器树中的门。右图下方显示了激活 r_{11} 和 r_{13} 的设置阶段和复位阶段。经 **Srinjoy Mitra** 许可转载,改编自 **Mitra(2008)**

2. 不公平仲裁器

Boahen(2000)修改了原始的仲裁器电路,以允许在芯片外更快地传输地址事件(见图 12.8)。T 核心模块是 ME 元件的修改版,电路主要使用标准逻辑模块。当 r_{11} 激活时,如果 M_r 的输入为高电平,则由 M_1 至 M_4 组成的输出 NOR 门将 r_{21} 驱动为高电平,也就是说,对该门的确认 a_{21} 无效。请注意,在 a_{21} 变为活动状态之前,a_1 和 a_2 仍处于非活动状态。当 a_{21} 处于活动状态时,在 g_1 的低电平状态下,a_1 处于活动状态,并且与活动 r_{21} 一起,a_{11} 处于活动状态。在这种设计中,即使 r_{13} 在 r_{12} 之前变为活动状态,如图 12.8(b)所示,在 r_{11} 的请求进入复位阶段之前,只要 M_1 和 M_2 的输入均不为低,r_{21} 仍保持活动状态。只要在另一个输入请求的置位阶段对门 A1 的替代输入请求变为活动状态,另一行的请求也不会得到服务,因此不必切换到另一行,从而减少了像素的握手时间。这种仲裁器设计的一个缺点是,具有高活动性的行倾向于保留在仲裁总线上,从而导致仅从芯片的一部分传输事件。

3. 公平仲裁器

Boahen 提出了一种公平仲裁器电路来代替贪婪仲裁器电路(Boahen,2004a)。在这种新方案中,直到对树的其余部分进行服务后,才会重新访问向仲裁器发出连续请求的像素(请参见图 12.9)。新电路还包括流水线方案,该方案允许新请求沿树传播,而旧请求仍在较低级别上进行服务。这些仲裁器单元无须等待来自其父仲裁器的请求被清除,也无须重置它们的确认信号,如图 12.9(b)所示,其中 c_1(连接到 r_{11} 的 aC 门的输出)与 c_2 一起(或作为)对下一级仲裁。在时序图中,我们看到在确认 a_{11} 无效之后,

甚至在 r_{11} 再次变为活动状态之后,请求 r_{21} 也仅在 r_{12} 变为低电平之后才变为低电平。除非 na_{21} 也为高电平,否则无法通过 aC 门将 c_1 设置为高电平,因此不再为该请求提供服务。

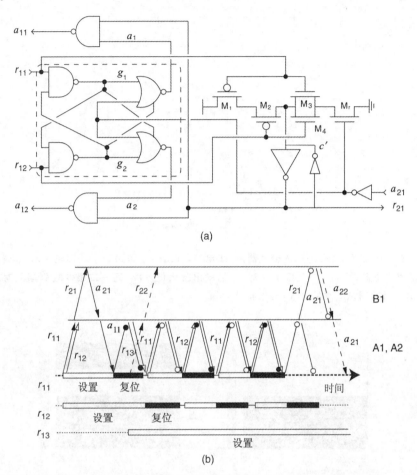

(a)

(b)

图 12.8 不公平仲裁器。(a)二输入仲裁器门 A1 电路。(b)二级仲裁时序图。只要 r_{11} 或 r_{12} 处于活动状态,从 A1 到下一级的请求 r_{21} 就会保持活动状态。仅当 r_{11} 或 r_{12} 都激活时,确认 a_{21} 才被激活。直到门 A1 的两个请求输入均未激活时,才会响应对 A2 仲裁器门的活动请求 r_{13}。经 Srinjoy Mitra 许可转载,改编自 Mitra(2008)

图 12.10 显示了来自两个具有不同仲裁器类型,不公平仲裁器和公平仲裁器的 32×32 多神经元芯片的 AER 尖峰记录。尖峰响应于注入到所有神经元中的公共输入电流。输出的期望值是所有神经元记录的相同的发射率(不匹配的除外),但正如我们在(a)中的不公平仲裁器的情况下所见,仲裁器仅服务于阵列一半的尖峰。随着输入电流的增加,因此会产生更多的尖峰信号(和请求),仲裁器现在仅为阵列(b)的四分之一提供服务。在具有合理仲裁器的芯片的情况下,我们看到一个分布图,其中所有像素均显示了甚至更多的分布式记录评估,这表明即使(c)和(d)中所示的像素发射率很高,像素也大致相同地得到服务。每个像素的最大尖峰速率受像素中事件发生电路的存在时间限制。

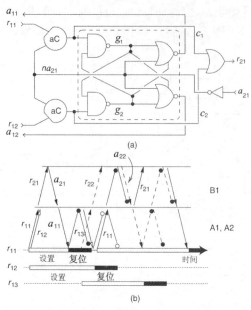

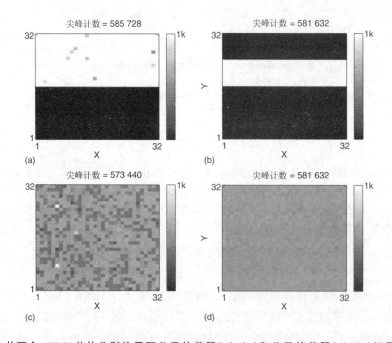

图 12.9　公平仲裁器。(a)2 -输入仲裁器门 A1 电路。仅当 r_{11} 和 na_{21} 都为高电平时,非对称 C 单元(aC)的输出才为高,而当 r_{11} 为低电平时,它的输出就为低。(b)同一二级仲裁周期的时序图。经 **Srinjoy Mitra** 许可转载,改编自 **Mitra(2008)**

图 12.10　从两个 **aVLSI** 芯片分别使用不公平仲裁器(a)、(b)和公平仲裁器(c)、(d)记录的 **AER** 峰值。这些图显示了由于接收通用输入电流的所有神经元具有较高的尖峰频率而导致的记录尖峰曲线如何根据片上仲裁器的类型而变化。最大尖峰速率是每像素 1 000 事件/秒。根据 **Srinjoy Mitra** 许可转载,改编自 **Mitra(2008)**

12.2.3 其他 AER 模块

AER 仲裁器接口模块提供来自 2D 阵列的行或列 Req 和 Ack 线,仲裁器和芯片级握手信号 nCXAck 之间的接口。图 12.11 显示了 nRR 和 RA 线之间的接口电路以及到仲裁器的信号。接口电路确保只有在发送像素的地址已在芯片外传输并记录后,仲裁器才能选择新行。

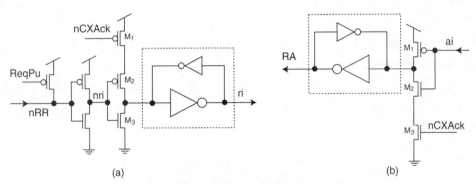

图 12.11 行请求和仲裁器之间的仲裁器接口电路。(a)中的电路显示了一个低 nRR 激活信号如何生成对仲裁器(ri)的请求。当没有像素请求时,由 ReqPu 驱动的 pFET 返回 nRR 高电平。在 nCXAck 变为非活动状态之前,不会取消对仲裁程序的请求。(b)中的电路仅在仲裁器返回有效确认(ai)并且 nCXAck 无效的情况下才激活 RA。(a)和(b)中的静电消除器(虚线框中的反馈反相器)和晶体管 M_1 至 M_3 形成不对称 C 单元

另外,行线和列线被编码为数字地址。AER 编码器之前在 2.2.1 小节中进行了讨论。图 12.12 中的编码电路采用 m 条输入线,并将输入转换为输出地址的 $n = \log_2 m$

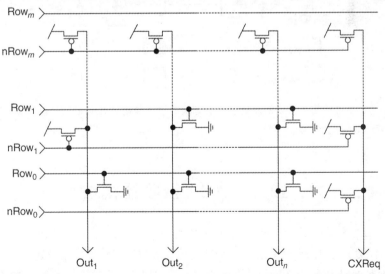

图 12.12 一维编码器电路。高电平有效的行线通过连接的 n 沟道 FET(nFET)拉低相应的 Out 位线。任何活动的行线都会将 CXReq 驱动为高电平

位。每条行线或其互补线通过 nFET 或 pFET 驱动相应的输出线。芯片请求 CXReq 被一维阵列的任何活动行(Row)和二维阵列的任何活动列(Col)驱动为高电平。

12.2.4 联合作业

发送器中各个模块之间的控制信号如图 12.13 所示。像素通过 RR 向仲裁器发出请求。一旦收到有效的 RA,它将激活 CR。一旦激活了 CA,就激活 CXREQ,并且已编码的像素地址也准备好进行传输。当握手逻辑接收到相应的激活 CXACK 信号时,RA 和 CA 均失活。CA 的失活导致 CXREQ 失活和来自接收器的 CXACK 失活。只有在芯片级握手周期完成之后,接口握手模块才能允许像素和仲裁器之间的下一个请求和确认周期再次开始。

该时序遵循 2.4.3 小节中描述的字并行 AER 协议。一种称为字串行寻址方案(2.4.4 小节)的更快的读取方案发送一个行地址,然后发送所有此行上的有效像素(Boahen,2004c)的列地址。

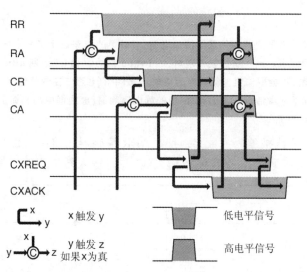

图 12.13 遵循字并行信号协议的发送器中所有块的请求和确认信号的时序。© 2008 IEEE。经许可转载,摘自 Lichtsteiner 等(2008)

12.3 AER 接收器模块

图 12.14 显示了具有 2D 阵列接收器各种片上 AER 模块的示意图。控制路径描述了如何处理芯片级握手信号 CXREQ 和 CXACK,数据路径描述了如何与握手信号一起处理地址位。这些不同的块在 12.3.1 小节至 12.3.3 小节中有更详细的讨论。

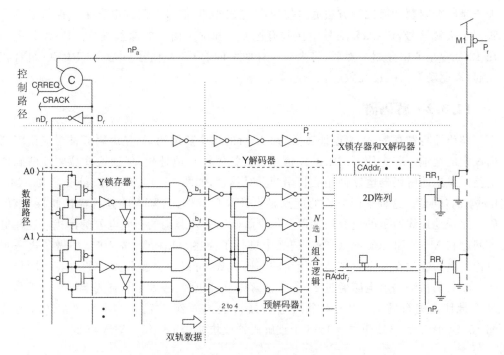

图 12.14 接收器内 AER 模块的示意图。当 CRREQ 被激活而 CRACK 未激活时,CRACK 和 D_r 被激活。地址位由 D_r 锁存。预解码器块对锁存的位进行解码,然后使用 N 中的一个组合逻辑在预解码器块的 N 个输出上组合预解码器块的输出,以选择一个有效的行地址。在 X 锁存器和解码器中执行类似的操作。所选像素激活行请求线 RR。然后将行请求信号进行"或"运算。有源上拉 M_1 由 P_r 驱动。当 CRACK 无效时,该上拉无效。一旦激活了行请求线之一,便激活了 nP_a,当 CRREQ 无效时,导致 CRACK 无效。经 Srinjoy Mitra 许可转载,改编自 Mitra(2008)

12.3.1 芯片级握手模块

芯片级握手模块处理外部发送器(发报机)和芯片(接收器)之间的通信。接收器的芯片级握手信号包括 CRREQ、CRACK 和数字像素地址,如图 12.1 所示。在多神经元芯片阵列中,此数字地址在芯片上编码唯一的突触和神经元地址。

此处介绍的电路中的握手模块和解码器之间的通信遵循 4 相握手协议。CRREQ 激活后,CRACK 通常会很快激活。此 CRACK 信号还用于锁存地址位。一旦 CRREQ 变为无效,有两种方法可以使 CRACK 无效。早期神经形态芯片中用于加快通信时间并且仍在许多当前芯片中使用的第一种方法是,CRREQ 失效后立即灭活 CRACK。握手协议的这种冲突(因为不检查解码的地址是否已到达像素)是在以下假设下完成的:片上其余块之间的通信将比发送器和接收器之间的通信更快。

这种冲突不应该影响到片上目标像素的地址通信,但是如果片上通信速度变慢,则来自发送器的后续地址事件将受到影响。在那种情况下,用户必须确定在时间上接近的尖峰丢失,例如,即使总事件发生率低于总线带宽,也发生突发事件,这对于应用程序来说是一个问题。第二种方法通过使用产生 PixAck 信号的附加电路来确保像素确实收到了尖峰信号，PixAck 信号由接收有源 CA 和 RA 信号的像素激活。PixAck 电路在 12.3.3 小节中介绍。然后，将来自所有像素的 PixAck 信号与无效 CRREQ 组合在一起，以驱动 CRACK 无效。

12.3.2　解码器

解码器将锁存的 N 位地址转换为 $2N$ 行的一个热编码，该热编码通常对应于阵列内像素的地址。首先使用 CRACK 信号及其补码锁存地址位，然后这些位驱动解码器电路。早期的解码器电路使用一长串"与"晶体管，如图 12.15 所示(Boahen,2000；Mahowald,1994)。这种解码方式的优点是设计简单。然而，随着阵列规模的扩展，该解码电路受地址线所示的电容增加以及每个解码门必须驱动的布线电容的困扰。这些电容问题在 Mead 和 Conway(1980) 的文中进行了描述，Mitra(2008)在文中做了进一步讨论。例如通过在大型存储器中使用的解码方式，可以使大型阵列中的电容问题最小化。较新的预解码器电路通过 2～4 个预解码器模块和 3～8 个预解码器模块的组合对 N 个地址位进行解码。2～4 个预解码器模块由一组二输入与非门组成(示例见图 12.14 的 Y 解码器模块)，3～8 个预解码器模块使用了一组三输入与非门。

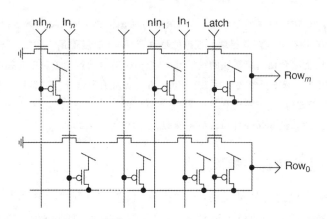

图 12.15　解码器电路采用 n 个输入位线和 $m+1$ 个输出行线。锁存信号由 CRACK 产生

12.3.3　接收像素中的握手电路

该像素包括一些电路，这些电路在激活其 CA 和 RA 输入信号后会生成一个有效的 nPixAck 脉冲。图 12.16 给出了一个示例电路。在突触像素的情况下，CA 和 RA 的"与"运算可用作输入尖峰。在 CA 和 RA 消失之后，由 V_{pu} 偏置的 M1 将 nPixAck 返回到 V_{dd}。M4 是该行沿线 NOR 的一部分，在行末具有一个下拉 nFET。RR 在非活动状态下为低电平，并且在任何像素接收到输入时将其拉高。晶体管 M5～M8 和 C_{syn} 形成电流镜，二极管连接的突触。由 V_w 偏置的晶体管 M5 确定流向神经元膜电位的突触电流 I_{out}。

该电路消除了仅通过 RA 或 CA 进行高频切换即可通过较小的寄生电容 C_{p2} 导通 M2 的问题(Boahen,1998)。如果 M5 与 M2、M3 串联,则即使只有晶体管 M2 或 M3 导通,I_{out} 仍有电流。该电流可能远大于突触电流的典型 pA 级电流。

该电路也消除了电容接通的问题,当 CA 线开关很多,电压变化通过漏栅重叠电容 C_{p1} 传输到 nPixAck 节点时,会发生电容接通,其电压降至地电位的零点几伏。即使 V_w 接地,电流仍可以通过晶体管 M5。本设计中,在没有选择像素的情况下,将 M5 的源电压代入 V_{dd}。

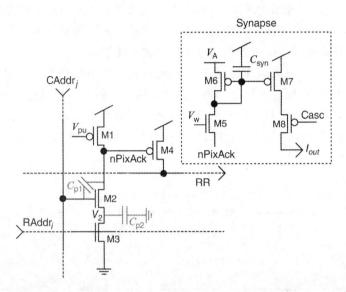

图 12.16 带有突触像素的握手电路。由 V_{pu} 驱动的晶体管 M1 与晶体管 M2 和 M3 一起在 nPixAck 上产生数字输出摆幅,并确保不会通过电容耦合对 nPixAck 充电。晶体管 M5~M8 形成电流镜像积分器突触。突触 I_{out} 的输出电流仅在选择像素时流动

12.3.4 脉冲扩展电路

由于要求 AER 信号交换电路具有较短的等待时间(<10 ns),因此使用图 12.16 的脉冲作为输入脉冲对于突触电路来说太短了,以致无法在 AER 信号交换电路中产生毫秒级的有限上升和下降时间,并且还允许亚阈值的电流。

12.3.5 接收阵列外围握手电路

接收器阵列外围握手电路可确保像素在芯片级 CRACK 之前失效,像素已接收其解码地址。行请求 RR 线各有一个有源下拉电路,该电路由 nPr 驱动,nPr 是由图 12.14 中的芯片级 C 单元生成的信号,并延迟了 CRACK 信号的版本。行 RR 信号驱动另一条线或全局线,该线由 P_r 驱动的有源上拉。激活 CRACK 后,将禁用行线的有源下拉和全局阵列确认线的有源上拉。P_r 变为高电平,从而防止其拉高阵列确认信号 nP_a。任何解码的像素都会将其对应的 RR 线拉高,将全局线 nP_a 拉低。一旦

CRREQ 信号失效,则该转换将导致 CRACK 也失效。

12.4 讨 论

由于缺乏可访问的和全面的设计工具,异步电路的设计并不容易。异步工具假定逻辑信号,而没有假设物理电路中的上升和下降时间。在物理设备上,信号可能会在几十到几百纳秒的时间范围内转换,这取决于布线和寄生电容。在这种情况下,如果不保留信号的转换顺序,异步设计可能会在芯片级失败。需要附加逆变器以锐化大电容信号的边缘,但是逆变器的缓慢变化的输入也会使功耗增加。

随着设计扩展到更大的阵列,行线和列线电容会使逻辑信号的上升时间和下降时间延长;此外,在阵列的一侧与另一侧看到的全局信号的上升时间也存在差异。为了避免此类问题,必须设计电路,例如,在确保阵列两个边缘上的像素在行和列请求中看到电平变化,并且如图 12.17 所示,在进行下一个握手信令序列之前,先确认线路。

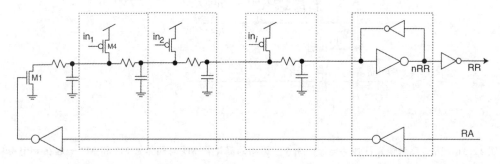

图 12.17 具有有源下拉的行请求的"或"连线。在接收器中,驱动 pFET 的输入信号来自本地 nPix-Acks。由于行线的电阻和电容,需要在行的远端使用有源下拉 M1 以确保正确的行为

另一个改进领域是从对延迟敏感的捆绑数据协议转移到对延迟不敏感的 AER 链路。第一步是采用与常规异步电路相同的信号双轨编码方案。在该方案中,每个信号使用两条线,有效信号为 1 使一条线变为高电平,有效信号为 0 使另一条线变为高电平。无效信号导致两条线都为低电平,两条线为高电平表示信号不完整。在发送器和接收器之间的地址位通信中,可以删除 ChipReq 信号,并且可以将全局地址位组合在一起共同创建一个 ChipReq 的等效项(Martin 和 Nyström,2006)。这样,就不用在 ChipReq 的生成中特别引入延迟。

第二种方案是使用独热编码对片外地址进行编码。一个热编码使用 2^b 行编码 b 位。例如,两位的四种组合由四行来编码,然后,仅通过激活四行之一来指示每种组合。之后将地址总线分为四组,每组四位中的一位被激活。可以通过 m 个 4 -输入或门的二叉树(如果仅使用四分之一的组)来检查不同组的有效性和中立性。该方案最初是在神经网格的设计中引入的(Lin 和 Boahen,2009)。作者建议,当地址空间扩大时,通过使用独热编码方案,它们还可以节省通常在每个地址位焊盘之间交错的功率焊盘的

数量。

最后,芯片的 AER 带宽会影响系统规格,并且在信令和电路领域都需要不断改进。即使读出的周期时间从 2 μs(以 2 μm 的工艺计算为 64×64 阵列)(Mahowald,1992)减少到 30~400 ns(以 1.2μm 的工艺计算为 104×96 阵列)(Boahen,1999),但随着阵列扩展到超过 100 万像素,也需要增加带宽。如 Boahen(2004a,2004b,2004c)所述(在第 2 章的 2.4.4 小节中进行了简要介绍),用于实现单词串行读取的 AER 电路是改进 AER 读取以增加带宽的示例。

参考文献

[1] Boahen K A. Communicating neuronal ensembles between neuromorphic chips// Lande T S. Neuromorphic Systems Engineering. The International Series in Engineering and Computer Science. Springer,1998,447:229-259.

[2] Boahen K A. Athroughput-on-demand address-event transmitter for neuromorphic chips. Proc. 20th Anniversary Conf. Adv. Res. VLSI, Atlanta, GA, 1999: 72-86.

[3] Boahen K A. Point-to-point connectivity between neuromorphic chips using address-events. IEEE Trans. Cir-cuits Syst. Ⅱ, 2000, 47(5): 416-434.

[4] Boahen K A. A burst-mode word-serial address-event link — Ⅰ: transmitter design. IEEE Trans. Circuits Syst. Ⅰ: Reg. Papers, 2004a, 51(7): 1269-1280.

[5] Boahen K A. A burst-mode word-serial address-event link — Ⅱ: receiver design. IEEE Trans. Circuits Syst. Ⅰ: Reg. Papers, 2004b, 51(7): 1281-1291.

[6] Boahen K A. A burst-mode word-serial address-event link — Ⅲ: analysis and test results. IEEE Trans. Circuits Syst. Ⅰ: Reg. Papers, 2004c, 51(7): 1292-1300.

[7] Lichtsteiner P, Posch C, Delbrück T. A 128×128 120 dB 15 μs latency asynchronous temporal contrast vision sensor. IEEE J. Solid-State Circuits, 2008, 43 (2): 566-576.

[8] Lin J, Boahen K. A delay-insensitive address-event link. Proc. 15th IEEE Symp. Asynchronous Circuits Syst. (ASYNC), 2009: 55-62.

[9] Mahowald M. VLSI Analogs of Neural Visual Processing: A Synthesis of Form and Function. PhD thesis. Pasadena, CA: California Institute of Technology, 1992.

[10] Mahowald M. An Analog VLSI System for Stereoscopic Vision. Kluwer Academic, Boston, 1994.

[11] Martin A J. Compiling communicating processes into delay-insensitive VLSI circuits. Distrib. Comput., 1986, 1: 226-234.

[12] Martin A J, Nyström M. Asynchronous techniques for system-on-chip design.

Proc. IEEE. 2006，94(6):1089-1120.

[13] Martin A J,Burns S M,Lee T K, et al. The design of anasynchronous microprocessor. Advanced Research in VLSI: Proceedings of the Decennial Caltech Conference, 1989: 351-373.

[14] Martin A J, Nyström M, Wong C. Three generations of asynchronous microprocessors. IEEE Des. Test Comput. , 2003, 20(6): 9-17.

[15] Mead C A,Conway L. Introduction to VLSI Systems. Reading, MA: Addison-Wesley, 1980.

[16] Mitra S. Learning to Classify Complex Patterns Using a VLSI Network of Spiking Neurons. PhD thesis. ETH Zurich, 2008.

[17] Muller D E,Bartky W S. A theory of asynchronous circuits. Proc. Int. Symp. Theory of Switching, Part 1, 1959: 204-243.

[18] Sivilotti M. Wiring Considerations in Analog VLSI Systems with Application to Field-Programmable Networks. PhD thesis. Pasadena, CA: California Institute of Technology, 1991.

[19] Sutherland I E. Micropipelines. Communications of the ACM, 1989, 32(6): 720-738.

第 13 章　硬件基础架构

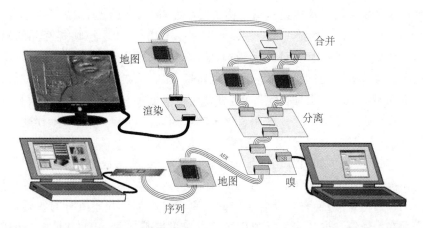

为了使用前几章描述的电路构建的基于自定义地址事件（AE）的神经形态芯片，需要将其嵌入到更大的硬件基础设施中。本章描述了在设计、建造和操作印刷电路板时必须牢记的一些注意事项，这些电路板构成了相对小规模（主要是实验系统）的基础设施；并给出了几个工程实例；必要的配套软件将在第 14 章中描述。本章还包括一节回顾现场可编程门阵列（FPGA）在神经形态系统中的应用。包含多个神经形态芯片的大型系统的硬件基础设施将在第 16 章中单独讨论。

13.1　简　介

正如我们在第 2 章中已经看到的，为了构建更大的 AER 系统，在活动的计算元素之间需要一定数量的硬件基础结构"粘合"。

事实上，即使对于最简单的系统，至少也需要一些捕获 AE 数据的方法。一般通用的市售数据采集板不适合 AER 发送器所期望的异步握手，并且不记录接收单个事件的时间。为了从可能使用一个 AER 发送器设备和一个 AER 接收器设备进行的简单实验中捕获数据，或者为了调试大型系统的某些部分，可以使用逻辑分析仪在并行总线上轻松记录 AE 流。然而，逻辑分析仪价格昂贵，存储深度有限，通常以批处理方式运行。这意味着，虽然获取到了数据，但这些数据无法用于进一步处理。仅当采集完成时或在两次采集之间才可以将数据读入计算机。因此，逻辑分析仪并不适合连续处理和分析 AE 流，并且需要专用的 AER 接收装置（通常称为显示器）来连接常规数字硬件。

如果 AER 系统不包含诸如视网膜芯片或耳蜗芯片之类的感觉输入设备,则通常需要外部 AE 刺激源。即使在包含感官输入设备的系统中,也经常需要或有必要提供 AE 流输入,以代替或补充这些感官设备输入。例如调试,或为了实验目的提供可重复的输入。为了激活 AE 系统,很难找到好的现成的解决方案。大多数的通用市售数字输出板也不适合,因为它们既没有被设计为执行 AER 接收器所期望的异步握手,也没有被设计为保留输出字之间的时序。因此,需要专用的 AER 发送器设备以允许常规数字硬件产生 AE 输出。这些设备通常称为定序器,因为它们会生成一系列 AE。

2.4 节介绍了理想化的地址-事件接收器模块,其中的源地址(源神经元的地址)必须转换为多个目标地址(单个目标突触的地址),从而执行输出功能。即使不需要输出,通常在发送和接收设备之间也需要一些地址转换,除非发送器和接收器是一对;否则它们的地址空间不可能一一对应。实际上,符合这种理想的内部执行地址转换和/或扇出的模型的芯片级设备是近几年才被制造出来的(Lin 等,2006),现在还未标准化。如果没有这些,就需要单独的 AER 设备,它们在一条总线上充当接收器,在另一条总线上充当发送器,在两者之间执行任何的地址转换和扇出,这类设备通常称为映射器。如果一个映射器有多个可能的输出总线,它也可以被称为路由器。它能够在发送和接收之间执行可编程的地址转换,提供非常重要的可重构性特征。并非所有的源到目的地的连接都必须在设备制造时决定。一般用途的设备可以被构建,它们的元素之间的精确连接可以被确定和修改,在它们被构建到系统之后,学习在运行时建立新的连接和消除其他连接是很容易的。

可由接口逻辑支持的 AE 流进一步操作,包括分割,在这种情况下,一个传入总线上的事件被复制到多个传出总线合并,从多个传入总线获取事件并复制到一个传出总线。这些功能也可以通过分别具有多个输入或输出总线的映射器来实现(也可以将合并视为必须从多个输入总线接收 AEs 的任何 AER 设备的一个重要内部部分。在输入总线之间必须有某种形式的仲裁,除非在事件同时到达多个总线的情况下要丢弃事件)。

因此,我们在 AER 模块之间使用了三大类接口逻辑功能:监视器、定序器和映射器(这些术语可参见 Dante 等 2005 年的论文)。当然,也可以将它们组合在一起,并且经常遇到。

13.1.1　监控 AER 事件[①]

AER 监视工具应该能够捕获长序列的 AEs,对被测系统的干扰尽可能小。由于事件以不同的速度异步到达(取决于系统活动),它们需要被缓冲,通常在专用的先进先出(FIFO)内存中,然后再被进一步处理或记录到长期内存中。FIFO 将传入 AE 的接收与主机的操作分离开来,这些主机通过一些总线(例如 PCI 或 USB)读取这些事件,这

---

① 本小节中的部分文本摘自 Paz-Vicente 等(2006),经许可转载,© 2006 IEEE。

些事件的使用可以与其他外围设备共享。在理想的情况下,FIFO 将被频繁读取,不会被填满或溢出,从而导致事件丢失。通常提供一种机制,以便在发生这种溢出时向用户发出警报。避免溢出的关键是快速获取数据。早期的监测器,例如 Dante 等(2005)描述的 Rome PCI - AER 板上的监测器,使用轮询和/或中断驱动的 I/O 从板上传输数据,但无法进行总线主控或直接内存访问(DMA,该功能允许外设在不涉及处理器的情况下向/从内存传输数据)。这是将其性能限制在大约 1 Meps 的主要因素。在某些情况下,这是可以接受的,但许多声发射芯片可以产生更高的脉冲率。为了提高性能,需要使用诸如 DMA 和总线主控之类的技术,这样主机 CPU 就不会仅将 AE 字和时间戳复制到监视器 FIFO 中。否则,高带宽监控是必需的,可以将事件流和高分辨率时间戳捕获到监视设备本地的 RAM 中,以便以后进行离线处理,就像在 CAVIARUSB - AER 板中所做的一样(Gomez-Rodriguez 等,2006)。

监视器功能通常在 FPGA 中实现。

1. 数据宽度、通道寻址和帧错误

显然,必须构造监视器以捕获使用中的 AE 字的整个宽度,但是要使监视器捕获正好是 21 位 AE 字的监视器几乎没有意义,因为特定的发送方恰好会产生 21 位的字。监视的数据迟早会存储在数据宽度为 2^n 个 8 位字节的常规计算机 RAM 系统中。因此,在我们的 21 位示例中,数据将以至少 32 位字的形式存储,因此,构造一个能够捕获最多 32 位宽 AE 字的更通用的监测器是有意义的。然而,任何不是由发送方驱动的位必须被设置为某个特定的值,通常为零,这样在我们的 21 位示例中,对于相同的 21 位值,整个 32 位字始终是相同的。

有些监测器允许同时监测多个信道上的多个设备,并允许通过在其他未使用的高阶地址位中为每个信道放置不同的值来区分这些设备。例如,Rome PCI - AER 板(Dante 等,2005)可以配置为监视一个 16 位发送器、两个 15 位发送器或四个 14 位发送器。

每当要通过比所讨论的字小的宽度的接口传输 AE 字时,就必须防止所谓的帧错误的可能以区别丢失字间和字内边界,从而导致误操作一个字的高位部分和另一个字的低位部分。跨接口的情况尤其如此,其中数据流可能会被读取器中断并恢复。这个问题及其解决的一个例子发生在 AEX 板(Fasnacht 等,2008)中,其中 32 位 AE 字通过使用 16 位串行化-反序列化器(SerDes)芯片在串行总线上传输。为了检测 32 位的字边界,定义了两个 16 位的字必须背对背发送,中间不能有空闲字符。一旦出现空闲字符,接收器就知道 32 位的字边界在哪里。这允许 32 位字也能背对背被发送,接收器看到一个空闲字符,因此可用的全部带宽仍然可以用于 AE 数据。

2. 尖峰间隔和时间戳

由于神经元不仅在身份信息上编码信息,而且还在尖峰的频率或时序上编码信息,通过 AER 总线传输其地址的像素还会对这些地址在总线上出现的频率或时序进行编码。因此,尖峰间隔(ISI)对于此通信机制至关重要,并且监视器需要保留 AER 的 ISI

中传达的信息,否则这些信息将在缓冲输入地址后立即丢失。这是通过在缓冲区中记录某种形式的时间戳(即定时器的值)以及每个事件的地址(一旦到达)来完成的。时间戳可以与先前事件的到达时间相关,在这种情况下,它们直接表示一个 ISI,或者可以称为绝对时间戳;在这种情况下,它们实际上与某个较早的计时器重置时间有关,通常是在显示器硬件已打开电源,或在实验开始时。请注意,在相对时间戳的情况下,它们所引用的"ISI"是两个尖峰之间的间隔,这两个尖峰不一定(通常不是)来自同一神经元,但只要是来自任何两个神经元的两个尖峰之间,它们就会将它们的峰值报告到同一条总线上。这可能会导致以后在处理事件时遇到困难,因为如果忽略任何事件及其相关的相对时间戳,则其余事件的峰值时间将无法再如实地重构。因此,更常见的方法是使用所谓的绝对时间戳,其中绝对记录在事件地址旁边的时间是明确的。但是,模棱两可的情况仍然存在,我们可能无法确切地知道何时相对于系统中的其他时钟重置了时间戳计时器,例如,主机的系统时钟、其他监视器的计时器、挂钟时间,或实验中激励发生的时间。即使我们可以命令重置时间戳计时器,但实现时钟之间的对应关系也不是一件容易的事。即使我们能够做到这一点,但由于操作系统调度程序和 PC 硬件的多变,我们也不能确定 PC 启动的计时器何时真正发生。理想情况下,时间戳计时器不仅可重置,而且可读。由于我们仍然不知道读取计时器的确切时间,因此该问题不能算完全解决,但是至少可以读取计时器的多个读数并将其与 PC 系统时钟相关联,而不必重置计时器。

(1)监视器之间的同步

当要由多个监视器同时记录多个 AER 流时,要想在记录的流之间精确定时偏移量,即使不是不可能,这也是非常困难的。为了使多个监视器以同步计时器运行,可能需要在监视器硬件中建立两个或多个监视器之间的直接同步链接。然后将一台监视器指定为主监视器,其余监视器为从监视器。然后,从站的时间戳计时器可以由主站提供时钟。当复位主定时器时,所有从定时器也被复位,因此具有与主定时器相同的绝对时间戳。

在 USBAER - mini2 中实现了这种对多个显示器进行同步的方法(Berner 等,2007;jAER 硬件参考 n.d.;Serrano-Gotarredona 等,2005),请参见 13.2.3 小节。

(2)时 基

另外,还需要考虑使用的时基,即时间戳计时器"滴答"的时间。给定生物动作电位的时间范围,可以认为 1 ms 的时基就足够了,但这取决于应用程序,因此 1 μs 或更短可能是优选的。一些监视器硬件为用户提供了时基选择,例如 Rome PCI - AER 板(Dante,2004;Dante 等,2005)。

(3)回 绕

显然,时钟越快,则时间戳从最大存储值回零之前需要存储的比特数更多,例如,使用时基为 1 μs 和 16 位的时间戳,每 65.536 ms 就会发生从 65 535 到 0 的回绕,从而导致相同的时间戳值代表一个 65.536 ms 周期上的多个时间点。有几种可能的方法来处理这种回绕。在某些系统和环境中,例如,当仅在短时间内捕获数据以立即显示时,可能根本不执行任何操作。另外,增加用于时间戳的位数可以明显减少回绕的频率。时基为 1 μs 的 32 位时间戳大约每小时 11.5 分钟回绕一次,但代价是必须存储和传输两倍的位。当然也可以使用较慢的时基运行,但是会导致单个事件的时序分辨率降低。

通常使用的另一种方法是存储 16 位时间位模式,仅在特殊情况下,以表示紧随其后的是 32 位时间戳。

Berner 等(2007)描述的 USBAERmini2 采用保留 16 位时间戳的方法,但是每当时间戳时间结束时,主机就会在主机读取的数据流中放置一个特殊的时间戳包事件。然后,主机可以从数据中存在的 16 位时间戳及其已看到的时间戳包事件数中重建 32 位时间戳。

(4) 心　跳

Merolla 等(2005)描述的设备不使用时间戳,而是使用定期发送的特殊"心跳"地址。该方案使用较少的带宽,但需要插值来重建时间戳。

3. 早期数据包

监视的主要挑战之一是应对高数据速率,但是低数据速率也可能会带来问题。例如,第 3 章描述的那种与硅视网膜相连的监视器,这种监视器只在观察到的场景中某物发生改变时才产生事件。如果场景中的变化很小,则几乎不会发出任何事件,并且监视器 FIFO 只会非常缓慢地填充。执行数据可视化或将其用于实时控制的应用程序通常无法看到在 FIFO 中累积的数据,直到数据量超过某个阈值为止,该阈值会导致主机读取该数据。为避免此问题,监视器可以像 Berner 等(2007)的论文中那样实现"早期数据包"功能,以确保主机可以使用数据的时间之间有一定的最大间隔(例如 10 ms)。附加的早期数据包计时器用于强制 FIFO 读取,即使在没有中间读取的情况下,只要早期数据包间隔已经过去,它就不会满。

4. 嗅探器与插入式监视器

假设我们有一个连接到 AER 接收器芯片的 AER 发射器芯片,并且我们想监视两者之间的通信。原则上,如图 13.1 所示,有两种可能:将 AER 嗅探器元件连接到总线(见图 13.1(a))或在发射器和接收器之间插入新的 AER 元件(见图 13.1(b))。

嗅探器将捕获 AER 总线上事件的地址,而无须参与总线上的握手,除非对于出现在 AER 总线上的每个请求,它都会将相应的地址以及时间戳,存储在内存中(这是逻辑分析仪可用于监视 AER 总线的方式)。这种方法的问题在于总线协议线路的速度(例如,每个事件 15 ns)可能快于嗅探器支持的最大速度,从而导致事件丢失,或者 AER 总线的吞吐量可能过高,导致接口上缓冲区的内容不能及时传输到计算机主存。

另一种可能性是在两个芯片之间插入一个新的 AER 元件。在这种情况下,发送器将事件发送到 AER 元件上,而 AER 元件将相同事件发送到接收器芯片。现在的问题是,新的 AER 元件将始终引入额外的延迟,并且如果它无法跟上其吞吐量,也可能

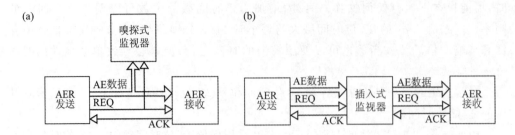

图 13.1　(a)嗅探器实现的监视器与(b)插入的正常 AER 发送器/接收器元件

会阻塞发送器,从而导致 ISI 不被保存。但是其行为与我们将发送器连接到较慢的接收器时的行为相同。

5. AER 到帧的转换

尽管可以直接在地址事件流上进行很多有趣的处理(请参阅第 15 章),但有时仍需要将 AER 数据转换为基于帧的表示,即定期生成的帧中的"像素"反映特定 AE 的发生频率,类似于 2D 直方图。一些监视器在硬件中实现了 AER 到帧的转换(Paz-Vicente 等,2006)。这是一个相对简单的任务,因为它基本上只需要对帧周期内每个像素地址接收到的事件进行计数。在某些情况下,如果活跃度很高,此技术可能会减少表示数据所需的带宽。当然,实验人员有时仍会想知道每个事件的确切时间,因此应保留两种选择。

13.1.2　AER 事件定序

通过对 AER 事件进行定序,我们的意思是"播放"一系列 AE 到 AER 总线上。因此,定序器允许将来自主机 PC 的事件发送到连接的 AER 接收器。这些事件可以表示预先计算的、缓冲的刺激模式,或者它们可能来自先前监视和存储的 AE 流,但它们也可能是实时计算的结果。为了使各个 AE 在正确的时刻"播放"到 AER 总线上,传递给定序器的 AE 数据需要包括某种形式的定时信息,通常在地址字之间存在定义 ISI 字的情况下。然后将这些地址和 ISI 缓存在 FIFO 中,让定序器在读取 ISI 字并读入 AE 字时仅等待指定的时间长度(当它在读取 SanAE 字时输出 AE。因为它们所指的间隔表示的是同一总线上的尖峰的任何两个地址的传输之间的间隔,而不是同一神经元的尖峰的两个相同地址之间的间隔)。

监视器通常使用绝对时间戳,而定序器则经常使用相对的 ISI 值(如 13.1.1 小节中的"2.尖峰间隔和时间戳"所述)来确定它们发出的地址事件的时间。在这种情况下,监视器的输出不适合作为定序器的直接输入。假定使用了相对的 ISI,则无需担心时间戳循环,但是在表示 ISI 的位数内可能无法表示所需的延迟。因此,应当准备使用相对ISI 操作的定序器,以接受由多个 ISI 延迟字的连续序列指定的延迟。

时基的选择也与排序有关,并且与监视相同的论点适用(参见 13.1.1 小节)。定序器功能(如监视器功能)通常也使用 FPGA 实现。与监视器一样,构造能够输出宽度为 2^n 个 8 位字节的 AE 字的定序器也很有意义。

（1）折扣延迟

如果来自接收器的确认被延迟,则可以从传输下一个事件之前的等待时间中减去延迟。如果相减的结果为负,则在传输下一个事件之前无需等待。通过这种处理,在 Paz-Vicente 等(2006)的文中被描述为"折扣"延迟,事件之间的延迟不再严格地相对于较早的事件,并且接收到针对一个事件的 ACK 的有限延迟不会传播,不会导致所有后续事件的延迟。

（2）先进先出

与监控类似,但操作相反,需要一个 FIFO 将写入事件的主机的缓冲操作与这些事件在总线上的异步定时传输解耦。在理想的情况下,FIFO 的写入频率将足够高,使其永远不会清空或不足。如果这样做,则在欠载运行之前要发出的最后一个峰值与下一个峰值之间的间隔将比预期长得多,从而对神经形态计算产生潜在的不良后果由接收系统执行。通常提供一种机制来警告用户是否以及何时发生这种欠载。为避免欠载,数据必须始终准备就绪,只要它发出信号(例如,带有半空中断),就应将更多数据写入 FIFO。

帧到 AER 的转换

有时,需要基于帧的图像表示从定序器产生 AER 输出。从帧到 AER 的转换可以委托给定序器硬件。特别是,如果同一帧要"呈现"给定序器上的接收器一段时间,这可能会使主机 CPU 和总线卸载到定序器,因为该帧只需要移交给定序器一次即可。

实现 AER 到帧的转换是一个相对简单的任务。从帧表示中产生 AER 并不是那么简单,已经提出了几种转换方法(Linares-Barranco 等,2006)。特定像素的事件数量应取决于其关联的灰度级,并且这些事件应在时间上均匀分布。从理论像素时序到各种方法产生的像素时序的归一化平均时间是重要的比较标准。Linares-Barranco 等(2006)的论文中表明,在大多数情况下,各种方法的行为是相似的,因此,硬件实现的复杂性是一个重要的选择标准。从硬件实现的角度来看,随机、详尽和统一的方法特别有吸引力。帧到 AER 的转换是在 CAVIAR USB-AER 板中实现的(Paz 等,2005)。

13.1.3　映射 AER 事件

映射执行 AE 源和目标地址空间之间的地址转换,或者将单个输入事件从类似于轴突的 AE 源散开到类似于突触的多个目标地址。为了执行前一个功能,映射器以一对一模式运行。后者是一对多模式。在这两种情况下,映射器的架构都相同。通常有一个 FIFO、一个 FPGA 和一个 RAM 块,其中包含一个查找表。首先将传入的 AE 缓存在 FIFO 中,以使它们在映射器处理先前事件时不会丢失。当 FPGA 从 FIFO 读取 AE 时,它将 AE 作为查找表中的地址并从该地址读取。如果以一对一模式操作,则在此第一次查找操作中读取的数据将确定新的输出 AE。在一对多模式下,有两种可能,即固定长度的目标地址列表和可变长度的目标地址列表,见图 13.2。

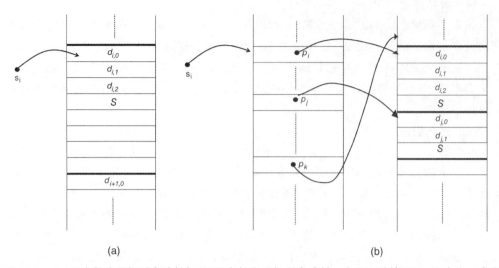

图 13.2 (a)固定长度目标列表映射与(b)可变长度目标列表映射。在这两种情况下,源地址 s_i 都被视为指向查找表(LUT)的指针。在(a)中,作为首次查找的结果直接找到了目的地址 $d_{i,0}$、$d_{i,1}$、$d_{i,2}$。每个目标地址列表都存储在固定长度的块中,该块的长度确定最大扇出 F_{max}(此处 $F_{max}=8$)。在(b)中,需要通过指针 p_i 进行额外的间接寻址(指针查找),以找到实际的目的地址。目的地址的块之间不必有间隙,这些块可以任意长,可以按照内存管理目的的按任何顺序存储。在(a)和(b)中,S 是用于标记块结尾的标记值(在使用所有 F_{max} 条目的块中,对于(a)而言,这不是必需的)

1. 固定长度目标地址列表与可变长度目标地址列表

在固定长度目标地址列表的情况下,对于每个源地址,都有一定数量的映射器内存可用于关联的目标地址 F_{max} 字。当然,仍然可以安排将源地址映射到少于 F_{max} 的字,但是 F_{max} 是映射器的最大扇出。如果 F_{max} 很小,与使用可变长度地址列表的映射器相比,这可能会严重限制映射器的灵活性,并且如果大多数源地址所需的扇出小于 F_{max},也可能会浪费大量内存。但是,固定长度目标地址列表映射器比可变长度目标地址列表映射器更容易构造和编程:与给定源地址相对应的目标地址块的映射器内存中的地址可以从源地址简单地计算出来,例如,如果 F_{max} 被选为 2 的幂,则只需简单地左移。固定长度目标地址列表映射器的示例可以在 Paz 等(2005)和 Fasnacht 等(2008)的文中找到。

除了可用总内存所施加的限制,可变长度目标列表映射器对扇出没有每个源地址的限制。因此,它们比映射器更灵活使用固定长度目标列表,并且将各种长度的目标列表连续包装在内存中,因此可以更有效地使用可用内存。但是,这使它们的构造和编程更加复杂,尤其是在需要动态重写目标列表的情况下。现在需要两步查找,因为简单地计算目标列表地址不再可能。现在第一次查找源地址并不直接产生目标地址,而是返回映射器内存的指针可以找到目标列表的位置。遵循这些指针需要更多的时钟周期比固定长度目标列表映射器所需的数量大。此外,如果要求目标地址列表可以动态更改,例如,单个目标地址添加(类似于新突触的形成)以促进某种形式的学习,当映射器处于运行状态时,因此在不重写整个映射内存的情况下,需要一些相对复杂的内存管理程序来移动内存中的地址列表,以便为新的条目腾出空间。可变长度目标列表映射可以在 SCX 项目(Deiss 等,1999)和 Rome PCI - AER 开发板(Dante)等,2005)中找到。

2. 标记值或列表长度

可变长度目标列表(以固定的最大长度列出当目标数 n 小于最大值时的目标列表)需要使用所谓的标记值 S 来终止列表,其形式为 $d_1, d_2, \cdots, d_n, S$。必须选择 S,使其不成为有效目标地址集合的成员。同样地,为 S 选择的值永远不能用作目标地址。通常,选择一个全 1 或全 0 的二进制字意味着,例如在 16 位系统中,地址 65 535 或 0 不能使用。或者,可以将列表的长度显式存储在其头部,即 $n, d_1, d_2, \cdots, d_n$,在这种情况下不需要保留标记值。

3. 写入映射表

显然,必须规定要写入构成映射器查找表的存储器以首先设置映射表,并且可能在映射器运行时动态地重写条目。如果存储器连接到执行映射的 FPGA,则该 FPGA 还必须支持从主机(例如,通过 USB 连接)写入存储器。另一种选择是使用双端口 RAM(DPRAM),其中主机在一个端口上写,而映射 FPGA 在另一个端口上读,但是 DPRAM 相对稀缺且昂贵,并且与较常用的静态 RAM(SRAM)相比,通常不易连接。SRAM 具有非常快的访问时间和高带宽,通常用于高速缓存。

如果在映射器运行时需要动态写入映射表,则必须注意确保执行映射的设备(例如,FPGA)只看到一致的映射表,尤其是在使用标记值标记目标地址列表末尾的情况下,因为丢失的标记值通常会导致设备继续发射 LUT 内存中包含的任何内容,直到它碰巧遇到另一个标记值。

4. 算法映射

到目前为止,我们仅讨论了基于 LUT 的映射器。还可以执行所谓的算法映射,其中通过将某些算法应用于源地址来生成发出的目标地址。这种算法可以像在源地址添加偏移量一样简单。更有趣的是,可以通过指定源地址 s 对应的目标地址由公式 $d_i = f(s) + i - \left[\dfrac{w}{2} \right], \forall i \in \{0, 1, 2, \cdots, w-1\}$ 给出投影字段(Lehky 和 Sejnowski,1988),其中,每个 s 到达时的映射器计算得出 $f(s)$,w 是投影场的宽度。对于 SCX 项目,Deiss 等(1999)提出了一种表查找和算法映射混合生成投影字段的方法(Whatley,1997)。虽然最终没有成功,但映射是由 DSP 而不是 FPGA 执行的。

5. 提供映射内存

与监视和定序不同,一旦建立了映射表,就可以由一个独立的设备(即在没有主机的情况下)执行映射。为了促进真正的独立操作,CAVIAR USB - AER 板允许其初始配置(包括映射表)从非易失性存储器加载,如数码相机中使用的 MMC/SD 卡(Paz - Vicente 等,2006)。

在另一个极端,为了将高达 2 GB 的映射表存储在经济实惠的快速内存中,Fasnacht 和 Indiviri(2011)采用了使用 PC 提供内存的方法。经济实惠的 FPGA 系统没有大量的高带宽和低访问延迟的 RAM。另一方面,在 PC 硬件中,千兆字节的快速 DRAM 很容易获得,其价格比 FPGA 开发平台上同等规格的内存低一个数量级。因此,PC 机硬件和 FPGA 通过 PCI 接口结合在一起。实际的映射器设备是 PCI 板上的一个 FPGA,它插入了一个带有 4 GB RAM 的 PC 主板,其中 2 GB 是用来存储映射表的,见图 13.6。

6. 重复计数、概率映射和延迟

基于 LUT 的映射器中的查找表不仅需要保存目标地址。如果希望针对同一源地址多次发射某些地址,传输概率(Fasnacht 等,2008;Paz-Vicente 等,2008)以模拟突触释放概率和传输延迟(Linares-Barranco 等,2009a)以模拟轴突传导延迟,它还可以编码重复计数。这些属性中的任何一个或所有可以通过扩展存储在 LUT 中的字来合并,以便只有一些位表示目标地址,并为所讨论的一个或多个属性添加更多的位字段。

通过为每个要处理的目标地址从伪随机数生成器(PRNG)提取一个数字来实现传输概率。如果提取的数字大于当前目标地址的概率值,则丢弃该地址;否则,将以通常的方式输出目标地址。

传输延迟的实现方式与定序器处理尖峰间隔的方式类似(见 13.1.2 小节)。但是,如果不同的事件需要不同的延迟,则映射器查找操作产生的一些事件将需要在先前映射器查找操作的事件之前传输。因此,映射器输出不能再作为简单的 FIFO 队列来处理,而必须按照所需的传输时间顺序进行排序。

13.2　小型系统的硬件基础架构板

13.2.1　硅皮层

首次尝试建立可以处理多个发送者和接收者的板是 Silicon Cortex(SCX)板(Deiss 等,1999)。该板实现了 AE 通信基础架构,可用于简单神经形态系统中的芯片间通信。SCX 框架被设计为一种灵活的原型系统,可在单个电路板上的多个芯片或多个电路板上的 10^4 个计算节点之间提供可重新编程的连接。SCX 是 VME 总线卡,由美国加利福尼亚恩西尼塔斯的 Applied Neurodynamics 设计和制造。每个 SCX 板可支持多达 6 个芯片或其他 AE 源,并且多个板可按任意拓扑链接在一起以形成更大的系统。

SCX 旨在测试和完善在使用 AE 表示的模拟芯片系统中遇到的几个基本问题:协调公共总线上多个发送者/接收器芯片的活动;提供一种构建本地总线的分布式网络的方法,该方法足以构建无限大的系统;提供用于翻译 AE 的软件可编程工具,使用户能够配置神经元之间的任意连接;提供广泛的数字接口机会;通过维护易失性模拟参数或对模拟非易失性存储器进行编程,为定制模拟芯片提供"生命支持"。

这个控制板项目当时是一个雄心勃勃的项目。有两个插槽可容纳定制的神经元芯片和一个子板连接器。子板可能包含多达 4 个需要在本地地址事件总线（LAEB）上进行通信的元素，例如，4 个附加的自定义神经元芯片，或与诸如视网膜的外围传感设备的接口。

系统中所有芯片之间的通信都是通过三个地址-事件总线（AEB）进行的。用于板内通信的 LAEB 使用了常见的 AER 协议的变体，如 2.4.2 小节所述。LAEB 协议的详细信息在 Deiss（1994）的论文中进行了描述。用于板间通信的域 AEB（DAEB）使用了快速同步广播协议。

SCX 板上的芯片（和任何子板上）之间的通信是通过 LAEB 进行的。任何芯片上发生的事件都在该芯片内进行仲裁，并导致该芯片向总线仲裁器发出请求。总线仲裁器将确定在每个周期哪个芯片控制 LAEB，并且该芯片将 AE 广播到总线上。这些事件可以由连接到总线的所有芯片读取。特别是，总线由 DSP 芯片监控，该芯片可以将 AE 路由到许多不同的目的地。例如，DSP 芯片可以使用查找表将源 AE 转换为许多目标 AE。

由于 SCX 解决方案的体积庞大，以及对直接支持的芯片引脚限制，多芯片系统的设计人员采用更简单的独立电路板来满足他们的需求。

13.2.2　集中通信

由罗马高级研究所的 Vittorio Dante 设计的 Rome PCI - AER 板（Dante 等，2005），试图通过将神经形态芯片与硬件基础架构分离来提供比 SCX 板更灵活的功能划分。在集中式硬件系统中。它由一个 33 MHz、32 位、5 V PCI 总线附加卡和一个接头板组成，该接头板可以方便地放置在台式机上，并为多达四个 AER 发送器和四个 AER 接收器提供连接器。发送方必须使用 2.4.2 小节中所述的所谓 SCX 多发送方 AER 协议（Deiss，1994），其中请求和确认信号为低电平有效，并且仅在确认信号为有效状态时才可以驱动总线。接收器可以使用此 SCX 协议，也可以选择使用点对点协议（AER，1993），在该协议中，请求和确认为高电平有效，而总线在请求有效时被驱动。

PCI - AER 板执行三种功能，由监视器，定序器和映射器模块执行。监视器可以捕获来自仲裁的附加 AER 发送者的事件并为其打上时间戳，并将这些事件提供给 PC 进行存储或进一步的在线处理。监视器读取传入的 AE 时，会将时间戳和地址一起存储在 FIFO 中。此 FIFO 使输入 AE 的管理与 PCI 总线上的读取操作分离，后者的带宽必须与 PC 上的其他外围设备（例如网卡）共享。当 FIFO 变为半满和/或已满时，可能会产生对主机 PC 的中断，并且在理想情况下，只要主机 CPU 收到 FIFO 半满中断，驱动程序就会从监视器 FIFO 读取带时间戳的 AE，给定 AE 输入速率，其速率足以使 FIFO 永远不会填满或溢出。如果 CPU 无法以足够的速率清空 FIFO，则 FIFO 将填满并生成 FIFO 满中断。此时，传入事件将丢失，直到 CPU 可以再次从 FIFO 读取该时间为止。

定序器允许将主机 PC 发出的事件发送到连接的 AER 接收器。这些事件可以表示预先计算的、缓冲的刺激模式,但是它们也可以是实时计算的结果。与监视器一样,定序器也通过 8 K 字的 FIFO 与 PCI 总线分离。主机将代表地址和时间延迟的字序列写入定序器 FIFO。然后,定序器一次从 FIFO 中读取这些字,并发出 AE 或指示等待的微秒数;可以产生 FIFO 半空中断,以向 CPU 发出信号以向定序器提供更多数据。如果 CPU 无法以足以防止定序器 FIFO 变空的速率向定序器提供数据,则可能表明系统无法在所需的时序下生成所需的事件序列。在这种情况下,将产生一个定序器 FIFO 空中断,以指示欠载信号。由定序器生成的地址事件将通过映射器,因此可以在四个输出通道中的任何一个上传输。

该映射器实现了可编程的芯片间突触连接。它将来自连接的 AER 发送器和/或定序器的传入 AE 映射到一个或多个输出地址,以传输到连接的 AER 接收器。它可以直通,一对一或一对多模式运行。它使用 2 M 字的板上 SRAM。映射器也具有一个 FIFO,它将输入的 AE 的异步接收并与输出的 AE 分开。如果该 FIFO 满了,则事件可能会丢失,并且可以通过中断将此事件通知 CPU。一旦配置了映射器并且用所需的映射表填充了查找表,该映射器就完全独立于 PCI 总线和主机 CPU 进行操作,因为包括查找表在内的所有必要的操作均由其中一个 FPGAs 执行。可以在线获得有关硬件的详细硬件说明(硬件用户手册)(Dante,2004)。

其他实验室选择了针对其设置的解决方案。图 13.8(b)所示的 OR+IFAT 系统也是使用集中式通信模块系统的其中一种。该系统将在 13.3.1 小节中进一步描述。主要模块是 FPGA,它控制两条 AER 总线:一条内部总线用于发送到 IFAT 多神经元芯片和从 IFAT 多神经元芯片发送/接收来自 IFAT 多神经元芯片的事件,另一条外部总线用于从 Octopus 视网膜或计算机(CPU)发送或接收的事件。与许多其他这种规模的 AER 系统相似,FPGA 实现了创建必要接收场所需的映射功能,以实现系统所需的网络。

FPGA 还用于控制芯片上神经元和突触的参数,特别是,它用于为神经元之间的每个虚拟连接实现不同类型的突触,并通过两个动态控制的外部参数扩展突触权重的范围。发送事件的概率和每个突触前事件发送的突触后事件的数量(Vogelstein 等,2007a)。FPGA 还实现了一对多的映射功能以实现不同的连接性(Vogelstein 等,2007b)。它使用平面地址空间,即每个目标和发送单元都有唯一的地址。该映射解决方案已在许多早期的两芯片系统上使用,并且具有局限性,即芯片产生的每个尖峰事件都必须通过 FPGA 上的单个映射器。

13.2.3 可组合架构解决方案

另一个通信基础架构解决方案是在系统组件之间使用多个独立板。可以对这些板进行编程以实现各种功能,并以类似于 Unix shell 管道机制中的命令的形式组成系统。此解决方案已在 CAVIAR 系统中使用(请参阅 13.3.3 小节)。这样,可以根据需要在两个芯片之间添加板子,这两个芯片之间需要相互通信尖峰信号。这些板不再需要 PC 来协调来自多个 AER 芯片的尖峰流的协调,芯片扫描之间的通信可以通过分布式方式完成。

作为 CAVIAR 项目的一部分,构造了各种规格的板。每个板都支持一种或多种基本功能,例如映射和监控。因为有必要实施以视觉皮层为模型的分层多层系统,因此还开发了简单的板,将来自多个芯片的尖峰流合并到一个芯片上,并将流从单个芯片拆分为多个芯片。在这种方案中,可以在独立板上实现本地映射器,从而可以建立本地网络。此路由方案中的地址空间是本地的,并且广播输入的 AE 仅适用于连接模块的板上映射器定义的目标模块。

用 CAVIAR 开发的五块板的规格在功能数量、所选择的 I/O 端口、端口带宽和板的紧凑性方面有所不同。第一块板是 PCI - AER 接口 PCB,能够对计算机中的定时 AER 事件进行定序;反之亦然,它可以从 AER 总线捕获事件并为其添加时间戳,并将其存储在计算机内存中。第二块板是 USB - AER 板。第三块板是基于简单 CPLD 的开关- AER PCB。它将一个 AER 总线拆分为两个、三个或四个总线;反之亦然,将两个、三个或四个总线合并为一个总线。第四块板是 mini - USB - AER 板,性能较低,但使用了更为紧凑的总线供电的 USB 接口,对于便携式演示特别有用。第五块板是 US-BAERmini2 板,是总线供电的 USB 监视器序列器板。

CAVIAR PCI - AER(Paz-Vicente 等,2006)和 USBAERmini2(Berner 等,2007)板可以执行 AE 进行定序和监视功能,但没有硬件映射功能。尽管基于主机的软件驱动映射是可行的,但是当有必要构建无需计算机即可运行的 AER 系统时,则需要用于此目的的特定设备。

1. CAVIAR PCI - AER[①]

CAVIAR PCI - AER 工具(Paz-Vicente 等,2006)是一块 PCI 接口板,它不仅允许将 AER 流读取到计算机内存中并在屏幕上实时显示,而且可以反过来。利用计算机内存中的图像,它可以生成合成的 AER 流,其方式类似于专用的 VLSI - AER 发射器芯片(Boahen,1998;Mahowald,1992;Sivilotti,1991)。

PCI 接口设计注意事项

在开发 CAVIAR PCI - AER 接口之前,唯一可用的 PCI - AER 接口板是 Dante 等(2005)提到的接口板,请参阅 13.2.2 小节。该评估板涵盖了有关 AER 定序、映射和监视的所有要求。但是,其性能被限制为大约 1 Meps。在实际的实验中,软件开销可能会进一步降低该值。在许多情况下,这些值是可以接受的,但是许多 AE 芯片可以产生(或接受)更高的尖峰频率。

当开始开发 CAVIAR PCI - AER 板时,使用 64 位、66 MHz PCI 似乎是一种有趣的选择,因为带有这种总线的计算机在服务器市场很受欢迎。但是,当必须做出实施决策时,情况就发生了很大的变化。具有扩展 PCI 总线的计算机几乎消失了,并且,另一方面,基于 LVDS 的串行 PCI Express(PCIe)已明确成为了未来的标准,但是市场上几乎没有商业实现。因此,当时最可行的解决方案是继续使用通用 PCI 实现(32 位,33 MHz)。

---

① 本小节的文本摘自 Paz-Vicente 等(2006),经许可转载,© 2006 IEEE。

先前可用的 Rome PCI - AER 板使用轮询和/或中断驱动的 I/O 与板进行数据传输,但不进行 DMA 或总线主控。这是限制其性能的主要因素。CAVIAR PCI - AER 板的设计和实现经过开发,包括总线主控以及基于硬件的框架到 AER 的转换(Paz-Vicente 等,2006)。CAVIAR PCI-AER 板可以同时执行排序和监控。

物理实现在 FPGA 的 VHDL 中。用户所需的大多数功能都可以由相对便宜的 SPARTANII 系列中的较大设备来支持。通过 VHDL 桥接器(Paz,2003)连接到 PCI 总线,该桥接器管理 PCI 总线的协议,对 PCI 基址的访问进行解码并支持总线控制和中断。开发了 Windows 驱动程序和 API,允许开发人员利用主板的总线主控功能,并开发了 Matlab 接口。

2. CAVIARUSB - AER

CAVIAR USB - AER 板允许独立运行,并具有多种功能,包括硬件映射。这种独立的操作模式要求用户可以从某种形式的非易失性存储介质中加载 FPGA 配置和映射器 RAM,这些存储介质可由用户轻松修改。数码相机中使用的 MMC/SD 卡提供了诱人的可能性。但是,用户也可以通过 USB 直接从计算机加载电路板。

许多 AER 研究人员希望使用易于与笔记本电脑接口的仪器来演示其系统。这个要求也可以通过 USB 支持。因此,该板还可以用作音序器或监视器。CAVIAR USB - AER 板使用 USB 1.1,因此受到全速 USB(12 Mbit/s)的带宽限制。不过,由于其 2 MB 的板上 SRAM,该板可以用作数据记录器,以在内存中存储高达 512 K 事件(包括时间戳),以供以后进行离线处理。类似地,它也可以用于以高达 10 Meps 的速度向 AER 系统重放一系列计算生成的事件。

CAVIARUSB - AER 板也进行了改进,以实现概率映射(Paz-Vicente 等,2008)。同一板还用于实现可配置的延迟(Linares-Barranco 等,2009a)以及帧到 AER 的转换。

接口功能和架构

根据从 MMC/SD 卡或 USB 总线加载到 FPGA 的 VHDL 代码,该板可以用作不同的功能设备。这些功能包括:

定序——帧到 AER 转换或对带有内存时间戳的预存储事件进行定序;

监视——既可以使用时间戳对事件序列进行常规监视,又可以进行 AER 到帧的转换;

映射———一对一,一对多,并具有可选的输出事件重复、概率和可编程延迟。

一次实现的精确功能仅取决于 VHDL 代码,该代码已合成并作为固件加载到 FPGA 中。简单的体系结构是所有与映射器相关的功能的通用基础。此体系结构如图 13.3 所示。

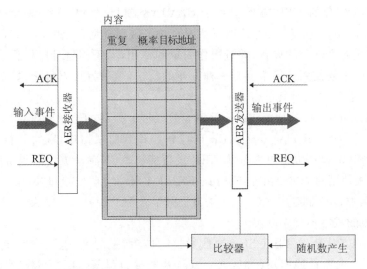

图 13.3　基本架构的 USB‐AER 映射器框图。改编自 Linares-Barranco 等(2009b)。经 Springer Science 和 Business Media 许可转载

3.　USBAERmini2[①]

USBAERmini2(见图 13.4)是一个高速 USB 2.0 AER 接口,可以对精确定时的 AER 数据进行同时监视和定序。低成本(< $ 100)、两芯片、总线供电的接口可以实现 5 Meps 的持续 AER 事件发生率。可以同步多个板,从而允许从多个设备同时同步捕获。它具有三个 AER 端口:一个用于定序,一个用于监视,一个用于传递被监视的事件。

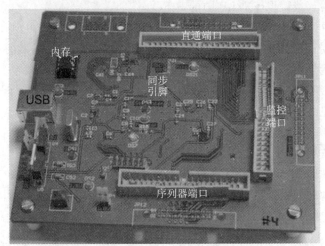

图 13.4　USBAERmini2 板。© 2009 IEEE。经许可转载,摘自 Serrano-Gottaredona 等(2009)

许多早期的 AER 计算机接口(Dante 等,2005；Deiss 等,1999；Gomez-Rodriguez 等,2006；Merolla 等,2005；Paz-Vicente 等,2006)都没有高速的、总线驱动的与 AER

---

①　本小节的文本摘自 Berner 等(2007),© 2007 IEEE,经许可转载。

流量同步监测结合的 USB 方便。对于 CAVIAR 项目(CAVIAR,2002;Serrano-Go-tarredona 等,2005),将 AER 芯片的异质混合物组装到视觉系统中,并且需要一种可以同时记录系统各个部分的设备,并且操作简单和使用,易于构建且价格便宜,并且可以在其他环境中重复使用。还希望有一种方便的装置,该装置可以将记录或合成的事件定序到 AER 芯片中以对其进行表征。

USBAERmini2 板的功能包括定序和监视功能。跳线的数量通过自动检测连接的设备而得以最小化。用户将发送 AER 的设备连接到监视器端口,然后将开发板插入计算机的 USB 端口;之后,再准备从 AER 设备捕获 AER 流量并为其添加时间戳。

该评估板使用两个主要组件:Cypress FX2LP USB 2.0 收发器和 Xilinx Coolrunner 2 CPLD。该板的设计制造成本低。10 块板子两个人手工组装三天完成。包括两层 PCB 在内,每块板的成本不到 100 美元。

Cypress FX2LP 是一款 USB 2.0 收发器,具有增强的 8051 微控制器和灵活的接口,可连接其 4 KB 的 FIFO 缓冲区,Cypress 串行接口引擎(SIE)会将这些缓冲区自动提交给 USB。例如在 Merolla 等(2005)的论文中提到,FX2LP 在从属 FIFO 模式下使用,这意味着该设备可以处理硬件中的所有低级 USB 协议。使用 USB 可以批量传输。两个 FIFO(每个方向一个)配置为四缓冲,每个 FIFO 容纳 128 个事件。对于 CPLD,FX2LP 似乎是 AER 数据的 FIFO 源或接收器。

FX2LP 的微控制器部分控制与主机的通信。这涉及 USB 通信的设置以及从主机到控制端点的命令解释(例如开始捕获、停止捕获或零时间戳)。

CPLD 与 AER 发送者和接收者进行握手,并在接收到事件时记录 16 位时间戳。地址和时间戳写入或读取 FX2LP 中的 FIFO。

CPLD 使用 16 位计数器来生成时间戳。这些时间戳在主机上解压缩为 32 位,可以从主机控制时间戳周期。可以使用两种时间戳模式,即 1 μs 的滴答声或一个 33 ns 的时钟周期的滴答声。当时间戳计数器溢出时,一个特殊的时间戳包裹事件发送到主机,以告知它必须增加时间戳包装计数器。为每个事件发送明确的时间戳,以保留精确的事件计时信息。

(1) 同 步

电的同步支持从多个 AER 设备进行时间戳同步捕获。处于"从"模式的 US-BAERmini2 可以同步到定时的"主机",通常是另一个 USBAERmini2。然后,主设备可以为从设备的时间戳计数器提供时钟。同步状态机在同步输入上检测到时间戳主机时(即同步输入变为高电平),它将重置时间戳,通过发送 USB 控制传输消息向主机发送信号,并更改为从机模式。主机重置其时间戳包装计数器,以便所有从属服务器都具有与主机相同的绝对时间戳。

(2) 性 能

监视和定序性能的峰值限制由状态机用于握手周期的时钟周期数设置。监视器状态机需要 5 个时钟周期,定序器需要 8 个时钟周期。CPLD 时钟频率为 30 MHz,因此用于监视的峰值事件率为 6 Meps,用于定序的峰值事件率为 3.75 Meps。

测得的性能取决于主机内存缓冲区的数量和大小。为了在低事件发生率下实现高帧速率可视化,可以将主机处理缓冲区大小设置为 512 字节。为了获得最佳性能,缓冲区至少需要 4 KB。使用 8 KB 的缓冲区大小和 4 个缓冲区,从一块板上捕获事件时的事件速率达到 5 Meps,这是握手时序所定义的限制的 83%。USB 2.0 高速模式的数据速率为 480 Mbit/s。因为每个事件由 4 个字节组成,所以 5 Meps 等于 160 Mbit/s。使用同一 USB 主机控制器在一台计算机上同时监视两个或三个接口可实现 6 Meps 的总速率,即 192 Mbit/s,约为 USB 2.0 基本数据带宽的一半。

USBAERmini2 开发板已成功用于监视和记录分布在 4 种不同 AER 芯片上的 40 K 神经元(Serrano-Gotarredona 等,2005),并已在三个不同的实验室中定期使用。该开发板的完整设计以及软件(不包括设备驱动程序)已经开源(jAER 硬件参考 n.d.)。

4. SimpleMonitorUSBXPress

Delbrück(2007)在 CAVIAR 项目期间也开发了一个甚至更简单的仅用于监视的 USB 接口 SimpleMonitorUSBXPress(见图 13.5),其目标是简化、小尺寸、低成本,最重要的是便携性。尽管它只能以 50~100 keps 的速度捕获事件,但它可能是世界上最小、最便携的 USB AER 接口!

图 13.5　SimpleMonitorUSBXPress PCB 的两个版本。摘自 Delbrück(2007)

13.2.4　菊花链结构

下一个体系结构是采用菊花链方案,其中每个设备仅与另一个芯片通信,并且事件通过点对点 AER 链路进行通信,而不是使用连接多个发送器和接收器的中央路由器。该通信基础设施用于 ORISYS 系统,该系统由视网膜和多个 Gabor 芯片组成,这些芯片被编程为检测不同的方向(Choi 等,2005;另请参见 13.3.2 小节)。

这种菊花链结构避免了需要复杂的电路来控制总线访问并执行路由。相反,ORI-SYS 系统使用了两个基本的路由函数 split 和 merge,这两个函数都包含在每个 Gabor 芯片中,它们通过将芯片链接在一起的方式来确定尖峰路由。使用这种方法,路由电路的复杂度会自动扩展以适应系统中的芯片数量。此外,分离和合并电路会自动生成并更新唯一的芯片地址,因此它们可以区分一个 AER 地址流中不同芯片的峰值。与以前使用各种板卡实现分离器和合并电路的系统不同,该系统直接在芯片上实现这些电路,并包括一个用于内部映射地址的片上 RAM。

分离电路在其输入端产生两个 AER 事件副本。一个副本通过解码器发送到神经元阵列,该解码器读取每个尖峰的原始地址,并将尖峰发送到具有相同行和列地址的神经元,而与芯片地址无关。另一个副本的芯片地址加 1,然后通过发送器从芯片发送出去。通过将一个 Gabor 芯片一个的分割输出与下一个 Gabor 芯片的分割输入的连接,设计人员可以将相同的硅视网膜尖峰输出分配给所有芯片。

合并电路是通过将一个芯片的合并输出与下一个芯片的合并输入进行菊花链连接来合并系统中所有芯片的活动。每个芯片的合并输出对直到链中该点的所有芯片活动进行编码。由于合并电路增加了输入事件的芯片地址,因此合并电路可以区分源自不同芯片的尖峰信号。

13.2.5 接口板使用串行 AER

较新的接口板用更快的串行链路(例如基于标准化的 SATA 电缆和连接器)代替了并行 AER 链路。实现 2.4.5 小节中描述的串行通信协议的示例 PCB 包括 AEX 板和 MeshGrid AER FPGA 板。例如,MeshGrid FPGA 板上的 Spartan - 6 FPGA 中的 2.5 Gbit/s Rocket I/O 接口,类似于 SATA 的串行接口,可以被利用。

1. AEX 板[①]

AEX 板(Fasnacht 等,2008)包括三个接口部分:用于连接神经形态芯片的并行 AER 部分;用于在 PC 上进行监视和定序的 USB 2.0 接口以及与其他 AEX 板或具有 SAER 接口板的串行 AER(SAER)部分;用于在这些接口之间路由数据的 FPGA。

这里采用的串行 AER 方法在几个方面与先前提出的解决方案(例如,在 Berge 和 Hafliger 2007 年的论文中)有所不同。该设计使用低成本的 Xilinx Spartan FPGA 加上专用的 SerDes 芯片,而不是使用本地支持串行 I/O 标准的高端 FPGA,这种方法之前已由 Miro-Amarante 等(2006)探索过。这样的串并转换器–并串转换器在本地通过并行总线接收数据,然后以并行接口速度的倍数通过串行输出发送数据,反之亦然。使用这样的 SerDes 芯片,可以以更低的硅片成本获得更高的事件发生率。FPGA 和 Ser-Des 的成本约为 Berge 和 Hafliger(2007)的论文中描述的系统所需的最便宜的 Xilinx Virtex - II Pro 系列 FPGA 成本的 1/3。使用 AEX 板,事件发生率比 Berge 和 Haflig-er(2007)报道的要快 3~4 倍。在他们的方法中,如果接收器还没有准备好接收事件,

---

① 本小节的文本摘自 Fasnacht 等(2008),经许可可转载,© 2008 IEEE。

就会出现丢弃事件。在 AEX 板上,实施了一种流控制方案,以确保所有事件均到达目的地。如果当前接收器无法接收事件,那么是因为它没有必要的可用的接收缓冲区空间,无法接收事件。它可以告诉发送器停止,直到事件可用为止。最后,选择的 FPGA 封装类型允许内部组装和维修,而 Berge 和 Hafliger(2007)使用的球栅阵列(BGA)封装将使其变得非常困难。

流控制

流控制信号必须满足以下要求:必须通过差分对传输;对于交流耦合,必须无直流电;它必须代表两种状态:接收器忙或接收器就绪。流控制信号被选择为方波,因为它没有直流电,并且可以通过时钟数字逻辑轻松生成。接收器 FPGA 通过以一半的 SerDes 时钟频率产生一个方波来表示它准备接收信号。如果接收器的 FIFO 空间用完了,它通过以 SerDes 时钟频率的 1/8 产生方波来通知发送器停止。发送器 FPGA 可以通过计算时钟周期数来轻松解码这些信号,流控制信号保持相同的值。如果此计数器是 1~3,则发送方继续发送,如果计数到 4 个或更多,则发送器必须停止。

为了知道在哪个接收器 FIFO 填充级别向发送器发出停止信号,必须知道前向和后向信道延迟之和。使用的德州仪器(Texas Instruments)的 SerDes TLK3101 的总链路延迟为 145 位(Texas Instruments,2008),给出 7.25 个时钟周期,加上电缆的线路延迟。流控制反向通道的等待时间等于线路延迟,加上同步寄存器的 2 个周期,再加上 4~5 个周期以检测停止状态。这总共增加了 14.25 个周期,外加两个线路延迟。在最大电缆长度为 2 m 的情况下,则有 $2 \times 2 \ m/0.5c = 26.6 \ ns$,这是 3.325 个周期(在 125 MHz 时)(保守地假设 SATA 电缆中的信号传播速度是光速的一半)。因此,总延迟应小于 18 个周期。因此,发送流控制停止信号的最新时间是 16 位接收器 FIFO 的 18 个字保持空闲时。

2. 基于 PCI 的高扇出 AER 映射器[①]

AER 映射器通常使用 SRAM 存储映射信息,并使用 FPGA 处理 I/O 接口并控制映射过程,通常具有多达 4 MB 的 SRAM 来存储映射表,并使用并行 AER 接口。Fasnacht 和 Indiveri(2011)提出了一种新的 AER 映射器,该映射器可以存储最大 2 GB 的映射表,并使用与上述和 Fasnacht 等(2008)所述的 AEX 板相同的高速串行 AER 接口。

(1) 映射器系统概述

设计选择主要取决于将映射器连接到利用串行 AER 接口的现有 AEX 板(Fasnacht 等,2008),并以可负担的方式存储和快速访问百兆字节的查找表(LUT)类型映射表。

如 13.1.3 小节所述,价格合适的 FPGA 系统 RAM 的量都不大。另一方面,在 PC 硬件中,千兆字节很容易获得非常快的 DRAM,其价格比 FPGA 开发平台上的同等规格的存储器低很多。因此,在本设计中,采用了 PCI 接口将 PC 硬件和 FPGA 结合在一

---

① 本小节的文本摘自 Fasnacht 和 Indiveri(2011),经许可转载,ⓒ 2011 IEEE。

起,请参见图 13.6。

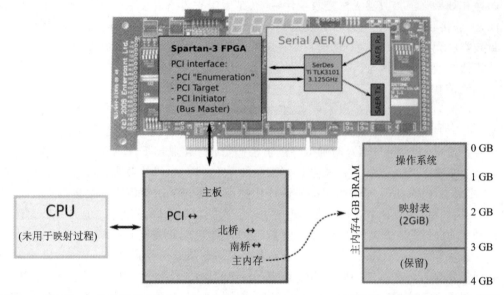

图 13.6　基于 PCI 的高扇出映射器。基础是包含 Xilinx Spartan‐3 FPGA 的改进的 PCI FPGA 开发板。FPGA 连接到实现串行 AER 接口的定制子板和 PC 主板的 PCI 总线。映射表保存在主板的主内存(右下角的物理内存映射)中,可通过 PCI 北桥进行访问。© 2011 IEEE。经许可转载,摘自 **Fasnacht 和 Indiveri(2011)**

　　PC 主板使用 Intel P35/ICH9R 芯片组。与最近的 Intel 和 AMD CPU 不同,在此体系结构中,内存控制器不在 CPU 中,而在 PCI 北桥中。如果 PCI 设备需要访问主内存,则数据路径为:

　　PCI 总线⇔北桥⇔DRAM　(见 Shanley 和 Anderson,1999)

　　这意味着 CPU 不会参与实际的映射操作。将 2 GB 的映射表空间均匀地分为 2^{16} 个部分,每个可能的 16 位输入 AE 提供 32 KB RAM。每个 AE 有 2 字节,每个输入 AE 最多可以存储 16 384 字。保留的 sentinel 地址值用于标记输出 AEs 序列的末尾,这意味着一个输入 AE 最多可以生成 16 383 个输出 AEs。这是映射器的最大扇出。这是一个固定长度的目标地址列表映射器的示例,尽管其中目标列表可能很长。为了获得一个输入 AE 的所有输出 AE,仅需要对映射表 RAM 的一次连续访问。计算给定输入 AE 的存储器地址很简单;输入 AE 的数值乘以 32 KB,并添加映射表偏移量。对于 FPGA 来说,这几乎是免费的,因为它只是一个移位和一个加法,在单周期操作中便可以完成。

　　映射器使用定制的 PCI 实现,以便尽可能多地控制 PCI 通信。该实现将忽略仲裁延迟和主延迟计时器。这意味着可以防止其他 PCI 总线主控者访问 PC 总线时间比通常要长。在 PCI 映射的情况下,该行为是理想的,因为不应暂停正在进行的映射活动以授予对其他 PCI 设备的总线访问权限。

PCI-FPGA 板通过子板扩展,该子板带有 AER 输入和输出接口所需的组件。这些 AER 接口使用与 Fasnacht 等(2008)和 13.2.5 小节介绍的 AEX 板相同的 SerDes 芯片,SATA 连接器和电缆。该接口允许 AE 在多芯片、多板设置中的板之间以极高的速度传输。神经形态传感器和处理芯片通过此接口和 AEX 板连接到映射器。串行 AER 接口在 16 位 AE 的情况下达到 156 MHz 的事件速率,在 32 位 AE 的情况下达到 78 MHz 的事件速率。

(2)多芯片装置中的典型用法

实用的多芯片装置,例如 Neftci 等(2010)使用的这种映射器,通常由许多神经形态芯片组成,每个芯片都直接连接到 AEX 板和 AER 映射器。这些组件以环形拓扑连接使用其串行 AER 接口。每个 AEX 板均分配有一定的地址空间。如果进入的 AE 落入该空间,则将它们发送到本地芯片;否则,它们将被转发(保留在环中)。这允许映射器将 AE 发送到所有芯片,并允许所有芯片将 AE 发送到映射器。完整的网络连接控制在一个点即映射器上。使用该映射器已经构建了多芯片系统的几个示例,使用了多达 5 个多神经元 AER 芯片,但映射器中没有一个被视为限制因素。

(3)性 能

对于扇出 64,所测量的 774 ns 延迟与扇出 1 相同。映射器花费 983.7 ns 来映射和发送 64 个事件,而对于 1 024 个事件则需要 15.27 μs。映射器实际上在每个 PCI 总线周期(30 ns)发出两个目标 AE。鉴于 AE 是 16 位的,并且 PCI 总线每个周期传输 32 位,因此这是可以预期的。带宽瓶颈是 PCI 总线的最大限制。

13.2.6 可重构网状架构

如 13.2.3 小节所述,在 CAVIAR 中,使用了一种带宽有效的板间(或芯片)互连方案,因为所有互连都是本地的发送器和接收器板(或芯片)。这样可以最大程度地提高通信效率,但会带来繁琐的可重新配置性。每当需要更改互连时,都需要手动拔下总线连接器并将其机械地插入其他地方。

简化多芯片和多板系统可重构性的一种方法是物理地将它们组装成固定的、硬接线的 2D 网格布置,同时实现逻辑可重配置的互连层位于物理层之上。这个想法用于 SpiNNaker 系统(在 16.2.1 小节中描述),其中逻辑互连层定义系统中所有神经元之间的互连性。但是,SpiNNaker 的方法与 Zamarreño-Ramos 等(2013)的开发方法不同,其中逻辑层仅描述了 AER 模块(芯片或 PCB)之间的互连性。

图 13.7(a)显示了模块的 2D 网格,其中每个模块可以是芯片、FPGA 或 PCB 中的任何神经元/突触 AER 块。示例性 AER 模块可以是任何传感器芯片、卷积模块、WTA 模块、多神经元学习芯片模块等。每个模块都带有一个可编程路由器。地址事件分为两个部分。较低而不太重要的部分定义了事件的"本地"信息,这仅对发送器和接收器 AER 模块有意义,就像在 CAVIAR 方法中一样。地址的上半部分定义网格中源模块或目标模块的(x,y)坐标,具体取决于使用的是源代码还是目标代码。路由器仅查看移动事件的上部,并将其发送到相邻模块,直到事件到达其目的地模块为止。逻

辑网络由各个路由器的路由表中编程的数据定义。通过这种方法,任何网络拓扑都可以映射到模块的 2D 网格上。该技术已在 Virtex‑6 FPGA 上进行了测试(Zamarreño‑Ramos 等,2013)。一台 Virtex‑6 最多可安装 48 个带路由器的 AER 64×64 像素卷积模块。模块间事件跳变时间低于 200 ns,而 FPGA 间事件跳变时间约为 500 ns。如图 13.7(b)所示,开发了一种新型的多功能 MeshGrid AER FPGA 板。它包含一个Spartan‑6 FPGA、四个用于串行 AER 2D 网格扩展的 SATA 连接器,以及多个通用引脚。

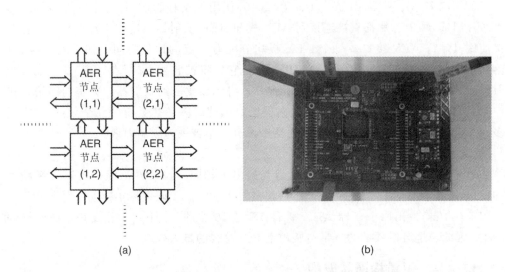

(a)   (b)

图 13.7   (a)在任意大的基于路由器的可重构系统中,AER 模块的 2×2 网格排列。© 2013 IEEE。经许可转载,摘自 Zamarreño‑Ramos 等(2013)。(b)Spartan‑6,四个 SATA 串行 AER 互连,多用途节点板进行 2D 网格布置

该板还可以配备使用串行 I/O 接口的定制 ASIC 芯片(Zamarreño‑Ramos 等,2011,2012)。串行 I/O 接口在许多商用 FPGA 中都比较容易获得。这些 ASIC 芯片在事件间隔期间使用 LVDS 位串行互通方案,发送者和接收者都处于关闭状态,当需要发送新事件时,发送者和接收者会很快重新打开。在相对较旧的 0.35 μm CMOS 技术中,记录的最大串行通信速度为 0.71 Gbit/s,同时使用曼彻斯特编码将有效速度降到物理速度的一半。这里,有两种关键类型的电路块:

① 串并转换器‑并串转换器对,用于将 32 位并行 AER 事件来回转换为串行事件,并使用握手信号线指示何时关闭和重新打开通信电路。

② 驱动器/接收器对,用于驱动和读取 100 Ω 阻抗微带的差分对。

所有模块(串行器、解串器、驱动器板和接收器板)的关闭和开启时间都小于 1 位传输时间。因此,不会因关闭和重新打开电路而带来任何损失。这些模块可以以高达62.5 Meps 的峰值速率传达 32 位事件(Iakymchuk 等,2014)。

13.3　中等规模多芯片系统

本节描述了三个中等规模的系统（OR＋IFAT、ORISYS 和 CAVIAR），这些系统说明了在早期多芯片 AER 系统中多神经元芯片所扮演的各种角色。这些系统共有以下模块：前端视网膜传感器和后续的处理视网膜事件的多神经元芯片。第 3 章讨论了系统中的各个传感器，即章鱼视网膜（OR）、Parvo-Magno 视网膜和动态视觉传感器。这三个系统中的每一个还演示了对 13.2.6 小节中讨论的硬件基础设施方法使用不同解决方案的情况。本节还描述了在这些系统上演示的一些应用程序。

13.3.1　OR＋IFAT 系统

章鱼视网膜（OR）加集成-发射阵列收发器（IFAT）系统是 20 世纪 90 年代末由不同团体开发的双芯片 AER 视觉系统的一个示例（Arias-Estrada 等，1997；Higgins 和 Shams 2002；Indiveri 等，1999；Ozalevli 和 Higgins，2005；Venier 等，1997）。这样的系统通常被配置为使用少量的神经元显示类皮质反应，如定向选择性和运动选择性。这些多芯片系统还专注于支持模块化、大脑或生物启发性体系结构的多层、分层网络，例如卷积网络和 HMAX（Fukushima，1989；LeCun 等，1998；Neubauer，1998；Riesenhuber 和 Poggio，2000）。此处描述的 OR＋IFAT 系统已用于演示高级功能，例如注意力、特征编码、显著性检测、凹点和简单的物体识别。这些功能利用 AE 域来维持多芯片架构中各单元之间的任意和可重新配置的连接。

1. 系统描述

该系统由 80×60 OR（见 3.5.4 小节）和 IFAT 板组成，如图 13.8（Vogelstein 等，2007a）所示。IFAT 板本身包含两个多神经元芯片：一个 FPGA，4 MB×32 位阵列中的 128 MB 数字存储器；一个用于操作多神经元芯片的 8 位数/模转换器（DAC）。组合的多神经元系统由在两个定制的 VLSI 芯片上实现的 4 800 个随机访问集成-发射（I&F）神经元组成，每个芯片均包含 2 400 个细胞（Vogelstein 等，2004，2007a）。4 800 个神经元都是相同的；每一个都使用开关电容器架构（在第 8 章中进行了描述）实现通用突触的电导状模型。

2. 示例结果：空间特征提取

该系统和其他多芯片视觉 AER 系统的目标应用是这些系统实现视觉处理的分层网络（例如，图 13.9 所示的 HMAX 网络）能力。要构建这样的分层系统，将需要比单个 IFAT 系统更多的板。接下来将介绍该板实现空间特征提取模块的功能。

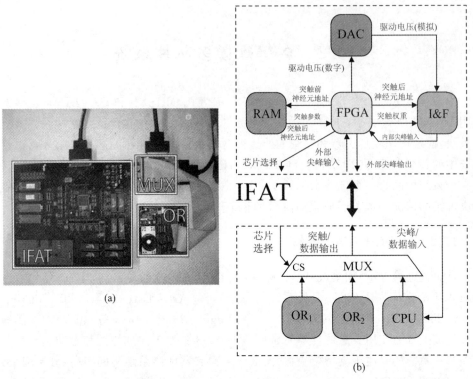

图 13.8　(a)OR＋IFAT 系统的图片。(b)OR＋IFAT 系统的体系结构。IFAT 板上的 FPGA 接收来自两个章鱼视网膜(OR)或计算机(CPU)的信号,具体取决于多路复用器(MUX)选择的信号。IFAT 中的传出地址将发送到计算机以进行可视化或存储。改编自 Vogelstein 等(2007a)。经麻省理工学院出版社许可转载

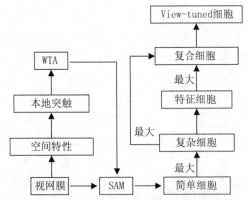

图 13.9　基于 Riesenhuber 和 Poggio(2000)工作的视觉信息处理层次模型。空间特征是从视网膜图像中利用一组小的定向空间滤波器提取出来的,其输出组合起来形成局部显著性的估计。显著性最高的区域由 WTA 网络选择,并通过空间视敏度调制来凸凹图像。然后使用许多不同首选方向的大量简单细胞来处理此带宽受限的信号。简单细胞的输出与 max 函数组合以形成空间不变的复杂细胞,然后将所得数据以各种方式组合以形成特征细胞、复合细胞,以及最终选择性响应的"视图调整细胞"到对象的特定视图。改编自 Vogelstein 等(2007a)。经麻省理工学院出版社许可转载

图 13.10 说明了如何通过模拟 8 种不同的简单细胞类型，将 IFAT 系统用于执行空间特征提取。简单细胞是视觉皮层处理的第一步（Kandel 等，2000）。它们充当定向的空间滤波器，可检测对比度的局部变化，并且它们的感受野（RF）和首选方向都是它们从视网膜接收到的输入函数。

请注意，因为 OR 输出与光强度成比例，所以这些简单细胞会响应强度梯度，而不是对比度梯度。在这个例子中，每个皮层细胞都整合了 OR 中四个像素的输入，其中两个像素产生兴奋性突触，两个像素产生抑制性突触。兴奋性和抑制性突触权重是平衡的，因此对均匀的光没有净响应。这些感受野是利用 FPGA 板上的映射函数生成的。

因为每个硅皮质和视网膜芯片只有 4 800 个神经元，所以在整个视场中相同方向的简单细胞的间距和感受野重叠方向不同的简单细胞的数量之间必然存在一种平衡。对于图 13.10 中的图像，为了提高分辨率，这种权衡得到了解决。每个帧都是从系统的不同配置中捕获的，在该配置中，所有 4 800 个简单细胞都具有相同的首选方向。通过允许使用较低分辨率的 RF，可以将系统配置为同时处理两个或四个不同的方向。

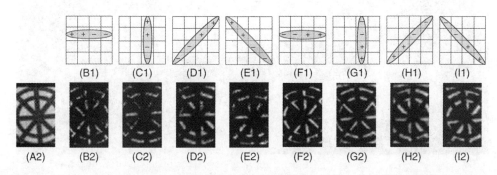

图 13.10 （B1）～（I1）IFAT 简单细胞网络中的方向选择性内核组成。每个简单细胞都有一个 4×1 的感受野，并从硅视网膜接收两个兴奋性（＋）和两个抑制性（－）输入。（A2）硅章鱼视网膜捕获的原始图像。（B2）～（I2）从 IFAT 系统上实现的简单细胞网络处理的视网膜图像实时视频序列中捕获的帧。改编自 Vogelstein 等（2007a）。经麻省理工学院出版社许可转载

13.3.2 多芯片定向系统

第二个系统是在 Shi 和 Boahen 的实验室中开发的多芯片定向系统——ORISYS。它使用 Zaghloul 和 Boahen（2004）制作的 60×96 Parvo‐Magno 硅视网膜。视网膜（在第 3 章中已进行描述）生成尖峰输出，该输出模仿在 30×48 视网膜位置阵列上 ON 维持和 OFF 维持的视网膜神经节细胞的响应。ORISYS 系统的定制芯片之间的事件使用 2.4.4 小节中讨论的字串行协议（Boahen，2004a，2004b）进行通信，即首先发送 y 地址，然后发送该行上所有活动事件的 x 地址。Gabor 芯片实现的神经元具有类似于 Gabor 功能的空间感受野（Choi 等，2004）。这些感受野不是通过 AER 映射器创建的。接收场分布具有与通常用于建模定向选择性皮层神经元的 Gabor 函数相同的形式（Daugman，1980；Jones 和 Palmer，1987），除了调节功能不是高斯函数。

1. 系统架构

图 13.11 显示了前馈架构的框图,其中,单个 Gabor 芯片已对四个不同方向进行了预编程。视网膜的输出广播到几个 Gabor 芯片。

每个 Gabor 芯片都可以处理 32×64 视网膜位置阵列的 ON 和 OFF 尖峰(Choi 等,2004)。每个视网膜位置由 Gabor 芯片上的四个神经元处理。四个神经元中的每个神经元都从该视网膜位置的小邻域中的 ON 和 OFF 神经节细胞计算尖峰率的加权总和,对其进行半波整流,并将结果编码为输出尖峰率。总和中使用的加权函数等效于神经元的感受野(RF)轮廓。四个神经元用 EVEN - ON、EVEN - OFF、ODD - ON 和 ODD - OFF 表示,并且根据它们的 RF 对称性(EVEN/ODD)和极性(ON/OFF)而不同。ON 和 OFF 神经元对正负半波整流和进行编码。

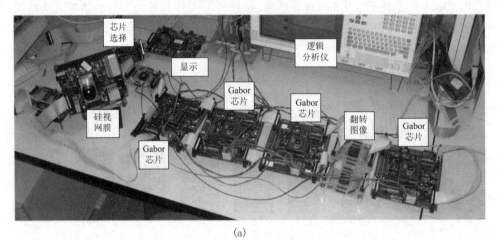

(a)

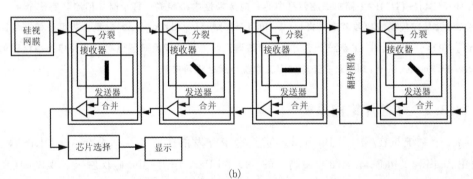

(b)

图 13.11　ORISYS 的前馈实现。双线边框表示包含视网膜神经元阵列的芯片。Gabor 芯片用较大的方框表示,黑条表示芯片上神经元的调整方向。单线边框表示操纵 AER 编码的尖峰序列的电路。"翻转图像"电路重新映射尖峰地址,以水平翻转第四块芯片的输入和输出图像,从而将神经元调整为 135°。"芯片选择"模块仅使源自所需芯片的尖峰通过(a)设置照片(b)框图。© 2005 IEEE。经许可转载,摘自 Choi 等(2005)

该系统中的神经元捕获了定向调整的皮质神经元的许多重要特征。线性滤波模型及其后的非线性被证明可以解释视觉皮层中大部分 V1 神经元的反应(Albrecht 和

Geisler,1991；Heeger,1992a,1992b)。

2. 示例结果：方向选择性

证明方向选择性是视网膜和多神经元模块的 AER 系统经常应用的。方向选择系统的配置中经常使用两种方法。第一种方法遵循 ice-cube 模型(Hubel,1988；Hubel 和 Wiesel,1972),其中每个像素提取不同的方向(Cauwenberghs 和 Waskiewicz,1999；Liu 等,2001)。在第二种方法中,每个芯片的神经元提取相同的方向。因此,多个方向需要多个芯片。这两种方法需要权衡方向分辨率和空间分辨率。ORISYS 系统遵循第二种方法(Choi 等,2004,2005)。它克服了 IFAT 系统的局限性,在 IFAT 系统中,一次只能在多神经元芯片上实现一个方向,因此不适合实时从场景中提取多个方向。每个多神经元芯片上的像素直接实现 Gabor 卷积函数,从而消除了为 AE 域中的神经元创建这种方向选择感受野的必要性。这样做,减少了 AER 带宽的需求。

该系统在实现方向选择 RF 方面的性能如图 13.12 所示,该图显示了使用前馈系统配置响应于明亮背景上的黑环的神经元输出。四个 Gabor 型芯片已调整为相似的空间频率和带宽,但方向不同(0°、45°、90°和 135°)。将芯片调至 45°,然后水平翻转输入和输出图像,可以实现 135°方向。

该系统总共包含 32 768 个方向调整的神经元,这些神经元已调整为四个方向,两个空间相位,两个极性(开/关)和 32×64 视网膜位置。来自不同芯片的神经元会对环的各个部分做出响应,具体取决于它们调整后的方向与环的方向匹配。由于神经元的增益、调整和背景发射率的变化,晶体管失配会增加跨位置的神经反应的变化(Choi 等,2004；Tsang 和 Shi,2004)。

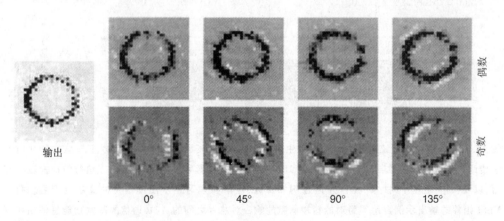

图 13.12 前馈 ORISYS 系统对黑环的响应。左图显示了 Parvo-Magno 视网膜 3.5.3 小节的输出。每个图像位置代表阵列左上角 30×30 的一个视网膜位置。图像强度编码了每个位置的 ON 和 OFF 神经元的尖峰率之间的差异。剩下的八幅图像显示了 Gabor 芯片上的偶数(顶部行)和奇数(底部行)神经元的输出。对于偶数和奇数响应,黑色分别对应于差分尖峰≤−40 Hz 和−80 Hz,白色对应于差分尖峰频率≥+40 Hz。© 2005 IEEE,经许可转载,摘自 Choi 等(2005)

阵列中的总尖峰频率受传输一个地址事件所花费的时间限制，$T_{cyc}=357$ ns。在同一突发中编码的后续事件仅需要 $T_{bst}=106$ ns。对于每个脉冲仅包含一个 x 地址的低负载，链路容量为 $1/T_{cyc}=2.8\times10^{6}$ 尖峰/秒。突发模式下，链路容量为 $1/T_{bst}=9.4\times10^{6}$ 尖峰/秒。

13.3.3 CAVIAR 系统

第三个系统为 CAVIAR（实时卷积 AER VIsion 体系结构），是当时构建的最大的多芯片多层 AER 实时无框视觉系统（见图 13.13），总共有 4.5×10^{4} 神经元和 5×10^{6} 突触（Serrano-Gotarredona 等，2009）。该系统具有四个定制的混合信号 AER 芯片，五个定制的数字 AER 接口组件，并且每秒执行高达 1.2×10^{10} 的突触操作。它有能力实现毫秒级的目标识别和跟踪延迟，说明了 AER 系统的计算效率。CAVIAR 系统比之前的系统更为复杂，因为它包括三层处理，包括卷积阶段，以及系统输出与控制激光笔的机器人电机输出的接口。

1. 系统架构

CAVIAR 视觉系统（见图 13.13）由以下定制芯片组成：DVS 时间对比视网膜芯片，一组可编程内核卷积芯片，2D WTA 对象芯片，延迟线芯片和学习芯片。它还包括一组基于 FPGA 的 AER 重新映射、拆分和合并模块，以及用于生成和/或捕获 AER 尖峰的计算机 AER 接口 FPGA 模块，在 13.2.3 小节中讨论。开发硬件基础结构是为了支持一组串联和并联连接的 AER 模块（芯片和接口），以体现抽象的分层多层体系结构。

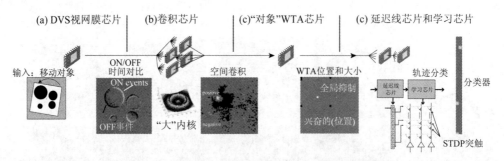

图 13.13 CAVIAR 系统概述。 一种具有生物启发性的系统架构，该架构采用以下概念结构执行前馈传感和处理：(a)传感层，(b)一组低层处理层，通常通过投影字段（卷积）实现，以进行特征提取和组合；以及(c)一组基于"抽象"操作并通过例如降维、竞争和学习逐步压缩信息的高级处理层。每个 VLSI 组件的输出示例显示了为对旋转较刺激的响应。芯片之间的 AER 通信的基本功能是使用定制的 AER 板执行的（参见 13.2.3 小节）。© 2009 IEEE。经许可转载，摘自 Serrano-Gottaredona 等 (2009)

在一个目标跟踪应用程序的例子中，视网膜视场中移动的对象会引起峰值。视网膜上的每一个脉冲都会导致每个卷积芯片内核的一小部分到它自己的积分器阵列上。当积分器阵列像素超过正或负阈值时，它们依次发出峰信号（Serrano-Gotarredona 等，

2006)。由此产生的卷积尖峰输出由 WTA 对象芯片进行噪声滤波(Oster 等,2008)。WTA 输出尖峰,其地址代表"最佳"圆形对象的位置,被送入一个可配置的延迟线芯片,该芯片将时间尖峰映射成空间尖峰。然后这种时间延迟尖峰的空间模式被一个有竞争力的 Hebbian 学习芯片学习(Häfliger,2007)。延迟线芯片采取时间流的尖峰输入和项目到一个空间维度,从而允许竞争的 Hebbian 学习芯片分类时间模式。

WTA 尖峰可用于控制机械或电子跟踪系统,该系统可将已编程对象稳定在视场中央。

我们将更详细地讨论 CAVIAR 系统中的两个多神经元芯片(卷积芯片和 WTA 目标芯片),以说明可以在多神经元芯片上演示的功能类型。

(1) AER 可编程内核 2D 卷积芯片

卷积芯片上的神经元以与其他实现片上卷积电路的芯片不同的方式执行基于尖峰的卷积,例如硬连线椭圆(Venier 等,1997)、Gabor 形核(Choi 等,2004)或 x/y 可分离内核过滤(Serrano-Gotarredona 等,1999a)。

卷积内核存储在片上 RAM 中,这带来了两个好处:首先,卷积内核的形状或大小仅受片上 RAM 的大小限制。其次,视网膜和卷积芯片之间的外部 AER 总线不用于生成感受野,因此,映射活动不会占用总线的带宽。该芯片是一个带有事件集成器阵列的 AER 收发器。对于每个传入事件,寻址像素周围投影场内的积分器都会计算加权事件积分。该积分的权重由卷积核定义(Serrano-Gotarredona 等,2006)。这种事件驱动的计算将内核置于积分器上。

图 13.14 给出了卷积芯片的框图。芯片的主要部分是:

① 32×32 像素的阵列。每个像素都包含一个二进制加权带符号电流源和一个积分-发射带符号积分器(Serrano-Gotarredona 等,2006)。当前源由从 RAM 读取的内核权重控制,并存储在动态寄存器中。

② 32×32 内核 RAM。每个内核权重值都以带符号的 4 位分辨率存储。

③ 一个数字控制块,处理每个输入事件的操作顺序。

④ 单稳态。对于每个传入事件,它都会生成一个固定持续时间的脉冲,从而可以同时在所有像素中进行积分。

⑤ x 邻域块。该块执行内核在 x 方向上的位移。

⑥ 产生输出地址事件的仲裁和解码电路。

芯片操作顺序如下:

① 每次接收到输入 AE 时,数字控制块都会存储(x,y)地址并确认事件的接收。

② 控制块计算必须应用于内核的 x 位移,必须复制内核的 y 地址中的限制。

③ 控制块将内核从内核 RAM 逐行复制到像素阵列中的相应行。

④ 完成内核复制后,控制块将激活单稳态脉冲的生成。这样,在固定的时间间隔内,将每个像素的当前电流(由相应的内核权重加权)进行积分。之后,像素中的内核权重将被删除。

⑤ 当像素中的积分器电压达到阈值时,该像素异步发送事件。像素集成了正事件和负事件,并在收到来自外围设备的确认后重置其电压。

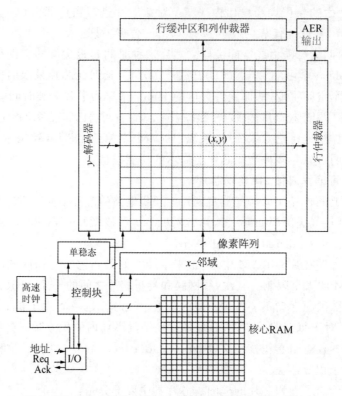

图 13. 14 **CAVIAR 卷积芯片的体系结构。© 2009 IEEE。经许可转载,摘自 Serrano-Gottaredona 等 (2009)**

最大输入 AER 速率为 50 Meps,最大输出速率为 25 Meps。输入事件的吞吐量取决于内核大小和内部时钟频率。事件周期时间是 $(4+2n_k)T_{clock}$,其中 n_k 是编程的内核线(行)的数量,T_{clock} 是内部时钟周期。单行内核的最大持续输入事件吞吐量在 33 Meps 到 32 行内核的 3 Meps 之间变化。AER 事件可以高达 50 Meps 的峰值速率输入。

(2) AER 2D WTA 芯片

AER 对象芯片由 16×16 VLSI 集成-发射神经元网络组成,具有兴奋性和抑制性突触。它实现了赢家通吃(WTA)的操作,是皮层微经典功能的候选(Oster 等,2008)。通过配置网络连接以进行赢家通吃计算,该芯片通过保留最强的输入并抑制所有其他输入来推导输入空间的维数。"对象"芯片接收四个卷积芯片的输出(见图 13.15),并在两个维度上计算获胜者(最强输入)。它首先确定每个要素图中的最强输入,然后确定最佳要素图。确定每个特征图中最强输入的计算是使用图 13.15 四个中央方框之一所示的二维赢家通吃电路。对网络进行配置,以使其实现硬性赢家通吃,即一次仅一个神经元处于活动状态。获胜者的活动与获胜者的投入活动成正比(Oster 和 Liu,2004)。每个兴奋性输入尖峰都会使突触后神经元的膜带电,直到阵列中的一个神经元

（获胜者）达到阈值并重置。然后，所有其他神经元通过由所有兴奋性神经元驱动的全局抑制神经元被抑制。自激通过促进选择该神经元作为下一个获胜者，为获胜的神经元提供了滞后作用。

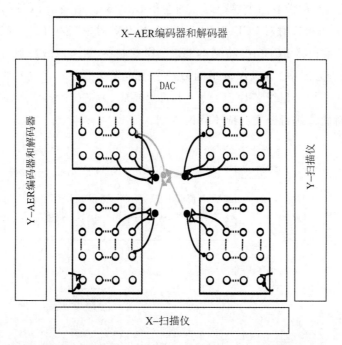

图 13.15 在四个 WTA 网络上具有两个竞争水平的"对象"芯片。数/模转换器（DAC）设置突触权重。扫描仪模块用于读取神经元的膜电位。AER 编码器和解码器模块在芯片外发送尖峰并在芯片上接收尖峰。空心圆是兴奋性神经元，实心圆是抑制性神经元。两个神经元之间的曲线表示连接（真实或虚拟）。这些线的三角形终止指示兴奋性突触，而圆形终止指示抑制性突触。浅灰色的线条和圆表示元素，它们进行了第二阶段的比赛。© 2008 IEEE。经许可转载，摘自 Oster 等（2008）

　　由于刺激是移动的，网络必须使用瞬时输入发射率的估计来确定获胜者。可以通过改变输入突触的权重来调整神经元在引发输出尖峰之前必须整合的尖峰数目。

　　为了确定获胜的特征图，作者使用了第二层比赛中每个特征图的全局抑制神经元的活动（反映了特征图中最强输入的活动）（见图 13.15）。通过向每个特征图添加第二个全局抑制神经元，并从所有特征图的第一个全局抑制神经元的输出驱动该神经元，只有最强的特征图才能生存。"对象"芯片的输出尖峰既编码刺激的空间位置，又编码获胜特征的身份。

2. 结果示例：跟踪

　　CAVIAR 的功能在演示系统上进行了测试（见图 13.16），该系统可以同时跟踪两个大小不同的物体。

　　机械转子(1)上有一块旋转的白色纸,上面有两个半径不同的圆和一些分散注意力的几何图形。视觉系统仅跟随两个圆圈,并在两个圆圈之间进行区分。一对伺服电机驱动的反射镜(2)改变了 AER 视网膜(3)的视点,将输出发送到监视器 PCB(4)和映射器 PCB(5),然后到达带有四个卷积芯片的卷积 PCB(6)。后一个 PCB 的输出通过另一个监视器 PCB(7)和映射器 PCB(8)发送到 2D WTA"对象"芯片(9)。该输出由监视器 PCB(10)接收,监视器 PCB(10)将副本发送到微控制器(11),该微控制器(11)控制镜马达使检测到的圆心居中。WTA 输出的另一个副本发送到学习系统(16),该系统由一个映射器(12)、一个延迟线芯片(13)、一个映射器(14)和一个学习分类器芯片(15)组成,并且学习对轨迹进行分类分成不同的类别。

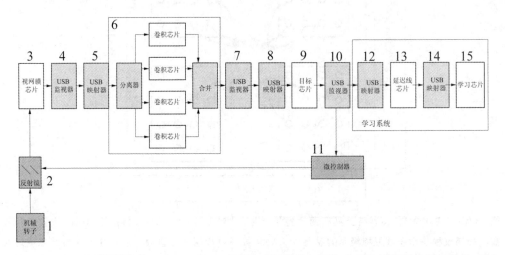

图 13.16 用于跟踪圆的多级 **AER CAVIAR** 系统的实验装置。白色方框包括定制设计的芯片,浅灰色方框是 **13.2.3** 小节中描述的接口 **PCB**,其余模块是深灰色方框。© **2009 IEEE**。经许可转载,摘自 **Serrano-Gottaredona** 等(**2009**)

　　图 13.17(a)显示了从图 13.16 中的监视器 PCB(4)捕获的 DVS 视网膜输出重建的直方图。白点表示正号事件(从暗到亮过渡),黑点表示负号事件(从亮到暗过渡),从而可以识别几何图形的运动方向,在这种情况下为顺时针方向。图 13.17(b)还显示了从图 13.16 中的监视器 PCB(7)捕获的 64×64 卷积 PCB 输出重构的直方图图像。在这种情况下,将内核编程为检测小圆圈。正号事件(白色)显示小圆圈的中心,而负号事件(黑色)显示小圆圈的不居中位置。卷积输出中包含一些噪声,这些噪声可以通过 WTA 操作滤除。通过图 13.16 中的映射器(8)将卷积输出像素从 64×64 转换为 32×32(通过将 2×2 像素分组为一个)。图 13.17(c)还显示了 WTA 计算级的输出,其中所有噪声都已被滤除。白色像素显示小圆圈的质心,黑色像素显示每个象限的局部和整体抑制单位的活动。

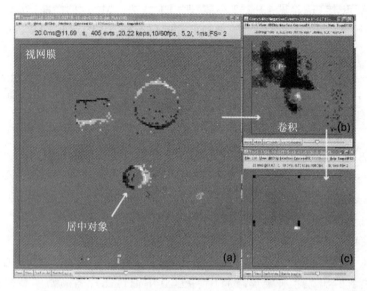

图 13.17　CAVIAR 跟踪系统的各种自定义芯片的输出的 20 ms 快照。视网膜中心视点动态变化以跟随小圆圈,然后始终以小圆圈为中心。© 2009 IEEE。经许可转载,摘自 Serrano-Gottaredona 等(2009)

13.4　FPGA

　　有一个非常活跃的神经形态工程师组织在使用 FPGA 设备。与完全定制的 VLSI 芯片设计(数字和模拟)相比,这些设备允许非常快速的系统设计、调试和测试工作流程。自 Ross H. 发明 FPGA 器件后,FPGA 器件的功能、性能和资源每年都在不断提高,Freeman(Freeman,1989)与 Bernard Vonderschmitt 共同创立了 Xilinx 公司。FPGA 被认为是复杂可编程逻辑器件(CPLD)的发展。CPLD 是分布在宏单元中的一组逻辑块,可以使用主要基于多路复用器的互连矩阵以编程方式进行连接。CPLD 上可用的逻辑块与可编程逻辑设备(PLD)上可用的逻辑块非常相似,后者是可连接以获得组合数字电路的 OR 和 AND 矩阵。CPLD 上的宏单元还包括寄存器和极性位。从 CPLD 到 FPGA 演进的主要特征是逻辑单元之间互连的灵活性更高,包含 SRAM 存储器位以及其他嵌入式资源,例如乘法器、加法器、时钟乘法器等。刚开始时,FPGA 不能以很高的时钟速度工作(只能以几十 MHz 的单位数量级工作),但是今天,人们可以购买利用 3D 堆叠硅互连(SSI)技术的 Virtex UltraScale FPGA。具有多达 440 万个逻辑单元,约 100 Mbit 的 RAM,2 800 个数字信号处理模块,多达 1 500 个 I/O 引脚、100 Gbit 以太网端口以及 16 Gbit/s 和/或 32 Gbit/s 低压差分信号(LVDS)串行接口用于 PCIe,SATA 或任何其他标准。从开始到今天,神经形态工程师一直将 FPGA 器件用于开发任务,以便在功能强大的平台上进行大型系统开发。

　　对于神经形态系统通信支持,有几种基于 FPGA 的解决方案,例如 Dante(2004)开发的 PCI－AER 接口(参见 13.2.2 小节)使用了高达 1 Meps 的性能(Dante 等,2005),用 FPGA 进行 AER 握手、时间戳管理和事件映射。在 CAVIAR 项目(2002—2006 年)下,开发了一套基于 FPGA 的 AER 工具,并通过以下方式将其分布在神经形态组织中:塞维利亚大学计算机机器人技术实验室(Gomez-Rodriguez 等,2006;Serrano-Gotarredona 等,2009),请参阅 13.2.3 小节和 13.3.3 小节。Spartan Ⅱ 是最常用的 FPGA,通过板载 SRAM 进行单机演示或在从个人计算机或笔记本电脑进行通信和调试时使用 USB 实时进行事件的定序、监视和映射。Fasnacht 等(2008)开发了 AEX 板(在 13.2.5 小节中进行了介绍),用于交流神经形态设备并使用主机对其进行调试。该评估板使用 Spartan3 FPGA 作为通信核心,并使用多个商业芯片与高速串行通信(以太网和 USB 2.0)接口。Cauwenberghs 的实验室(位于加利福尼亚大学神经计算研究所)开发了用于神经形态系统的分层 AER(HiAER,请参见 16.2.2 小节)通信路由架构,该架构使用 Spartan6 FPGA 来实现层次结构中每个节点的通信。作为这项工作的一部分,Park 等(2012)提出了用于连接四个 IFAT 神经形态芯片的两级通信体系。在 FACETS 项目下,开发了神经形态晶片系统,其中通过晶片内高密度布线网格连接了一组突触和神经元模块(HICANN,请参见 16.2.4 小节)。该网格可以连接到外部世界(另一个晶片或主机 PC)使用在 Virtex5 FPGA 和专用数字网络芯片(DNC)上实现的基于数据包的协议。该通信基础架构最多可管理 2.8 Geps 流量在系统上(Hartmann 等,2010)。

2007 年,文献中开始出现使用 FPGA 结合神经形态处理的工作,例如 Cassidy 等(2007),他们在 FPGA 上开发了一组泄漏集成和发射(LIF)神经元,并通过开发听觉时空感受场(STRFs)、神经参数优化算法和尖峰时变可塑性(STDP)学习规则的实现对其进行了测试。

佐治亚理工学院的哈斯勒实验室开发了 FPAA,即现场可编程模拟阵列,可用于实现模拟神经形态系统(Hall 等,2005),Petre 等(2008)开发了一种使用 Simulink 对其进行编程的自动化方法。

后来,开始报道了一些在基于 FPGA 的系统上实现神经形态视觉处理的工作。例如,在 Farabet 等(2011)开发的 NeuFlow 系统下,在 FPGA 上实现了基于帧的卷积网络(Boser 等,1992),其架构提供了许多共享智能缓存的处理元素,这些缓存可加速功能强大的管道中的处理。Orchard 等(2013)开发了一种生物学启发的时空能量模型的实现,用于使用基于帧的视觉信息在 Xilinx Virtex6 FPGA 中进行运动估计。Sabarad 等(2012)开发了一种基于脉动阵列的架构,其中包括运行时可重配置卷积该引擎可以在 Virtex6 平台上综合执行多个可变大小的卷积。Al Maashri 等(2011)开发了一种硬件体系结构,用于在四个 Virtex5 FPGA 平台上加速视觉启发的可视对象分类算法 HMAX(Riesenhuber 和 Poggio,2000)。Okuno 和 Yagi(2012)开发了基于帧的实时视觉处理系统,该系统基于具有对数压缩功能的自适应图像传感器,可以通过控制逻辑以及运行在与硅片相连的 VirtexIIpro FPGA 上的嵌入式 Power－PC 处理器进行调整视网膜(Shimonomura 等,2011)。基于钉的卷积处理器(相当于在 VLSI 芯片上开发的那些处理器(Serrano-Gotarredona 等,1999b))用于 FPGA(Linares-Barranco 等,2009b),最近被组合在一个网格中 Spartan‑6 平台上最多 64 个卷积单元的片上网络(NoC)(Zamarreño-Ramos,2013),可以通过 2.5 Gbit/s 串行链路连接多个这样的平台进行扩展(Iakymchuk 等,2014)。

基于生物的,基于尖峰的神经网络模型已经在 FPGA 上成功合成,以提高准确性并允许大规模神经形态算法的实现,例如 Gomar 和 Ahmadi(2014),其中高精度实现了生物神经网络。在 LIF 基础上,在 VirtexIIpro FPGA 上实现并测试了自适应指数积分和火灾模型(AdEx)和 Izhikevich 神经元模型。

甚至针对 Spartan3 和 Spartan6 FPGA 也开发了用于神经启发运动控制的基于尖峰的处理模块(Perez-Peña 等,2013),使得可以连接一组构件以开发基于定制尖峰的模块处理系统。

13.5　讨　论

在 13.2 节介绍的示例中我们已经看到,多年来,随着技术的不断完善,更新并实现了相同的基本监视、定序和映射功能,为了性能和/或可用性更好,除此之外,偶尔会实现额外的功能(见图 13.18)。

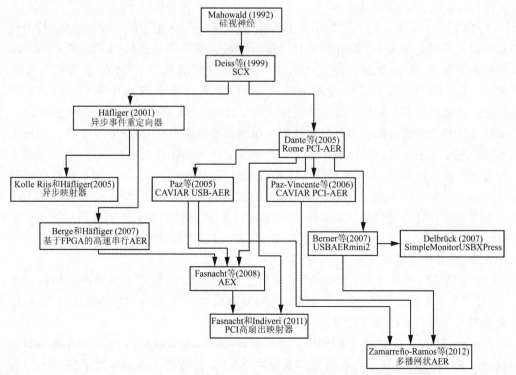

图 13.18　硬件基础设施时间轴

　　SCX 可以看作是一个雄心勃勃的具有前瞻性的原型。它合并了一些高级功能,例如其域总线,从理论上讲,它可以构建大型(至少 $O(10^5)$ 神经元)多板系统。但是,当今的芯片神经元数量减少了几个数量级,并且从未使用 SCX 构建如此大规模的系统。SCX 的设计是将其多神经元芯片直接插入 SCX 板上,并因此非常紧密地耦合到一种特定的芯片封装类型,引脚输出和芯片参数更新机制。因此,尽管 SCX 总体架构具有通用性,但 SCX 框架无法跟上芯片设计的进度。SCX 作为基于 VME 总线的设计也非常庞大,如果要在每个希望使用这种系统的研究人员的桌面上提供一个 SCX,则不是很方便。

　　Rome PCI－AER 板的设计(13.2.2 小节)使基础结构组件与神经形态芯片分离——预计将这些芯片安装在其自己的载板上,并连接到标准带状电缆头桌面台式机头板上,后者又连接到基于 PCI 总线的主板上。通过这种与芯片分离的设计,Rome PCI－AER 板已经获得了将近 10 年的使用寿命,尽管此时芯片设计有所发展。同样,基于 PCI 意味着与基于 VME 的 SCX 相比,为所有感兴趣的研究人员提供设备要容易得多,便宜得多。最终,在多个国家生产并分发了 20 多个板。Rome PCI－AER 板得到了广泛的用户的良好支持,包括其 Linux 驱动程序和随附的库。但是,由于尝试采用"一种工具适合所有人"的方法,因此它具有较大的尺寸配置空间,尽管有文档说明,但很难正确使用。它最大的失败是监视和定序性能。由于它无法执行 DMA 和总线主控数据传输,因此主机 CPU 必须通过 PCI 总线传输监控器和定序器数据,并且只能支持大约 1 Meps 的持续事件发生率。

　　CAVIAR 项目(13.2.3 和 13.3.3 小节)引入了灵活的专用接口板选项板,其中包括可以在不需要台式 PC 的情况下独立运行的板。如果需要连接到 PC,则 CAVIAR 项目部分转向 USB 总线。确实,能够在系统之间移动基于 USB 的设备要方便得多——与 PCI 不同,不需要打开主机——可以将笔记本电脑用作主机。CAVIAR PCI－AER 板从 Rome PCI－AER 板中吸取了教训,并且 DMA 和总线主控能够以更大的开发投入为代价来获得更高的性能。提供多种类型的板卡(一个基于 PCI 的板卡和几个基于 USB 的板卡)还意味着与单个 Rome PCI－AER 板卡相比,需要付出更大的开发工作。但是,与 Rome PCI－AER 板不同(在某些情况下,用户交互的最低级别应该在软件库 API 级别,而在极端情况下则在驱动程序本身的级别),某些 CAVIAR 板的最终用户有望通过修改定义板上 FPGA 行为的 VHDL 代码来实现所承诺的灵活性。这样,对 CAVIAR USB－AER 板进行了修改,以实现概率映射和具有可配置延迟的映射,而其他系统则没有提供这些功能。

　　USBAERmini2 引入了重要的"早期数据包"功能以及跨多个板同步时间戳的功能,并得到了很好的支持,并将其集成到 jAER 项目中。因此,它的成本低廉且简单,因此在其他项目中也已连续使用了大约 10 年。

　　最近,Mesh－Grid 体系结构(13.2.6 小节)和 AEX 板(13.2.5 小节)及其关联的 High－Fanout 映射器已朝着通过工业标准 SATA 电缆建立高速串行链路的方向迈进。芯片通信尽管 AE 与主机 PC 的通信仍然基于 USB。High－Fanout 映射器以新颖的方式使用 PCI 总线。此处的主机 PC 或多或少仅用于为 PCI 设备提供电源和内存,而 PCI 设备是使用市售的 FPGA 实现的带有定制子板的主板可提供 SAER 功能。这可能为小规模 AE 硬件基础设施系统的未来发展指明了道路。这样的系统可能会使用尽可能多的现成模块(例如 FPGA 评估套件)以及尽可能少的定制部件来实际连接到神经形态芯片上来构建。这种方法有助于降低开发工作量和成本。

同时,诸如视网膜和耳蜗之类的特定系统催生了他们自己的密集 AER 基础设施开发工作,这些工作侧重于紧密集成、小型化和专业化。例如,最新的硅视网膜开发将 AER 接口、多摄像机同步、ADC、DAC 和惯性测量单元集成到同一块小型 PCB 上(Delbrück 等,2014;jAER 硬件参考 n. d.)。

但是,大型项目面临着一系列不同的挑战,这些挑战将在第 16 章中讨论。

参考文献

[1] AER. The address-event representation communcation protocol [sic]. AER 0. 02,1993.

[2] Al Maashri A, DeBole M, Yu C L, et al. A hardware architecture for accelerating neuromorphic vision algorithms. IEEE Workshop on Signal Processing Systems (SiPS), 2011：355-360.

[3] Albrecht G, Geisler W S. Motion selectivity and the contrast response function of simple cells in the visual cortex. Visual Neurosci. , 1991, 7(6)：531-546.

[4] Arias-Estrada M, Poussart D, Tremblay M. Motion vision sensor architecture with asynchronous self-signaling pixels. Proc. 7th Intl. Work. Comp. Arch. for Machine Perception (CAMP), 1997：75-83.

[5] Berge H K O, Häfliger P. High-speed serial AER on FPGA. Proc. IEEE Int. Symp. Circuits Syst. (ISCAS), 2007：857-860.

[6] Berner R, Delbrück T, Civit-Balcells A, et al. A 5 Meps ＄100 USB2. 0 address-event monitor-sequencer interface. Proc. IEEE Int. Symp. Circuits Syst. (ISCAS), 2007：2451-2454.

[7] Boahen K A. Communicating neuronal ensembles between neuromorphic chips// Lande T S. Neuromorphic Systems Engineering. The International Series in Engineering and Computer Science. Springer, 1998,447：229-259.

[8] Boahen K A. A burst-mode word-serial address-event link — Ⅰ：transmitter design. IEEE Trans. Circuits Syst. Ⅰ, Reg. Papers, 2004a, 51(7)：1269-1280.

[9] Boahen K A. A burst-mode word-serial address-event link — Ⅱ：receiver design. IEEE Trans. Circuits Syst. Ⅰ,Reg. Papers, 2004b, 51(7)：1281-1291.

[10] Boser B E, Sackinger E, Bromley J, et al. Hardware requirements for neural

network pattern classifiers: a case study and implementation. IEEE Micro, 1992, 12(1): 32-40.

[11] Cassidy A, Denham S, Kanold P, Andreou A. FPGAbasedsiliconspikingneu-ralarray. Proc. IEEEBiomed. Circuits Syst. Conf. (BIOCAS), 2007: 75-78.

[12] Cauwenberghs G, Waskiewicz J. A focal-plane analog VLSI cellular implementation of the boundary contour system. IEEE Trans. Circuits Syst. I, 1999, 46(2): 1327-334.

[13] CAVIAR. CAVIAR project. (2002) [2014-08-05]. http://www. imse-cnm. csic. es/caviar/.

[14] Choi T Y W, Shi B E, Boahen K. An ON-OFF orientation selective address event representation image transceiver chip. IEEE Trans. Circuits Syst. I, 2004, 51(2): 342-352.

[15] Choi T Y W, Merolla P A, Arthur J V, et al. Neuromorphic implementation of orientation hypercolumns. IEEE Trans. Circuits Syst. I, 2005, 52 (6): 1049-1060.

[16] Dante V. PCI-AER Adapter Board User Manual. 1. 1 edn. Istituto Superiore di Sanita Rome, Italy. (2004) [2014-08-05]. http://www. ini. uzh. ch/~amw/pciaer/user_manual. pdf.

[17] Dante V, Del Giudice P, Whatley A M. Hardware and software for interfacing to address-event based neuromorphic systems. The Neuromorphic Engineer, 2005, 2(1): 5-6.

[18] Daugman J G. Two-dimensional spectral analysis of cortical receptive field profiles. Vision Res. , 1980, 20(10): 847-856.

[19] Deiss S R. Address-Event Asynchronous Local Broadcast Protocol. 062894 2e edn. Applied Neurodynamics (ANdt). (1994) [2014-08-05]. http://applied-neuro. com/.

[20] Deiss S R, Douglas R J, Whatley A M. A pulse-coded communications infrastructure for neuromorphic systems: chapter 6 // Maass W, Bishop C M. Pulsed Neural Networks Cambridge. MA: MIT Press, 1999: 157-178.

[21] Delbrück T. SimpleMonitorUSBXPress resources. (2007) [2014-08-05]. http://www. ini. uzh. ch/~tobi/caviar/SimpleMonitor USBXPress/index. php.

[22] Delbrück T, Villanueva V, Longinotti L. Integration of dynamic vision sensor with inertial measurement unit for electronically stabilized event-based vision. Proc. 2014. Intl. Symp. Circuits Syst. (ISCAS), 2014.

[23] Farabet C, Martini B, Corda B, et al. NeuFlow: a runtime reconfigurable dataflow processor for vision. IEEE Computer Society Conference on Computer Vision and Pattern Recognition Workshops (CVPRW), 2011: 109-116.

[24] Fasnacht D B, Indiveri G. A PCI based high-fanout AER mapper with 2 GB RAM look-up table, 0. 8 μs latency and 66 MHz output event-rate. Proc. IEEE 45th Annual Conference on Information Sciences and Systems (CISS), 2011: 1-6.

[25] Fasnacht D B, Whatley A M, Indiveri G. A serial communication infrastructure for multi-chip address event systems Proc. IEEE Int. Symp. Circuits Syst. (ISCAS), 2008: 648-651.

[26] Freeman R H. Configurable electrical circuit having configurable logic elements and configurable interconnects U. S. Patent No. US4870302 A, 1989.

[27] Fukushima K. Analysis of the process of visual pattern recognition by the neocognitron. Neural Networks, 1989, 2(6): 413-420.

[28] Gomar S, Ahmadi A. Digital multiplierless implementation of biological adaptive-exponential neuron model. IEEE Trans. Circuits Syst. I: Regular Papers, 2014, 61(4): 1206-1219.

[29] Gomez-Rodriguez F, Paz R, Linares-Barranco A, et al. AER tools for communications and debugging. Proc. IEEE Intl. Symp. Circuits Syst. (ISCAS), 2006: 3253-3256.

[30] Häfliger P. Asynchronous event redirecting in bio-inspired communication. Proc. 8th IEEE Int. Conf. Electr. Circuits Syst. (ICECS), 2001, 1: 87-90.

[31] Häfliger P. Adaptive W. T A with an analog VLSI neuromorphic learning chip. IEEE Trans. Neural Netw. , 2007, 18(2): 551-572.

[32] Hall T S, Twigg C M, Gray J D, et al. Large-scale field-programmable analog arrays for analog signal processing. IEEE Trans. Circuits Syst. I: Regular Papers, 2005, 52(11): 2298-2307.

[33] Hartmann S, Schiefer S, Scholze S, et al. Highly integrated packet-based AER communication infrastructure with 3 Gevent/s throughput. Proc. 17th IEEE Int. Conf. Electr. Circuits Syst. (ICECS), 2010: 950-953.

[34] Heeger D J. Half-squaring in responses of cat striate cells. Visual Neurosci. , 1992a, 9(5): 427-443.

[35] Heeger D J. Normalization of cell responses in cat striate cortex. Visual Neurosci. , 1992b, 9(2): 181-197.

[36] Higgins C M, Shams S A. A biologically inspired modular VLSI system for visual measurement of self-motion. IEEE Sensors J. , 2002, 2(6): 508-528.

[37] Hubel D H. Eye, Brain, and Vision. New York: W H Freeman, 1988.

[38] Hubel D H, Wiesel T N. Laminar and columnar distribution of geniculo-cortical fibers in the macaque monkey. J. Comp. Neurol. , 1972, 146(4): 421-450.

[39] Iakymchuk T, Rosado A, Serrano-Gotarredona T, et al. An AER handshake-

less modular infrastructure PCB with x8 2. 5 Gbps LVDS serial links. Proc. IEEE Int. Symp. Circuits Syst. (ISCAS),2014: 1556-1559.

[40] Indiveri G, Whatley A M, Kramer J. A reconfigurable neuromorphic VLSI multi-chip system applied to visual motion computation Proceedings of 7th International Conference on Microelectronics for Neural, Fuzzy, and Bio-Inspired Systems (MicroNeuro),1999: 37-44.

[41] jAER Hardware Reference. n. d. jAER Hardware Reference Designs. [2014-08-05]. http://jaerproject. net/Hardware/.

[42] Jones J P,Palmer L A. An evaluation of the two-dimensional Gabor filter model of simple receptive fields in cat striate cortex. J. Neurophys, 1987, 58(6): 1233-1258.

[43] Kandel E R, Schwartz J H, Jessell T M. Principles of Neural Science. 4th ed. McGraw-Hill, 2000.

[44] Kolle Riis H,Häfliger P. An asynchronous 4-to-4 AER. mapper. Lecture Notes in Computer Science. Springer, 2005, 3512:494-501.

[45] LeCun Y, Bottou L, Bengio Y, et al. Gradient-based learning applied to document recognition. Proc. IEEE, 1998, 86(11): 2278-2324.

[46] Lehky S R,Sejnowski T J. Network model of shape-from-shading: neural function arises from both receptive and projective fields. Nature, 1988, 333: 452-454.

[47] Lin J, Merolla P, Arthur J, et al. Programmable connections in neuromorphic grids. Proc. 49th IEEE Int. Midwest Symp. Circuits Syst. , 2006: 80-84.

[48] Linares-Barranco A, Jimenez-Moreno G, Linares-Barranco B, et al. On algorithmic rate-coded AER generation. IEEE Trans. Neural Netw. , 2006, 17(3): 771-788.

[49] Linares-Barranco A, Gomez-Rodriguez F, Jimenez G, et al. Implementation of atime-warping AER mapper. Proc. IEEE Int. Symp. Circuits Syst. (ISCAS), 2009a: 2886-2889.

[50] Linares-Barranco A, Paz R, Gómez-Rodrguez F, et al. FPGA implementations comparison of neuro-cortical inspired convolution processors for spiking systems. In: Bio- Inspired Systems: Computational and Ambient Intelligence. Lecture Notes in Computer Science. Springer, 2009b, 5517: 97-105.

[51] Liu S C,Kramer J,Indiveri G, et al. Orientation-selectivea VLS Ispikingneurons. Neural Netw. , 2001, 14(6/7): 629-643.

[52] Mahowald M. VLSI Analogs of Neural Visual Processing: A Synthesis of Form and Function. PhD thesis. California Institute of Technology, Pasadena, CA. , 1992.

［53］ Merolla P，Arthur J，Wittig J．The USB revolution．The Neuromorphic Engineer，2005，2(2)：10-11．

［54］ Miró-Amarante L，Jiménez A，Linares-Barranco A，et al．A LVDS serial AER link．Proc．IEEE Int．Conf．Electr．Circuits Syst．(ICECS)，2006：938-941．

［55］ Neftci E，Chicca E，Cook M，et al．State-dependent sensory processing in networks of VLSI spiking neurons Proc．IEEE Int．Symp．Circuits Syst．(ISCAS)，2010：2789-2792．

［56］ Neubauer C．Evaluation of convolution neural networks for visual recognition．IEEE Trans．Neural Netw．，1998，9(4)：685-696．

［57］ Okuno H，Yagi T．Image sensor system with bio-inspired efficient coding and adaptation．IEEE Trans．Biomed．Circuits Syst．，2012，6(4)：375-384．

［58］ Orchard G，Thakor N V，Etienne-Cummings R．Real-time motion estimation using spatiotemporal filtering in FPGA．Proc．IEEE Biomed．Circuits Syst．Conf．(BIOCAS)，2013：306-309．

［59］ Oster M，Liu S C．A winner-take-all spiking network with spiking inputs．Proc．11th IEEE Int．Conf．Electr．Circuits Syst．(ICECS)，2004：203-206．

［60］ Oster M，Wang Y X，Douglas R，et al．Quantification of a spike-based winner-take-all VLSI network．IEEE Trans．Circuits Syst．Ⅰ：Regular Papers，2008，55(10)：3160-3169．

［61］ Ozalevli E，Higgins C M．Reconfigurable biologically-inspired visual motion systems using modular neu-romorphic VLSI chips．IEEE Trans．Circuits Syst．Ⅰ：Regular Papers，2005，52(1)：79-92．

［62］ Park J，Yu T，Maier C，et al．Live demonstration：hierarchical address-event routing architecture for reconfigurable large scale neuromorphic systems．Proc．IEEE Int．Symp．Circuits Syst．(ISCAS)，2012：707-711．

［63］ Paz R．Análisis del bus PCI．Desarrollo de puentes basados en FPGA para placas PCI．Trabajo de investigación para obtención de suficiencia investigadora，2003．

［64］ Sevilla Paz R，Gomez-Rodriguez F，Rodriguez M A，et al．Testinfrastructurefor address-event-representation communications// Lecture Notes in Computer Science．Springer，2005，3512：518- 526．

［65］ Paz-Vicente R，Linares-Barranco A，Cascado D，et al．PCI-AER interface for neuro-inspired spiking systems．Proc．IEEE Int．Symp．Circuits Syst．(ISCAS)，2006：3161-3164．

［66］ Paz-Vicente R，Jimenez-Fernandez A，Linares-Barranco A，et al．Image convolution using a probabilistic mapper on USB-AER board．Proc．IEEE Int．Symp．Circuits Syst．(ISCAS)，2008：1056-1059．

[67] Perez-Peña F，Morgado-Estevez A，Linares-Barranco A，et al. Neuro-inspired spike-based motion：from dynamic vision sensor to robot motor open-loop control through Spike-VITE. Sensors，2013，13(11)：15805-15832.

[68] Petre C，Schlottmann C，Hasler P. Automated conversion of Simulink designs to analog hardware on an FPAA. Proc. IEEE Int. Symp. Circuits Syst. (ISCAS)，2008：500-503.

[69] Riesenhuber M，Poggio T. Models of object recognition. Nat. Neurosci.，2000，3：1199-1204.

[70] Sabarad J，Kestur S，Park M S，et al. A reconfigurable accelerator for neuro-morphic object recognition. 17th Asia and South Pacific Design Automation Conference (ASP-DAC)，2012：813-818.

[71] Serrano-Gotarredona R，Oster M，Lichtsteiner P，et al. AER building blocks for multi-layers multi- chips neuromorphic vision systems. Advances in Neural Information Processing Systems 18 (NIPS)，2005：1217- 1224.

[72] Serrano-Gotarredona R，Oster M，Lichtsteiner P，et al. CAVIAR：a 45K-neuron，5M-synapse，12G-connects/sec AER hardware sensory-processing-learning-actuating system for high speed visual object recog- nition and tracking. IEEE Trans. Neural Netw. 2009，20(9)：1417-1438.

[73] Serrano-Gotarredona R，Serrano-Gotarredona T，Acosta-Jiménez A，et al. A neuromorphic cortical-layer microchip for spike-based event processing vision systems. IEEE Trans. Circuits Syst. I：Regular Papers，2006，53(12)：2548-2566.

[74] Serrano-Gotarredona T，Andreou A，Linares-Barranco B. AER image filtering architecture for vision-processing systems. IEEE Trans. Circuits Syst. I：Fundam. Theory Appl.，1999a，46(9)：1064-1071.

[75] Serrano-Gotarredona T，Andreou A G，Linares-Barranco B. Programmable 2D image filter for AER vision processing. Proc. IEEE Int. Symp. Circuits Syst. (ISCAS)，1999b，4：159-162.

[76] Shanley T，Anderson D. PCI System Architecture. PC System Architecture Series，4th edn. Mindshare，Inc. / Addison-Wesley，Boston，MA，1999.

[77] Shimonomura K，Kameda S，Iwata A，et al. Wide-dynamicrange APS-based siliconretinawithbrightness constancy. IEEE Trans. Neural Netw.，2011，22(9)：1482-1493.

[78] Sivilotti M. Wiring Considerations in Analog VLSI Systems with Application to Field-Programmable Networks. PhD thesis. Pasadena，CA：California Institute of Technology，1991.

[79] Texas Instruments. TLK3101 Datasheet：2. 5 to 3. 125 Gbps Transceiver (Rev.

B). (2008) [2014-08-05]. http://www.ti.com/product/tlk3101 ♯ technicaldo-
cuments.

[80] Tsang E K C, Shi B E. A preference for phase-based disparity in a neuromorphic implementation of the binocular energy model. Neural Comput., 2004, 16(8): 1597-1600.

[81] Venier P, Mortara A, Arreguit X, et al. An integrated cortical layer for orientation enhancement. IEEE J. Solid-State Circuits, 1997, 32(2): 177-186.

[82] Vogelstein R J, Mallik U, Culurciello E, et al. Spatial acuity modulation of an address-event imager. Proc. 11th IEEE Int. Conf. Electr. Circuits Syst. (ICECS), 2004: 207-210.

[83] Vogelstein R J, Mallik U, Culurciello E, et al. A multichip neuromor-phic system for spike-based visual information processing. Neural Comput., 2007a, 19 (9): 2281-2300.

[84] Vogelstein R J, Mallik U, Vogelstein J T, et al. Dynamically reconfigurable silicon array of spiking neurons with conductance-based synapses. IEEE Trans. Neural Netw., 2007b, 18(1): 253-265.

[85] Whatley A M. Silicon Cortex Software Design Rev. 6. (1997) [2014-08-05]. http://www.ini.uzh.ch/~amw/scx/scx1swod.pdf.

[86] Zaghloul K A, Boahen K A. Optic nerve signals in a neuromorphic chip Ⅰ: outer and inner retina models. IEEE Trans. Biomed. Eng., 2004, 51(4): 657-666.

[87] Zamarreño-Ramos C, Serrano-Gotarredona T, Linares-Barranco B. An instant-startup jitter-tolerant Manchester-encoding serializer/deserializer scheme for event-driven bit-serial LVDS interchip AER links. IEEE Trans. Circuits Syst. Ⅰ: Regular Papers, 2011, 58(11): 2647-2660.

[88] Zamarreño-Ramos C, Serrano-Gotarredona T, Linares-Barranco B. A 0.35 μm sub-ns wake-up time ON-OFF switchable LVDS driver-receiver chip I/O pad pair for rate-dependent power saving in AER bit-serial links. IEEE Trans. Biomed. Circuits Syst., 2012, 6(5): 486-497.

[89] Zamarreño-Ramos C, Linares-Barranco A, Serrano-Gotarredona T, et al. Multicasting mesh AER: a scalable assembly approach for reconfigurable neuromorphic structured AER systems. Application to ConvNets. IEEE Trans. Biomed. Circuits Syst., 2013, 7(1): 82-102.

第 14 章　软件基础架构

```
public class CochleaAMSNoBiasgen ext
    /** Creates a new instance of Co
    public CochleaAMS() {
        setSizeX(64); // number of f
        setSizeY(16); // 4+4 cells/c
        setNumCellTypes(16); // 16 p
        setEventExtractor(new Extrac
        setEventClass(CochleaEvent.c
        setRenderer(new Renderer(thi
        addDefaultEventFilter(Refrac
        addDefaultEventFilter(ITDFil
    }
}
```

在神经形态系统中使用的软件可根据角色(一个或多个)进行分类。这些角色中的每一个都有特定的功能并提出特定的挑战。优化和应用程序编程接口(API)设计非常重要,特别是对于直接参与处理地址事件流的软件而言。本章简要介绍了几个示例软件系统。

14.1　简　介

在 AER 系统中使用的软件是此类系统中经常被忽略的组件,并且从历史上看,有关该主题的出版物很少(只有少数例外,例如 Dante 等,2005;Delbrück,2008;Oster 等,2005)。尽管它是除最简单系统之外所有系统的重要组成部分。AER 系统中的软件通常包含以下一个或多个角色:芯片和系统描述、配置、AE 流处理、映射以及布局和路由。

芯片和系统描述软件通常由数据库和/或描述语言组成,这些语言使不同硬件属性的知识能够由一种或多种剩余类型的软件以统一的方式进行维护和查询。

所谓配置软件,是指一旦 AER 系统启动并运行,就不必涉及的软件。但是它用于配置例如混合信号芯片中的各种参数和偏置值,以及用于参数调整和校准。

所谓 AE 流处理软件,是指积极参与硬件设备 I/O 的 AE 流,重播或生成硬件刺激或捕获 AE 以便进行显示、统计分析的软件,稍后重播,等等,甚至对 AE 流执行算法处理,如在第 15 章中做进一步讨论。

映射软件是控制地址空间之间的 AE 映射(一对一映射)或执行扇出(一对多映射)的软件。

布局和路由软件是参与配置,由许多相同的硬件设备组成的大规模 AER 系统,并具有多个可能的 AE 在它们之间流动的路径。这种软件的任务是在可用硬件上最佳地分布或放置神经种群,并确定如何在它们之间最佳地路由 AE 流量。该任务类似于在印刷电路板、一般的集成电路和现场可编程门阵列的设计中出现的布局和布线问题。但用于执行此操作的软件不在本章范围之内,例如,Brüderle 等(2011)、Ehrlich 等(2010)(其中放置和布线称为映射)以及第 16 章。

14.1.1 跨区共性的重要性

为了促进神经形态系统的发展,使之能够处理现实世界的问题,不同实验室的团队加强了交流与合作。为了促进研究人员之间的交流,他们已经付出了很多努力,例如,在每年的 Telluride 和 CapoCaccia 研讨会上,或在神经形态工程研究所(Cap n. d. ; Ins n. d.)。例如 CAVIAR (CAVIAR,2002)、ALAVLSI(Chicca 等,2007)和后来的 FAC-ETS (Brüderle 等,2011)的多实验室工作,通过具有通用芯片的设置描述、配置接口、AE 流格式等来实现。

14.2　芯片和系统描述软件

构建神经形态系统的人面临的挑战之一是硬件的复杂性。即使是最简单的系统也可能有几十个偏差和参数,必须对这些偏差和参数进行调整以达到所需的工作状态。通常,由于面积限制,芯片设计中的妥协会导致某些参数(但不是所有参数)在芯片的不同结构间共享。例如,在一个假设的多神经元芯片上,某种类型的突触权重可能会被芯片上所有神经元的单个参数强制控制,而其他突触的权重可能是单独可调的。一些神经元能够使用片上连接,而有些则不能。1 000 个神经元芯片发出的地址范围可能不是 0~999,而是使用了偶数地址的 48~2 046,而相应的突触可能以位 5..14(即从 31 968 降至 0)的相反的顺序方式寻址神经元,而沿神经元的突触索引为低 5 位。在硬件设计中,一切皆有可能,并且软件需要考虑到这一点!

参数的数量随系统规模增大而增长。使用模拟技术的固有问题是失配问题,这意味着概念上相同芯片的两个实例通常需要略微不同的偏置参数才能在大致相同的状态下运行,因此一个芯片的参数值很可能对于该芯片来说是唯一的,不能用于相同类型的其他芯片。偏置发生器的正确设计(请参阅第 11 章)可以解决此问题,但是当前许多学术研究进展仍需要对单个芯片进行自定义设置或校准,并且这些设置必须与硬件组件一起维护。此外,不同的芯片将安装在不同的板上,并且在不均匀的系统中,每种板的类型可能以不同的方式处理。

掌握所有这些复杂性有助于建立某种数据库来描述涉及或可能涉及特定设置的参

数、芯片、电路板等。对于非常简单的系统,可以通过简单的方式完成文本文件,但通常使用某种形式的 XML(可扩展标记语言)。

给定一个包含有关硬件系统知识的数据库(任何形式),所有其他软件都可以以统一的方式对其进行查询,以确定如何处理给定的突触和神经元,如何连接它们,如何自动生成图形用户界面(GUI)控件,如何显示结果,等等。

14.2.1　可扩展标记语言

XML(参见 Bradley 2002)非常适合描述典型的分层组织的神经形态系统,因为 XML 本身是一种分层但通用的格式,可以轻松扩展;可以使用标准文本编辑器编辑文件,并在浏览器中显示它们。熟悉 HTML 概念的人都可以理解该语法。最重要的是,可以轻松地在各种编程环境(例如 MATLAB、Java 和 Python)中导入和处理 XML 文档。

XML 格式的条目由表单的标签和属性组成:

<tag attribute1 = "value1" attribute2 = "value2" ... > content /tag>

如果未给出内容,则可以缩减为

<tag attribute1 = "value1" attribute2 = "value2" ... />.

通过将标签作为内容嵌套到其他标签中来构建层次结构。文件可以包含在进一步处理期间将被忽略的任意标签和属性,因此可以添加任何种类的附加内容。

14.2.2　NeuroML

神经网络建模中使用的一种特别重要的 XML 是 NeuroML(Gleeson 等,2010)。NeuroML 被构造成三个层次,包括描述生物神经元形态的 MorphML,描述通道和突触特性的 ChannelML,描述神经元网络的 NetworkML。在描述神经形态、基于硬件的系统时,并不是所有的层次都必须相关,但 NeuroML 的结构使得只使用相关的组件成为可能。

14.3　组态软件

为了促进具有多个参数的神经形态系统的测试和操作,需要一种易于与硬件接口的软件基础结构。没有这些,设置和操作芯片需要凭借较多的技能和经验。同样,通常情况下必须将参数调整到较小的操作范围,在许多测试会话之后建立的工作值集不要轻易丢失,并且应该在以后的时间容易获取。在运行时会话之间持久存储参数非常重要,这样用户就可以调整参数并在之后能返回到相同的状态。

当需要手动调整时,从系统的数据库描述自动构建的 GUI 极为有用。此类系统的示例在后面的 14.6.1 小节中介绍。

但是,手动调整无法扩展到更大的系统。在大型系统中,更希望自动执行参数估计和校准。直到最近,用于将 VLSI 电路偏置电压映射到神经网络类型参数的自动化方法都是基于试探法,并产生了临时定制的校准例程。例如,在 Bruderle 等(2009)的论文中,作者使用独立于模拟器的描述语言 PyNN 对参数空间进行了详尽的搜索,以校准其硬件神经网络(Davison 等,2008)。

由于使用的硬件具有加速特性,因此这种类型的蛮力方法是可行的;但对于实时硬件或非常大的系统来说,由于执行校准过程必须测量和分析大量数据,因此变得很难处理。Neftci 等(2011)提出了一种基于模型的替代方法。作者将来自实验测量的数据与晶体管、电路模型和计算模型的方程式拟合,以将 VLSI 尖峰神经元电路的偏置电压映射到相应软件神经网络的参数。这种方法不需要广泛的参数空间搜索技术,但是每次使用新的电路或芯片时都需要制定新的模型和映射,这使其应用非常费力。

14.6.4 小节介绍了自动参数估计和校准软件的示例。

14.4 地址事件流处理软件

AE 系统本质上很适合与此类软件集成,因为所传送的全部信息都已转换为数字形式。但是,从延迟和带宽的角度来看,将软件应用于 AE 处理对带宽具有挑战性(有关延迟和带宽的正式处理,请参阅第 2 章和 2.3 节)。

处理一个充满 AE 数据的缓冲区比处理每个到达的事件更有效,即使软件是按照实时系统的最佳原理设计的。虽然延迟也会受到限制,但并不总是一致的。因此,为了在异步总线进入计算机世界时同步保留传入 AE 流中的时序信息,接口硬件不仅要存储事件中包含的地址,还要以时间戳的形式存储其到达的时间,以获得足够的分辨率,这一点至关重要。因此,计算机中处理 AE 的软件,通常在输入端处理由地址和时间戳对组成的数据;在输出端,硬件通常需要一种略有不同的形式,即地址对和尖峰间隔,也就是说,相对于前 AE 输出的时间,而不是相对于连续运行的某个时钟的时间。

14.4.1 现场可编程门阵列

即使在硬实时环境中获得高度优化的代码,传统的"在环"软件也不大可能满足处理流经 AE 系统的所有尖峰的需求。因此,通常使用 FPGA 而非 CPU 来构建映射器以执行映射功能。当然,必须使用硬件描述语言(HDL)对 FPGA 进行"编程",但是这种逻辑设计不在我们讨论的范围之内。

14.4.2　AE 流处理软件的结构

不可避免,有些 AE 必须离开声发射系统的核心而进入传统的计算机,无论是为了调试、监控还是控制的目的。通常需要能够将预先计算的声发射流,例如测试刺激,从计算机输入声发射系统。在这种情况下,必须编写直接处理 AE 流的软件。该软件通常包含与所使用的特定硬件对话并提供其摘要的驱动程序,一个提供了定义良好、稳定的 API 库和写在该库顶部的应用程序(可能带有 GUI),以提供一种方法来监视和记录 AE 系统内部运行情况,并可能进一步处理 AE 输出;或确实提供输入(例如对 AE 系统的测试刺激)。

在 jAER 中,计算机上 AE 数据的捕获和算法处理是 jAER 的核心,14.6.3 小节介绍了该方法,第 15 章将单独讨论这种算法处理。

14.4.3　带宽和延迟

针对硬件的带宽和延迟问题已经在第 2 章和第 13 章中进行了讨论,但是带宽始终是 AE 流处理软件中的重要考虑因素。尽管基于尖峰的通信,本质上对一两个尖峰的丢失不重要,但是在实验情况下,通常希望不要丢掉任何尖峰,而是能够忠实地记录所有来自被测硬件系统的输出。根据系统的性质,延迟可能不是问题。一旦 AE 被硬件打上时间戳,原始的尖峰间间隔永远都可以恢复,因此从硬件读取 AE 及其时间戳和计算机内其他处理步骤之间的等待时间通常不会成为问题。处理仍保留在计算机内部。但是,如果将这些 AE 或因其处理而产生的后续 AE 重新注入到它们所来自的同一 AE 系统中,则延迟可能就很关键,因为向不纯粹的前馈神经网络提供尖峰信号为时已晚,也就是说,在经过一些基本任意的延迟之后,可能会产生不可忽略的影响。话虽如此,根据系统的性质,如果它在生物神经时标上运行,那么高达几百 μs 的抖动是可以接受的。

那么如何实现高带宽和低延迟呢? 可能最重要的问题是最小化数据(即 AE)的复制。简单的方法是,在监视器驱动程序中,将数据从硬件缓冲区复制到内核缓冲区,然后在上层应用程序要求时将其再次复制到用户空间缓冲区。这些副本中的每一个都需要 CPU 时间。为了消除这种情况,可以使用直接内存访问(DMA)(如果硬件支持,并且应该支持),从硬件缓冲区复制数据。DMA 的使用使 CPU 不必参与第一个副本,除非它需要设置 DMA 传输。如果可以将缓冲区内存映射到用户空间,则可以消除第二个副本。缓冲区到用户空间的内存映射还避免了为读取数据而必须进行的进入内核模式和退出内核模式的耗时转换。这里可能出现的一个困难是用户空间应用程序需要一种方法来知道缓冲区中有多少可用数据,即缓冲区的哪一部分包含有效数据。硬件和/或驱动程序必须通过某种方式使此信息可用。

一直等到给定数量的数据(缓冲区已满)可用之前,才向用户空间发送可用数据的信号无法用于通用 AE 监视,因为 AE 系统有时可能会在很长一段时间内产生很少的输出事件(例如,硅视网膜观察到不变的场景),并且这些输出事件直到以后才可供应用程序使用。如 USBAERmini2 在 13.2.3 小节和 15.2 节中对早期数据包功能的描述中所述,重要的是,即使硬件接口的 FIFO 不满,硬件接口也以最小速率(例如1 kHz)发送其内容。

通常,必须执行重叠或异步输入和输出以将数据采集与处理分离。使用单独的线程甚至进程来处理 AE 数据并执行实际的数据采集和数据输出。如果使用重叠的 I/O,则处理线程可以处理从获取线程传递给它的新获取的数据,而获取线程正在等待新数据。否则,处理器可能在等待捕获新数据时处于空闲状态。

如果来自设备的数据速率太高,则可能使处理能力不堪重负,可能会导致越来越多的积压数据积存在内存中。一种解决方法是,分配一定的最长时间来处理数据缓冲区。如果超过此时间,则其余数据将被丢弃。这样,虽然丢弃了一些数据,但至少处理了最近的数据。在硬件中实现此方法的另一种方法是仅捕获事件,达到确定的速率。然后,其余事件将被硬件丢弃,而不会传输到处理器。

类似地,倒数自变量适用于 AE 输出(定序器)侧。

14.4.4 优 化

为了实现最佳的吞吐量和最低的延迟,可能需要对软件进行优化。但是,人们不应该从一开始就试图进行微观优化。When Knuth(1974)曾写道:

……程序员担心在错误的地点和错误的时间花了太多的时间;过早优化是编程中所有恶果(或者至少是大部分恶果)的根源。

这可能是(至少在大多数情况下)夸张了,但是在尝试过早或过于广泛地进行优化时,人们最终可能试图再次猜测编译器或解释器将执行的优化,这很容易浪费大量时间尝试优化那些不需要优化的代码区域。风险在于代码最终将难以阅读、理解和维护。

在现代处理器上,很难预测少量代码更改将如何影响其运行时性能,这主要是由于缓存的影响(Drepper,2007)。例如,不应分配新缓冲区而释放旧缓冲区。重新使用旧缓冲区以获取新数据,不仅避免了与分配和释放操作相关的纯处理时间开销,还意味着对内存的引用在很大概率上还可以保留着缓存。

优化需要以经验方式进行。首先,需要评估软件的性能。探查器可用于确定哪些例程占用最多的时间,因此可以确定优化工作最好花费在哪里。在对每个可能的优化进行编码之后,应该再次测量性能,以确保性能确实得到了改善,并且没有恶化。在软件设计期间应考虑执行此类测量的需求,并且考虑以"仪器"的方式进行构建,尽管这理应设计为对性能的影响最小。

14.4.5 应用程序编程接口

对于不同实验室开发的不同系统之间或者来自同一实验室的不同世代硬件之间的互操作性,希望使用通用的 API,以便可以将应用程序级软件从一个硬件库移植到另一个硬件库,而无需付出太多努力。开发良好的 API 是一项艰巨的任务,尤其是在技术飞速发展的领域中,在某种程度上应该"面向未来"。但是,无论基础硬件是基于 PCI

还是基于 USB,处理 AE 流的某些方面都可能随时间保持不变。读取和写入 AE 流以及在这些流上强加硬件级滤波器以选择监视哪些 AE 或 AE 范围的基本操作保持不变。但是,如果要实现真正的兼容性,则硬件必须发挥作用。如果某些硬件格式化其AE 流的方式与其他硬件不同,则花费处理器周期在 API 层中重新格式化数据流,以确保两种类型的硬件之间的一致性,可能并没有什么好处。

在此领域的 API 开发中,有时会忽略一些要点,如下:

- 对于具有"设置"功能的任何属性,还应该有相应的"获取"功能。
- 将硬件应用到计算机时钟的时间戳和/或所谓的"挂钟"时间相关联的能力,将AE 数据与刺激表现、其他(例如示波器)测量相关联所必需的,等等。
- 可扩展性方面,允许多个硬件实例。
- 可重入性,这样一个库可以被多个线程安全地使用。

14.4.6 AE 流的网络传输

为了与其他软件组件集成,一些在网络上传输 AE 流的方法很有用。通过 UDP(Postel,1980)或 TCP(Braden,1989;Postel,1981)传输 AE 的原始流就很有用。UDP在技术上不是可靠的协议,这意味着数据可能会丢失或遭受错误或重复。但是,这种情况在现在的网络上很少见,对于要求低延迟和低开销的实时应用程序,UDP 比 TCP 更可取;而且,UDP 是无连接的,因此发送器和接收器可以按任何顺序出现或消失。

有关编写使用 UDP 或 TCP 在网络上通信的程序的介绍,请参见 Stevens 等(2003)。

14.5 映射软件

如 14.4.1 小节所述,通常使用 FPGA 而不是 CPU 来构建映射器,以执行映射功能,因此,实际执行映射功能的"软件"(就该术语而言完全适用)通常用 VHDL 编写,这不在本书讨论的范围内。当然,也可以创建作为算法映射器的映射器。也就是说,它们发出的目标地址是通过将一些固定的算术规则应用于传入的源地址来确定的,从而实现扇出或投影场的某种固定模式而确定的。但是大多数映射器被构造为更通用的由表查找驱动的映射器,其中进入的源地址仅在 RAM 中的表中查找,在该表中可以找到目标地址的对应列表。这些通用映射器更加灵活,但是需要一个软件接口才能将各种映射编程到其中。这是我们在 14.5 节中关注的软件。

映射软件可能会被认为是配置软件类别的扩展,但实际存在显著差异。首先,底层硬件不同。此处定义的配置软件通常由操纵数/模转换器(DAC)或向片上偏置发生器发送信号来处理混合信号芯片上的设置参数和偏置,并且通常不直接参与 AE 处理(尽管某些芯片要求通过搭载 AE 流将参数化信息传送到芯片中)。但是,映射软件通常旨在将查找表写入 RAM,这将由实际的映射器硬件读取。其次,在实验过程中,由配置软件设置的参数和偏差通常保持静态,而由于将学习算法应用于 AE 数据,可能需要在线添加和删除映射。

同样,在构建有用的 API 时,有许多相同的考虑因素,如 14.4.5 小节中针对 AE 流处理软件 API 所述。映射 API 的一组常见基本操作是:

- 设置从源地址到目标地址列表的新映射,必要时替换现有映射。
- 删除给定源地址的映射,以使该源地址的到达不再产生任何输出。
- 确定给定源地址的当前映射。
- 将其他目标事件地址添加到现有映射。
- 从现有映射中删除一组目标事件地址。

与 AE 流处理软件 API 一样,在具有"设置"功能的地方,应该有相应的"获取"功能,并且还应考虑可伸缩性和可重入性。如果需要添加和删除映射以进行在线学习,则完成此操作的速度可能很重要,然后可以将这样做所涉及的代码路径视为热路径,这与直接使用 AE 流处理软件优化的方式相同。如果使用灵活的可变目标事件列表长度来实现映射器查找表,那么就需要执行更加复杂的内存管理,以跟踪映射器查找表中的可用空间,并允许在给定的任意长度的目标事件列表中添加和删除单个目标事件地址,而不是固定长度的目标事件列表。

14.6　软件示例

甚至单个芯片和由几个神经形态芯片组成的小型系统也需要配置。在神经形态工程的早期,配置包括通过带状电缆连接 AER 芯片并小心旋转电位器以设置偏置电压。如今,许多(如果不是全部)配置都是数字可编程的。第 11 章介绍了片上偏置发生器,但是这些偏置的值必须以某种方式加载到芯片上。第 13 章讨论了映射器硬件,但是必须从某个地方加载映射器查找表。本节讨论满足这些需求的软件解决方案的示例。

14.6.1　ChipDatabase:用于调整神经形态 aVLSI 芯片的系统[①]

Oster(2005)描述了一种软件基础结构,用于与 Rome PCI – AER 板接口(Dante 等,2005),以及设置特定芯片上的偏置配置。基于 XML 的系统 ChipDatabase 用于设置神经形态 aVLSI 芯片的偏差:一个 XML 文件描述了芯片的引脚排列以及引脚如何连接至数字/模拟计算机接口;并且创建了一个基于 MATLAB 的 GUI,以提供一种直观的方法来调整神经形态芯片的偏差。这种设置通过定义一个公共接口,允许远程调谐和通过网络共享设置偏置从而促进 aVLSI 芯片的交换。

ChipDatabase 项目创建了一个 GUI(见图 14.1 中的示例),该 GUI 允许用户在标准 MATLAB 工作环境下设置偏差,而无须了解底层硬件接口。它定义了芯片、适配器

---

① 本小节的文本主要改编自 Oster(2004),经 Matthias Oster 许可复制。

板和设置的标准化文档,其中包括名称(而不是神秘的引脚号)、偏置功能说明、默认电压等,所有这些均集成在一个灵活、易于使用和可扩展的数据库格式(XML)中。它还提供了一种机制,可以通用的 Web 界面轻松地在不同研究人员之间交换文档和调整设置,并且它使用了由高级数学语言控制的计算机控制 DAC 硬件,可以轻松、完整地表征芯片。当在不同实验室之间交换芯片时,可以使用相同的环境和数据采集系统来远程调整芯片。

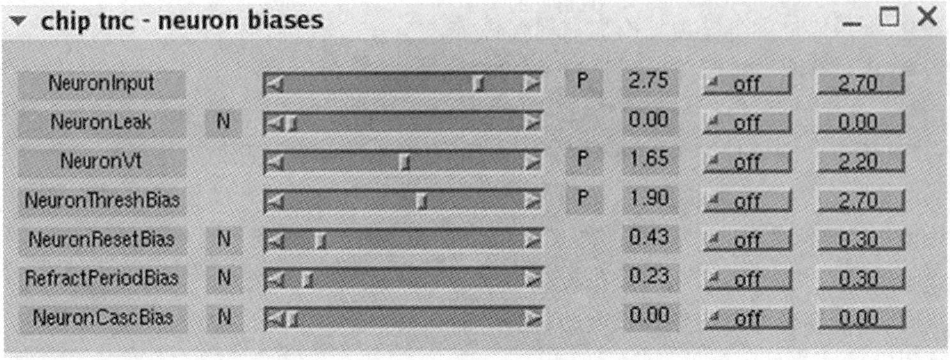

图 14.1　ChipDatabase 图形用户界面(GUI)中的示例偏置组窗口。对于组中的每个偏差,它包含偏差名称和用于以图形方式设置偏差值的滑块。N 或 P 为确定电压值减小的方向。文本框显示当前设置的值。如果选中 **off** 按钮,则偏置将设置为关闭值;如果未选中 **off** 按钮,则将恢复关闭时有效的电压。最右边的按钮可根据芯片类定义将当前电压设置为预定义的默认电压。工作设置可以被保存到文件或从文件还原。摘自 Oster(2004)。经 Matthias Oster 许可转载

当然,所有这些功能都是有代价的。在使用特定芯片的 GUI 之前,必须输入很多信息。但是,每个芯片都具有通用的标准描述也是必要且有用的。ChipDatabase 还区分了芯片本身的定义和测试设置,该测试设置包括安装芯片的板,这些板通常由不同的开发人员构建。

ChipDatabase 设置用于多个项目(CAVIAR、ALAVLSI 和其他学术项目)。CAVIAR 和 ALAVLSI 系统使用 CAVIAR 项目中开发的 DAC 板作为基础 DAC 硬件,而其他一些项目则使用具有附加功能的专用板。

作为信息隐藏和封装的软件设计原理的一个很好的例子,在不同项目中使用的不同 DAC 接口板的功能通过不同的硬件"驱动程序"从数据库代码中隐藏。这些驱动程序还封装了依赖于操作系统(OS)的低级通信功能,例如,在问 Windows 和 Linux 计算机上访问不同的特定操作系统的代码。GUI 代码仅调用驱动程序必须提供的四个命令之一:

```
setchannel (dacboardid, channel, value, type)
value = getchannel (dacboardid, channel, type)
setchannels (dacboardid, values, type)
values = getchannels (dacboardid, type)
```

设备描述符、子设备类型和通道号的使用也是采用现有接口的一个好步骤,因为它

被设计为与 comedi 项目定义的接口兼容（Hess 和 Abbott，2012），该项目为许多数据采集卡提供了驱动程序。这将使为标准的 comedi 功能提供通用接口变得容易，从而使 ChipDatabase 软件可与 comedi 支持的任何数据采集卡一起使用。采用现有标准和接口而不是采用此处未发明的方法（即重新发明轮子）不仅可以节省最初的开发时间，而且还可以使将来（可能是原本无法预料的）与其他软件的集成变得更加容易。

14.6.2　Spike Toolbox[①]

Spike Toolbox(Muir,2008)是一个软件示例，该软件创建 AE 流以注入到 AE 系统中，并监视此类系统产生的 AE 流。这是一个自定义的 MATLAB 工具箱，用于离线生成、处理和分析数字峰值序列。通过控制时间结构，可以轻松生成任意峰值序列，并将这些序列作为不透明的对象进行操作。

该工具箱还具有使用 Rome PCI‐AER 硬件（13.2.2 小节）或所谓的"尖峰服务器"来刺激基于外部尖峰的通信设备的链接。该工具箱可以直接从 MATLAB 监视诸如尖刺视网膜之类的设备的尖峰信号，并且可以针对任意硬件寻址方案进行配置。

14.6.3　jAER

与以前的软件包相比，基于 Java 的软件项目 jAER（通常称为 jay-er）专注于 AER 传感器输出的实时处理（Delbrück，2008；jAER，2007）。图 14.2 显示了 jAER 同时渲染两个芯片的输出。jAER 中集成的其他系统包括来自多个组的硅视网膜、卷积芯片、CAVIAR 项目中开发的 AER 监视器和定序器板、硅耳蜗，如第 4 章中所述，伺服电机控制器和几个专用光学传感器。jAER 已用于芯片测试、算法开发和整个机器人的创建，例如机器人守门员（Delbrück 和 Lichtsteiner，2007）和基于 DVS 的铅笔平衡器（Conradt 等，2009）。

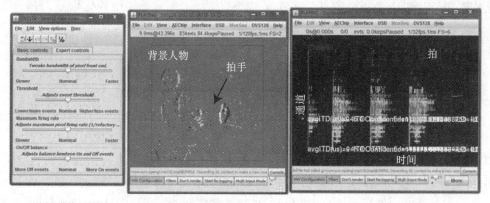

(a) 视网膜偏压控制　　(b) DVS视网膜　　(c) AER-EAR耳蜗

图 14.2　jAER 窗口示例显示了从视网膜芯片和耳蜗芯片输出的 AE 的同步回放。(a) DVS 硅视网膜偏置的用户界面控制。(b) 将 DVS 输出表示为过去 20 ms 内事件的 2D 直方图。(c) 来自 AER‐EAR 硅耳蜗的输出表示为尖峰光栅图。在 DVS 视图中看到一个人拍手时，会产生一阵耳蜗尖峰

① 本小节的文本摘自 Muir(2008)，经 Dylan Muir 许可使用。

jAER 应用程序主要用 Java 编写，Java 是目前最流行的编程语言（TIOBE,2013）。它允许插入具有 USB 接口的一个或多个 AER 设备，然后查看来自设备的事件，将它们记录到磁盘上并进行回放；还支持通过 TCP 或 UDP 进行事件的网络传输，并已开始使用，例如在瑞士火车站永久性安装中连接的 10 个 DVS 硅视网膜。在这里，来自几个 DVS 视网膜的事件流融合在一起，形成一个火车站乘客地下通道的非常宽广的视野（Derrer 等,n.d.）。

jAER 的 UDP 控制允许用户从诸如 MATLAB 的动态编程环境中控制实验。各种预建的"滤波器"可以减少噪声，提取低级特征，跟踪对象并控制伺服电机。通常，jAER 中的应用程序被编写为嵌套在自定义滤波器中的先前开发的滤波器的管道。Java 内省机制用于自动构建 GUI 控制面板，以允许控制和持久存储参数。

jAER 还支持第 11 章中讨论的可编程偏置电流发生器的芯片，以提供对芯片偏置的持久 GUI 控制（请参见 11.5 节）。jAER 还可作为片上偏置发生器的完整设计套件的存储库，其中包括示例原理图、芯片布局、电路板设计、固件和主机端软件。

jAER 基于时间戳事件对象的时序包处理的内部模型促使人们在对这些包应用迭代算法的基础上，思考如何执行计算机视觉和试听任务。这些算法将在第 15 章中讨论。

14.6.4　Python 和 PyNN

基于 Python 的 PyNN（发音与 pine 相同）独立于模拟器的框架，用于构建神经元网络模型（Davison 等,2008），近年来实际上在软件建模神经网络方面发生了革命性变化，并帮助 Python 编程语言（Python 2012）在该领域占据突出地位（Gewaltig 等,2009）。使用 Python 工作带来的好处是，程序员可以访问在其他领域开发的大量库，这些库用于科学计算和绘图等。它是平台独立的，并且易于使用其他编程语言进行扩展。

1. 用于神经网络的 Python

PyNN 的开发旨在为多个神经网络模拟器提供通用的高级 API，例如 NEURON（Hines 和 Carnevale,2003）、NEST（Diesmann 和 Gewaltig,2002）PCSIM（Pecevski 等,2009）、Brian（Goodman 和 Brette,2008）。这允许一次编写网络模型，然后在任何受支持的模拟器上运行。PyNN 不仅支持在神经元层、列及其之间的连接层次上对网络建模，而且还支持处理单个神经元和突触。它提供了一组独立于模拟器的神经元模型、突触和突触可塑性以及各种连接算法，同时仍然允许用户指定连接。

如果有合适的后端，PyNN 也可以用于连接神经形态硬件，这是 FACETS 项目（Bruderle 等,2009,2011）和 SpiNNaker 项目（Galluppi 等,2012）的一部分。这样做的好处是，建模人员可以将他们的模型直接从他们选择的模拟器中移植到神经形态硬件上，而不必了解硬件实现的细节。

2. pyNCS 和 pyTune[①]

Sheik 等(2011)也实现了另一种基于 Python 的替代方法,简化多芯片神经形态 VLSI 系统的配置,并自动将神经网络模型参数映射到神经形态电路偏置值。

Sheik 等(2011)提出了一个模块化的框架,用于调整多芯片神经形态系统的参数。一方面,该框架的模块化允许定义在参数转换例程中使用的各种模型(网络、神经、突触、电路)。另一方面,该框架不需要详细了解硬件/电路属性,并且可以通过实验测量硬件神经网络的行为来优化搜索并评估参数转换的有效性。该框架是使用 Python 实现的,并利用了其面向对象的功能。

该框架包含两个软件模块:pyNCS(Stefanini 等,2014)和 pyTune。pyNCS 工具集允许用户将硬件连接到工作站,访问和修改 VLSI 芯片偏置设置,以及将硬件系统的功能电路块定义为抽象软件模块。抽象的组件代表与计算神经科学有关的实体(例如,突触、神经元、神经元群体等),它们不直接依赖于芯片的特定电路细节,并且提供独立于所用硬件的框架。pyTune 工具集允许用户定义这些计算神经科学相关实体的抽象高级参数,作为其他高级或低级参数(例如电路偏置设置)的功能。然后,可以使用该工具集自动校准相应硬件组件(神经元、突触、电导等)的属性,确定高级和低级参数的最佳设置,以最大程度地减少任意定义的成本函数。

使用此框架,可以自动配置神经形态硬件系统以达到所需的配置或状态,并且调整参数以将系统维持在最佳状态。

(1) pyNCS 工具集

在最低级别上,需要专用驱动程序才能将自定义神经形态芯片连接到计算机上。尽管必须为每种特定的硬件开发自定义驱动程序,但可以将它们强制转换为 Python 模块,并作为插件集成在 pyNCS 工具集中。一旦驱动程序被实现,pyNCS 就会创建一个抽象层来简化硬件的配置,及其与其他软件模块的集成。然后使用设计人员提供的电路功能块、配置偏差以及芯片的模拟和数字输入/输出通道来定义实验设置。设置、电路及其偏差被封装到可通过 GUI 或 API 控制的抽象组件中。实验(相当于软件模拟运行)可以使用类似于软件神经仿真器(如 Brian(Goodman 和 Brette,2008)或 PC-SIM(Pecevski 等,2009)中的方法和命令来定义、设置和执行实验(相当于软件模拟运行)。

pyNCS 使用客户机-服务器体系结构,从而允许多客户机支持、负载共享和对多芯片设置的远程访问。由于这种客户机-服务器体系结构,多个客户机可以远程控制硬件,而不管使用的操作系统是什么。

(2) pyTune 工具集

pyTune 工具集是一个模块,它可以自动校准用户定义的高级参数,并优化用户定义的成本函数。这些参数是依赖树定义的,该树以递归的分层方式指定较低级别的子参数。这种层次结构允许定义复杂的参数和相关的成本函数。例如,神经网络模型中

---

① 本小节的文本摘自 Sheik 等(2011),经许可使用,© 2011 IEEE。

的突触效率可能与控制神经形态芯片中突触电路增益的偏置有关。使用 pyTune 工具集，可以自动搜索偏压空间，并通过测量芯片中神经元的响应特性来设置所需的突触效能。

这种自动搜索参数可以应用于更复杂的场景，以优化与网络属性相关的高级参数。例如，用户可以指定低层参数与 WTA 网络的增益之间的映射（Yuille 和 Geiger，2003），或学习算法的误差（Hertz 等，1991）。

pyTune 工具集依赖于将问题转换为参数依赖关系。用户通过其测量例程（getValue 函数）及其子参数依赖关系定义每个参数。在最底层，参数只由它们与硬件的交互作用来定义，也就是说，它们代表电路的偏差。用户可以从包中提供的算法中选择最小化算法，也可以用自定义方法来进行设置参数值的优化，还可以选择定义需要最小化的特定成本函数。默认情况下，成本函数计算为 $(p - p_{\text{desired}})^2$，其中 p 是参数的当前测量值，p_{desired} 是所需的值。显式选项（例如，所需值的最大容差、最大迭代步骤数等）也可以作为参数传递给优化函数。

最后，在硬件系统的情况下，子参数的方法通过适当的插件映射到相应的驱动程序调用上，或者在软件模拟的系统中映射到方法调用和变量上。每个特定于系统的映射都必须单独实现，并作为插件包含在 pyTune 中。

可以使用 pyTune 工具集来调整相应的参数并获得所需的神经特性，而无须考虑温度效应、不同芯片实例之间的不匹配以及其他异质性来源，因为它依赖于对芯片输出的测量。

(3) 模块化及与其他 Python 工具的集成

得益于 pyNCS 和 pyTune 的模块化，原则上它们与 PyNN 等其他现有 Python 工具完全兼容，它可以被看作是一个附加的有用工具，可以被包括在为神经科学和神经形态工程社区开发的越来越多的 Python 应用程序中。

14.7 讨 论

在本章中，我们主要关注的是在规模相对较小的系统中使用的软件。在芯片和系统描述软件、绘图软件，甚至在声发射流处理软件这一具有挑战性的领域中，必要的技术和科学基本上是已知的和可用的。在某种程度上，在这些领域创建软件需要遵循数据库设计、API 设计、缓冲和优化方面的最佳实践。在中型和大型系统中，如第 16 章所述，存在显著的可扩展性挑战，尤其是在 14.3 节和 14.6.4 小节所述的配置软件、布局和路由软件领域，如 14.1 节所述。然而，本章所描述的软件仍然是一个不可或缺的组成部分，在更大的系统中也是如此。这也是第 15 章描述 AE 事件流的算法处理的灵感之一。

参考文献

［1］ Braden R. Requirements for internet hosts-communication layers. RFC Editor. RFC 1122,1989 [2014-08-06]. http://www.rfc-editor.org/rfc/rfc1122.txt.

［2］ Bradley N. The XML Companion. 3rd ed. Addison-Wesley,2002.

［3］ Brüderle D,Müller E,Davison A,et al. Establishing a novel mod-eling tool: a Python-based interface for a neuromorphic hardware system. Front. Neuroinformat,2009,3,(17). DOI:10.3389/neuro.11.017.2009.

［4］ Brüderle D,Petrovici M A,Vogginger B,et al. A comprehensive workflow for general-purpose neural modeling with highly configurable neuromorphic hardware systems. Biol. Cybern.,2011,104(4):263-296.

［5］ Cap. n.d. Capo Caccia Cognitive Neuromorphic Engineering Workshop. [2014-08-06]. http://capocaccia.ethz.ch/.

［6］ CAVIAR. CAVIAR Project. (2002) [2014-08-06]. http://www.imse-cnm.csic.es/caviar/.

［7］ Chicca E,Whatley A M,Dante V,et al. A multi-chip pulse-based neuromorphic infrastructure and its application to a model of orientation selectivity. IEEE Trans. Circuits Syst. I,2007,54(5):981-993.

［8］ Conradt J,Cook M,Berner R,et al. A pencil balancing robot using a pair of AER dynamic vision sensors. Proc. IEEE Int. Symp. Circuits Syst. (ISCAS),2009:781-784.

［9］ Dante V,Del Giudice P,Whatley A M. Hardware and software for interfacing to address-event based neuromorphic systems. The Neuromorphic Engineer,2005,2(1):5-6.

［10］ Davison A P,Brüderle D,Eppler J M,et al. PyNN:acommon interface for neuronal network simulators. Front. Neuroinformat.,2008,2(11). DOI:10.3389/neuro.11.011.2008.

［11］ Delbrück T. Frame-free dynamic digital vision. Proceedings of International Symposium on Secure-Life Elec-tronics,Advanced Electronics for Quality Life and Society,University of Tokyo,March 6-7,2008:21-26.

［12］ Delbrück T,Lichtsteiner P. Fast sensorymotorcontrol based on event-based hybridneuromorphic-procedural system. Proc. IEEE Int. Symp. Circuits Syst. (ISCAS),2007:845-848.

［13］ Derrer R,Jauslin S,Vehovar M,et al. Atelier Derrer Gravity-Bahnhof Aarau. [2014-08-06]. http://www.lightlife.de/gravity-bahnhof-aarau/.

[14] Diesmann M, Gewaltig M. Nest: an environment for neural systems simulations// Plesser T, Macho V. Forschung und wissenschaftliches Rechnen, Beiträgezum Heinz-Billing-Preis 2001. Gesellschaft für wissenschaftliche Datenverarbeitung, 2002, 58: 43-70.

[15] Drepper U. What every programmer should know about memory. Technical report, Red Hat Inc, 2007 [2014-08-06]. http://people. redhat. com/drepper/cpumemory. pdf.

[16] Ehrlich M, Wendt K, Zühl L,et al. A software framework for mapping neural networks to a wafer-scale neuromorphic hardware system. Proc. Artificial Neural Netw. Intell. Inf. Process. Conf. (ANNIIP), 2010: 43-52.

[17] Galluppi F, Davies S, Rast A,et al. A hierachical configuration system for a massively parallel neural hardware platform. Proceedings of the 9th Conference on Computing Frontiers (CF'12), 2012: 183-192.

[18] Gewaltig M O, Hines M, Kötter R, et al. Python in neuro science. (2009) [2014-08-06]. http://www. frontiersin. org/Neuroinformatics/researchtopics/Python_in_neuroscience/8.

[19] Gleeson P, Crook S, Cannon R C, et al. NeuroML: a language for describing data driven models of neurons and networks with a high degree of biological detail. PLoS Comput. Biol. , 2010, 6(6), e1000815.

[20] Goodman D F,Brette R. Brian: a simulator for spiking neural networks in Python. Front. Neuroinformat. 2008, 2(5). DOI:10. 3389/neuro. 11. 005. 2008.

[21] Hertz J,Krogh A,Palmer R G. Introductiontothe Theory of Neural Computation. Reading, MA: Addison Wesley, 1991.

[22] Hess F M, Abbott I. Comedi: linux control and measurement device interface. (2012) [2014-08-06]. http://www. comedi. org/.

[23] Hines M L,Carnevale N T. The NEURON simulation environment// Arbib M A. The HandBook of Brain Theory and Neural Networks. 2nd ed. Cambridge, MA: MIT Press, 2003: 769-773.

[24] Ins. n. d. Institute of Neuromorphic Engineering. [2014-08-06]. http://www. ine-web. org/.

[25] jAER. jAER Open Source Project. (2007) [2014-08-06]. http://jaerproject. org.

[26] Knuth D E. Computer programming as an art. Commun. ACM, 1974, 17(12): 667-673.

[27] Muir D. Spike toolbox for matlab. (2008) [2014-08-06]. http://spike-toolbox. ini. uzh. ch/.

[28] Neftci E, Chicca E, Indiveri G,et al. A systematic method for configuring VLSI

networks of spiking neurons. Neural Comput，2011，23(10)：2457-2497.

[29] Oster M. ChipDatabase—a system for tuning neuromorphic aVLSI chips. (2004)[2014-08-06]. http://www. ini. ethz. ch/～mao/ChipDatabase/ChipDatabase. pdf.

[30] Oster M. Tuning aVLSI chips with a mouse click. The Neuromorphic Engineer，2005，2(1)：9.

[31] Oster M，Whatley A M，Liu S C，et al. A hardware/software framework for real-time spiking systems// Duch W，Kacprzyk J，Oja E et al. Springer Lecture Notes in Computer Science. vol，3696. Heidelberg：Springer GmbH，2005：161-166.

[32] Pecevski D，Natschläger T，Schuch K. PCSIM：a parallel simulation environment for neural circuits fully integrated with Python. Front. Neuroinformat. , 2009，3，(11). DOI：10. 3389/neuro. 11. 011. 2009.

[33] Postel J. User datagram protocol. RFC 768，RFC Editor. (1980)[2014-08-06]. http://www. rfc-editor. org/rfc/rfc768. txt.

[34] Postel J. Transmission control protocol. RFC 793，RFC Editor. (1981)[2014-08-06]. http://www. rfc-editor. org/rfc/rfc793. txt.

[35] Python. Python programming language—official website. (2012)[2014-08-06]. http://www. python. org/. Python Software Foundation.

[36] Sheik S，Stefanini F，Neftci E，et al. Systematic configuration and automatic tuning of neuromorphic systems. Proc. IEEE Int. Symp. Circuits Syst. (ISCAS)，2011：873-876.

[37] Stefanini F，Neftci E O，Sheik S，et al. PyNCS：amicrokernel for high-level definition and configuration of neuromorphic electronic systems. Front. Neuroinformat. , 2014，8(73)：1-14.

[38] Stevens W R，Fenner B，Rudoff A M. Unix Network Programming. The Sockets Networking API，vol. 1. 3rd ed. Reading，MA：Addison-Wesley，2003.

[39] TIOBE. TIOBE programming communityindex. (2013)[2014-08-06]. http://www. tiobe. com/index. php/content/paperinfo/tpci/index. html.

[40] Yuille A L，Geiger D. Winner-take-all networks// The Handbook of Brain Theory and Neural Networks. 2nd ed. Cambridge，MA：MIT Press，2003：1228-1231.

第 15 章　事件流的算法处理

```
@Description("Subsamples x and y addresses")
public class SubSampler extends EventFilter2D {
    /** Process the packet.
     * @param in the input packet
     * @return out the output packet
     */
    synchronized public EventPacket filterPacket(EventPacket in) {
        OutputEventIterator oi=out.outputIterator(); // get the iterator to return output events
        for(BasicEvent e:in){ // for each input event
            BasicEvent o=(BasicEvent)oi.nextOutput(); // get an unused output event
            o.copyFrom(e); // copy the input event to the output event
            o.x = o.x>>bits; // right shift the x and y addresses
            o.y = o.y>>bits;
        }
        return out; // return the output packet
    }
}
```

本章介绍数字计算机事件驱动 AE 数据流的算法处理。这些算法属于降噪滤波器、事件标记器和跟踪器的范畴。另外,还讨论了数据结构和软件架构以及对软件和硬件基础结构的要求。部分资料来自 Delbrück(2008)。

15.1　简　介

随着第 3 章视网膜和第 4 章耳蜗等 AER 传感器及其支持的硬件基础设施的发展,很明显,最有效地利用这种新硬件的方法是开发用于处理来自传统计算机设备上的数据算法。这种方法可以使开发和性能的发展速度至少与摩尔定律一样快。实际上,这样的选择也是唯一可行的集成到实际系统中的选择,因为在可预见的将来,传统的数字处理器将继续作为构建集成系统的基础。

这种方法与神经形态工程学的过去以及当前的许多发展形成了鲜明的对比,后者专注于完整的神经形态系统,如第 13 章中所述的系统,除了提供支持的基础结构之外,它避免了与可编程计算机的连接。但是,尽管已经有了许多此类纯神经形态系统的开发,但事实证明,它们很难配置和使用。处理事件驱动的硬件更像是标准计算机外围设备可以为实际目的快速开发应用程序。

在应用程序的开发中,需要一种以 AER 事件作为输入开始的数字信号处理方式。现在对这些带时间戳的数字地址进行处理,以实现所需的目标。例如,可以开发出使用硅视网膜输出的自动驾驶汽车,遵循含噪声的和不完整的车道标记沿着道路安全行驶;或者,两耳 AER 耳蜗可以作为电池供电的无线传感器的输入传感器,用于检测和分类重要事件,如声音和枪声的方向。这只是两个潜在的例子,它们都还没有建立起来,但它们说明了实际的(和相当可行的)问题,可以推动欧洲形态技术的商业发展,而不需要完全重做电子计算。

在这种"事件驱动"的计算方式中,每个事件的位置和时间戳按到达顺序处理。算法可以利用同步数字处理器的功能来进行高速迭代、分支逻辑运算和适度的流水线操作。

在过去的 10 年里,这种方法取得了重大进展。本章主要介绍这些算法和应用程序的实例;讨论从对所需软件基础结构的描述开始,然后介绍现有算法的示例;这些示例之后是有关数据结构和软件体系结构的一些说明。最后,讨论回到基于奈奎斯特采样的现有算法和传统信号处理理论之间的关系,以及在这一领域需要新的理论发展来支持数据驱动风格的信号处理,这是事件驱动的方法的基础。

基于硅视网膜输出的现有算法的一些例子包括车辆交通的商业开发和使用 DVS 硅视网膜的人口计数(Litzenberger 等,2006a;Schraml 等,2010),快速视觉机器人,如机器人守门员(Delbrück 和 Lichtsteiner,2007)、apencil 均衡器(Conradt 等,2009b),流体动力和微观粒子跟踪(Drazen 等,2011;Ni 等,2012),低层运动特征提取(Benosman 等,2012),低层立体视觉(Rogister 等,2012)和基于立体的手势识别(Lee 等,2012)。事件驱动的音频处理包括听觉定位(Finger 和 Liu,2011)和说话人识别(Li 等,2012)。

基于这些发展,很明显,处理事件的方法已经演化为以下类:

- 滤波器可以清理输入以减少噪声或冗余。
- 被称为标签器的低级特征检测器,将附加标签附加到事件中,这些事件是事件含义的中间解释。例如,硅视网膜事件可以获取解释,如轮廓定向或运动方向。基于这些扩展类型,可以通过集成这些标签轻松计算全局指标(例如图像速度)。
- 跟踪器,用于检测、跟踪和潜在地对对象进行分类。
- 交叉关联器,交叉关联来源于不同的事件流。

为了滤波器和处理事件流,需要一些内存结构。对于某些算法,特别是对于滤波器和标记器,通常会使用一个或多个事件时间的地形内存图。这些映射存储每个地址的最后一个事件时间戳。

由于计算机中的事件只是数据对象,与神经系统的二进制峰值不同,因此数字事件可以携带附加信息的任意有效负载,在此称为注释。事件从 AER 设备中的精确定时和源地址开始。当它们由一系列算法处理时,多余的事件将被丢弃,而事件被标记为它们将获得额外的含义。通过将事件视为软件对象,可以附加事件注释。该对象与皮质中的细胞类型不同。在皮层处理中,通常认为通过增加细胞类型的数量来实现增加的尺寸。但是,由于这里所考虑的事件可以携带任意的有效负载,算法事件被更大的注释赋予了越来越多的解释。然后可以通过多个事件而不是多个硬件单元上的活动来传输多个预估。例如,位于两个主要方向中间的定向仍可以表示为几乎同时发生的事件,每个事件表示一个不同的和附近的方向。此外,此带注释的事件可以包含标量和向量值。例如,15.4.3 小节中描述的算法产生的"运动事件"会添加有关计算出的光流的速度和矢量方向的信息。

15.2 软件基础架构需求

可以想象,未来的软件基础架构如图 15.1 所示。该软件必须处理来自多个神经形态传感器(例如视网膜和耳蜗)的多个输入流,并且必须处理管道中每个流的数据。它还必须合并这些流以执行传感器融合,并最终以电动机命令或分析结果的形式产生输出。理想情况下,处理负载可以有效地分布在执行和处理核心的线程上。

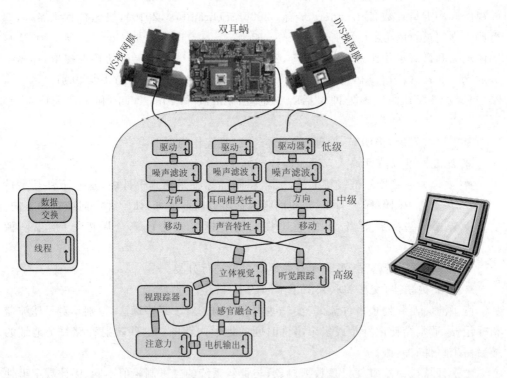

图 15.1 合理的软件体系结构,用于处理多个 AER 输入流(此处为立体声视网膜和两耳耳蜗)及处理数据以最终产生电机输出

内存数据结构中事件的组织对于处理效率和软件开发灵活性非常重要。例如,图 15.2 所示的 jAER(2007)中使用的体系结构显示了事件如何捆绑在称为数据包的缓冲区中。数据包是包含事件对象列表的可重用内存对象。这些事件对象是对包含事

件及其注释结构的内存引用。特定的事件驱动的滤波器或处理器维护自己的重用输出数据包,以保存结果。这些数据包被重用,因为对象创建的成本通常比访问现有对象的成本高数百倍。数据包会根据需要动态增长,尽管这种代价比较高的过程在程序初始化期间只会发生几次。这样,堆的使用率很低,因为重复使用的数据包很少被分配,不需要垃圾回收,这对于实时应用尤为重要。

事件数据包类似于帧,但有所不同。数据帧表示时间的固定点或范围,帧的内容由模拟输入的样本组成。相比之下,根据事件的数量及其时序,数据包可以表示成可变的实时量,并且与传感器中的样本相比,数据包中的事件将倾向于携带更多相同的有用信息,减少输入的冗余。

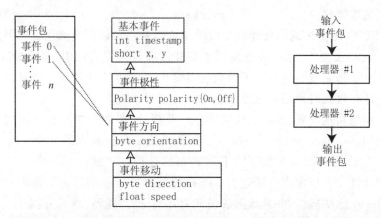

图 15.2 事件包的结构,包含从基类派生的事件,以包含更多扩展的注释。数据包由处理器流水线处理,每个处理器在上一级的输出上运行

15.2.1 处理延迟

处理延迟对于实时应用很重要,尤其是在将结果反馈给控制器时。这些系统的示例是机器人和工厂生产线。延迟对于最小化人机交互也很重要。在嵌入式实现中,处理器在收到事件后直接从 AE 设备处理每个事件,因此延迟只是一种算法。更典型地,在 AE 设备和处理器之间将存在某种类型的缓冲区,用于保存事件包。使用处理数据包中事件的软件体系结构,延迟是连续数据包中最后一个事件之间的时间加上处理时间。例如,假设灯亮系统必须对它作出反应。系统必须填充硬件缓冲区(或超时并仅将其填充为部分填充),传输事件,然后处理数据包。如果灯在前一个包传输完之后才打开,那么总的延迟是填满缓冲区的时间(或一些最短的时间),再加上传输时间、处理时间,最后再加上激活执行器所需的时间。

可以构建 AER 传感器与计算机之间的硬件接口,以确保以最低频率(例如 1 kHz)将这些数据包传递到主机。然后,最大数据包延迟为 1 ms。但是,如果事件发生率较高,则延迟可能会小得多。例如,第 3 章中与 DVS 硅视网膜一起使用的 USB 芯片具有 128 个事件的硬件 FIFO 缓冲区。如果事件频率为 1 MHz,则 128 个事件将在 128 μs 内填充 FIFO。然后,以 480 Mbit/s 的速度运行的 USB 接口需要大约 10 μs 的时间才能将数据传输到计算机,而将数据输入计算机的总延迟小于 $200~\mu s$。与 $100~Hz$ 的摄像机相比,这意味着延迟减少了。

15.3 嵌入式实现

当将软件算法嵌入到与 AE 设备相邻的处理器中时,与在通过某种远程接口(例如 USB)连接到该设备的计算机上以更通用的框架实现软件时,要考虑的因素有所不同。在嵌入式实现中,通常是微控制器(Conradt 等,2009a)或 DSP(Litzenberger 等,2006b)的处理器直接连接到 AE 设备。在 Litzenberger 等(2006b)和 Hofstatter 等(2011)的文中,硬件 FIFO 用于在到达处理器之前缓冲 AE,从而可以更有效地处理事件缓冲区。Grenet 等(2005)在 VISe 系统中也使用了 DSP。在嵌入式实现中,通常最好尽可能内联事件的所有处理阶段。这避免了函数调用的开销,并且有可能避免对事件加时间戳,因为每个事件在收到时都是实时处理的。

在低价和低功耗的处理器上,仅提供定点计算,而在许多芯片中,仅提供乘法而不是除法。例如,Conradt 等(2009a)报告了一种铅笔平衡机器人的实现方法,其中每个 DVS 传感器输出均直接由定点的 32 位微控制器处理,功耗约 $100~mW$。这里,铅笔角度和位置的计算完全以定点算法进行。平衡器指针的每次实际更新都需要以 $500~Hz$ 的速率进行一次除法操作,并且该除法被分为几部分,因此不会在处理事件中造成较大的差距。巧妙地安排了显示 DVS 视网膜输出的 LCD 面板的更新,因此每次事件接收时仅更新 LCD 屏幕的两个像素:一个在事件位置,另一个在 LCD 像素阵列和衰减那里的数值。这样,事件活动的 2D 直方图可以得到有效维护,而无需花费大量时间来中断事件处理。

Schraml 等(2010)报道了嵌入式开发的另一个高度开发的示例。该系统使用一对 DVS 视网膜,并在 FPGA 上计算立体声对应关系,以检测"坠落人员"事件,这对老年人护理很重要。所采用的方法类似于 Benosman 等(2012)报道的方法,其中将常规机器视觉方法应用于累积事件的短时缓冲区。

15.4 算法实例

本节介绍了一些现有事件处理方法的示例,这些方法均来自 jAER(2007),主要用于第 3 章中讨论的 DVS。它从噪声过滤开始,之后进行低级视觉特征提取,以及视觉对象跟踪,然后是第 4 章中讨论的使用 AER - EAR 硅耳蜗进行音频处理的示例。

15.4.1　降噪滤波器

通过转换或丢弃事件,以某种方式预处理数据可能是有益的。作为一些琐碎的事例,可能有必要减小地址空间的大小(例如,从 $128×128$ 减小到 $64×64$)或通过旋转图像进行变换。这两个操作包括简单地将 x 和 y 地址右移(二次采样)或将每个 (x,y) 地址乘以旋转矩阵。

预处理对于删除"噪声"地址也非常有益。作为噪声过滤的示例,我们将描述一种算法(在 jAER 项目中开源为 BackgroundActivityFilter),并从第 3 章中描述的 DVS 传感器中删除不相关的背景活动。这些事件可能是由作用于热噪声或结泄漏电流引起的交换机连接到浮动节点。滤波器仅传递最近附近(在空间)事件支持的事件。背景活动是不相关的,并且在很大程度上被过滤掉了,而由世界(例如由硅视网膜看到的运动物体)产生的事件即使通过的只是单个像素,也大部分会通过。该滤波器使用两个事件时间戳映射来存储其状态,也就是说,由于传感器具有 $128×128$ 像素,每个像素具有 ON 和 OFF 输出事件,因此使用两个包含整数时间戳值的 $128×128$ 像素的数组存储时间戳。该滤波器具有单个参数 dT,该参数指定事件将通过的支持时间,即该事件与附近的过去事件之间可以通过的最长时间,以允许该事件通过滤波器。数据包中每个事件的算法步骤如下:

① 将事件的时间戳存储在时间戳存储器中的所有相邻地址中,例如,事件地址周围的 8 个像素地址,将覆盖先前的值。

② 检查事件的时间戳是否在该事件的地址写入时间戳映射的前值的 dT 之内。如果最近发生过前事件,请将事件传递到输出,否则将其丢弃。

因为在现代 CPU 体系结构中分支操作的成本可能很高,所以这里使用了两种优化。第一,此实现避免了对所有相邻的时间戳差异检查,只需将事件的时间戳存储在所有邻居中即可。然后,在迭代之后只需要单个条件分支即可将时间戳写入映射。第二,分配时间戳映射,以使它们比输入地址空间大至少邻域距离。然后,在迭代过程中将时间戳写入事件的相邻像素时,就无须检查数组边界。

图 15.3 显示了在 DVS 视网膜输出上运行的背景活动滤波器的典型结果。输入数据来自上方观察到的步行果蝇。背景活动滤波器删除了几乎所有不相关的背景活动,同时保留了时空相关事件。在 Core-i7 870 3 GHz PC 上运行的 jAER 实施中,每个事件的处理时间约为 100 ns。

有用滤波器的其他示例包括限制单个地址事件发生率的"耐火滤波器"、仅传递来自地址空间特定区域事件的"xy 型滤波器",以及通过以下方式传递事件的"抑制突触滤波器",随着地址的平均事件发生率增加而概率降低。该滤波器倾向于使地址之间的活动均衡,并且可以限制来自冗余源的输入,例如来自硅视网膜的闪烁光或来自耳蜗的光谱带。

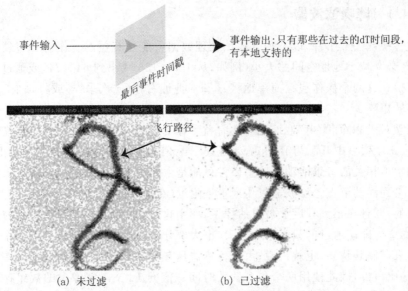

事件输入 ⟶

事件输出:只有那些在过去的dT时间段,有本地支持的

最后事件时间戳

飞行路径

(a) 未过滤   (b) 已过滤

图 15.3　背景噪声滤波器示例。输入来自 DVS 视网膜在 9 s 时间内观察到一只步行果蝇的场景。数据呈现为所收集事件的 2D 直方图,就像所收集事件地址的图像一样。(a)如果没有背景过滤,则不相关的背景活动速率约为 3 kHz,可见为灰色斑点。果蝇的路径可见更暗像素。(b)使用滤波器,背景频率降至约 50 Hz,约为原来的百分之几,而果蝇的活动则不受影响。两种图的灰度都相同

15.4.2　时间戳映射和按位移地址进行二次采样

在刚刚给出的滤波示例中,输入事件时间被写入时间戳映射。该映射是每个地址上最新事件时间戳的 2D 数组。该地图就像事件时间的图片。移动的边缘将在时间戳映射中创建一个看起来像逐渐倾斜到山脊的景观,然后是一个陡峭的悬崖,该悬崖掉落到代表以前某个边缘的视网膜输出的古老事件上,这可能不再适用。滤波操作可以检查源地址周围最新事件的时间戳映射。

当滤波事件或标记事件时(如 15.4.3 小节所述),一种非常有用的操作是通过移位进行二次采样。该操作可以增加由事件滤波器检查的时间戳映射区域的效果,而不会增加成本。将 x 和 y 地址右移 n 位,最终以 $2^n \times 2^n$ 输入地址块中的最新时间戳填充时间戳映射的每个元素。在滤波数据包时,需要处理相同数量的事件,但现在,在时间戳映射上迭代输入事件地址的邻域的操作有效地覆盖了 $(2^n)^2$ 倍的输入地址空间区域。效果与感受野区域增加的数量相同,但是在较大邻域上的迭代成本没有增加。

15.4.3　作为低级功能检测器的事件标记器

一旦通过滤波事件实现了事件流中的噪声或冗余减少,那么下一步便是检测特征,例如边缘方向或边缘运动的方向和速度(这些算法是 jAER 项目中的简单方向滤波器和方向选择滤波器)。这些"事件标记"算法会产生新型事件的输出流,这些事件现在用处理过程中检测到的附加注释进行标记。

这种类型的特征检测器示例一般用于测量局部正常光流的"运动标记器"。图 15.4 说明了该算法的结果。运动测量的步骤首先包括确定边缘方向，然后确定该边缘从什么方向移动以及移动速度有多快。这种方法只能确定所谓的"正常流动"，因为无法确定平行于边缘的运动。

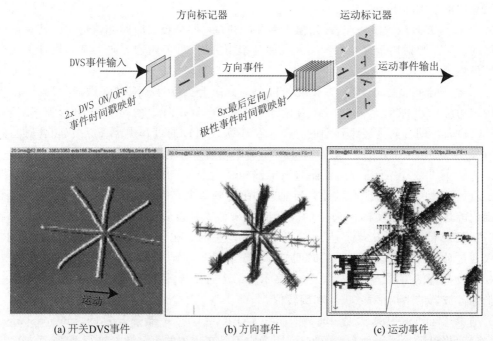

图 15.4　方向特征提取后是局部方向运动事件。(a)输入是 **3 000** 个事件，涵盖从向右移动的十字图案开始的 **20 ms DVS 活动**。(b)方向事件由沿检测到的定向的线段显示。段的长度表示感受野的大小。(c)运动事件由矢量箭头显示。它们指示方向事件的法向流速向量。插图显示了一些运动矢量的特写

定向标记方法的灵感来自著名的 Hubel 和 Wiesel 排列的中心环绕丘脑感受野，这些感受野排列在一起产生定向选择性的皮质单细胞感受野（Hubel 和 Wiesel，1962）。可以将简单细胞视为丘脑输入的巧合检测器。移动边缘将倾向于产生与同一边缘附近事件在时间上更紧密相关的事件。方向标记器检测到这些同时发生的事件，并通过以下步骤确定边缘方向（见图 15.4）：

① 将事件时间存储在事件地址(x, y)的时间戳映射中。输入事件的示例如图 15.4 (a)所示。每种输入事件的类型都有一个时间戳映射，例如，DVS 传感器的 ON 和 OFF 事件极性的两个映射。每个视网膜极性都有一个单独的映射，因此 ON 事件只能与以前的 ON 事件相关，而 OFF 事件只能与过去的 OFF 事件相关。

② 对于每个方向，测量感受野区域中的相关时间。相关性计算将为输入事件与相应（ON 或 OFF）时间戳映射中存储的时间戳之间的绝对时间戳差（SATD）之和。通常，感受野的大小以事件地址为中心的 1×5 像素，在这种情况下，必须计算四个时间戳差。对于每个定向感受野，将预先计算过去事件时间到存储器中的阵列偏移量。

③ 仅在步骤②通过 SATD 阈值测试以拒绝 SATD 较大的事件(表示相关性较差)的事件通过时,才输出一个标记有最佳相关结果方向的事件。提取边缘方向事件的结果如图 15.4(b)所示。

运动算法的下一步是使用这些"方向事件"来确定正常的光流(再次参见图 15.4)。该算法的步骤如下:

① 与方向标注器一样,首先输入事件(方向事件)会覆盖时间戳映射中先前事件的时间。一个映射用于存储每种输入事件类型。例如,对于四种方向类型和两种输入事件极性,将使用 8 个映射。

② 对于每个方向事件,在正交于边缘的方向上执行对相应时间戳映射的搜索,以确定边缘的可能运动方向。针对两个可能的运动方向中的每个方向计算 SATD。SATD 较小的方向是边缘移动的方向。在计算 SATD 的过程中,SATD 仅包含时间戳差异小于参数值的事件。这样,便不算不属于当前边缘的旧事件。

③ 输出一个"运动方向事件",该事件标有 8 个可能的运动方向之一,并带有根据 SATD 计算的速度值。通过计算当前方向事件到每个先前方向事件在与感受野大小范围内的运动方向相反的方向上的飞行时间来计算速度,然后取平均值。通常范围是 5 个像素,但是对于方向标记器,此大小是可调整的。在计算平均飞行时间的过程中,仅通过计数时间限制范围内的时间来排除异常值。运动标记器输出的示例如图 15.4 (c)所示。较小的矢量和较薄的矢量显示局部法向光通量,而较大的矢量显示最近经过低通滤波器的平均平移、扩展和旋转值。

上述运动标记算法是 2005 年作为 jAER 项目的一部分开发的。Benosman 等 (2012)报道了另外一种有趣的方法,因为它不是在过去的事件图上进行搜索,而是使用基于梯度的方法,这种方法基于对普及和有效语言的直接翻译(Lucas 和 Kanada,1981)。在报告的 50 μs DVS 活动的短时间窗口内计算出大小为 $n \times n$ 像素(使用了 $n=5$)的事件图像补丁。这样,该算法可以通过线性回归确定标量方向和速度,以得出局部法向流量矢量。通过使用这种方法,与基于帧的 Lucas-Kanade 方法相比,以高效的采样率计算空间和时间梯度,同时将计算成本降低了很多。与运动标记器相比,此方法可产生更精确的光流,但它的成本大概是运动标记器的 20 倍,因为必须为每个运动矢量求解一组 n^2 个联立线性方程组。在快速的 2012 年 PC 上处理每个 DVS 事件需要大约 7 μs 的 CPU 时间,而运动标记器则需要 350 ns。

15.4.4 视觉跟踪器

对象跟踪的任务非常适合于活动驱动的事件驱动系统,因为移动的对象会生成时空能量,从而生成事件,然后可以将这些事件用于跟踪对象。

1. Cluster 跟踪器

作为跟踪算法的示例,我们讨论一个相对简单的跟踪器,称为 Cluster 跟踪器 (jAER 项目中的 RectangularClusterTracker)。基本的 Cluster 跟踪器跟踪多个移动的紧凑对象的运动(Delbrück 和 Lichtsteiner,2007;Litzenberger 等,2006b),例如,二维流体中的粒了、桌子上的球或高速公路上的汽车。它通过使用对象模型作为空间连接的紧凑事件源来实现此目的。当对象移动时,它们会生成事件。这些事件用于移动集群。当在没有集群的地方检测到事件时,会生成集群,并且在集群获得的支持不足后会对其进行修剪。

集群的大小取决于应用程序是固定的还是可变的,并且还可以是图像中位置的函数。在某些情况下,例如从高速公路立交桥向下看,物体看起来相当小,由车辆组成,并且所有这些都可以集中在一个受限制的大小范围内。图像平面中的大小是图像中高度的函数,因为近地平线的车辆图像很小,而相机近处的车辆图像最大。此外,地平线附近的车辆看起来都是相同大小的,因为它们是正面观察的。在其他情况下,所有对象的大小几乎相同。在流体实验中或在雨滴下落的情况下查看标记颗粒时就是这种情况。

与传统的基于帧的跟踪器相比,Cluster 跟踪器具有多个优点。首先,因为没有框架,所以没有对应问题,并且事件异步更新集群。其次,仅需要处理产生事件的像素,并且此处理的成本由搜索最近的现有群集控制,该操作通常是便宜的,因为集群很少。最后,唯一需要的内存是集群位置和其他统计信息,通常每个集群大约 100 字节。

Cluster 跟踪器的步骤概述如下:它首先包括对数据包中每个事件的迭代,其次是在数据包迭代期间以固定的时间间隔进行的全局更新。

集群由许多统计信息描述,包括位置、速度、半径、纵横比、角度和事件发生率。例如,事件速率统计信息描述了集群在过去的 τ_{rate} 毫秒内接收到的平均事件速率,这是一个低通滤波的瞬时事件速率。

首先,对于数据包中的每个事件:

① 通过遍历所有集群并计算集群中心与事件位置之间的最小距离,找到最近的现有集群。

② 如果事件在集群中心的集群半径内,通过将集群向事件方向推动一点并更新集群的最后事件时间,将事件添加到集群中。在更新集群之前,首先使用其估计的速度和事件时间对其进行翻译。这样,集群具有“惯性”,并且事件用于更新集群的速度而不是其位置。随后,事件在集群中移动的距离由“混合因子”参数确定,该参数设置事件位置对集群的影响程度。如果混合因子很大,则集群更新速度更快,但它们的运动更嘈杂。较小的混合因子会导致平滑移动,但是对象的快速移动会导致跟踪丢失。如果允许集群更改其大小、宽高比或角度,请同时更新这些参数。例如,如果允许大小变化,那么远离集群中心的事件会使集群增长,而靠近中心的事件会使集群收缩。集群事件发生率统计信息和速度估计值也使用低通滤波器进行更新。

③ 如果该事件不在任何集群内,那么存在未使用的备用集群可供分配,播种新集群。直到接收到最低事件率,集群才被标记为可见。用户设置允许的最大集群数,以反映他们对应用程序的理解。

其次,在周期性更新间隔下(例如 1 ms,这是可配置的选项),执行以下 Cluster 跟踪器更新步骤。在事件包的迭代过程中确定何时进行更新的决定。检查每个事件的时间戳,以查看它是否大于下一个更新时间。如果较大,则执行下面概述的更新步骤,并且在更新之后,将下一个更新时间的更新间隔增加。

定期 Cluster 跟踪器更新的步骤如下:

① 遍历整个集群,删除没有得到足够支持的那些集群。如果集群的事件发生率已降至阈值以下,则将修剪该集群。

② 遍历整个集群以合并重叠的集群。该合并操作是必需的,因为当对象的大小增加或更改纵横比时,可以形成新的集群。合并迭代将继续进行,直到不再有要合并的集群为止。合并的集群通常(取决于跟踪器选项)采用最旧集群的统计信息,因为该集群可能具有最长的跟踪对象历史。

这种跟踪器的一个应用示例是 Delbrück 和 Lichtsteiner(2007)中的机器人守门员,后来被更新为包括其手臂的自校准功能。图 15.5 显示了该跟踪器的设置和操作过程中的屏幕截图守门员。开发此机器人的目的是展示快速、廉价的跟踪和快速的反应时间。如图 15.5(a)所示,当一个人尝试将球射入球门,守门员会阻挡最危险的球,该球被确定为首先越过球门线。快速射击可以在 100 ms 内覆盖距目标 1 m 的距离。为此,机器人需要跟踪球以确定其位置和速度,以便它可以在开环控制下将手臂移动到正确的位置以阻止球。在空闲期间,机器人还会在跟踪手臂的同时将其手臂移动到随机位置,以校准从伺服位置到视觉空间的映射。这样,机器人可以将手臂设置到图像中所需的视觉位置。图 15.5(b)是操作期间捕获的屏幕截图。正在跟踪三个球,并盘旋了其中一个,即进攻球,以表明这是一个被挡住的球。每个球还具有附加的速度矢量估计,并且还有许多其他潜在的球簇,它们没有获得足够的支持将球分类。该场景被静态分割为一个球跟踪区域和一个手臂跟踪区域。在手臂区域中,手臂由较大的 Cluster 跟踪器跟踪,在球区域中,配置了跟踪器,以使集群大小基于透视图与球的大小匹配。在 2.9 ms 的活动快照期间,以 44 keps 的速率发生了 128 个 DVS 事件。事件发生率与球的速度呈线性关系,因此慢速运动的球产生较少的事件,而快速运动的球产生较多的事件。由于跟踪器是由事件驱动的,因此跟踪快速移动的球的性能与慢速移动的球

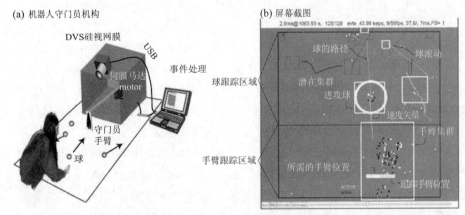

图 15.5　机器人守门员。(a)设置显示了 DVS 硅视网膜和 1 轴守门员手臂。(b)屏幕截图显示了跟踪多个球和守门员手臂的情况

相同。守门员手臂的尺寸越大,则越容易挡住球。若使用守门员手臂的大小是球直径的 1.5 倍,则可测量出守门员挡住了 95% 的球。守门员在 2006 年以前的笔记本电脑处理器上运行,处理器负载低于 4%。反应时间(定义为从开始跟踪球到伺服控制信号变化的时间间隔)小于 3 ms。

2. DVS 的更多跟踪应用

其他跟踪应用程序已定制跟踪以处理特定情况。例如,Lee 等(2012)报道了使用 DVS 视网膜进行手势识别的基于立体视觉的手部跟踪器。在这里,平均立体视差由两个 DVS 传感器中活动的 1D 直方图的互相关确定。接下来,对来自 DVS 传感器的事件进行转换,以将峰值活动记录下来(通过这种方式,主要的对象(即活动的手)集中在单个区域上,同时抑制了人的背景运动)。接下来,协作检测活动关联区域的跟踪器找到了手活动区域。该跟踪器基于横向耦合的 I&F 神经元。神经元通过兴奋性连接与 DVS 输入及其邻居连接,因此活动的连接区域比断开的区域更可取。活动 I&F 神经元最大连接区域的活动中位位置作为手部位置。

在第二个示例中,Conradt 等(2009b)报道了铅笔平衡器机器人,使用了基于连续 Hough 变换的有趣跟踪器。每个视网膜事件被认为在铅笔角度和基本位置的 Hough 变换空间(Ballard,1981)中绘制了一个活动脊线。有效的代数变换允许更新 Hough 空间中的连续铅笔估计,而无需常规 Hough 变换笨拙的量化和峰值查找。

在第三个例子中,Drazen 等(2011)报道了流体动力粒子追踪器,使用了一种基于上述 Cluster 跟踪器的方法来跟踪流体流动标记,但是应用了额外的处理步骤来处理具有交叉轨迹的粒子。

在第四个例子中,Ni 等(2012)应用离散的圆形 Hough 变换进行微粒跟踪,其方式与 Serrano-Gotarredona 等(2009)的 CAVIAR 硬件卷积非常相似。该跟踪器本身不够准确,因此需要对跟踪器位置周围最近事件活动的重心进行计算,以提高准确性。

最后,Bolopion 等(2012)报道了使用 DVS 与 CMOS 摄像头来跟踪微夹持器和被操纵的粒子,以提供用于夹持的高速触觉反馈。它使用基于 Besl 和 McKay(1992)的迭代最近点算法,通过旋转和平移夹具模型来最小化最近 10 ms 内事件与夹具形状模型之间的欧几里得距离。

3. DVS 的动作和形状识别

已经对事件的分类开展了一些工作,例如检测跌倒的人,这对于老年人护理很重要。Fu 等(2008)报道了一种简单的跌倒检测器,该检测器基于对单个 DVS 正面或侧向看人的 DVS 时空事件直方图进行分类。后来,Belbachir 等(2012)展示了一种令人印象深刻的跌倒检测器,该检测器使用了一对立体声 DVS 传感器,并且可以从上方俯瞰跌倒的人。

该小组基于 MIPS 内核开发了完全定制的嵌入式 DSP,该内核具有本地 AE 时间戳接口(Hofstatter 等,2009),用于单线和双线 DVS 传感器输出对平面形状进行高速分类(Belbachir 等,2007;Hofstatter 等,2011)。

4. 事件驱动的视觉传感器在智能交通系统中的应用

如 Grenet(2007)所述,在 3.5.5 小节中描述的 VISe 视觉传感器以高度发达的方式应用于车道检测和车道偏离警告。该报告虽然不能在线获得,但由于其完整性和系统设计(包括几种不同的跟踪状态的实现),故值得阅读。系统在引导状态、搜索状态和跟踪状态之间切换,并在跟踪阶段使用卡尔曼滤波器。它还可以检测到实线和虚线车道标记之间的差异。

DVS 的主要应用是在智能交通系统中,尤其是在高速公路交通监控中。目前已经开发出使用嵌入式商用 DSP 处理 DVS 输出的专用算法(Litzenberger 等,2006b)应用于这个系统。Litzenberger 等(2006a)报告了车辆速度测量,Litzenberger 等(2007)报告了车辆计数。在最新的工作中,该小组还能够基于大灯分离对夜间在高速公路上的卡车与汽车进行分类(Gritsch 等,2009)。

15.4.5 事件驱动的音频处理

事件驱动的方法在需要精确计时的应用程序中特别有用。其中一个例子是两耳听觉处理,使用互相关确定两耳时差(ITD),最终确定声源方位方向。第 4 章 4.3.2 小节描述了对来自 AEREAR2 耳蜗的耳蜗尖峰进行定位的处理。Finger 和 Liu(2011)用于估计 ITD (jAER 项目中的 ITD 滤波器)的事件驱动的方法显示了来自两个源的事件滚动缓冲区是如何相互关联的。在这种方法中,计算一只耳朵事件(一只耳朵的一个耳蜗通道)之间的 ITD 到另一只耳朵之前事件(另一只耳朵的相应耳蜗通道)的 ITD。只考虑某些极限的 ITD,例如 ± 1 ms。每一个 ITD 都被加权(如下所述),并存储在 ITD 数值的直方图中。直方图中峰值的位置代表了声源的 ITD。

在混响空间中定位声音比较困难,因为声音可能会通过多种途径到达听众。但是,声音的起点可以用来消除源方向的歧义,因为声音的起点可以用来确定直接路径。ITD 算法中使用的一个特殊功能是将添加到直方图中的值乘以当前事件之前的静音时间(无事件)。这样,声音开始的权重就更大了。使用此功能可以显著提高性能。

Finger 和 Liu(2011)报告里说,该系统可以使用大约 15 cm 的麦克风间距实现房间中混响精度为 10 度的声源方向定位,这代表估算 ITD 的精度约为 $60~\mu s$。与基于常规声音样本的常规互相关相比,使用事件驱动的互相关方法将计算成本降低了很多(Liu 等,2013)。事件驱动的方法使人类语音的声源定位延迟不超过 200 ms。

15.5 讨 论

基于神经形态 AER 传感器和执行器的事件驱动的信号处理方法有可能在功率、内存和处理器成本方面实现小型、快速、低功耗的嵌入式感觉运动处理系统。但是,为了使该领域达到与常规基于奈奎斯特的信号处理相同的水平,显然需要理论上的发展。例如,尚不清楚如何使用事件驱动的方法来设计诸如模拟滤波器之类的非常基本的元素。在传统信号处理中,线性定常系统的假设、规则样本以及 z 变换的使用允许系统地构建信号处理管道,如每本标准信号处理教科书中所述。不存在用于事件驱动处理的这种方法。尽管有些作者将事件驱动处理算法的形式描述为一组方程式,但到目前为止,这些方程式仅是对带有分支的迭代器的描述,并且它们不能被操作允许以常规代数允许的相同方式派生不同形式或组合。为了将事件驱动的方法与机器学习的飞速发展相结合,显然需要将学习引入事件驱动的方法中。这些发展和其他发展将使该领域在未来几年变得有趣,有趣的可能是,最强大的算法竟然是在第 16 章中描述的各种大型神经形态硬件系统上运行得最好的算法。

参考文献

[1] Ballard D H. Generalizing the Hough transform to detect arbitrary shapes. Pattern Recogn. , 1981, 13(2): 111-122.

[2] Belbachir A N, Litzenberger M, Posch C, et al. Real-time vision using a smart sensor system. Proc. IEEE Int. Symp. Circuits Syst. (ISCAS), 2007: 1968-1973.

[3] Belbachir A N, Litzenberger M, Schraml S, et al. CARE: a dynamic stereo vision sensor system for fall detection. Proc. IEEE Int. Symp. Circuits Syst. (ISCAS), 2012: 731-734.

[4] Benosman R, Ieng S H, Clercq C, et al. Asynchronous frameless event-based optical flow. Neural Netw. , 2012, 27: 32-37.

[5] Besl P J , McKay H D. A method for registration of 3-D shapes. IEEE Trans. Pattern Anal. Mach. Intell. ,1992, 14(2): 239-256.

[6] Bolopion A, Ni Z, Agnus J, et al. Stable haptic feedback based on a dynamic vision sensor for microrobotics. Proc. 2012 IEEE/RSJ Int. Conf. Intell. Robots Syst. (IROS), 2012: 3203-3208.

[7] Conradt J, Berner R, Cook M, et al. An embedded AER dynamic vision sensor for low-latency pole balancing. Proc. 12th IEEE Int. Conf. Computer Vision Workshops (ICCV), 2009a: 780-785.

[8] Conradt J, Cook M, Berner R, et al. A pencil balancing robot using a pair of AER dynamic vision sensors. Proc. IEEE Int. Symp. Circuits Syst. (ISCAS), 2009b: 781-784.

[9] Delbrück T. Frame-free dynamic digital vision. Proc. Int. Symp. Secure-Life Electronics, Advanced Electronics for Quality Life and Society, University of Tokyo, March 6-7, 2008: 21-26.

[10] Delbrück T, Lichtsteiner P. Fast sensory motor control based on event-based

hybrid neuromorphic-procedural system. Proc. IEEE Int. Symp. Circuits Syst. (ISCAS), 2007: 845-848.

[11] Drazen D, Lichtsteiner P, Hafliger P, et al. Toward real-time particle tracking using an event-based dynamic vision sensor. Exp. Fluids, 2011, 51 (55): 1465-1469.

[12] Finger H, Liu S C. Estimating the location of a sound source with a spike-timing localization algorithm. Proc. IEEE Int. Symp. Circuits Syst. (ISCAS), 2011: 2461-2464.

[13] Fu Z, Delbrück T, Lichtsteiner P, et al. An address-event fall detector for assisted living applications. IEEE Trans. Biomed. Circuits Syst., 2008, 2 (2): 88-96.

[14] Grenet E. Embedded high dynamic range vision system for real-time driving assistance. Technische Akademie Heilbronn e. V., 2. Fachforum Kraftfahrzeugtechnik, 2007: 1-16.

[15] Grenet E, Gyger S, Heim P, et al. High dynamic range vision sensor for automotive applications. European Workshop on Photonics in the Automobile, 2005: 246-253.

[16] Gritsch G, Donath N, Kohn B, et al. Night-time vehicle classification with an embedded vision system. Proc. 12th IEEE Int. Conf. Intell. Transp. Syst. (ITSC), 2009: 1-6.

[17] Hofstatter M, Schon P, Posch C. An integrated 20-bit 33/5 M events/s AER sensor interface with 10 ns time-stamping and hardware-accelerated event preprocessing. Proc. IEEE Biomed. Circuits Syst. Conf. (BIOCAS), 2009: 257-260.

[18] Hofstatter M, Litzenberger M, Matolin D, et al. Hardware-accelerated address-event processing for high-speed visual object recognition. Proc. 18th IEEE Int. Conf. Electr. Circuits Syst. (ICECS), 2011: 89-92.

[19] Hubel D H, Wiesel T N. Receptive fields, binocular interaction and functional architecture in the cat's visual cortex. J. Physiol., 1962, 160(1): 106-154.

[20] jAER. jAER Open Source Project. (2007) [2014-08-06]. http://jaerproject.org.

[21] Lee J, Delbrück T, Park P K J, et al. Live demonstration: gesture-based remote control using stereo pair of dynamic vision sensors. Proc. IEEE Int. Symp. Circuits Syst. (ISCAS), 2012: 741-745.

[22] Li C H, Delbrück T, Liu S C. Real-time speaker identification using the AEREAR2 event-based silicon cochlea. Proc. IEEE Int. Symp. Circuits Syst. (ISCAS), 2012: 1159-1162.

［23］ Litzenberger M，Kohn B，Belbachir A N，et al. Estimation of vehicle speed based on asynchronous data from a silicon retina optical sensor. Proc. 2006 IEEE Intell. Transp. Syst. Conf. (ITSC)，2006a：653-658.

［24］ Litzenberger M，Posch C，Bauer D，et al. Embedded vision system for real-time object tracking using an asynchronous transient vision sensor. Proc. 2006 IEEE 12th Digital Signal Processing Workshop，and the 4th Signal Processing Education Workshop，2006b：173-178.

［25］ Litzenberger M，Kohn B，Gritsch G，et al. Vehicle counting with an embedded traffic data system using an optical transient sensor. Proc. 2007 IEEE Intell. Transp. Syst. Conf. (ITSC)，2007：36-40.

［26］ Liu S C，van Schaik A，Minch B，et al. Asynchronous binaural spatial audition sensorwith $2 \times 64 \times 4$ channel output. IEEE Trans. Biomed. Circuits Syst.，2013：1-12.

［27］ Lucas B D，Kanade T. An iterative image registration technique with an application to stereo vision. Proc. 7th Int. Joint Conf. Artificial Intell. (IJCAI)，1981：674-679.

［28］ Ni Z，Pacoret C，Benosman R，et al. Asynchronous event-based high speed vision for microparticle tracking. J. Microscopy，2012，245(3)，236-244.

［29］ Rogister P，Benosman R，Leng S，et al. Asynchronous event-based binocular stereo matching. IEEE Trans. Neural Netw. Learning Syst. 2012，23(2)：347-353.

［30］ Schraml S，Belbachir A N，Milosevic N，et al. Dynamic stereo vision system for real-time tracking. Proc. IEEE Int. Symp. Circuits Syst. (ISCAS)，2010：1409-1412.

［31］ Serrano-Gotarredona R，Oster M，Lichtsteiner P，et al. CAVIAR：a 45K-neuron，5M-synapse，12G-connects/sec AER hardware sensory-processing-learning-actuating system for high speed visual object recognition and tracking. IEEE Trans. Neural Netw.，2009，20(9)：1417-1438.

第 16 章　迈向大规模神经形态系统

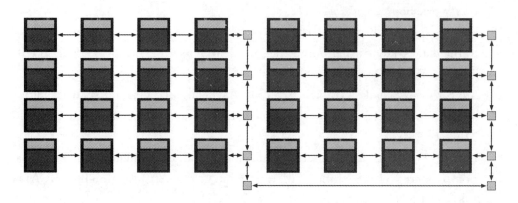

本章介绍四个神经形态系统示例：SpiNNaker、HiAER、Neurogrid 和 FACETS。这些系统结合了前几章概述的原理的子集，以构建用于神经形态系统工程的大规模硬件平台。它们中的每一个代表了设计空间中的不同点，因此检查每个系统中所做的选择是有启发性的。

16.1　简　介

多芯片 AER 可用于构建可扩展至数百万个神经元的神经形态系统。这种可扩展性的部分原因是生物学的证据：由于生物系统具有数十亿个神经元，因此生物学计算原理和通信结构内在必然是这样的，以便它们可以扩展至该规模的系统。既然神经机制系统模拟生物系统，那么我们可以假设模拟生物学上可信的网络是一项将随网络规模扩大的任务。

16.2　大型系统实例

本章讨论实现大型神经形态系统的四个案例研究：SpiNNaker，来自曼彻斯特大学的系统；HiAER，来自加州大学圣地亚哥分校的系统；Neurogrid，来自斯坦福大学设计的系统；FACETS，来自由海德堡大学领导的欧盟项目。四种系统对实现神经元的问题采取了截然不同的方法，范围从使用通用数字微处理器到晶圆级集成定制模拟电子设备。每个系统使用不同的方法来设计尖峰通信网络以及实现突触。

16.2.1 尖峰神经网络结构

目前的发展中,曼彻斯特大学的 SpiNNaker 项目采用了最"通用"的方法来设计大规模的神经形态系统。

1. 系统架构

神经形态系统的核心硬件元素是定制设计的 ASIC,称为 SpiNNaker 芯片。该芯片包括 18 个 ARM 处理器节点(ARM968 核心可从该项目的工业合作伙伴 ARM 有限公司获得),以及一个专门设计的路由器,用于 SpiNNaker 芯片之间的通信。ARM968 内核中有一个被指定为监视处理器,并负责系统管理任务;16 个内核用于神经形态计算,还有一个核是备用的,可用于提高制造良率。每个 SpiNNaker 芯片都与一个 128 MB SDRAM 芯片配对,并且两个芯片一起封装为单个芯片(Furber 等,2013)。

每个芯片可以与 6 个最近的邻居通信。每个芯片都参与水平环(利用两个链接)、垂直环(利用两个链接)和对角环(利用两个链接)。这也可以看作是带有附加对角链接的二维圆环网络(水平和垂直链接)。整个网络拓扑如图 16.1 所示。整个系统预计将包含超过 100 万个 ARM 内核。

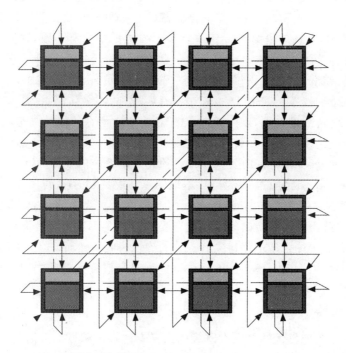

图 16.1　SpiNNaker 系统中的芯片到芯片通信拓扑,显示了一个 16 节点系统。系统中的每个节点都包含神经元资源(以深灰色显示)和路由资源(以浅灰色显示),箭头显示了 SpiNNaker 芯片之间的通信链接。

2. 神经元和突触

低功耗 ARM 内核用于在软件中实现所有神经元和突触计算。这提供了最大的灵活性，因为精确的细节（例如神经元方程、控制动力学、神经元和突触模型中存在的生物学细节的数量等）都由用户控制，系统中的核心计算元素是通用的微处理器。

每个 ARM 核足够快，能够建模约 10^3 个点神经元，其中每个神经元具有约 10^3 个突触，这些突触被建模为可编程权重。100 万个核心系统将能够实现约 10^9 个神经元和约 10^{12} 个突触，而整个系统将实时（生物）运行。由于神经元的计算主要由突触模型决定，因此，用一种更精确的方式来查看每个核组成的计算能力，即每个核可建模约 10^6 个突触，平均每个核对应 10^3 个神经元。

3. 通 信

通信网络负责将尖峰信号传递到其适当的目的地。由于神经元平均有约 10^3 个突触输入，因此神经元产生的尖峰的平均输出扇出也约为 10^3。SpiNNaker 具有定制设计的通信体系结构，用于尖峰传递，其可以处理路由和扇出。

当神经元产生输出尖峰时，将为其提供源路由密钥，并将其通信结构传递到一组目标神经元。每个 SpiNNaker 路由器都包含足以使每个尖峰做出本地决策的信息，而不是中央路由表。当尖峰到达六个输入端口之一时，源密钥与每个条目具有 32 位（与源密钥相同）的 1 024 项三元内容可寻址存储器（TCAM）相匹配。TCAM 条目为每个位指定 0、1 或 X 值，并且如果源密钥与每个非 X 位置的条目都一致，则源密钥与该条目匹配。如果存在匹配，则检索对应于匹配条目的 24 位长向量。该向量的位代表每个片上 ARM 内核（18 位）和通信网络的六个输出端口（6 位）。路由很简单，尖峰传播到所有设置了相应位的位置。如果 TCAM 中没有匹配项，则默认路由为"直线"，即从左侧到达的数据包将传播到右侧，以此类推，对于所有六个潜在的传入方向。

通信基础设施还支持各种数据包类型（点对点，最近邻居）以及对故障检测、隔离和恢复的支持。此外，无需全局时钟同步即可简化大型系统的设计；通信网络完全是异步的，这使 SpiNNaker 成为了"全局异步，本地同步"（或 GALS）系统。

由于 SpiNNaker 系统是实时运行的，因此硬件无法为尖峰传输提供精确的保证。例如，尖峰通过路由器所花费的时间可能会受到使用共享路由器资源的其他不相关尖峰的影响。因此，不能定量地描述尖峰到达的确切时间。然而，我们并不认为这是一个值得关注的问题，因为建立模型的生物系统应该对峰值到达时间相对于生物时间尺度的微小变化具有鲁棒性。

4. 程序设计

SpiNNaker 系统提供的灵活性既吸引人又有缺点。积极的方面是，它很容易改变神经元和突触建模的细节；消极的方面是，模型的所有细节都必须被指定。大量的工作已经投入到开发容易被神经形态系统访问的模型中。

SpiNNaker 团队开发了将 PyNN 中的神经网络模型映射到其硬件的机制。这种方法使 PyNN 的用户可以轻松访问该系统。可以将 PyNN"编译"描述为适当的软件和路由器配置信息，以在 SpiNNaker 硬件上实现相同的模型。现已投入大量工作以扩展可映射到硬件的模型集。

16.2.2 分层 AE

加州大学圣地亚哥分校(UCSD)提出了另一项设计大型神经形态系统的建议，作为一种扩展其 IFAT 结构的方法，该结构已在 13.3.1 小节描述，使系统具有更多的神经元。HiEAR 将定制的神经元和突触建模硬件与可编程路由相结合。

1. 系统架构

系统的体系结构由两种类型的组件组成：IFAT 板和路由芯片。IFAT 系统是实现神经元和突触的核心计算元素。每个 IFAT 系统都实现一系列神经元及其相关的突触。每个 IFAT 节点都有一个与之关联的本地路由资源，该资源负责基于 AER 的尖峰通信。IFAT/路由器节点集以线性阵列连接，每个阵列的边缘负责与其他阵列的通信。这些边缘节点也被组织成线性阵列，因此整个系统可以看作是阵列的层次结构，如图 16.2 所示。

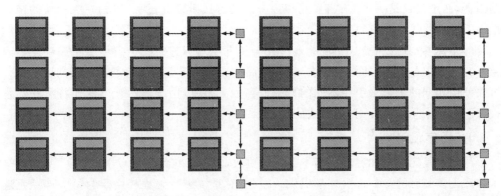

图 16.2　HiAER 系统中的芯片到芯片通信拓扑，显示了 32 个节点的系统。系统中的每个节点都包括神经元资源(以深灰色显示)和路由资源(以浅灰色显示)，箭头表示各个节点之间的通信链接。此示例显示了三个层次结构，但是该方法可以扩展到任意数量的层次结构

2. 神经元和突触

IFAT 中使用的定制模拟 VLSI 芯片可以分别对 2 400 个相同的集成-发射神经元进行建模，IFAT 板包含两个这样的芯片以及使用 FPGA 实现的支持逻辑。芯片上的开关电容器模拟神经元实现了具有多个基于电导的突触和静态泄漏的离散时间单室模型。IFAT 芯片上的神经元可以单独寻址，并且仅维持模拟膜电压。权值和反转电位是外部提供的，因此可以在前神经元的基础上配置。外部的 FPGA 和 DAC 提供神经元地址到 IFAT 芯片的这些参数，从而使指定的神经元更新其膜状态(Vogelstein 等，2004)。由该神经元产生的任何脉冲信号也会被 FPGA 接收，FPGA 随后可以使用连通性信息将该脉冲信号传输到相应的目标神经元集合。

3. 通　信

单个 IFAT 阵列的局部尖峰在内部循环返回,而不必通过路由网络传输。HiAER 系统中的非本地路由是基于标签的。当一个 IFAT 神经元产生一个非局部脉冲时,它被传输到 IFAT 系统附近的路由器上。第一级路由器(通过单个最近邻居通信)将尖峰广播到本地行,并且该行中的每个单独路由器都将标记并与本地路由表进行匹配。如果存在本地匹配项,则将尖峰发送到本地 IFAT 阵列。如果存在本地匹配,则将尖峰值发送到本地 IFAT 阵列。本地 IFAT 阵列将标签用作本地路由表的索引,以标识用于尖峰传递的突触集。由于 IFAT 系统具有可编程的 FPGA 和用于额外存储的本地 RAM,因此可以根据需要更改本地尖峰发送的机制。

其中一个一级路由器没有相关的 IFAT 数组(参见图 16.2)。此路由器负责本地线性阵列之外的通信。路由器的行为与第一级路由器相同:收到类峰后,它将标记与本地路由表进行匹配,以查看尖峰是否应传播到下一级别的路由。如果是这样,则该尖峰被发送到下一路由选择级别,在下一路由选择级别中,以类似于第一级别路由选择的方式执行标签匹配操作。不同之处在于,每个第二级路由器都连接到一组 IFAT 系统和路由器,而不仅仅是一个 IFAT。可以以分层的方式重复此过程,以构建大规模的神经形态系统(Joshi 等,2010)。

每个标签都可以看作是"目的地模式":具有相同标签的两个尖峰会传递到同一组目标突触。但是,由于通信中存在局部性,因此具有不重叠的尖峰通信的全局网络部分可以使用相同的标记来引用不同的目的地突触。因此,用于表示标签的比特数并不直接限制系统中总神经元/目标模式的数量。

4. 程序设计

尽管神经元模型和突触模型本身无法更改,但由于它已通过专用硬件实现,因此每个神经元和突触的参数都由外部提供。因此,对系统进行编程相当于为每个神经元选择模型参数、为尖峰选择标签值以及为通信网络中的所有路由表提供配置信息。

16.2.3　神经网络

斯坦福大学的 Neurogrid 项目由一个系统组成,该系统几乎完全包含用于对生物神经元和突触进行建模的定制硬件。

1. 系统架构

Neurogrid 中的核心硬件元素是 Neurocore 芯片,这是一种定制 ASIC,它使用模拟 VLSI 来实现神经元和突触,并使用数字异步 VLSI 来实现基于尖峰的通信(Merolla 等,2014a)。该芯片采用 180 nm 处理技术制造,并包含 256×256 个神经元阵列,其核心功能是通过模拟电路实现的。

每个 Neurocore 芯片都可以与其他三个芯片进行通信,并且路由网络以树状形式组织(见图 16.3)。Neurogrid 系统能够通过组装一棵包含 16 个 Neurocore 芯片的树来建模 100 万个神经元。最后,通过将树的根连接到外部设备(例如 FPGA)来执行任意尖峰处理或路由操作,从而增强 Neurogrid 系统的灵活性。

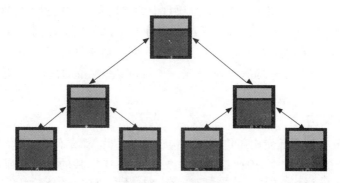

图 16.3　Neurogrid 系统显示了各个 Neurocore 芯片之间的树状拓扑。每个 Neurocore 芯片都可以对神经元进行建模,并支持基于多播的树状路由器。从树的根开始的第三层连接未显示

2. 神经元和突触

每个 Neurocore 芯片包含 256×256 个神经元。每个神经元都使用自定义的模拟电路实现,该电路直接实现了神经元行为的连续时间微分方程模型。神经元执行二次集成-发射(QIF)模型,并与四种类型的突触电路结合(Benjamin 等,2012)。突触电路本身实现了可叠加的突触电路,从而允许单个电路对给定类型的任意数量的突触进行建模。这种方法使 Neurogrid 系统能够以最小的开销对大量的突触进行建模;所需的状态对应于表示神经元之间的连接性,而不是特定个体突触的连接性。

3. 通　信

Neurogrid 体系结构使用三种独立的通信模式:①点对点尖峰传递;②组播树路由;③模拟扇出。Neurocore 芯片组织在树中,尖峰沿着树向上移动到中间节点,然后向下穿过树到达目标 Neurocore 芯片。尖峰是源路由的:每个尖峰都包含数据包通过网络的路径(Merolla 等,2014a)。对于点对点路由,数据包仅指定每个跃点的路由信息。

当数据包沿路由树向下传输时,允许广播数据包洪流来支持多播路由。在洪流模式下,子树中的所有 Neurocore 芯片均会收到尖峰的副本。因为此模式仅可用于遍历树的数据包,所以网络没有死锁,因为路由图中没有环。

Neurogrid 支持的尖峰传递的最终机制是藤架的概念。当尖峰到达目标神经元时,它会使用模拟扩散器网络传递到神经元的可编程邻域。这意味着单个尖峰会有效地将输入传递给一组神经元,从而进一步增加接收尖峰的神经元的数量。

4. 程序设计

神经元模型和突触模型本身是无法更改的,因为它已通过专用硬件实现,因此每个神经元和突触的参数都由外部提供。因此,对系统进行编程相当于为每个神经元选择模型参数、为尖峰选择标签值以及为通信网络中的所有路由表提供配置信息。

16.2.4　高输入计数模拟神经网络系统

与先前描述的设计相比,FACETS 项目中的高输入计数模拟神经网络(HICANN)系统具有非常不同的目标。之前的系统在设计时考虑了生物时间尺度上的实时操作,而 HICANN 系统采用的方法是提供一个平台,能够加速神经网络动力学建模,同时支持具有 $256\sim16\,000$ 万个输入的神经元。支持高达 10^5 的加速因子是该项目的设计考虑。

1．系统架构

FACETS 项目不是使用通信网络来构建单个芯片,而是使用晶圆级集成。晶圆包含同一掩模版的重复实例,因此系统是单个 HICANN 芯片的重复阵列,其中每个掩模版包含 8 个 HICANN 芯片。晶圆级集成的选择使容错成为 FACETS 设计的要求。

2．神经元和突触

每个 HICANN 芯片都包含两个模拟神经网络核心(ANNCORE)阵列,其中包含用于对神经元和突触进行建模的模拟电路。该模拟电路可以实现两个神经元模型:基于电导的集成-发射模型和自适应指数集成-发射模型。

每个 ANNCORE 包含分为两组的 128 K 突触回路和 512 个神经元膜方程回路。每组有一个 256×256 突触阵列和 256 个膜电路,并具有可编程的连接能力,使一组突触可以与每个膜电路组合在一起。如果使用了所有神经元回路,则每个神经元可以具有 256 个突触。然而,其他配置可能是每个 ANNCORE 有更少的神经元,每个神经元有更多的突触,每个神经元最多 16 K 突触(Schemmel 等,2008)。

可以通过数字接口设置神经元和突触参数,片上 DAC 将其转换为 ANNCORE 电路的适当模拟输入。

3．通　信

高度加速建模的目标对通信资源造成了很大的压力。通过采用晶圆级方法,FACETS 项目利用了现代 CMOS 工艺中可用的更高的片上带宽。如果我们将晶圆上的芯片视为网格,则 FACETS 路由架构会在各个 ANNCORE 阵列之间的水平(64 通道)和垂直(256 通道)方向上使用多个并行通道(见图 16.4)。由 64 个神经元组成的小组将它们的峰值时间复用到单个通道上。这些通道使用低压差分串行信令来降低功耗,并且地址位以位串行方式发送。

与其使用基于数据包的路由方法,不如使用 FPGA 路由结构的设计方法,使用可编程开关静态分配路由资源。芯片边界处的通道之间的连接可以移动一个位置,以增加路由网络的灵活性。

每条总线都可以由内部包含地址匹配逻辑的 HICANN 芯片“接入”。当神经元地址在由 HICANN 芯片窃听的通道上传输时,会将通道地址与本地存储的地址进行比较。在匹配中,将尖峰传递到适当的突触(Fieres 等,2008)。

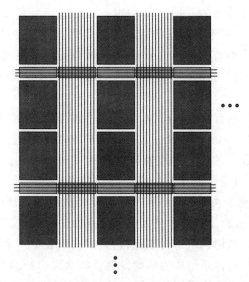

图 16.4　晶圆级 FACETS 系统,具有神经元和突触资源(以深灰色显示)和通信资源(以浅灰色显示)。使用可编程交换机而不是基于数据包的路由来静态设置通信资源。公交专用道显示为水平运行和垂直运行,并且专用道之间的连通性由可编程静态开关控制

连通性有很多限制,FACETS 设计做出的最终选择是在布线灵活性与面积和功率的限制之间取得平衡。FACETS 团队进行的一些实验显示,硬件效率约为 40%(Fieres 等,2008)。

4. 程序设计

对系统进行编程就需要选择神经元和突触分组、参数,并以类似于 FPGA 中的布局布线流程的方式将连接映射到可配置的布线资源。

16.3　讨　论

在涉及关键的设计决策时,每个大型神经形态系统都做出了非常不同的选择:神经元模型、突触模型和通信体系结构。表 16.1 总结了它们的主要区别。

表 16.1　大型神经形态系统中神经元和突触模型的选择以及通信架构的主要差异

系　统	神经元	突　触	通　信
SpiNNaker	ARM 核心(软件模型)	ARM 核心(软件模型)	自定义环面与对角连接
HiAER	集成-发射,模拟	开关电容,基于电导	分层的、线性阵列
Neurogrid	二次集成-发射,模拟	可叠加的,时间连续	带有模拟扩散器的组播树
HICANN	集成-发射或者自适应指数集成-发射	可塑的,具有 4 位权重	静态可配置加上灵活的 FPGA

做出的不同选择导致系统具有不同的优势。SpiNNaker 显然是最灵活的,但因此

对神经系统建模也具有最高的开销。HiAER 和 Neurogrid 使用低功耗模拟神经元和突触进行数字通信,并针对不同类型的网络进行优化。特别是,Neurogrid 的架构在实现皮质柱状结构方面特别有效,而 HiAER 的设计则更支持通用的连接性。HICANN 系统已针对速度进行了优化,因此不能使用与 Neurogrid 或 HiAER 相同级别的通信链路多路复用。

其他大型系统设计项目正在进行中,备受观注的是 IBM 牵头开发的"TrueNorth"低功耗认知计算平台(Imam 等,2012;Merolla 等,2014b)。他们的架构基础是"神经突触核心",由一系列数字神经元和以有限数量的突触权重的交叉配置的突触组合而成。该方法是全数字的,结合了异步电路和控制神经元时序精度的同步时钟。TN 架构师还做出了确定计算的决策;TN 神经元忠实而准确地复制模拟,从而使系统设计更简单,同时又放弃了生物学计算中使用的低效率方法,例如模拟树突状状态和概率突触激活。与本章讨论的其他四个平台相比,这种方法代表了一个不同的设计思路。

大型神经形态系统的体系结构将继续发展。将会做出新的发现并将其纳入新的设计选择中。不同的研究人员将采用他们自己独特的方法来解决神经科学建模问题。最终,这些决定将通过实际应用和市场成功来验证,但是现在说哪种选择更好还为时过早。

参考文献

[1] Benjamin B V, Arthur J V, Gao P, et al. A superposable silicon synapse with programmable reversal potential. Proc. 34th Annual Int. Conf. IEEE Eng. Med. Biol. Society (EMBC),2012:771-774.

[2] Fieres J, Schemmel J, Meier K. Realizing biological spiking network models in a configurable wafer-scale hardware system. Proc. IEEE Int. Joint Conf. Neural Networks (IJCNN),2008:969-976.

[3] Furber S, Lester D, Plana L, et al. Overview of the SpiNNaker system architecture. IEEE Trans. Comput.,2013,62(12):2454-2467.

[4] Imam N, Akopyan F, Merolla P, et al. A digital neurosynaptic core using event-driven QDI circuits. Proc. 18th IEEE Int. Symp. Asynchronous Circuits Syst. (ASYNC),2012:25-32.

[5] Joshi S, Deiss S, Arnold M, et al. Scalable event routing in hierarchical neural array architecture with global synaptic connectivity. 12th International Workshop on Cellular Nanoscale Networks and Their Applications (CNNA),2010:1-6.

[6] Merolla P, Arthur J, Alvarez R, et al. A multicast tree router for multichip neuromorphic systems. IEEE Trans. Circuits Syst. I,2014a,61(3):820-833.

[7] Merolla P A, Arthur J V, Alvarez-Icaza R, et al. A million spiking-neuron inte-

grated circuit with a scalable communication network and interface. Science 2014b，345(6197)：668-673.

[8] Schemmel J，Fieres J，Meier K. Wafer-scale integration of analog neural networks Proc. IEEE Int. Joint Conf. Neural Networks (IJCNN)，2008：431-438.

[9] Vogelstein R J，Mallik U，Cauwenberghs G. Silicon spike-based synaptic array and address-event transceiver. Proc. IEEE Int. Symp. Circuits Syst. (ISCAS) V，2004：385-388.

第 17 章　作为潜在技术大脑

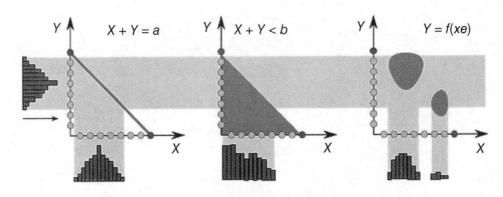

由 WTA 电路实现的关系网络

　　本章从前几章讨论的基于事件的神经系统的具体实例出发,展望未来。与我们对皮层计算,尤其是与认知的理解相反,本章讨论了当今技术背景下的物理计算;然后提出了一些方法来理解大脑中的计算,以及如何将其植根于大脑的自我构建中。通过具有强大计算性能的皮层神经电路示例,这些考虑变得更加具体。本章最后讨论在神经形态电子系统中诱导人工认知的最终目标。

17.1　简　介

　　20 世纪在对信息以及信息处理所必需的方法和电子技术的理解方面我们取得了巨大的进步。信息处理的中心任务是数据的存储、通信和转换;20 世纪 40 年代之后,它们实现的基础是数字计算机,它最早由机电继电器构成,然后是热离子真空管,在过去的 50 年里,是硅。这些机器在运算速度和精确度上立刻超过了人类的计算机。当然,执行这些任务的详细方法是由我们(聪明的人)提供的,并且还不是信息处理器本身固有的。我们尚未将这种创造性的生物智能技术进行整合。的确,将生物智能与更简单的信息区别开来的特征是生物制剂能够从世界中提取和利用适当的知识,并将这些知识应用于其经济优势——如在喂养自己、保护自己、繁殖(有时与自己一起繁殖)以及与他人沟通自己的需要和意图。这里重要的考虑因素是"知识",不只是存储的数据。它是一种灵活的、有意义的、有目的的、对环境敏感的即时可访问数据组织,是百科全书和位于生物大脑中 DIY 手册的融合。

　　能够进行现实世界交互的人工自主智能系统的进展一直很缓慢,这仅仅是因为这种本质上以目标为导向的数据组织和处理形式是大脑的特征,但在工程术语中,人们对其知之甚少。令人感到惭愧的是,一只蜜蜂(它的大脑只有 100 万个神经元)在飞行、导航、觅食和交流方面的智能协调能力,远远超过了我们目前所能建立的最先进的自主人工系统。在当今时代,基于硅技术的使用在全球范围内激增,而且越来越复杂和个性化。值得再次强调的是,这个星球上每一个重要的知识表达都来源于生物神经系统,而不是技术。

　　然而,很少有神经科学的分支真正努力去理解,更不用说去解决这个根本的差异。如今,自主智能的主要进展来自机器学习算法的发展,而机器学习算法与大脑结构和过程的关系非常遥远。然而,神经形态工程的目标是开发以生物神经系统为基础的处理架构和原理的人工神经系统。正如我们在这本书中看到的,它们通常是由模拟和数字混合电路组成的,用来模拟生物传感器和它们的处理神经网络。最初,神经工程面临的大挑战仅仅是理解如何利用硅设备的特性构建神经形态电路,并将传感器和类似神经元的计算元件结合到反应系统中,使它们以“神经激励”的方式表达自己的加工和行为。这些目标至少在学术上而不是在工业上已经达到,科学的焦点正在转向如何在神经形态系统中诱导更复杂的行为的概念和技术问题。最终目标是实现一种类似于动物的神经形态的“认知”,即能够创造、储存和操纵其外部和内部世界的知识,并利用这些知识进行经济上有利的行为。在自主的人工代理中为诱导有效的类脑认知行提供了巨大的经济、技术和社会效益;因此,将工程原理从生物大脑中抽象出来是 21 世纪的一大挑战。可以预见的是,利用智能技术的原理将对技术市场产生重大影响,因为自主智能已被整合到设备、车辆、建筑物、公用事业和服装中,有些人认为这是真正迈向“假人”的漫漫征途。

17.2　神经计算的本质:脑技术原理

　　历经一个世纪的“现代”神经科学,使我们对神经系统的基本知识了解了很多,但是正如我们在本书中所看到的,这些知识中只有很少的一部分被转化为技术。那么为什么现在的计算机和神经系统之间在实现计算处理的方式上仍然有很大的不同呢? 两者之间的主要区别的确值得研究,比如它们在基本处理组件、系统体系结构、信息编码、配置方法以及构造和校准方法上的区别。

　　正如我们在本书中所看到的,神经元系统的计算元素可以按需异步处理数据:没有中央时钟也可以实现全局一致性。电子设备的高载流子迁移率使计算机能够使用极快的组件来执行其处理,同时允许使用半全局同步,从而简化了逻辑电路的设计过程。相比之下,所有神经元组件都是实时运行的,因此它们之间以及与世界事件之间固有地同步。突触的记忆和神经元对它们的处理是紧密地共域的。与传统计算机不同,内存和处理过程没有组织上的分离。与计算机不同,无法随机访问神经系统的内存。相反,神经元记忆的加载主要通过改变突触连接和神经元生长的强度来发生。这些优势不仅会因本地性能标准而发生变化，而且会由于整个神经元子系统的成功运行而发生变化。这种基于性能的可塑性意味着生物记忆的配置是加工的结果，而不是加工的原因。此外，神经系统的整体组装和配置是通过自组装进行的，这很重要且意味着，没有外部的知识和技能来构建和编程它们。这些差异对技术构成挑战，对它们的理解可能很大程度上取决于神经科学方面的研究。

技术计算是符号的系统（算法）转换，而对符号数据的含义和重要性没有任何内在的考虑。它们的含义和意义对于计算而言是外部的，源于对设计数据符号编码的人类程序员的解释以及操纵它们的算法。因此，目前的方法有效地确保了智能不是计算固有的，并且只要计算的行为是由其人工程序员而不是由计算机本身来确定的，那么情况就可能保持不变。特别是，如果我们把认知看作是没有行动的纯粹思考，那么任何固定的硬件都不可能被迫去思考它的行动的后果。另一方面，没有理由认为目前的计算方法不能表达智能。相反，智能很可能是一种特殊的计算方式，在这种方式中，意义、重要性和目的的归属是由算法自身而不是外部程序员的编码的自组织产生的。可以根据这些含义为计算带来的预测能力来评估地面编码数据的含义的相关性。

聪明的行为依赖于这种预测能力。它允许成功的主体与内部、外部世界（包括其他主体）有效和灵活地互动，从而获得相对于它的朋友和对手的优势，即使在环境本身可能发生变化的情况下。智能需要一种能力，能从大量不相干的感官输入中迅速提取相关信息；通过演绎、归纳和转导对这些数据进行推理；通过重要的实验有效地检验推理的假设；并评估行动计划与可能的奖励。这些概念有许多已在 20 世纪得到了认可。近年来在某些领域人工智能已经取得了显著和广为人知的成果，其中的经验教训得到很好的借鉴，例如国际象棋[深蓝，（Hsu，2002）]，自动驾驶汽车[Stanley，（Thrun 等，2007）]，Jeopardy[Watson，（Ferrucci 等，2010）]。在类似于生物神经网络的自组织媒介中实现这种行为方面，我们只取得了有限的进展。我们仍然缺乏对智能算法和必须支持它们的媒体之间关系的基本理解。我们在这些方向上使用机器学习取得的成果最终必须在硬件上进行计算，这些硬件在任何时刻都会浪费能源，甚至在没有必要的情况下也会在任何地方强制执行内部精度。

从根本上讲，所有计算都是在物理介质中实例化的物理过程。算法是在抽象体系结构的上下文中表达的，该体系结构由能够在这些处理器之间传递信息的处理器和通道组成。支持通用数字计算机算法所需的体系结构的物理实现已广为人知，但是，对于并行数字计算机和混合模拟/数字计算机，算法与其物理实现之间的关系还不清楚，并且对于神经系统仍然几乎是未知的。鉴于我们目前对神经元的物理和电化学特性有了一些了解，后一种评估令人震惊。我们为何如此纠结呢？原因是，即使我们假设大脑计算的原理与常规计算系统中使用的原理相似，神经计算的实现也格外不同。特别是，生物学的发展是通过自我构建、自我修复和自我编程的手段进行的。这些生物学的能力虽然尚不为人所理解，但必将对未来的人工信息处理和行为系统的设计产生一定的影响，而且在未来的"后硅时代"某些影响甚至可能更多。

17.3   理解大脑的方法

乍一看,生物过程的复杂性是令人生畏的,在大脑方面更是如此。关于人脑,最常被重复的表达是,它是"我们所知道的宇宙中最复杂的器官"。如果生物学过程确实太复杂以致无法理解,那么它们将不可避免地对人工系统的设计产生很小的实际影响。但是,神经科学的历史表明,当我们能够从生物学观察中明智地抽象出来时,就会产生强大的技术见解。例如,在 20 世纪 40 年代早期,McCulloch 和 Pitts(1943)演示了简单的逻辑门(神经元的抽象)是如何按规定组装成连续链,从而有效地计算出所需的函数。通过他们命名的"神经元",建立了人工和神经信息处理的原理和实现的观点,这一观点继续主导着计算机科学和神经科学。不久后,Hodgkin 和 Huxley(1952)用其强大的电压敏感通道分子动力学模型,证明了神经电生理信号处理的一般原理,成为理解神经元间突触相互作用的本质和相关性的基石。

这两个时代的研究提供了一个希望,即神经元及其网络的处理可以完全理解为外来的但简单的信号处理器的网络(在很大程度上是组织静态的),其中只有膜的电信号及其在神经元之间的耦合才是相关信息处理领域。这种范例在 20 世纪仍然非常普遍,但是其吸引人的简化之处却忽略了这样一个事实,即生物细胞(包括其膜)本质上是巨大的、活的、代谢的机器,它们的存在本身就表达了复杂的代谢和分子计算组织,而膜电现象只是其中一个有用的结果。然而,分布式信号处理器的观点引发了数十年来人们对人工神经网络(ANN)的计算属性和功能的研究。这些结果集中于以前馈或递归连接为特征的两种主要电路架构。前馈电路对心理学家和计算机科学家非常有吸引力,它们推动了"连接"领域的发展,并使用前馈网络来模拟许多心理、生理和认知功能,例如格式塔现象、深度感知和语音习得。反馈电路通常吸引物理学家,他们探索了循环系统中不可避免出现的动态、混沌特性。这项工作是在循环网络上进行的,最著名的是 Hopfied、Wilson 和 Cowan 网络,像连接论者一样,对一代理论家产生了巨大的影响。然而,回想起来,它对尝试开发神经形态系统的实验者或工程师却影响甚微。

当神经网络理论家们还春风得意时,实验神经科学家们却在煞费苦心地开发观察和测量单个神经元及其网络的实际连通性的方法。在这方面,有一个大脑区域一直很受关注,那就是非常成功的自主智能行为处理器,即哺乳动物前脑的新皮层。这些实验工作者得出的惊人结论是,新大脑皮层的神经回路不能简单地定性为神经网络意义上的前馈或反馈。取而代之的是,神经科学家们正在梳理一个看起来相当复杂的、由几百种不同类型的神经元组成的特殊用途的处理器。

尽管新大脑的大脑皮层包含大量的神经元(10^9 个),但经过 20 年对其形态进行详细采样的结果表明,新大脑皮层的整体结构相当规则。当然,理想情况下,我们希望对所有神经元之间的所有连接都有详细的映射,该映射现在称为"连接组"图谱(Sporns

等,2005)。确实,了解未知结构的最成功的科学策略之一就是构建此类图。科学家们绘制了宇宙、星系、地球、动植物以及活生物体基因组的地图。到目前为止,唯一一个在突触分辨率上被完全描绘出来的大脑是线虫,一种小的线虫,在它最常见的雌雄同体的化身中它的神经系统只有 302 个神经元。现在,这种全面重建的目标正在扩展到更复杂的大脑,特别是哺乳动物的大脑。这种"密集重建"的努力被许多人认为是 21 世纪主要的科学挑战之一,参见 Blu(n. d.)和 ATL(n. d.)。"逆向工程"的概念在支持这一项目的争论中发挥了重要作用。但是,作为莱特兄弟"飞行者"精确复制品的飞行员,在事件发生 100 周年之际,Orville 在 Kitty Hawk 的首次动力飞行的重演失败后发现,要想升空,需要比精确的物理复制品更多的知识。

但是,即使在尝试进行复制大脑的首次动力飞行之前,仍然要克服一些巨大的技术障碍。第一是问题的复杂性。由于密集的重建旨在以突触分辨率描述电路,因此无法使用光学显微镜完成此操作,而是需要使用电子显微镜进行放大。使用透射或扫描电子显微镜的图像采集速度很慢。每 2 μm × 2 μm 电子显微照片大约需要 10 s,而重建 200 μm^3 的大脑所需的显微照片总数超过 100 × 100 × 3 000,我们使用单个电子显微镜的总图像获取时间估计大约 10 年(注意,200 μm^3 的体积对应于如斑雀等小型鸣禽的整个大脑区域,但比大鼠中的胡须"柱"要小,只是猴子或人类新皮层中超柱的一小部分。第二个障碍是使用自动图像处理算法来处理所有数百 TB 的图像。这就是为什么替代策略取得了更快发展的原因,例如,那些利用结构规律性并旨在对连接进行统计描述的策略,而不是线对线、逐个突触的电路描述。这些策略让人们发现了目前已知的大多数重要的皮质电路结构和功能的重要原理。

17.4　大脑构造和功能的一些原理

对新皮质结构及其发展的研究进入了一个令人兴奋的阶段,在此阶段,详细的结构和功能组织以及支持它们的分子机制变得越来越容易被实验使用。我们已经达到了对大脑皮层组织进行大规模系统研究,可以获得类似于分子学益处的阶段。值得注意的是,在过去的 10 年中,有大量的方法和实验能够探索神经处理的客观/主观界面。通过 FMRI、荧光染料成像、清醒状态下的电生理记录以及动物与人的交流,我们可以将神经元及其网络的客观运行与动物的主观体验联系起来。在这里,我们再次看到了一个极富研究的领域,我们可以期待在接下来的几年里有重大的新见解。

一个明确的研究目标是新皮层的结构和操作,以了解自然界进化的"计算"方法以及它们如何支持皮层智能表达。在这种情况下,新皮层的"经典电路"的概念在提供基于生物学的、但简化的电路描述方面具有无可估量的价值,该电路捕获了必不可少的连接性和皮质局部斑块的功能。皮质处理的主要作用发生在局部回路中,因此定义该回路的特征是理解皮质功能的重要步骤。"规范"称谓表达了这样的假设,即该回路可推广到所有哺乳动物物种的所有皮层区域。人们普遍认为这一假设是正确的,但尚未经过严格的检验。来自在啮齿动物猫和猴子中研究的少数领域的数据令人鼓舞。规范回路的概念在许多层面上都很重要,尤其是在提供将动物和人类研究联系起来的理论框架以及在神经形态回路中实现皮质加工关键特征的直接方法方面。

目前的数据表明,根据相对较少类型的兴奋性和抑制性神经元的层流分布,可以最好地理解皮层回路(Gilbert,1983;Gilbert 和 Wiesel,1983)。这些类型之间的连接程度已针对体内猫视皮层的静态解剖结构进行了评估(Binzegger 等,2004),还针对体外大鼠皮层中某些神经元类型之间的生理联系进行了评估(Thomson 等,2002)。这些功能性和其他定量解剖电路数据表明,许多有趣的电路特性为皮质处理的基本特性提供了许多具有挑战性的线索。

一个线索是局部皮层突触的优势超过了那些由单个传入神经提供的突触。总的来说,绝大多数的兴奋性突触和几乎所有的抑制性突触都起源于皮层内的神经元(Braitenberg 和 Schüz,1998)。更重要的是,在一个特定的皮质区域内,大部分突触来自该区域内的神经元(Binzegger 等,2004)。相比之下,来自丘脑或其他个别皮质区域的传入投射,在靶区所有兴奋性突触中所占的比例都小得惊人。例如,在视觉皮层中,来自外侧膝状核的突触在猫和猴子的 17 区中间层的主要目标神经元上形成的兴奋性突触不到 10%(Ahmed 等,1994;Garey 和 Powell,1971;Latawiec 等,2000 年;Winfield 和 Powell,1983;da Costa 和 Martin,2009)。然而,这些传入神经显然提供了足够的兴奋度来驱动皮质。同样地,区域间的投射也在其目标层中形成了几个百分比的突触,然而"前馈"和"反馈"区域间的回路显然在功能上都很重要。这就引出了一个有趣的功能问题,即大脑电路如何可靠地处理它们的小输入信号。

第二个线索是发生在皮层表层锥体细胞之间的大部分兴奋性连接。尽管其他层中的兴奋性神经元(例如第 4 层的棘状、星状神经元)也从其相邻细胞处接收输入,但仅在浅层中,锥体细胞在其自身层中进行了非常广泛的构形。实际上,浅表金字塔形的兴奋性输入中有将近 70% 来自其自身类型的其他单元。因此,表面锥体细胞之间的一级循环连接,即目标神经元以一个紧密的正反馈回路投射回源神经元,比任何其他层更有可能发生。Douglas 等(1995)、Hahnloser 等(2000)及其他人(例如,参见 Ben-Yishai 等,1995;Pouget 等,2003)的论文中已经提出正反馈在皮层计算中起着至关重要的作用,它为来自感觉外围的相对较小的信号的主动选择和重组提供了增益。

任何系统的总增益都是其输出信号与输入信号之比。但是,在反馈系统中,有两个其他增益概念值得进入讨论。第一个是开环增益,该开环增益是在反馈断开的情况下测量的。第二个是环路增益,它是在反馈环路周围测量的,正向和反馈元素的乘积也是如此。环路增益相对于输入可以为负或为正。在常规的模拟电子反馈电路中,前向增益通常非常大,但是在神经元网络中,它的增益很小。负反馈本质上是稳定的,因为它会从输入中减去。电子电路经常将高正向增益与经过精确控制的无源元件(例如电容器)上的负反馈相结合,使放大器对由受较不精确控制的晶体管引起的正向增益变化不太敏感；参见第 3 章中的 DVS 像素电路。在 7.2.2 小节中的 Axon-hillock 电路中，经过精确控制的电容性反馈的正反馈可确保每个尖峰信号的输入电荷得到精确控制。尽管单个生物神经元在即将达到峰值时会在阈值边缘处获得高增益，但在缺少高前向增益的神经元网络中，较小的负反馈能够控制动态范围并提供电路稳定性。

正反馈可能会不稳定，因为它会与输入相加。该正反馈可以使系统的整体信号放大。但是，如果正环路增益变得太大，则输出不稳定。在信号范围固有受限的电子电路中，强大的正反馈用于执行决策和数字信号恢复。但是，对于神经系统，情况则更为复杂。神经元稀疏地放电，然后仅以其最大放电速率的一小部分放电。对它们来说，高水平的正反馈可能会带来振荡发散的危险。尽管如此，至少在皮层的表层中观察到了很高比例的反复性、兴奋性连接，这表明某些神经网络利用强大的正反馈来发挥优势。

在速率模式下运行的单个神经元的前馈增益很小。通过速率模式，我们的意思是，某个时间范围内的尖峰平均速率足够高，以致在相关时间范围内该速率具有一定意义。通常，许多输入尖峰事件必须先施加到神经元上，然后才能产生单峰输出。但是，模拟研究和生理证据表明，皮层回路可以通过皮质内轴突连接介导的正反馈激励（Douglas 和 Martin，1991；Ferster 等，1996；Nelson 等，1994）产生显著的系统增益（Ahmed 等，1994；Douglas 等，1995；LeVay 和 Gilbert，1976；Peters 和 Payne，1993）。

正反馈放大似乎本质上是危险的，但是如果正输入的神经元与正反馈的励磁电流之和小于通过其神经元泄漏、动作电位和抑制性电导消散的总负电流，则受到正反馈的神经元可能是稳定的。这种依赖于电路的稳定性必须存在于皮质中，因为活动皮层神经元的稳定放电速率通常远小于其最大速率，因此稳定性不取决于被驱动进入放电饱和状态的神经元。

17.5　神经电路处理的示例模型

从简化的人工神经网络模型的研究中，可以得出一些关于循环连接神经网络特性的见解。尽管这些模型必然比真实的皮层神经元及其连接网络简单得多，但它们确实捕获了我们在皮层网络中发现的一些规范原则。它们的主要优点是可以被清楚地理解，并用于解释实验观察到的皮层网络的组织和运作。例如，Hopfield 等（Cohen 和 Grossberg，1983；Hopfield，1982，1984；Hopfield 和 Tank，1985）表明，理想神经元的循环网络是动力学系统，其稳定的激活模式（或吸引子）可以被视为记忆或解决约束满足问题方案。最近，使用线性阈值神经元（LTNs）网络来了解皮层回路的现象有所增加（Ben-Yishai 等，1995；Douglas 等，1995；Hahnloser 等，2000；Hansel 和 Sompolinsky，1998；Salinas 和 Abbott，1996）。LTN 具有模拟（不加尖峰）正输出，这些正输出与它们收到的激励和抑制之间的正差成正比。如果此差为零或负，则它们保持沉默。LTN 神经元很有趣，因为它们的阈值行为和线性响应特性捕获了皮质神经元的某些特性。

　　经常研究的 LTN 网络由两个神经元群体组成:一个是兴奋性神经元,另一个是较小的抑制性神经元(甚至一个抑制性神经元就足够了)。为简单起见,假设每个种群内连接的模式都是均匀的。兴奋性神经元接收携带输入信号的前馈兴奋性连接、来自其种群其他成员的反馈兴奋性连接以及抑制神经元的反馈抑制性连接。通常,兴奋性神经元的数量被排列成一维的空间图,它们反复出现的连接强度的模式是有规则的,典型的是一个源神经元到其目标的距离的山形函数。

　　即使是这样简单的循环网络,也有一些有趣的特性,这些特性最直接的是有助于我们理解大脑皮层回路的信号处理。一个重要的发现是,这些特性产生于放大网络的弱外部输入的反馈激励和抑制性阈值引入的非线性之间的相互作用,而抑制性阈值本身就依赖于整个网络活动。正反馈增强了与嵌入在兴奋性反馈连接权重中的模式匹配的输入的特征,而兴奋性响应的整体强度通过全局抑制神经元施加的动态抑制阈值来抑制异常值。从这个意义上说,网络可以主动地对不完整或有噪声的输入信号进行解释,方法是将其还原为嵌入其兴奋性连接中的一些基本活动分布。

　　下面对这种显著的突现特性解释一下(有关详细信息参见 Hahnlosr 等,2000)。考虑刚才描述的网络。网络中各个神经元之间的突触相互作用可以通过权重矩阵来描述。但是请注意,如果神经元不活跃,它就不会表达其相互作用。在这种情况下,网络的全部权重矩阵都可以由简化的矩阵代替,即"有效权重矩阵",它与全部矩阵相似,但所有沉默神经元的条目都被清零。因此,随着各种神经元的上升和下降超过其放电阈值,有效权重矩阵将发生变化。对于那些熟悉电子电路仿真的人来说,网络好像动态地变化到一个不同的小信号工作点,其行为取决于对输入的大信号响应。这些矩阵中的某些矩阵可能稳定,而另一些矩阵则可能不稳定。我们将考虑网络如何通过活动神经元的各种组合以及各种有效权重矩阵收敛到其稳态输出。

　　想象一下,将恒定的输入模式应用于输入神经元。现在,如果输出根本没有改变,那么工作就完成了;网络已经收敛。由于以下原因的结合,部分或全部神经元更有可能改变其活动前馈和反馈激活。一种可能性是,由于不稳定的正反馈,所有神经元都可能增加其活动。但是,通过对所有兴奋性神经元施加共同的抑制作用,可以防止这种不稳定性,只要抑制作用足够强,就可以阻止再生的活化共同增加。剩下的可能性是,尽管反馈不稳定,但是只有某些神经元能够增强其激活,而其他神经元必须降低其激活。然后,最后一个递减的活动神经元将下降到阈值以下,在此阶段,它不再对活动回路起作用,因此有效权重矩阵必须更改,从而消除了这个新沉默的神经元的相互作用。修剪过程一直持续到最终网络选择有效权重矩阵稳定的神经元组合("允许集",请参阅 Hahn-loser 等,2000,2003),并使网络收敛到稳定状态。这里的重要观察结果是,在网络的瞬态行为期间,正反馈可能不稳定(反馈增益大于1),并且网络可以利用这种不稳定性来探索活动神经元的新分区,直到合适的(稳定的)与输入模式一致的分区被找到为止。皮质回路计算的有趣特性在于正反馈强度的这种调制。

17.6 对神经形态的认知

从理解计算到开发复杂功能,这一过程并不简单。从汇编语言发展到面向对象的编程花费了将近半个世纪、数万亿美元,并且产生了巨大的工业和商业动力。从神经形态计算到神经形态认知的过程也将如此。

当系统能够创造、储存和操作世界和自身的知识,并且将这些知识用于能够获利的经济行为时,系统就会获得认可。就科学能够完全引起人工认知的程度而言,它是建立在传统数字计算机处理的世界符号编码基础上的,而传统数字计算机主要使用非实时、串行、同步的电子处理。正如本书中详细描述的那样,神经形态工程师已经成功建立了构造不同样式的处理系统的方法,该系统主要是实时的,高度分布式的并使用异步事件。尽管该技术与神经系统更相似,但即使是迄今为止创建的最复杂的 VLSI 神经形态系统,其质量也往往是反应性的,并且缺乏表达认知的能力。局外人的普遍看法是,可以在几行常规软件代码中实现等效功能,这不是重点,至少从长远的角度来看并非如此。当然,如果可以使用常规硬件完成的工作最好使用常规软件完成,因为这些技术是一起开发的,因此可以简明地表达硬件的可能行为。相反,应该问,神经形态技术不足的原因是什么?

这些不足是由于该领域的整体发展阶段所致。首要任务是本书的主题,并且包括类神经元样硬件的自下而上的工程,这个项目必须从一个小型研究团队中花费很多人的精力。至少还有一些技术发展,例如,第 3 章和第 4 章中描述的传感器;第 2 章和第 12 章中描述的通信体系结构和电路;以及使用第 15 章中描述的这些开发构建的系统,可能会对行业产生短期影响;而第 6 章学习的理论发展以及第 10 章和第 8 章的相关电路则可能构成未来学习硬件的关键部分。但是,神经形态工程师面临的一大挑战是要证明,与传统的数字方法相比,神经形态的体系结构和计算是否具有更多优势来实现认知,而不仅仅是更高效的计算。最近在欧洲成立了一个活跃的 CapoCaccia 认知神经形态工程研讨会,可以看出他们已经意识到了这一挑战并对此做出了回应。在美国,NSF Telluride 神经形态认知工程研讨会(Ins n. d.)的重定向也朝着这个目标发展。

神经形态电路如何帮助我们理解认知?我们已经知道,大脑皮层的网络可以与传统电子电路以完全不同的方式运作,而且它们实现了新颖的计算方式。然而,由于资源有限,许多重要的研究途径被忽视。例如,高级 HDLs 已经被开发出来,它可以将算法映射到模块化的同步数字电路上,从而构成大规模并行处理器。将这些方法应用于诸如皮质等自然神经计算架构的分析似乎是一个自然的步骤,但这一步尚未采取。也许造成这种犹豫的一个原因是,生物学中的计算问题要比工程学中的复杂得多,尤其是因为算法和结构都没有被很好地理解,而且是如此紧密地联系在一起。

Church-Turing 论文的意思是,如果认知是算法的,则认知必须可以作为 Turing 机来实现。但是,在该论点中没有立即显而易见的是,对信息的常规算法处理是在没有任何内在考虑的情况下进行的,即所处理数据的含义和经济意义。含义和意义对于计算而言是外在的,当前,这些属性是从设计数据编码的人类程序员的解释和操纵这些数据的算法得出的。也就是说,对于智能而言,至关重要的成本效益评估并不是计算中固有的。相比之下,生物智能是一种特定计算方式的结果,其中含义、意义、目的等的属性归因于算法本身对编码的自组织,而不是由外部程序员强加的。

实验神经科学提供了近似的功能模型,其中大部分与特定的数据和皮质的特定区域紧密相连。理论神经科学提出,如何通过具有不同程度生物学现实的抽象神经网络来计算这些功能。因此,对于这些功能是如何通过的大脑皮层的实际网络实现的,我们还没有一个详细的三维电路图,也没有任何通用规则来规定许多不同类型的神经元如何相互连接以支持通用功能,因此,对这些功能的理解要少得多。因此,通过费力的训练方法以外的方法来系统地配置人工神经网络的方法的进展非常缓慢。例如,到目前为止,我们还无法对神经网络进行编程,以智能动物行为的特征来对过去、现在和预测的信息进行推理。配置(相对于训练)神经网络行为以完成必要任务的能力是构建大型神经形态系统工程应用程序必不可少的要素。在迈向此类系统的一步中,Rutishauser和Douglas(2009)展示了如何配置具有几乎统一架构的神经网络来提供神经状态之间的条件分支。他们表明,通过耦合两个突触权值已被配置为 Soft Winner-Take-All (SWTA)性能的递归网格,可以创建一个包含多个状态的多稳定神经元网络。这两个SWTA 具有同构的局部循环连接,除了它们之间有一小部分循环交叉连接,这些交叉连接用于嵌入所需的状态。此外,少数"过渡神经元"会在嵌入状态之间实现必要的输入驱动的过渡。所需的大量神经元使其过早采用这种方法来设计短期实际应用尚为时过早,但是,这一发现的意义在于,它提供了一种方法,通过仅对相同的通用神经元回路应用少量专门知识,就可以将神经元的皮质状集合体配置为复杂的处理过程。这些机器可以远远超出传统状态机实现的脆弱性。

另一种有趣的可配置神经回路的方法是 Eliasmith 等(2012)的神经工程框架(NEF)。它允许从尖峰神经元构建任意动力学系统。总体来看,这种可配置的神经模型很少见,但与生物学家的关系比之前更紧密,生物学家目前使用散弹枪方法来收集数据,而不是提出理论指导性问题来指导他们的研究。在工程学的方向上,使用生物驱动的思想将是神经形态工程学可以实现神经形态认知的目标的关键因素。

参考文献

[1] Ahmed B, Anderson J C, Douglas R J, et al. Polyneuronal innervation of spiny stellate neurons in cat visual cortex. J. Comp. Neurol.,1994,341(1):39-49.

[2] ATL n. d. ATLUM. [2014-08-06]. http://cbs. fas. harvard. edu/science/connectome- project/atlum.

[3] Ben-Yishai R,Bar-Or R L,Sompolinsky H. Theory of orientation tuning in visual

cortex. Proc. Natl. Acad. Sci. USA,1995，92(9)：3844-3848.

[4] Binzegger T，Douglas R J，Martin K A C. A quantitative map of the circuit of cat primary visual cortex. J. Neurosci，2004，24(39)：8441-8453.

[5] Blu. n. d. The blue brain project EPFL. ［2014-08-06］. http://bluebrain. epfl. ch.

[6] Braitenberg V，Schüz A. Cortex：Statistics and Geometry of Neuronal Connections，2nd ed. Heidelberg：Springer，1998.

[7] Cap. n. d. Capo Caccia Cognitive Neuromorphic Engineering Workshop. ［2014-08-06］. http://capocaccia. ethz. ch/.

[8] Cohen M A，Grossberg S. Absolute stability of global pattern formation and parallel memory storage by competitive neural networks. IEEE Trans. Syst. Man Cybern. SMC-13，1983：815-826.

[9] daCosta N M，Martin K A C. The proportion of synapses for medby the axons of the later algeniculatenucleus in layer 4 of area 17 of the cat. J. Comp. Neurology,2009，516(4)：264-276.

[10] Douglas R J，Martin K A C. A functional microcircuit for cat visual cortex. J. Physiol. ，1991，440(1)：735-769.

[11] Douglas R J ，Martin K A C. Neuronal circuits of the neocortex. Annu. Rev. Neurosci. ,2004，27：419-451.

[12] Douglas R J，Koch C，Mahowald M，et al. Recurrent excitation in neocortical circuits. Science,1995，269(5226)：981-985.

[13] Eliasmith C，Stewart T C，Choo X，et al. A large-scale model of the functioning brain. Science,2012，338(6111)：1202-1205.

[14] Ferrucci D，Brown E，Chu-Carroll J,et al. Building Watson：an overview of the DeepQA project. AI Magazine，2010，31(3)：59-79.

[15] Ferster D，Chung S，Wheat H. Orientation selectivity of thalamic input to simple cells of cat visual cortex. Nature,1996，380(6571)：249-252.

[16] Garey L J,Powell T P S. An experimental study of the termination of the lateral geniculo-cortical pathway in the cat and monkey. Proc. Roy. Soc. Lond. B，1971，179(1054)，41-63.

[17] Gilbert C D. Microcircuitry of the visual cortex. Annu. Rev. Neurosci. ,1983，6：217-247.

[18] Gilbert C D，Wiesel T N. Functional organization of the visual cortex. Prog. Brain Res. ，1983，58：209-218.

[19] Hahnloser R H，Sarpeshkar R，Mahowald M A，et al. Digital selection and analogue amplification coexist in a cortex-inspired silicon circuit. Nature，2000，405(6789)：947-951.

［20］Hahnloser R H，Seung H S，Slotine J J. Permitted and forbidden sets in symmetric threshold-linear networks. Neural Comput. ，2003，15(3)：621-638.

［21］Hansel D，Sompolinsky H. Modeling feature selectivity in local cortical circuits：Chapter 13// Koch C，Segev I. Methods in Neuronal Modeling：From Synapse to Networks. 2nd ed. Cambridge，MA：MIT Press，1998：499-567.

［22］Hodgkin A L，Huxley A F. A quantitative description of membrane current and its application to conduction and excitation in nerve. J. Physiol. ，1952，117：500-544.

［23］Hopfield J J. Neural networks and physical systems with emergent selective computational abilities. Proc. Natl. Acad. Sci. USA，1982，79(8)：2554-2558.

［24］Hopfield J J. Neurons with graded response have collective computational properties like those of two-state neurons. Proc. Natl. Acad. Sci. USA，1984，81 (10)：3088-3092.

［25］Hopfield J J，Tank D W. "Neural" computation of decisions in optimization problems. Biol. Cybern. ，1985，52(3)：141-152.

［26］Hsu F H. Behind Deep Blue：Building the Computer that Defeated the World Chess Champion. Princeton University Press，2002.

［27］Ins，n. d. Institute of Neuromorphic Engineering. ［2014-08-06］. http://www.ine-web. org/.

［28］Latawiec D，Martin K A，Meskenaite V. Termination of the geniculocortical projection in the striate cortex of macaque monkey：a quantitative immunoelectron microscopic study. J. Comp. Neurol. ，2000，419(3)：306-319.

［29］LeVay S，Gilbert C D. Laminar patterns of geniculocortical projection in the cat. Brain Res. ，1976，113(1)：1-19.

［30］McCulloch W，Pitts W. A logical calculus of ideas immanent in nervous activity. Bull. Math. Biophys. ，1943，5：115-133.

［31］Nelson S，Toth L，Sheth B，et al. Orientation selectivity of cortical neurons during intracellular blockade of inhibition. Science，1994，265(5173)：774-777.

［32］Peters A，Payne B R. Numerical relationships between geniculocortical afferents and pyramidal cell modules in cat primary visual cortex. Cereb. Cortex，1993，3 (1)：69-78.

［33］Pouget A，Dayan P，Zemel R S. Inference and computation with population codes. Annu. Rev. Neurosci. ，2003，26：381-410.

［34］Rutishauser U，Douglas R J. State-dependent computation using coupled recurrent networks. Neural Comput. ，2009，21(2)：478-509.

［35］Salinas E，Abbott L F. A model of multiplicative neural responses in parietal cortex. Proc. Natl. Acad. Sci. USA，1996，93(21)：11956-11961.

[36] Sporns O，Tononi G，Kötter R. The human connectome：a structural description of the human brain. PLoS Comput. Biol. ，2005，1(4)：e42.

[37] Thomson A M，West D C，Wang Y，et al. Synaptic connections and small circuits involving excitatory and inhibitory neurons in layers 2-5 of adult rat and cat neocortex：triple intracellular recordings and biocytin labelling in vitro. Cereb. Cortex，2002，12(9)：936-53.

[38] Thrun S，Montemerlo M，Dahlkamp H，et al. Stanley：the robot that won the DARPA Grand Challenge// Buehler M，Iagnemma K，Singh S. The 2005 DARPA Grand Challenge. Springer Tracts in Advanced Robotics. Heidelberg：Springer Berlin，2007，36：1-43.

[36] Winfield D A，Powell T P. Laminar cell counts and geniculo-cortical boutons in area 17 of cat and monkey. Brain Res. ，1983，277(2)：223-229.